计算机基础与实训教材系列

中文版 Dreamweaver CS4网页制作实用教程

王蓓 杨恒 关南宝 编著

清华大学出版社

北京

内 容 简 介

本书由浅入深、循序渐进地介绍了Adobe公司最新推出的网页制作软件——Dreamweaver CS4的操作方法和使用技巧。全书共分14章，分别介绍了Dreamweaver CS4网页制作的基础知识，创建和管理本地站点，使用表格和框架规划网页，在网页中插入图像和文本，应用导航条，插入动画和视频，添加声音和特效，使用CSS样式美化页面，创建超链接和层，添加行为，使用交互式表单，使用模板和库快速创建网页，构建动态网页环境，制作动态网页，测试和发布站点。最后一章安排了一些代表性的综合实例，包括制作公司网站静态主页、个性页面、论坛注册系统以及在线购物网站。

本书内容丰富，结构清晰，语言简练，图文并茂，具有很强的实用性和可操作性，是一本适合于大中专院校、职业学校及各类社会培训学校的优秀教材，也是广大初、中级电脑用户的自学参考书。

本书对应的电子教案、实例源文件和习题答案可以到http://www.tupwk.com.cn/edu网站下载。

图书在版编目(CIP)数据

中文版Dreamweaver CS4网页制作实用教程/王蓓，杨恒，关南宝 编著. —北京：清华大学出版社，2010.8
(计算机基础与实训教材系列)

ISBN 978-7-302-23227-8

Ⅰ. 中…　Ⅱ. ①王…②杨…③关…　Ⅲ. 主页制作—图形软件，Dreamweaver CS4—教材　Ⅳ. TP393.092

中国版本图书馆CIP数据核字(2010)第144377号

责任编辑：胡辰浩(huchenhao@263.net)　袁建华
装帧设计：孔祥丰
责任校对：成凤进
责任印制：杨　艳
出版发行：清华大学出版社　　**地　　址**：北京清华大学学研大厦A座
http://www.tup.com.cn　　**邮　　编**：100084
社　总　机：010-62770175　　**邮　　购**：010-62786544
投稿与读者服务：010-62776969，c-service@tup.tsinghua.edu.cn
质　量　反　馈：010-62772015，zhiliang@tup.tsinghua.edu.cn
印　刷　者：北京市人民文学印刷厂
装　订　者：三河市李旗庄少明装订厂
经　　销：全国新华书店
开　　本：190×260　**印　张**：19.75　**字　数**：518千字
版　　次：2010年8月第1版　**印　　次**：2010年8月第1次印刷
印　　数：1～5000
定　　价：30.00元

产品编号：031642-01

编审委员会

计算机基础与实训教材系列

丛书序

计算机已经广泛应用于现代社会的各个领域，熟练使用计算机已经成为人们必备的技能之一。因此，如何快速地掌握计算机知识和使用技术，并应用于现实生活和实际工作中，已成为新世纪人才迫切需要解决的问题。

为适应这种需求，各类高等院校、高职高专、中职中专、培训学校都开设了计算机专业的课程，同时也将非计算机专业学生的计算机知识和技能教育纳入教学计划，并陆续出台了相应的教学大纲。基于以上因素，清华大学出版社组织一线教学精英编写了这套“计算机基础与实训教材系列”丛书，以满足大中专院校、职业院校及各类社会培训学校的教学需要。

一、丛书书目

本套教材涵盖了计算机各个应用领域，包括计算机硬件知识、操作系统、数据库、编程语言、文字录入和排版、办公软件、计算机网络、图形图像、三维动画、网页制作以及多媒体制作等。众多的图书品种可以满足各类院校相关课程设置的需要。

● 已出版的图书书目

《计算机基础实用教程》	《中文版 Excel 2003 电子表格实用教程》
《计算机组装与维护实用教程》	《中文版 Access 2003 数据库应用实用教程》
《五笔打字与文档处理实用教程》	《中文版 Project 2003 实用教程》
《电脑办公自动化实用教程》	《中文版 Office 2003 实用教程》
《中文版 PowerPoint 2003 幻灯片制作实用教程》	《电脑入门实用教程》
《中文版 Word 2003 文档处理实用教程》	《Excel 财务会计实战应用》
《中文版 Photoshop CS3 图像处理实用教程》	《JSP 动态网站开发实用教程》
《Authorware 7 多媒体制作实用教程》	《Mastercam X3 实用教程》
《中文版 AutoCAD 2009 实用教程》	《Mastercam X4 实用教程》
《AutoCAD 机械制图实用教程(2009 版)》	《Director 11 多媒体开发实用教程》
《中文版 Flash CS3 动画制作实用教程》	《中文版 Indesign CS3 实用教程》
《中文版 Flash CS3 动画制作实训教程》	《中文版 CorelDRAW X3 平面设计实用教程》
《中文版 Flash CS4 动画制作实用教程》	《中文版 CorelDRAW X4 平面设计实用教程》
《中文版 Dreamweaver CS3 网页制作实用教程》	《中文版 Windows Vista 实用教程》
《中文版 3ds Max 9 三维动画创作实用教程》	《中文版 3ds Max 2009 三维动画创作实用教程》
《中文版 Dreamweaver CS4 网页制作实用教程》	《中文版 Premiere Pro CS3 多媒体制作实用教程》

(续表)

《中文版 3ds Max 2010 三维动画创作实用教程》	《网络组建与管理实用教程》
《中文版 SQL Server 2005 数据库应用实用教程》	《Java 程序设计实用教程》
《Visual C#程序设计实用教程》	《ASP.NET 3.5 动态网站开发实用教程》
SQL Server 2008 数据库应用实用教程	

- 即将出版的图书书目

《Oracle Database 11g 实用教程》	《中文版 Pro/ENGINEER Wildfire 5.0 实用教程》
《中文版 Word 2007 文档处理实用教程》	《中文版 Office 2007 实用教程》
《中文版 Excel 2007 电子表格实用教程》	《中文版 PowerPoint 2007 幻灯片制作实用教程》
《AutoCAD 建筑制图实用教程（2009 版）》	《中文版 Access 2007 数据库应用实例教程》
《中文版 Photoshop CS4 图像处理实用教程》	《中文版 Project 2007 实用教程》
《中文版 Illustrator CS4 平面设计实用教程》	《中文版 After Effects CS4 视频特效实用教程》
《中文版 Indesign CS4 实用教程》	《中文版 Premiere Pro CS4 多媒体制作实用教程》

二、丛书特色

1. 选题新颖，策划周全——为计算机教学量身打造

本套丛书注重理论知识与实践操作的紧密结合，同时突出上机操作环节。丛书作者均为各大院校的教学专家和业界精英，他们熟悉教学内容的编排，深谙学生的需求和接受能力，并将这种教学理念充分融入本套教材的编写中。

本套丛书全面贯彻“理论→实例→上机→习题”4 阶段教学模式，在内容选择、结构安排上更加符合读者的认知习惯，从而达到老师易教、学生易学的目的。

2. 教学结构科学合理，循序渐进——完全掌握“教学”与“自学”两种模式

本套丛书完全以大中专院校、职业院校及各类社会培训学校的教学需要为出发点，紧密结合学科的教学特点，由浅入深地安排章节内容，循序渐进地完成各种复杂知识的讲解，使学生能够一学就会、即学即用。

对教师而言，本套丛书根据实际教学情况安排好课时，提前组织好课前备课内容，使课堂教学过程更加条理化，同时方便学生学习，让学生在学习完后有例可学、有题可练；对自学者而言，可以按照本书的章节安排逐步学习。

3. 内容丰富、学习目标明确——全面提升“知识”与“能力”

本套丛书内容丰富，信息量大，章节结构完全按照教学大纲的要求来安排，并细化了每一

章内容，符合教学需要和计算机用户的学习习惯。在每章的开始，列出了学习目标和本章重点，便于教师和学生提纲挈领地掌握本章知识点，每章的最后还附带有上机练习和习题两部分内容，教师可以参照上机练习，实时指导学生进行上机操作，使学生及时巩固所学的知识。自学者也可以按照上机练习内容进行自我训练，快速掌握相关知识。

4. 实例精彩实用，讲解细致透彻——全方位解决实际遇到的问题

本套丛书精心安排了大量实例讲解，每个实例解决一个问题或是介绍一项技巧，以便读者在最短的时间内掌握计算机应用的操作方法，从而能够顺利解决实践工作中的问题。

范例讲解语言通俗易懂，通过添加大量的“提示”和“知识点”的方式突出重要知识点，以便加深读者对关键技术和理论知识的印象，使读者轻松领悟每一个范例的精髓所在，提高读者的思考能力和分析能力，同时也加强了读者的综合应用能力。

5. 版式简洁大方，排版紧凑，标注清晰明确——打造一个轻松阅读的环境

本套丛书的版式简洁、大方，合理安排图与文字的占用空间，对于标题、正文、提示和知识点等都设计了醒目的字体符号，读者阅读起来会感到轻松愉快。

三、读者定位

本丛书为所有从事计算机教学的老师和自学人员而编写，是一套适合于大中专院校、职业院校及各类社会培训学校的优秀教材，也可作为计算机初、中级用户和计算机爱好者学习计算机知识的自学参考书。

四、周到体贴的售后服务

为了方便教学，本套丛书提供精心制作的 PowerPoint 教学课件(即电子教案)、素材、源文件、习题答案等相关内容，可在网站上免费下载，也可发送电子邮件至 wkservice@vip.163.com 索取。

此外，如果读者在使用本系列图书的过程中遇到疑惑或困难，可以在丛书支持网站(http://www.tupwk.com.cn/edu)的互动论坛上留言，本丛书的作者或技术编辑会及时提供相应的技术支持。咨询电话：010-62796045。

前言

Dreamweaver CS4 是 Adobe 公司最新推出的专业化网页制作软件，目前正广泛应用于网站设计、网页规划等诸多领域。随着 Internet 的日益盛行，成功的网页不仅能提升公司和个人形象，还能展现一些特有的产品、个人信息等内容。为了适应网络时代人们对网页制作软件的要求，新版本的 Dreamweaver CS4 在原有版本的基础上进行了诸多功能改进。

本书从教学实际需求出发，合理安排知识结构，从零开始、由浅入深、循序渐进地讲解 Dreamweaver CS4 的基本知识和使用方法，本书共分为 14 章，主要内容如下。

第 1 章介绍了网站和网页的概念，以及 Dreamweaver CS4 的工作界面和主要面板的应用。

第 2 章介绍了在本地计算机中创建站点并针对创建的站点进行管理操作。

第 3 章介绍了表格在网页中的应用和使用表格布局网页文档以及框架的基本操作。

第 4 章介绍了在网页中插入和编辑文本、水平线、特殊字符和图像来制作基本网页。

第 5 章介绍了在网页中插入动画、视频、音乐、控件的方法以及应用外部代码制作特效。

第 6 章介绍了 CSS 的基础知识，以及创建、修改、移动和导入 CSS 样式的方法。

第 7 章介绍了创建各种超链接、使用层来布局网页文档以及使用 Spry 布局对象。

第 8 章介绍了行为的基础知识以及 Dreamweaver CS4 内置的各种行为的应用。

第 9 章介绍了在网页文档中插入不同类型的表单对象以及验证表单对象的方法。

第 10 章介绍了使用和管理创建的模板以及创建和编辑库项目的方法。

第 11 章介绍了配置本地服务器平台操作和创建 Access 数据库的方法。

第 12 章介绍了添加各类服务器行为制作注册、登录、留言等系统以及内建对象的应用。

第 13 章介绍了测试站点的基本步骤以及将本地站点上传到网络免费空间的方法。

第 14 章通过几个代表性的综合实例，对全书主要内容进行针对性的练习和应用。

本书图文并茂，条理清晰，通俗易懂，内容丰富，在讲解每个知识点时都配有相应的实例，方便读者上机实践。同时在难于理解和掌握的部分内容上给出相关提示，让读者能够快速地提高操作技能。此外，本书配有大量综合实例和练习，让读者在不断的实际操作中更加牢固地掌握书中讲解的内容。

除封面署名的作者外，参加本书编写的人员还有徐帆、王岚、洪妍、方峻、何亚军、王通、高娟妮、严晓雯、杜思民、孔祥娜、张立浩、孔祥亮、陈笑、陈晓霞、王维、牛静敏、牛艳敏、何俊杰等人。由于作者水平有限，本书难免有不足之处，欢迎广大读者批评指正。我们的邮箱是 huchenhao@263.net，电话 010-62796045。

作　　者

2010 年 3 月

推荐课时安排

章 名	重点掌握内容	教学课时
第 1 章 网页设计学前基础	1. 网页和网站的基础知识 2. 网页的设计构思 3. 初识 Dreamweaver CS4	2 学时
第 2 章 创建和管理站点	1. 规划站点 2. 创建本地站点 3. 管理站点 4. 网页文档的基本操作 5. 显示和编辑页面头部信息	2 学时
第 3 章 规划网页布局	1. 可视化助理 2. 使用表格 3. 编辑表格 4. 使用框架布局网页 5. 编辑框架	3 学时
第 4 章 插入文本和图像	1. 在网页中插入文本 2. 编辑文本 3. 在网页中插入图像 4. 编辑图像	3 学时
第 5 章 制作精美的网页	1. 应用导航条 1. 插入 Flash 动画 2. 插入其他媒体文件 3. 插入声音 4. 应用网页特效	3 学时
第 6 章 使用 CSS 样式美化	1. CSS 样式的基础知识 2. 使用 CSS 样式 3. 编辑 CSS 样式	3 学时
第 7 章 使用超链接和层	1. 超链接的基础知识 2. 创建超链接 3. 管理超链接 4. 使用层 5. 编辑层 6. 使用 Spry 布局对象	3 学时

(续表)

第 8 章 在网页中添加行为	1. 行为的基础知识 2. 【行为】面板 3. 使用 Dreamweaver CS4 内置行为	3 学时
第 9 章 使用交互式表单	1. 表单的基础知识 2. 插入文本域表单对象 3. 插入按钮表单对象 4. 插入列表和菜单表单对象 5. 检查表单	2 学时
第 10 章 使用模板和库项目	1. 使用模板 2. 应用模板 3. 使用库项目	2 学时
第 11 章 构建动态网页环境	1. 动态网页基础知识 2. 搭建本地服务器平台 3. 创建 Access 数据库 4. 连接数据库 5. 定义记录集 6. 绑定动态数据	4 学时
第 12 章 制作动态网页	1. 添加服务器行为 2. 使用 ASP 内建对象	3 学时
第 13 章 测试和发布站点	1. 测试站点 2. 管理站点 3. 发布站点	1 学时
第 14 章 综合实例应用	1. 制作公司网站主页 2. 制作环保网站主页 3. 制作 BBS 注册系统 4. 制作在线购物网站	4 学时

注：1. 教学课时安排仅供参考，授课教师可根据情况作调整。

2. 建议每章安排与教学课时相同时间的上机练习。

目录

CONTENTS

计算机基础与实训教材系列

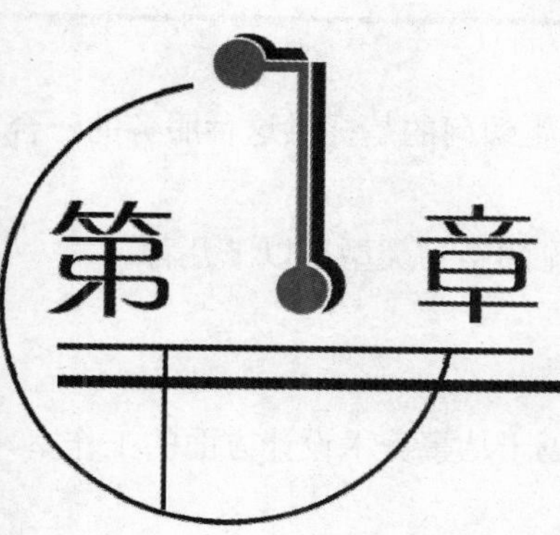

第1章 网页设计学前基础

学习目标

Dreamweaver 系列是专业的网页制作软件，Dreamweaver CS4 是目前的最新版本，它强大的网页制作功能和简单易用的特性，受到广大用户的青睐。要制作精美的网页，除了要熟练使用 Dreamweaver 外，还必须了解一些有关网页制作的基础知识。本章主要介绍网页和网站的基础知识、网页的设计流程和 Dreamweaver CS4 学前的一些基本操作。

本章重点

- 网站和网页的基础知识
- 网页的设计构思
- 认识 Dreamweaver CS4

1.1 网站和网页的基础知识

随着互联网的迅猛发展，可以获取、交换和连接到网络上的各计算机上的信息。网络上存放信息和提供服务的地方就是网站。一个成功的网站离不开精美绚丽的网页，要制作出美观的网页，首先要学习网页制作的相关知识，例如制作网页的知识、制作网页元素的知识以及设计网页效果。

1.1.1 主流网站解析

网站(Website)是指在互联网上，根据一定的规则，使用 HTML 等工具制作的用于展示特定内容的相关网页集合，它建立在网络基础之上，以计算机、网络和通信技术为依托，通过一台或多台计算机向访问者提供服务。平时所说的访问某个站点，实际上访问的是提供这种服务的一台或多台计算机。

根据不同的分类标准，有不同的网站类型。一般来说，常见的网站类型有以下几种。

1. 展示型

主要以展示形象为主，艺术设计成分比较高，内容不多，多见于从事美术设计方面的工作室，如图 1-1 所示的美术作品展示网站。

2. 内容型

站点以内容为重点，用内容吸引人。例如，普通的公司网站，用于发布公司产品、公司动态、招聘信息等；一些从事信息服务性的站点，如文学站，下载站，新闻站等，设计以简洁大方为主，不需要太多太花哨的东西转移读者的视线，如图 1-2 所示的 91 文学网。

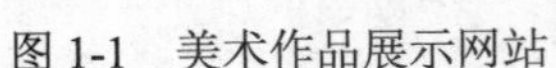
图 1-1　美术作品展示网站

图 1-2　91 文学网

3. 电子商务型

以从事电子商务为主的站点，要求安全性高，稳定性高。比较考验网站中运行的程序。一般该类站点设计要简洁大方，又不失热闹有人气的感觉，颜色多用蓝等色表现信任感，如图 1-3 所示的淘宝网。

4. 门户型

该类站点类似内容型，但又不同于内容型，因其站上的内容特别丰富，且比较综合，一般内容型网站的内容比较集中于某一专业，或自己的领域，或自己的公司，工作室等小范围的内容，而门户型一般来说除了表现更为丰富的内容外，通常更加注重网站与用户之间的交流。例如一般门户型网站也会提供信息的发布平台，与用户的交流平台等，如图 1-4 所示的新浪网。

图 1-3　淘宝网

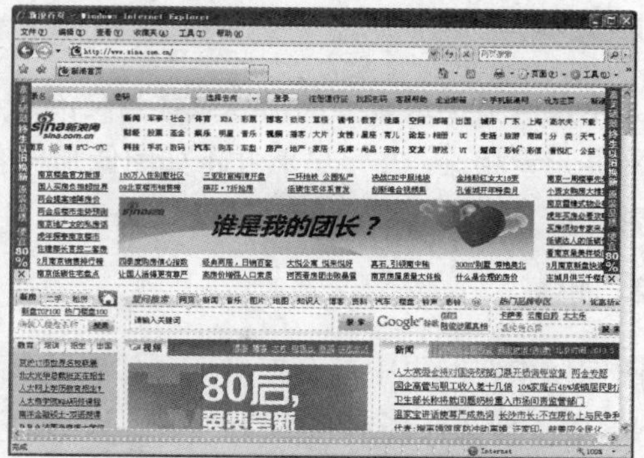

图 1-4　新浪网

1.1.2　网页的概念

网页(web)是网站上的某一个页面，它是一个纯文本文件，是向访问者传递信息的载体，以超文本和超媒体为技术，采用 HTML、CSS、XML 等语言来描述组成页面的各种元素，包括文字、图像、音乐等，并通过客户端浏览器进行解析，从而向浏览者呈现网页的各种内容。

知识点

网页经由网址(URL)来识别与存放，在浏览器地址栏中输入网址后，经过一段复杂快速的程序，网页文件被传送到计算机，然后再通过浏览器解释网页内容，再展示在计算机用户面前。例如，访问 www.163.com，实际在浏览器中打开的是 www.163.com/index.html 文件。

1.1.3　网页的基本元素

前面已经介绍了网页是一个纯文本文件，通过 HTML、CSS 等脚本语言对页面元素进行标识，然后由浏览器自动生成的页面。一个网页的基本元素主要包括文本、图像和超链接，其他元素包括声音、动画、视频、表格、导航栏、表单等，如图 1-5 所示。

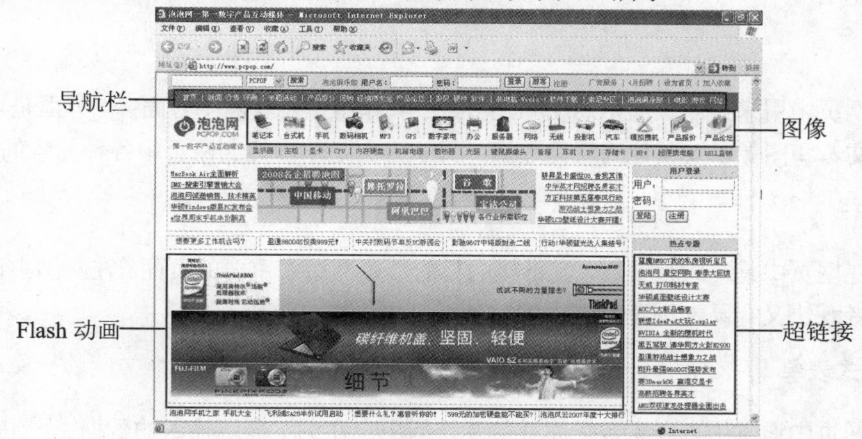

图 1-5　网页元素

1. 文本

文本是网页上最重要的信息载体与交流工具，网页中的主要信息一般都以文本形式为主。与图像网页元素相比，文字虽然并不如图像那样容易被浏览者注意，但却能包含更多的信息并更准确地表达信息的内容和含义。

2. 图像

图像元素在网页中具有提供信息并展示直观形象的作用。用户可以在网页中使用 GIF、JPEG 和 PNG 等多种文件格式的图像。目前应用最广泛的图像文件格式是 GIF 和 JPEG 两种。

3. Flash 动画

动画在网页中的作用是有效地吸引访问者更多的注意。用户在设计制作网页时可以通过在页面中加入动画使页面更加活泼。

4. 声音

声音是多媒体和视频网页重要的组成部分。用户在为网页添加声音效果时应充分考虑其格式、文件大小、品质和用途等因素。另外，不同的浏览器对声音文件的处理方法也有所不同，彼此之间有可能并不兼容。

5. 视频

视频文件的采用使网页效果更加精彩且富有动感。常见的视频文件格式包括 RM、MPEG、AVI 和 DivX 等。

6. 超链接

超链接是从一个网页指向另一个目的端的链接，超链接的目的端可以是网页，也可以是图片、电子邮件地址、文件和程序等。当网页访问者单击页面中某个超链接时，将根据自身的类型以不同的方式打开该目的端。例如，当超链接的目的端是一个网页时，将会自动弹出窗口以显示网页内容。

7. 表格

表格在网页中用来控制页面信息的布局方式。其作用主要有两个方面：一方面是使用行和列的形式布局文本和图像以及其他列表化数据；另一方面是精确控制网页中各种元素的显示位置。

8. 导航栏

导航栏在网页中是一组超链接，其链接的目的端是网站中重要的页面。在网站中设置导航栏可以使访问者既快又容易地浏览站点中的其他网页。

9. 交互式表单

表单在网页中通常用来联系数据库并接受访问用户在浏览器端输入的数据。表单的作用是收

集用户在浏览器上输入的联系信息、接受请求、反馈意见、设置签名以及登录信息等。

10. 其他网页元素

网页中除了上面介绍的网页元素之外还包括悬停按钮、Java 特效、ActiveX 等各种特效。用户在制作网页时可以使用它们来点缀网页效果，使页面更加活泼有趣。

1.1.4　网页类型

目前，常见的网页有静态网页和动态网页两种。静态网页通常以.htm、.html、.shtml、.xml 等形式为后缀；动态网页一般以.asp、.jsp、.php、.perl、.cgi 等形式为后缀。

1. 静态网页

网页所基于的底层技术是 HTML 和 HTTP，在过去，制作网页都需要专门的技术人员来逐行编写代码，编写的文档称为 HTML 文档。然而这些 HTML 文档类型的网页仅仅是静态的网页，如图 1-6 所示就是一个典型的静态网页。

图 1-6　静态网页

静态网页完全由 HTML 标签构成，可以直接针对浏览器做出请求响应，它具有以下特点。

- 制作速度快，成本低。
- 模板一旦确定下来，不易修改，更新比较费时费事。
- 常用于制作一些固定版式的页面。
- 通常由文本和图像组成，常用于子页面的内容介绍。

知识点

要注意的是，静态网页并非是没有动画的页面，在网页设计中，HTML 格式的网页通常被称为静态网页。

2. 动态网页

随着网络和电子商务的快速发展，产生了许多网页设计新技术，例如 ASP 技术、JSP 技术等，采用这些技术编写的网页文档称为 ASP 文档或 JSP 文档，这种文档类型的网页由于采用了动态页面技术，所以拥有更好的交互性、安全性和友好性。如图 1-7 所示的就是一个动态网页投诉建议留言板。

1-7　动态网页

简单来说，动态网页是由网页应用程序反馈至浏览器上生成的网页，它是服务器与用户进行交互的界面。

3. 动态网页技术

目前动态网页开发的 3 种主流技术是 ASP、PHP 和 JSP，它们各有所长，都需要把脚本语言嵌入到 HTML 文档中。这 3 种技术的不同之处在于，ASP 学习简单、使用方便；PHP 软件免费，运行成本低；JSP 多平台支持，转换方便。这 3 种技术具体作用如下。

- ASP：主要为 HTML 编写人员提供了在服务器端运行脚本的环境，使 HTML 编写人员可以利用 VBScript 和 JScript 或其他第三方脚本语言来创建 ASP，实现有动态内容的网页，如计数器等。
- PHP：是一种跨平台的服务器端的嵌入式脚本语言，它是技术人员在制作个人主页的过程中开发的小应用程序，而后经过整理和进一步开发而形成的语言。它能使用户独自在多种操作系统下迅速地完成一个简单的 Web 应用程序。PHP 支持目前绝大多数数据库，并且是完全免费的，可以从 PHP 官方站点(http: //www.php.net)上自由下载。用户可以不受限制地获得源码，甚至可以在其中加进自己需要的特色。
- JSP：全称是 Java Server Pages，它的突出特点是开放的、跨平台的结构，可以运行在几乎所有的服务器系统上。JSP 将 Java 程序段和 JSP 标记嵌入普通的 HTML 文档中。当

客户端访问一个 JSP 网页时，就执行其中的程序段。Java 是一种成熟的跨平台的程序设计语言，它可以实现丰富强大的功能。

1.2　网页的设计构思

在制作网页之前，首先要进行网页的设计与构思，主要包括网页的布局、网页的配色、网页设计原则。了解这些知识，是制作有别于其他网页的要点之一。

1.2.1　网页的布局构思

网页布局能决定网页是否美观。合理的布局，可以将页面中的文字、图像等内容完美、直观地展现给访问者，同时合理安排网页空间，优化网页的页面效果和下载速度。在对网页进行布局设计时，应遵循对称平衡、异常平衡、对比、凝视和空白等原则。常见的网页布局形式包括：π型布局、T 型布局、“三”型布局、对比布局和 POP 布局等。

1. π型布局

π 型结构网页顶部一般为网站标志、主菜单和广告条。下方分为 3 个部分，左、右侧为链接、广告或其他内容，中间部分为主题内容的布局，整体效果类似于符号π，如图 1-8 所示。

π 型结构布局网页的优点是充分利用了页面的版面，可容纳的信息量大；缺点是页面可能因为大容量的信息而显得拥挤，不够生动。

2. T 型布局

T 型结构布局的网页顶部一般是网站标志和广告条，页面的左侧是主菜单，右侧为主要内容，如图 1-9 所示。

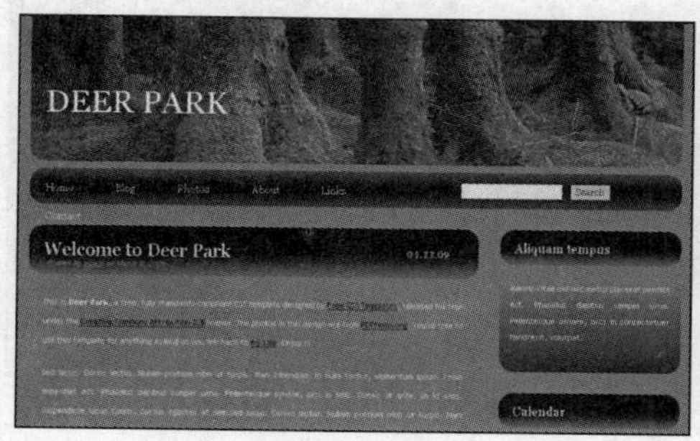

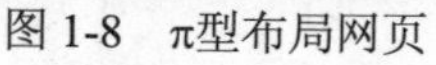

图 1-8　π型布局网页

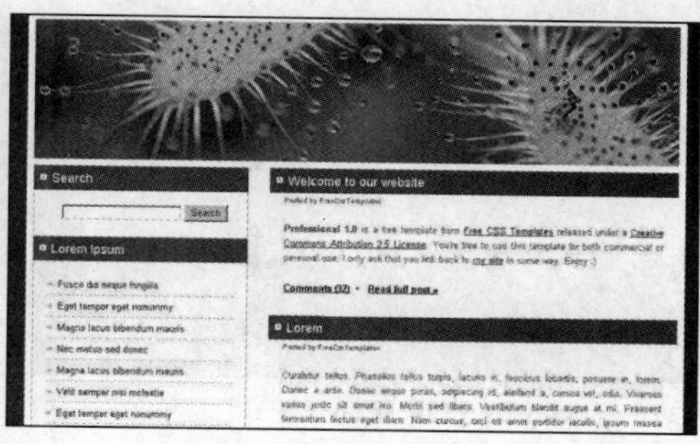

图 1-9　T 型布局网页

T 型结构布局的网页优点是页面结构清晰，内容主次分明，是初学者最容易上手的布局方法。T 型布局网页的缺点是布局规格死板，如果不注意细节上的色彩调整，很容易产生乏味感。

3. “三”型布局

“三”型结构布局的网页布局常见于国外的网站，这种网页布局是在页面上横向的两条色块将整个网页划分为上、中和下 3 个区域。色块中一般放置广告更新和版权提示等信息，如图 1-10 所示。

4. 框架布局

框架布局包括左右框架布局、上下框架布局和综合框架布局几种形态。采用框架布局布局的网页一般可以通过某个框架内的链接控制另一个框架内的页面内容显示，如图 1-11 所示。

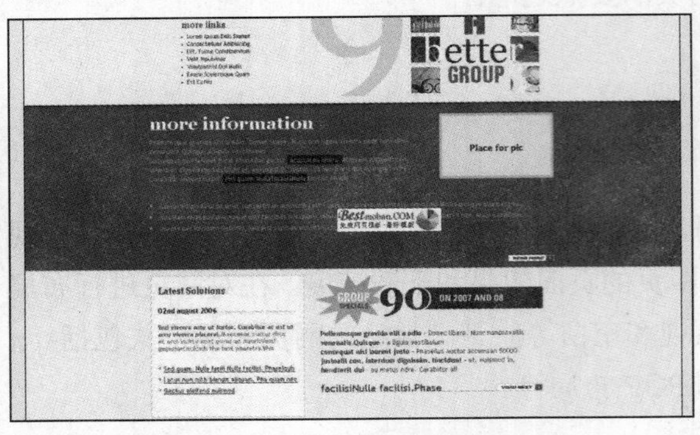

图 1-10　“三”型布局网页

图 1-11　框架布局

5. POP 布局

POP 引自于广告术语，指的是页面布局像一张宣传海报，以一张精美的图片作为页面设计的中心，如图 1-12 所示。

6. Flash 布局

Flash 布局网页的整体就是一个 Flash 动画，画面一般制作得比较绚丽活泼。是一种能迅速吸引访问者注意的新潮布局方式，如图 1-13 所示。

图 1-12　POP 布局

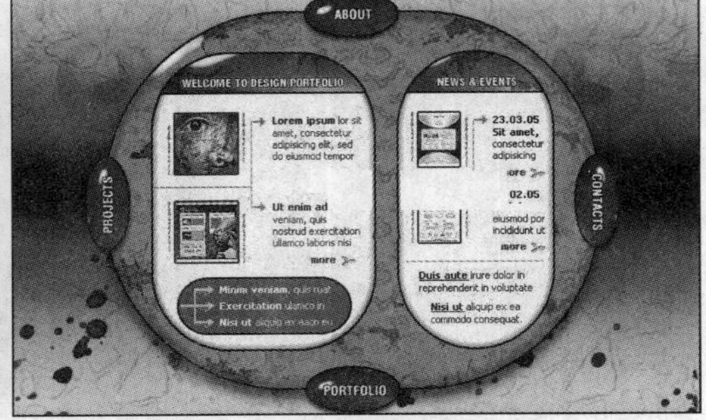

图 1-13　Flash 布局

1.2.2　网页的设计原则

网页的设计不仅涉及各种软件的操作技术，还关联到设计者对生活的理解和体验。网页设计

就是要把适合的信息传达给适合的观众，遵循一些必要的原则。

1. 页面的统一、连贯、和谐

一个精美的网页必须拥有良好的整体统一效果，在设计过程中一定要将页面的各个组成部分进行合理的布局，以避免出现纷杂的凌乱情况。

网页的连贯是指页面中各部分的相互关系。在网页设计过程中，应充分利用各组成部分在内容上的内在联系和表现形式上的相互呼应，并使整个页面设计保持一致，实现视觉上和心理上的连贯，使整个页面的各个部分融洽。

网页的和谐是指整个页面符合美的法则，和谐不仅要看页面的结构形式，而且要看作品所形成的视觉效果(颜色搭配、形式等)能否与人的视觉感受形成一种有效沟通，产生心灵的共鸣，这是网页能够设计成功的关键因素之一。

2. 较快的下载速度

良好的下载速度是一个优秀网页所必备的条件，在网络速度相当缓慢的情况下，设计者应该为节约访问者的时间而精心设计。即使不能让每个页面都保持比较快的下载速度，至少应该确保首页和主要内容页面的下载要尽可能地快。

在目前的技术条件下，保持网页的优质下载速度的主要方法是尽量让页面简洁，避免使用大量的图片，以及取消自动下载的音乐和媒体素材。

3. 网页链接无误

网页的主要功能就是向访问者提供信息，如果网页的链接出现错误，访问者就无法获取自己所需的资料，因此网页链接无误，是网页设计的最基本原则。

4. 兼容性

不同的浏览器和分辨率，对网页的显示效果会有比较大的差别。目前广泛应用的浏览器有微软的IE、网景的Navigator和Mozilla的Firefox 3种。在设计网页时，要充分考虑不同浏览器的显示要求，始终从用户的实际情况出发，完成网页设计后，可以使用不同的浏览器先测试一下，没有问题后再进行发布。

1.2.3 网页的配色技巧

颜色的使用在网页制作中起着非常关键的作用，色彩成功搭配的网站可以令人过目不忘。

1. 216 网页安全色

网络安全色是当红色(Red)、绿色(Green)、蓝色(Blue)颜色值为0、51、102、153、204、255时构成的颜色组合，它一共有6×6×6=216种颜色(其中彩色为210种，非彩色为6种)。这些色彩在不同硬件环境、不同操作系统、不同浏览器中都能够正常显示，因此任何终端浏览用户显示

设备上的现实效果都是相同的。使用 216 网页安全色进行网页配色可以有效地避免原有的颜色失真问题。

在实际浏览器访问网页时，如果网页中目标颜色没有使用网页安全色，系统就自动通过混合其他相近颜色模拟显示目标颜色，这种处理超出网页安全色范围颜色的处理方法称之为“抖动”(Dithering)。具体的方法就是选择两个类似的网页安全色进行交叉显示，而此时的显示效果通常都比较模糊。

216 网页安全色是根据当前计算机设备的情况通过无数次反复分析论证得到的结果，这对于一个网页设计师来说是必备的常识，利用它可以拟定出更安全、更出色的网页配色方案。

2. 网页的配色

所谓配色，简单来说就是将颜色摆在适当的位置，做一个最好的安排。不同的颜色搭配，可以产生不同的表现效果，例如绿色和金黄、淡白搭配，可以产生优雅，舒适的气氛；蓝色和白色混合，能体现柔顺、淡雅、浪漫的气氛；红色和黄色、金色的搭配能渲染喜庆的气氛；而金色和栗色的搭配则会给人带来暖意。配色就是根据不同的设计任务，通过颜色的搭配选择，来改变空间的舒适程度和环境气氛。网页设计时，考虑到网页的适应性，尽量使用网页安全色。

要深入地掌握网页配色的技巧，除了得深入学习理解各种色彩知识以外，还得从对其他网站的观摩学习中多加思考，例如图 1-14 所示的 Dior 网站，网站整体采用红色和黑色搭配，加上部分白色平衡，突显了 Dior 品牌产品典雅、大方的气质。

图 1-14　Dior 网站

> **提示**
>
> 在网上有许多网页配色软件和颜色工具，例如工具啦网站(http://www.tool.la)等，可以在其中选中所需的网页背景色，记录下该背景色色值，然后在 Dreamweaver CS4 中输入色值，应用背景色。

1.2.4　网页大体构思

在制作网页之前，首先对网页大体上的设计有个系统的构思，主要包括网页的主题、网页的命名、网站标志、色彩搭配和字体等要素。

1. 网页的主题

网页的主题也就是网页的题材。在构思网页主题时，尽量精准，范围不宜过大，内容要尽量

提炼精要。最好选择自己了解的主题内容，这样在制作过程中更容易收集到更多的网页素材与内容。

2. 网页的命名

网页的名称应该是网页内容的概括，访问者通过网页的名称就能够了解网页包含的内容题材。在设计网页名称的时候，可以结合网页的主题，尽量简短精要。网页名称字数不宜过多，以便于其他站点的链接。

3. 网站的标志

网站的标志(Logo)是网站特色和内容的集中体现，一般简称为站标，放置在主页和链接页面上。一般根据网页的名称和内容设计网站的标志，选择符合站点特色的图形与颜色，例如图 1-15 所示的新浪网和搜狐网 LOGO。

图 1-15　网站 LOGO

4. 网页色彩的搭配

一个网页给访问者的第一印象往往是网页颜色的视觉冲击，因此，网页色彩选取得当与否是网站能否成功的重要因素，不同颜色的搭配不仅会产生不同的视觉效果，还会影响浏览者的情绪。通常适合网页标准的颜色有黄/橙色、蓝色、黑/灰色 3 大系。另外，网页中的标准色彩不宜过多，太多的颜色会使人眼花缭乱。标准色彩主要应用于网站的标志与字体颜色。

5. 字体

网页中标准字体指的是用于网站标志、主菜单和标题的特有字体。默认的字体为宋体。用户在制作网页的过程中为了体现网页的特有风格，也可以根据需要选择一些特殊字体，例如华文行楷、方正楷体、隶书和华文新魏等。

1.2.5　网页制作的一般流程

在制作网页的过程中，要遵循一定的顺序才能协调分配整个制作过程的资源与进度。网页的制作流程主要如下。

- 建立目标规划：在制作网页之前，必须首先明确要制作的网页目标，以及创建的网页将实现的效果。
- 设计页面版式：在进行页面版式设计的过程中，需要安排网页中包括文本、图像、导航条、动画等各种元素在页面中显示的位置以及具体数量。

- 收集与加工网页制作素材：制作网页所需要的素材。
- 编辑网页内容：具体实施设计结果，按照设计的方案制作，通过 Dreamweaver 等网页编辑工具软件在具体的页面中添加实际内容。
- 测试并发布网页：在完成网页的制作工作之后，需要对网页效果进行充分的测试，以保证页面中各元素都能正常显示。

1.3 认识 Dreamweaver CS4

Dreamweaver CS4 作为 Dreamweaver 系列中的最新版本，在增强了面向专业人士的基本工具和可视技术外，同时提供了功能强大、开放式且基于标准的开发模式，可以轻而易举地制作出跨平台和浏览器的动感效果网页。

1.3.1 Dreamweaver 简介

Dreamweaver CS4 是 Adobe 公司最新推出的网页制作软件，用于对网站、网页和 Web 应用程序进行设计、编码和开发。它广泛用于网页制作和网站管理。

1. 网页制作

Dreamweaver CS4 为开发各种网页和网页文档提供了灵活的环境，除了可以制作传统的 HTML 静态网页外，还可以使用 ASP、PHP 或 JSP 技术，创建基于数据库的交互式动态网页。此外，Dreamweaver CS4 对 CSS 样式表提供了更强劲的支持，并扩展了对 XML 和 XSLT 技术的支持，以帮助设计人员创建功能复杂的专业级 Web 页面。

2. 站点管理

Dreamweaver CS4 既是一个网页制作软件，也是一个站点创建与管理工具，使用它不仅可以制作单独的网页文档，还可以创建并管理完整的基于 Dreamweaver 软件开发平台的 Web 站点。它提供了合理组织和管理所有与站点相关文档的方法，通过 Dreamweaver CS4 提供的工具，可以将站点上传到 Web 服务器，并且可以自动跟踪和维护网页链接，管理和共享网页文件。

1.3.2 Dreamweaver CS4 工作界面

Dreamweaver CS4 的工作界面秉承了 Dreamweaver 系列产品一贯的简洁、高效和易用性，多数功能都能在工作界面中很方便地找到。工作界面主要由【文档】窗口(设计区)、菜单栏、状态栏、面板组和【属性】面板组成，如图 1-16 所示。

图 1-16　Dreamweaver CS4 的工作界面

与先前的产品相比，Dreamweaver CS4 的工作界面更加简洁，并且将常用的一些元素都集合在【插入】面板中。对于工作界面，可以自行进行定义，并且可以保存和删除已经定义的工作界面。

1. 菜单栏

菜单栏提供了各种操作的标准菜单命令，它由【文件】、【编辑】、【查看】、【插入】、【修改】、【格式】、【命令】、【站点】、【窗口】和【帮助】10 个菜单命令组成，如图 1-16 所示。

- 【文件】：用于文件操作的标准菜单选项，如【新建】、【打开】和【保存】等命令。
- 【编辑】：用于基本编辑操作的标准菜单选项，如【剪切】、【复制】和【粘贴】等命令。
- 【查看】：用于查看文件的各种视图。
- 【插入】：用于将各种对象插入到页面中的各种菜单选项，如表格、图像、表单等网页元素。
- 【修改】：用于编辑标签、表格、库和模板的标准菜单选项。
- 【格式】：用于文本设置的各种标准菜单选项。
- 【命令】：用于各种命令访问的标准菜单选项。
- 【站点】：用于站点编辑和管理的各种标准菜单选项。
- 【窗口】：用于打开或关闭各种面板、检查器的标准菜单选项。
- 【帮助】：用于了解并使用 Dreamweaver CS4 的软件和相关网站链接菜单选项。

2. 【插入】面板

在【插入】面板中包含了可以向网页文档添加的各种元素，如文字、图像、表格、按钮、导航以及程序等。

单击【插入】面板中的下拉按钮，在下拉列表中显示了所有的类别，根据类别不同，【插入】面板由【常用】、【布局】、【表单】、【数据】、Spry、InContext Editing、【文本】和【收藏

夹】组成，如图 1-17 所示。

◉ 【常用】类别：包括网页中最常用的元素对象，如插入超链接、插入表格、插入时间日期等，如图 1-18 所示。

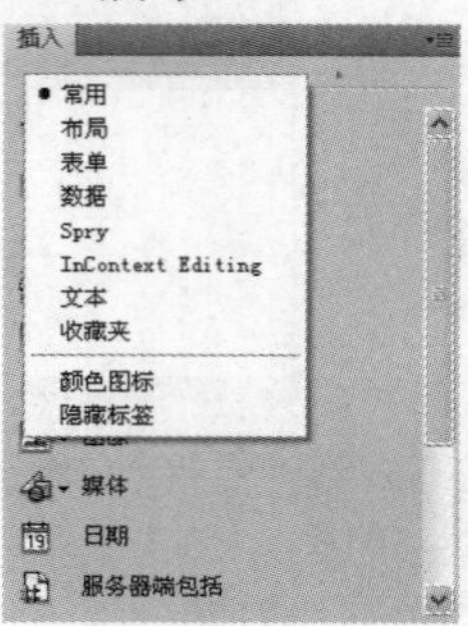

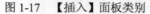

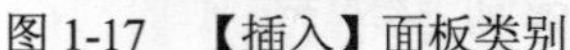
图 1-17 【插入】面板类别　　图 1-18 【常用】类别

◉ 【布局】类别：整合了表格、层 Spry 菜单栏布局工具，还可以在【标准】和【扩展】模式之间进行切换，如图 1-19 所示。

◉ 【表单】类别：是动态网页中最重要的元素对象之一，可以定义表单和插入表单对象，如图 1-20 所示。

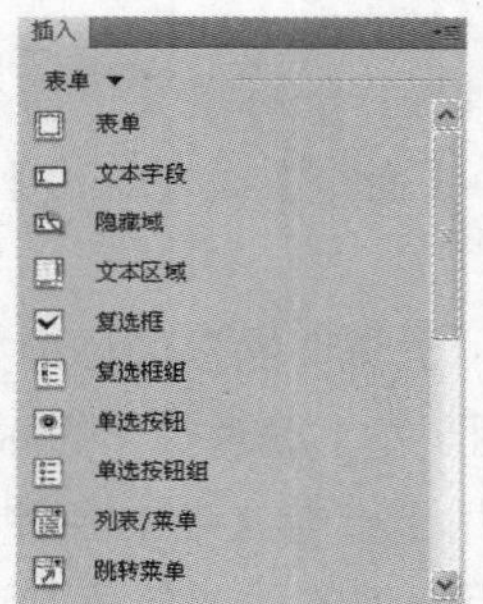

图 1-19 【布局】类别　　图 1-20 【表单】类别

◉ 【数据】类别：用于创建应用程序，如图 1-21 所示。

◉ Spry 类别：使用 Spry 工具栏，可以更快捷地构建 Ajax 页面，包括 Spry XML 数据集、Spry 重复项、Spry 表等。对于不擅长编程的用户，可以通过修正它们来制作页面，如图 1-22 所示。

图 1-21 【数据】类别　　图 1-22 Spry 类别

- InContext Editing 类别：用于定义模板区域和管理可用的 CSS 类，如图 1-23 所示。
- 【文本】类别：用于对文本对象进行编辑，如图 1-24 所示。

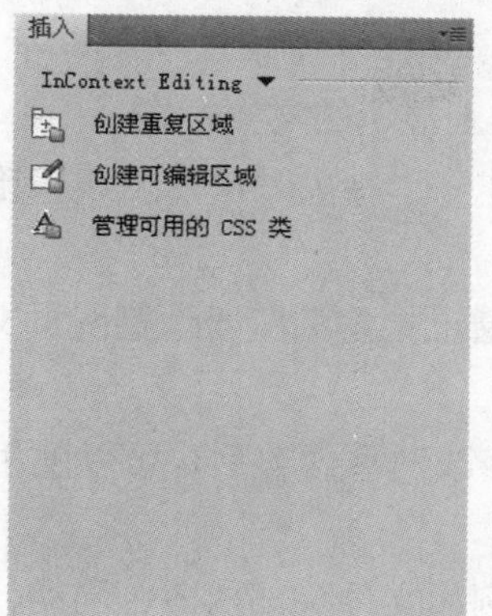

图 1-23　InContext Editing 类别

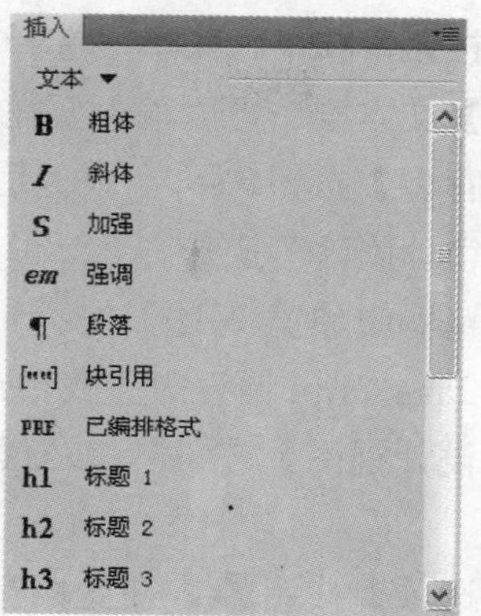

图 1-24　【文本】类别

- 【收藏夹】类别：可以将常用的按钮添加到【收藏夹】类别中，方便以后的使用，如图 1-25 所示。右击该类别面板，在弹出的快捷菜单中选择【自定义收藏夹】命令，可以打开【自定义收藏夹对象】对话框，如图 1-26 所示，可以在该对话框中添加收藏夹类别。

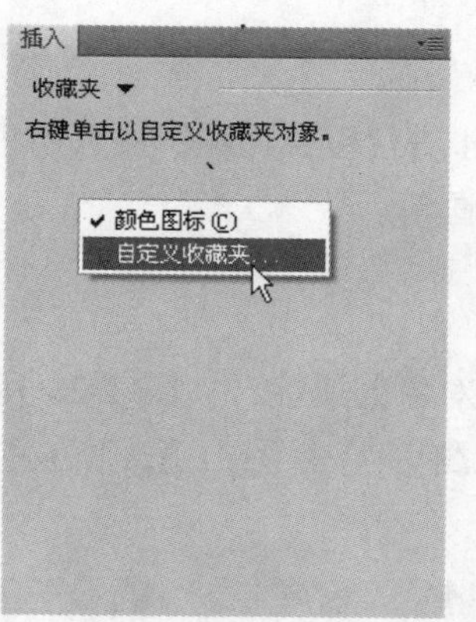

图 1-25　【收藏夹】类别

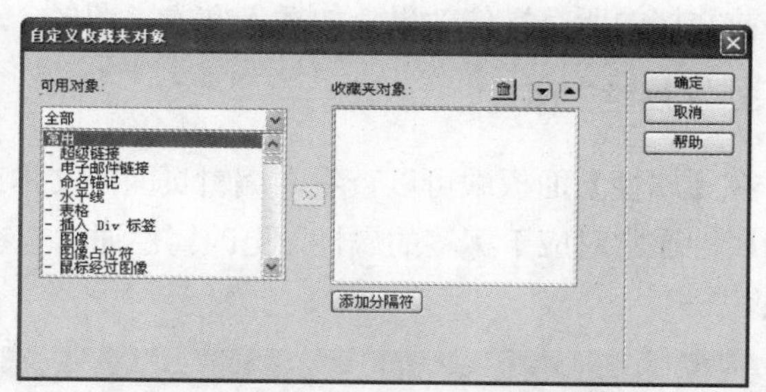

图 1-26　【自定义收藏夹对象】对话框

3. 【文档】工具栏

【文档】工具栏主要包含了一些对文档进行常用操作的功能按钮，通过单击这些按钮可以在文档的不同视图模式间进行快速切换，如图 1-27 所示。

图 1-27　【文档】工具栏

在【文档】工具栏中的按钮和选项具体作用如下。

- 【代码】按钮：在文档窗口中显示 HTML 源代码视图。
- 【拆分】按钮：在文档窗口中同时显示 HTML 源代码和设计视图。

- 【设计】按钮：系统默认的文档窗口视图模式，显示设计视图。
- 【实时视图】按钮：可以在实际的浏览器条件下设计网页。可以单击按钮右侧的下拉按钮，在下拉菜单中选择相应的禁用选项。
- 【标题】文本框：可以输入要在网页浏览器上显示的文档标题。
- 【文件管理】按钮：当很多用户同时操作一个网页时，使用该按钮进行打开文件、导出和设计附注等操作。
- 【在浏览器中预览/调试】按钮：该按钮通过指定浏览器预览网页文档。可以在文档中存在 JavaScript 错误时查找错误。
- 【刷新设计视图】按钮：在代码视图中修改网页内容后，可以使用该按钮刷新文档窗口。
- 【视图选项】按钮：在文档窗口中显示例如文件头部内容、网络、标志和辅助线等视图选项。
- 【可视化助理】按钮：在文档窗口中显示各种可视化助理。
- 【验证标记】按钮：验证当前文档或选定的标签。
- 【检查浏览器兼容性】按钮：检查所设计的页面对不同类型的浏览器的兼容性，单击按钮，在弹出的菜单中选择相应的命令检查对应的兼容性。

4. 【文档】窗口

【文档】窗口也就是设计区，是 Dreamweaver CS4 进行可视化编辑网页的主要区域，可以显示当前文档的所有操作效果，如插入文本、图像、动画等。

5. 【属性】面板

在【属性】面板中可以查看并编辑页面上文本或对象的属性，如图 1-28 所示。该面板中显示的属性通常对应于标签的属性，更改属性通常与在【代码】视图中更改相应的属性具有相同的效果。

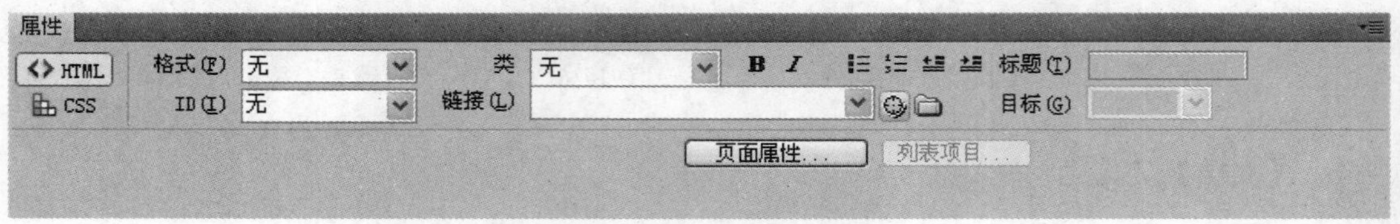

图 1-28 【属性】面板

6. 状态栏

Dreamweaver CS4 中的状态栏位于文档窗口的底部，它的作用是显示当前正在编辑文档的相关信息，如当前窗口大小、文档大小和估计下载时间等。

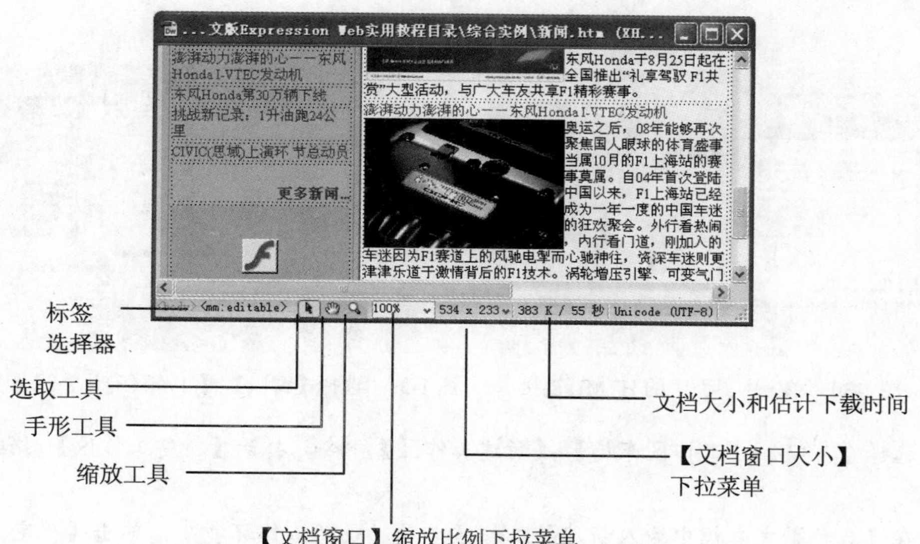

图 1-29　状态栏

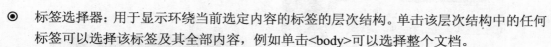

- 标签选择器：用于显示环绕当前选定内容的标签的层次结构。单击该层次结构中的任何标签可以选择该标签及其全部内容，例如单击<body>可以选择整个文档。
- 手形工具：单击该工具按钮，在文档窗口中以拖曳方式查看文档内容。单击选取工具可禁用手形工具。
- 缩放工具和【文档窗口】缩放比例下拉菜单：用于设置当前文档内容的显示比例。
- 【文档窗口大小】下拉菜单：用于设置当前文档窗口的大小比例。

7. 面板组

为使设计界面更加简洁，同时也为了获得更大的操作空间，Dreamweaver CS4 中类型相同或功能相近的面板分别被组织到不同的面板下，然后这些面板被组织在一起，构成面板组。这些面板都是折叠的，通过标题左角处的展开箭头可以对面板进行折叠或展开，并且可以和其他面板组停靠在一起。面板组还可以停靠到集成的应用程序窗口中。

1.4　上机练习

本章上机练习介绍了在 Dreamweaver CS4 中自定义工作环境并保存定义的工作环境。对于本章中的其他内容，可根据相应章节的内容介绍进行练习。

【例 1-1】启动 Dreamweaver CS4，保存自定义的工作环境为【我的工作环境】。

(1) 启动 Dreamweaver CS4，单击主界面中的 HTML 链接，如图 1-30 所示，新建一个空白的网页文档。

(2) 选择【窗口】|【工作区布局】|【经典】命令，如图 1-31 所示，切换到经典模式工作

界面。

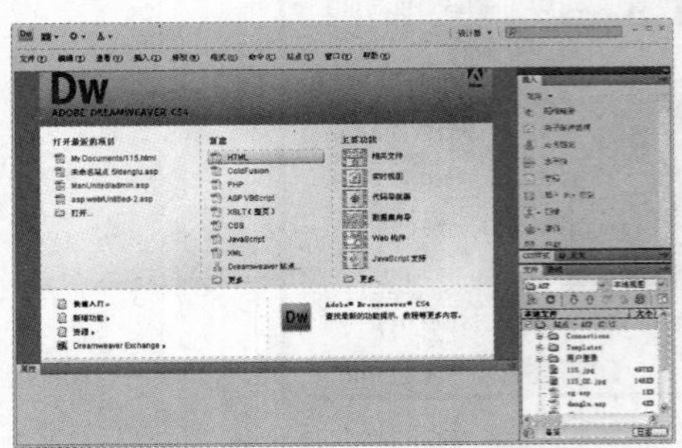

图 1-30　单击主界面中的 HTML 链接

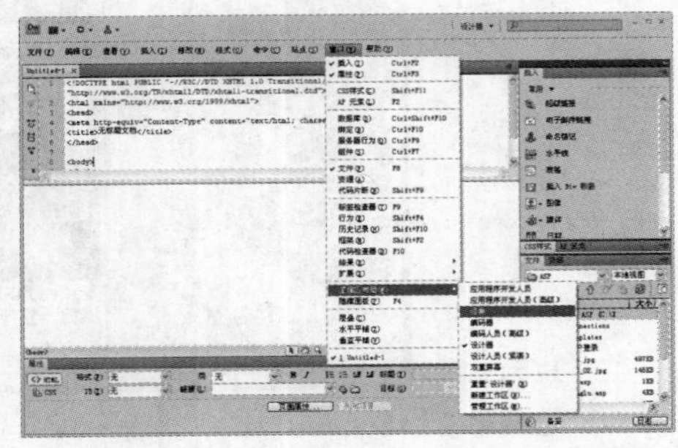

图 1-31　选择【窗口】|【工作区布局】|【经典】命令

(3) 选择【窗口】|【工作区布局】|【新建工作区】命令，打开【新建工作区】对话框，如图 1-32 所示。

(4) 在【名称】文本框中输入新建的工作区名称“我的工作环境”，单击【确定】按钮。

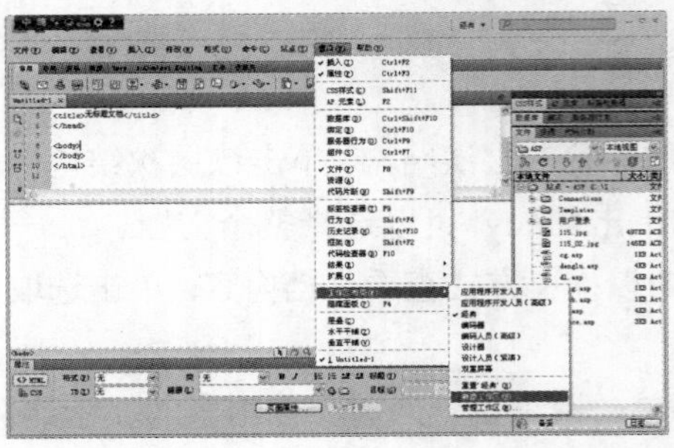

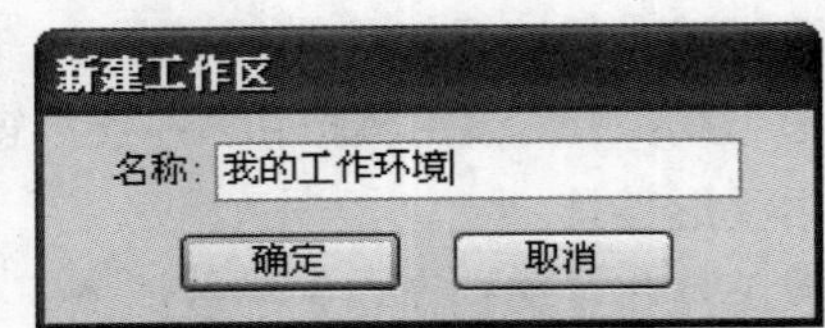

图 1-32　【新建工作区】对话框

(5) 此时在标题栏右侧显示当前的工作环境【我的工作环境】，可以单击该按钮，在弹出的下拉菜单中选择命令，切换相应的工作区。

(6) 关闭 Dreamweaver CS4 后，在下次启动时，将显示【我的工作环境】工作区。

1.5　习题

1. 什么是所见即所得？
2. 如何重命名或删除新建的工作区？

第2章 创建和管理站点

学习目标

在建立网站之前，首先要设计并规划好整个站点需要有哪些页面，有哪些功能，继而才能进行具体的网页制作过程。创建好一个本地站点后，可以进行管理站点操作，还可以创建文档并将其保存在站点文件夹中。本章主要介绍了如何使用不同的方法创建和管理站点，创建不同类型的网页文档。

本章重点

- 创建本地站点
- 创建站点文件
- 网页文档的基本操作
- 显示和编辑页面头部信息

2.1 创建本地站点

在建立网站之前，首先应设计和规划好整个站点，继而才能进行具体的网页制作过程。下面主要介绍使用不同的方法创建和管理站点的方法，创建不同类型文档的方法以及网页制作的常用操作。

2.1.1 站点的概念

在 Dreamweaver CS4 中创建本地站点，也就是在本地计算机中创建站点，所有的站点内容都保存在本地计算机中，本地计算机可以看成是网络中的站点服务器。简单地说，网站建立在互联网基础之上，是以计算机、网络和通信技术为依托，通过一台或多台安装了系统程序、服务程序及相关应用程序的计算机，向访问者提供相应的服务。

如图 2-1 所示，互联网中包括无数的网站和客户端浏览器，网站宿主于网站服务器中，它通过存储和解析网页内容，向各种客户端浏览器提供信息浏览服务。通过客户端浏览器打开网站中的某个网页时，网站服务软件会在完成对网页内容的解析工作后，将解析的结构回馈给网络中要求访问该网页的浏览器。

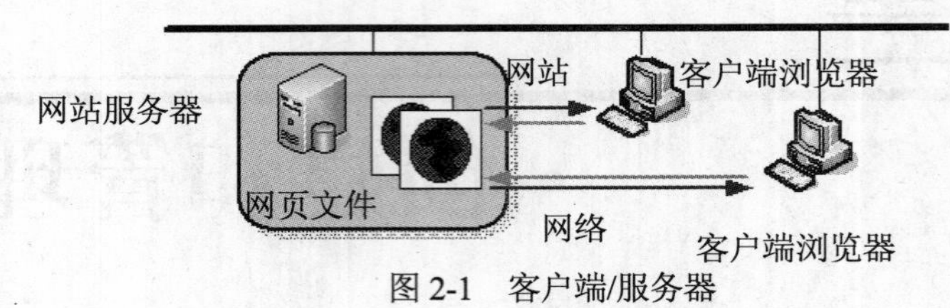

图 2-1　客户端/服务器

1. 网站服务器和本地计算机

通常情况下，浏览的网页都存储在网站服务器上，网站服务器是指用于提供网络服务(例如 WWW、FTP、E-mail 等服务)的计算机，对于 WWW 浏览服务，网站服务器主要用于存储用户所浏览的 Web 站点和页面。

对于大多数访问者来说，网站服务器只是一个逻辑名称，不需要了解服务器具体的数量、性能、配置和地理位置，在浏览器的地址栏中输入网址，就可以轻松浏览网页。用于浏览网页的计算机就称为本地计算机，只有本地计算机才是真正的实体。本地计算机和网站服务器之间通过各种线路，包括电话线、ISDN 或其他线缆等进行连接，以实现相互间的通信。

2. 本地站点和远程站点

网站由文档及其所在的文件夹组成，设计良好的网站都具有科学的体系结构，利用不同的文件夹，将不同的网页内容进行分类组织和保存。

在互联网上浏览各种网站，其实就是用浏览器打开存储于网站服务器上的网页文档及其相关资源，由于网站服务器的不可知特性，通常将存储于网站服务器上的网页文档及其相关资源称为远程站点。

利用 Dreamweaver CS4 可以对位于网站服务器上的站点文档直接进行编辑和管理，但是由于网速和网络传输的不稳定性等原因，会对站点的管理和编辑带来不良的影响。可以先在本地计算机的磁盘上构建出整个网站的框架，编辑相关的网页文档，然后再通过各种上传工具将站点上传到远程的网站服务器上。这种在本地计算机上创建的站点被称为本地站点。

3. Internet 服务程序

在一些特殊情况下，如站点中包含 Web 应用程序，在本地计算机上是无法对站点进行完整测试的，这时就需要借助 Internet 服务程序来完成测试。

在本地计算机上安装 Internet 服务程序，实际上是将本地计算机构建成一个真正的 Internet 服务器，可以从本地计算机上直接访问该服务器，这时该计算机已经和网站服务器合二为一了。

目前，Microsoft 的 IIS 是应用比较广泛的 Internet 服务程序。依据不同的操作系统，应该安装不同的服务程序。在安装完 IIS 后，可以通过访问 http://localhost(也可以是本地 IP 地址)来确认

程序是否安装成功。成功安装后，用户就可以在未连入互联网的情况下创建站点，并对站点进行完全充分的测试。

4. 上传和下载

下载是资源从网站服务器传输到本地计算机的过程，而上传则是资源从本地计算机传输到 Internet 服务器的过程。

在实际的网页浏览过程中，上传和下载是经常使用到的操作。如浏览网页就是将 Internet 服务器上的网页下载到本地计算机上，然后进行浏览；用户在使用 E-mail 时输入用户名和密码，就是将用户信息上传到网站服务器。Dreamweaver CS4 内置了强大的 FTP 功能，可以帮助用户将网站服务器上的站点结构及其文档下载到本地计算机中，经过修改后再将站点上传到网站服务器上，实现对站点的同步和更新。

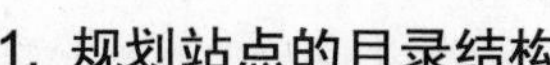

2.1.2　规划站点

1. 规划站点的目录结构

站点的目录指的是在建立网站时存放网站文档所创建的目录，网站目录结构的好坏对于网站的管理和维护至关重要。在规划站点的目录结构时，应注意以下几点。

- 使用子目录分类保存网站栏目内容文档。应尽量减少网站根目录中的文件存放数量。要根据网站的栏目在网站根目录中创建相关的子目录。
- 站点的每个栏目目录下都建立 Image、Music 和 Flash 目录，以存放图像、音乐、视频和 Flash 文件。
- 避免目录层次太深。网站目录的层次最好不要超过 3 层，因为太深的目录层次不利于维护与管理。
- 不要使用中文作为目录名。
- 避免使用太长的站点目录名。
- 使用意义明确的字母作为站点目录名称。

2. 规划站点的链接结构

站点的链接结构，是指站点中各页面之间相互链接的拓扑结构，规划网站的链接结构的目的是利用尽量少的链接达到网站的最佳浏览效果。通常，网站的链接结构包括树状链接结构和星型链接结构，在规划站点链接时应混合应用这两种链接结构设计站点内各页面的链接，尽量使网站的浏览者既可以方便快捷地打开自己需要访问的网页，又能清晰地知道当前页面处于网站内的确切位置，例如在网站的首页和站点内的一级页面之间使用星型链接结构，一级和二级页面之间使用树状链接结构，如图 2-2 所示。

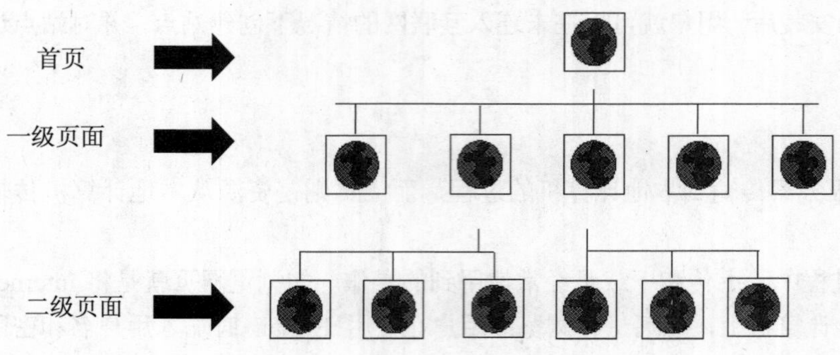

图 2-2　树状链接结构

2.1.3　创建本地站点

在创建站点之前，一般在本地将整个网络完成，然后再将站点上传到 Web 服务器上。创建本地站点可以使用向导创建，也可以使用高级面板创建。

1. 使用向导创建本地站点

使用向导创建本地站点的方法很简单，通过【菜单栏】中的【站点】|【新建站点】命令即可实现。

【例 2-1】使用向导创建本地站点。

(1) 启动 Dreamweaver CS4，选择【站点】|【新建站点】命令，打开【站点定义为】对话框，默认打开的是【高级】选项卡，如图 2-3 所示。

(2) 单击【基本】标签，打开该选项卡对话框。

(3) 在【您打算为您的站点起什么名字？】文本框中输入站点名称。

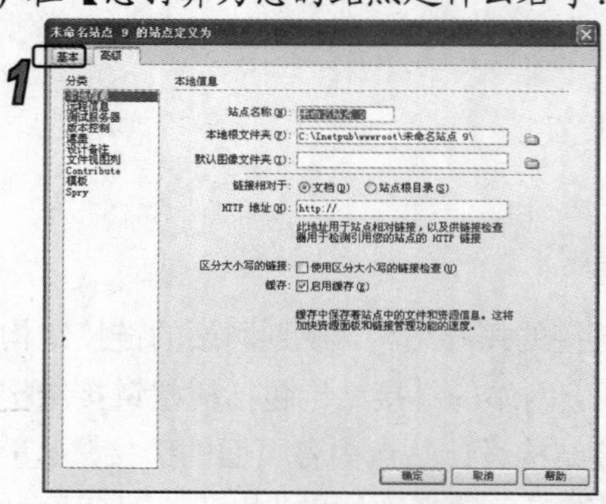

图 2-3　单击【基本】标签

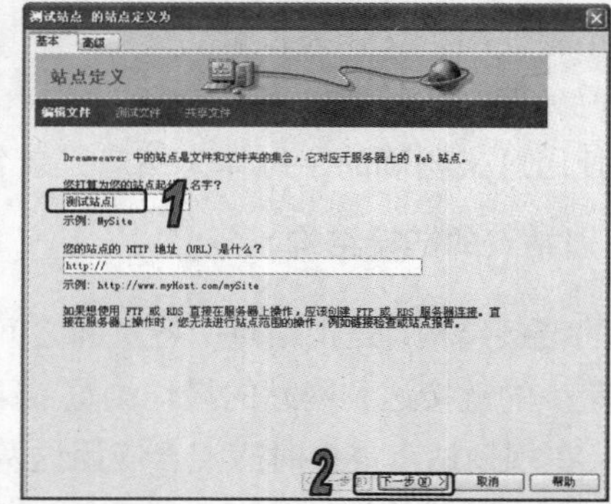

图 2-4　输入站点名称

(4) 单击【下一步】按钮，要求选择是否需要使用服务器技术。如果创建的是静态站点，选中【否，我不想使用服务器技术】单选按钮；如果创建的是动态站点，选中【是，我想使用服务器技术】单选按钮，然后在【哪种服务器技术】下拉列表中选择所需使用的服务器技术即可。

(5) 以创建静态站点为例，直接单击【下一步】按钮，如图 2-5 所示。

(6) 单击【打开】按钮，如图 2-6 所示，打开【选择站点的本地根文件夹】对话框。

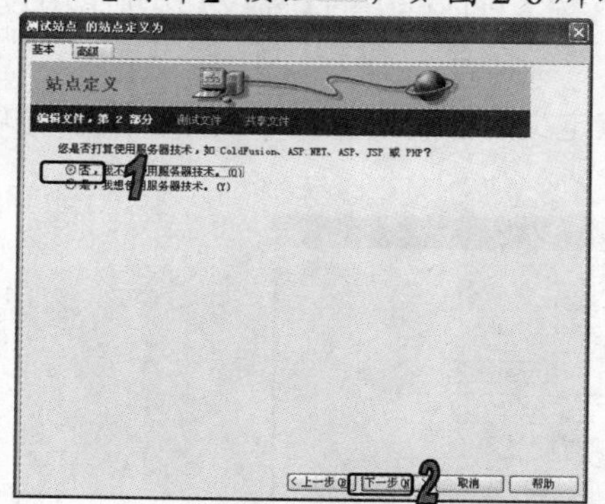

图 2-5　创建静态站点

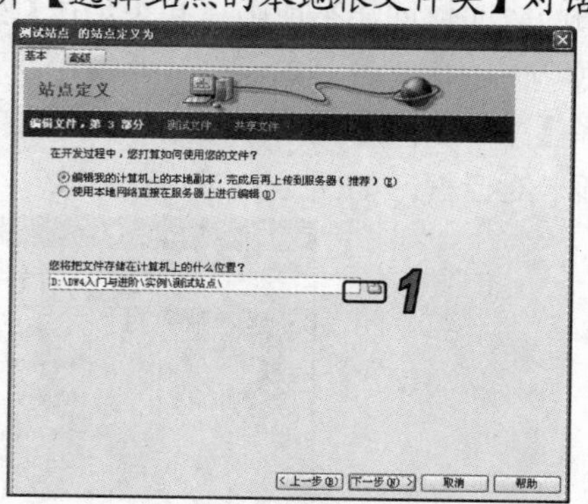

图 2-6　单击【打开】按钮

(7) 选择创建的本地站点保存的文件夹，单击【打开】按钮，如图 2-7 所示，返回【站点定义为】对话框，单击【下一步】按钮，如图 2-8 所示。

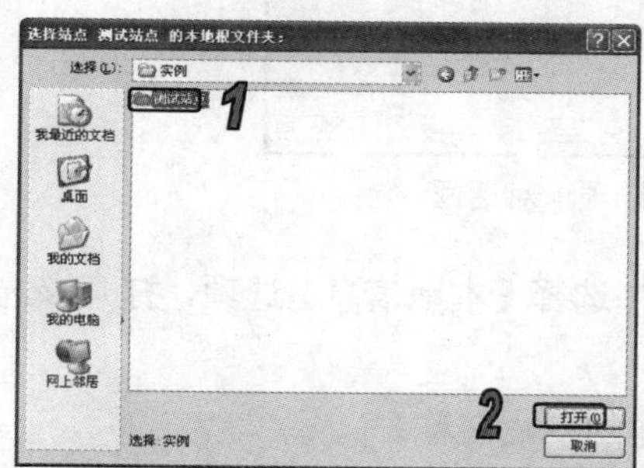

图 2-7　选择创建的本地站点保存的文件夹

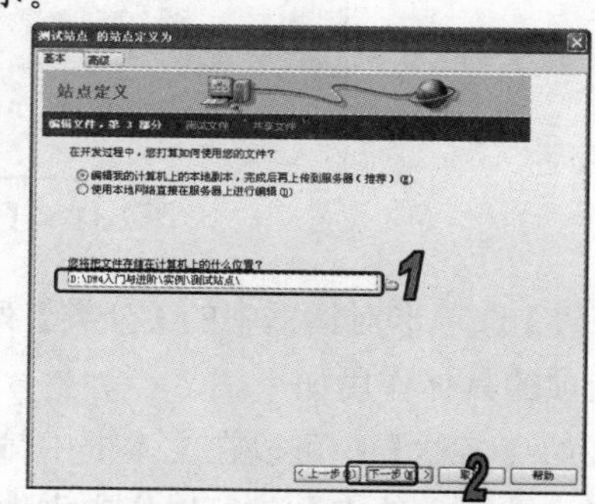

图 2-8　单击【下一步】按钮

(8) 此时要求选择如何连接到远程服务器，因为创建的是本地站点，并没有使用远程服务器，在下拉列表中选择【无】选项即可，然后单击【下一步】按钮，如图 2-9 所示。

(9) 确认创建本地站点相关信息无误后，单击【完成】按钮，如图 2-10 所示，创建本地站点。

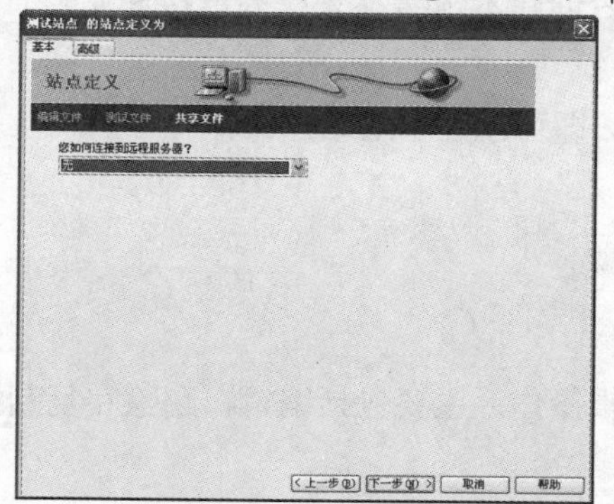

图 2-9　选择【无】选项

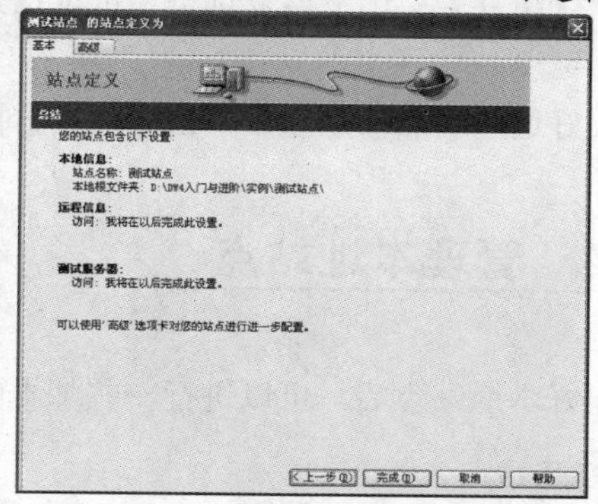

图 2-10　确认创建本地站点相关信息

2. 使用高级面板创建本地站点

使用高级面板创建本地站点其实是在【站点定义为】对话框中的【高级】选项卡中设置选项，创建站点。

选择【站点】|【新建站点】命令，打开【站点定义为】对话框，单击【高级】选项卡，打开该选项卡对话框，如图 2-11 所示。

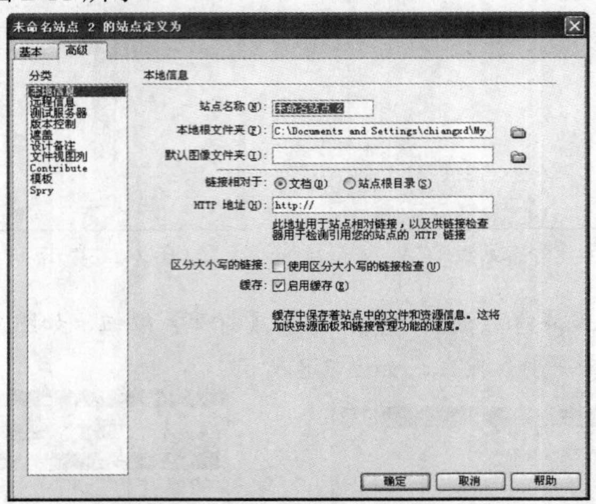

图 2-11 【高级】选项卡对话框

在【高级】选项卡对话框中的【分类】列表框中选择【本地信息】选项，打开该选项对话框，主要参数选项的具体作用如下。

- 【站点名称】：可以在文本框中输入创建的站点名称。
- 【本地根文件夹】：可以指定本地站点文件夹存储路径。
- 【默认图像文件夹】：可以指定本地站点的默认图像文件夹存储路径。
- 【HTTP 地址】：可以在文本框中输入已经完成的站点将使用的 URL 地址。
- 【区分大小写的链接】：选中该复选框，系统会自动区分链接的大小写。
- 【缓存】：选中该复选框，可以指定是否创建本地缓存来提高链接和站点管理任务的速度。

设置好这些站点信息后，单击【确定】按钮，即可创建本地站点。

2.1.4 管理本地站点

创建好本地站点后，可以进行一些基本的编辑操作，主要包括编辑、删除和复制站点等。

1. 打开站点

选择【窗口】|【文件】命令，打开【文件】面板，显示了当前站点中的所有文件。单击面板右侧的【展开/折叠以显示本地和远端站点】按钮，如图 2-12 所示，展开【文件】面板。在

右侧显示了站点或远程服务器站点上的文件，右侧则显示了本地站点的所有文件，如图 2-13 所示。

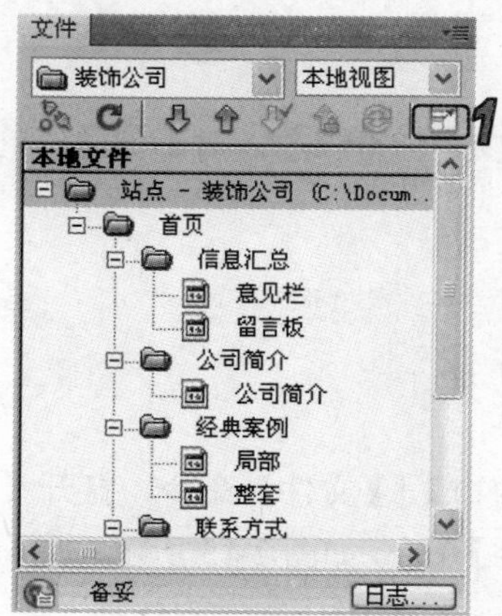

图 2-12　展开【文件】面板

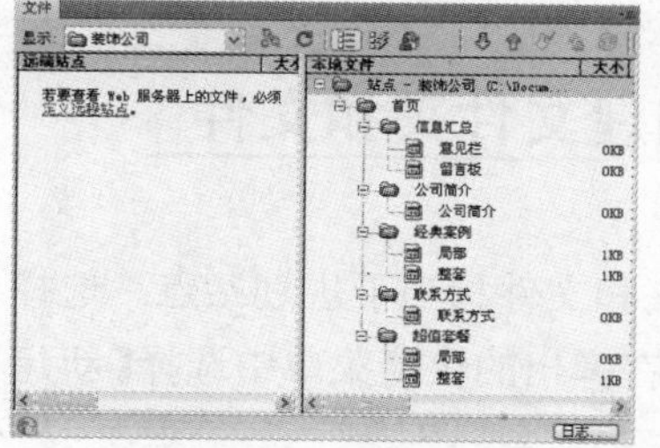

图 2-13　显示本地站点的所有文件

2. 【管理站点】对话框

【管理站点】对话框主要是对本地站点进行管理操作，选择【站点】|【管理站点】命令，打开【管理站点】对话框，如图 2-14 所示，在该对话框中显示了创建的本地站点。

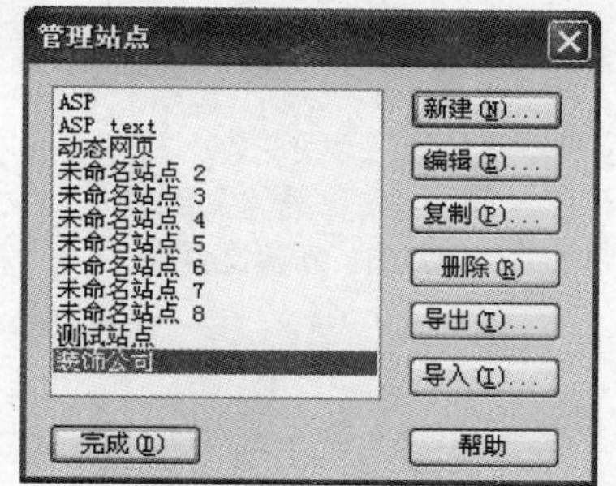

图 2-14　【管理站点】对话框

提示

删除站点操作是删除站点与 Dreamweaver 的关联，站点中的文件仍然保存在硬盘中，要彻底删除站点中的文件，需要在硬盘中删除。

有关【管理站点】对话框中的主要参数选项的具体作用如下。

- 【删除】：单击该按钮，可以删除选中的站点。
- 【新建】：单击该按钮，可以打开【站点定义为】对话框，新建站点。
- 【编辑】：单击该按钮，可以打开【站点定义为】对话框，对选中站点进行站点编辑操作。
- 【复制】：单击该按钮，可以复制选中的站点。
- 【导出】：单击该按钮，打开【导出站点】对话框，可以将选中站点导出为 XML 文件(*.ste)。
- 【导入】：单击该按钮，打开【导入站点】对话框，可以导入站点文件。

2.2 创建站点文件

创建好本地站点后，可以根据需要创建各栏目文件夹和文件，对于创建好的站点，也可以进行再次编辑，或删除和复制这些站点。

2.2.1 创建文件夹和文件

创建文件夹和文件相当于规划站点。选择【窗口】|【文件】命令，打开【文件】面板。右击站点根目录，在弹出的快捷菜单中选择【新建文件】命令，如图 2-15 所示，即可新建名为 untitled 的文件。

选择【新建文件夹】命令，可以新建名为 untitled 的文件夹，如图 2-16 所示。

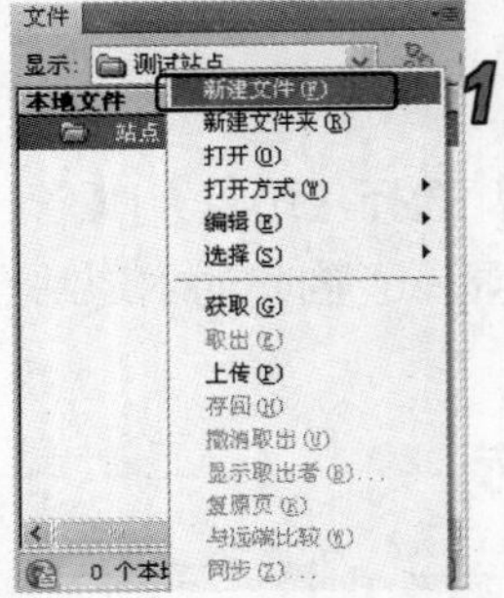

图 2-15　新建文件

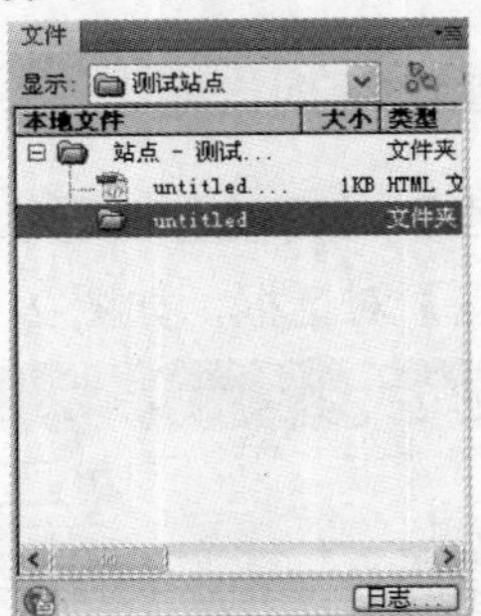

图 2-16　新建文件夹

2.2.2 管理文件夹和文件

管理站点文件夹和文件操作主要包括重命名文件或文件夹以及删除文件或文件夹。

1. 重命名文件和文件夹

重命名文件或文件夹可以更清晰地管理站点。右击所要重命名的文件或文件夹，在弹出的快捷菜单中选择【编辑】|【重命名】命令，然后输入重命名的名称，按 Enter 键即可。也可以选中所要重命名的文件或文件夹，按 F2 键，然后输入重命名的名称，然后按 Enter 键。还可以选中所需重命名的文件或文件夹，单击文件或文件夹名称，输入重命名的名称，按 Enter 键即可。

2. 删除文件和文件夹

在站点中创建的文件和文件夹，如果不需要使用，可以删除它们。右击所要删除的文件或文件夹，在弹出的快捷菜单中选择【编辑】|【删除】命令，系统会打开一个信息提示框，单击【是】按钮，即可删除该文件或文件夹，如图 2-17 所示。

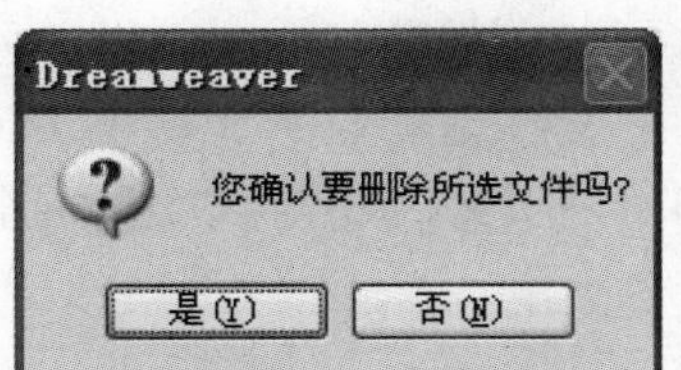

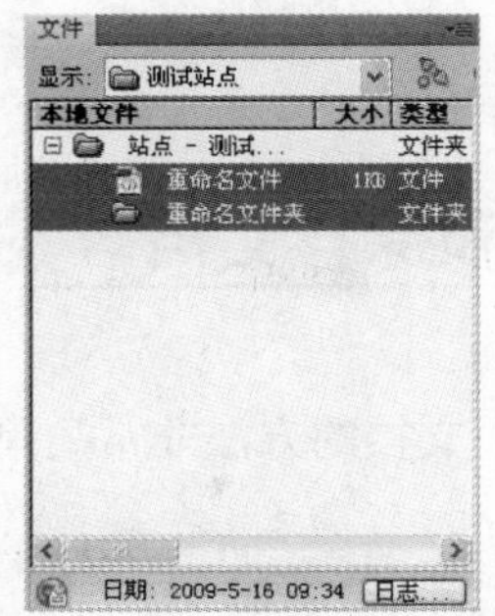

图 2-17　删除文件

2.3　网页文档的基本操作

Dreamweaver CS4 提供了多种创建文档的方法，可以创建一个新的空白 HTML 文档，或使用模板创建新文档。

2.3.1　创建空白网页文档

空白网页文档是 Dreamweaver CS4 最常用的文档。选择【文件】|【新建】命令，或按 Ctrl+N 键，即可打开【新建文档】对话框，如图 2-18 所示。

在左侧的列表框中选择【空白页】选项，在【页面类型】列表框中选择 HTML 选项，在【布局】列表框中选择【无】选项，单击【创建】按钮，即可创建一个空白网页文档。

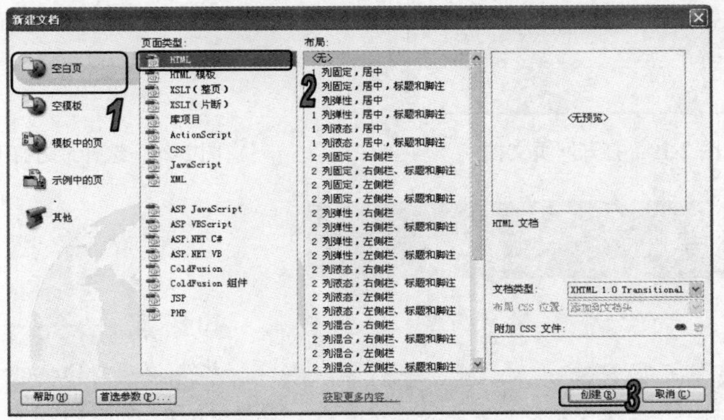

图 2-18　【新建文档】对话框

在【新建文档】对话框中，除了可以新建 HTML 类型空白网页文档外，还可以在【页面类型】列表框中选择其他类型的空白网页，如 CSS、XML、JSP 等类型空白网页。在选择创建的空白网页类型后，在【布局】列表框中可以选择网页布局，选择的网页布局会在右侧的预览框中

显示。

2.3.2 打开和保存文档

打开和保存网页文档的方法非常简单。在打开网页文档时，可以选中所需打开的文档，也可以打开最近的文档。

1. 打开网页文档

选择【文件】|【打开】命令或按 Ctrl+O 键，打开【打开】对话框。选择所需打开的网页文档，单击【打开】按钮即可，如图 2-19 所示。

2. 打开最近打开的文档

选择【文件】|【最近打开的文件】命令，在弹出的子菜单中可以选择最近打开的文档，如图 2-20 所示。

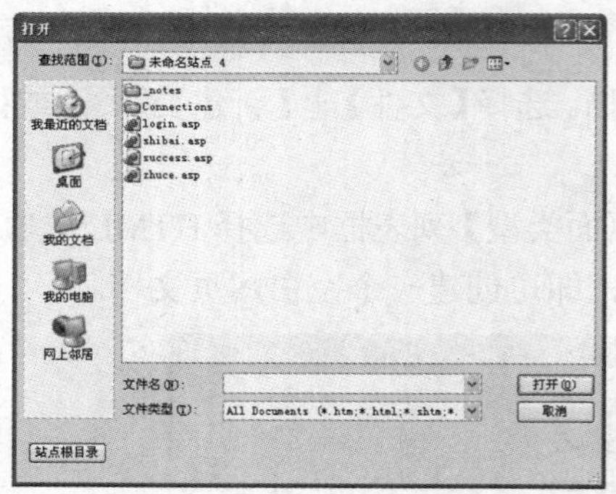

图 2-19 打开网页文档

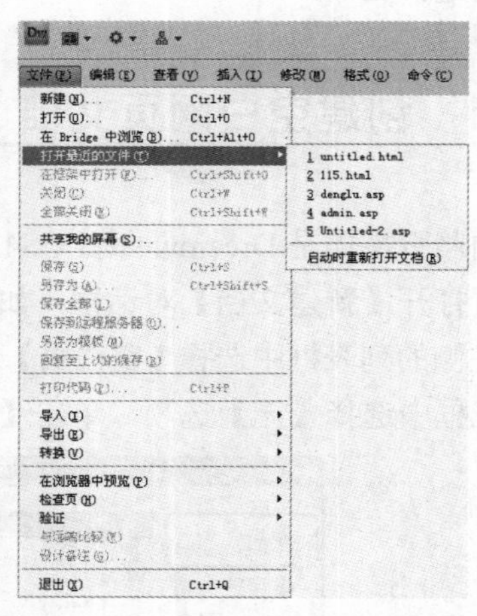

图 2-20 选择最近打开的文档

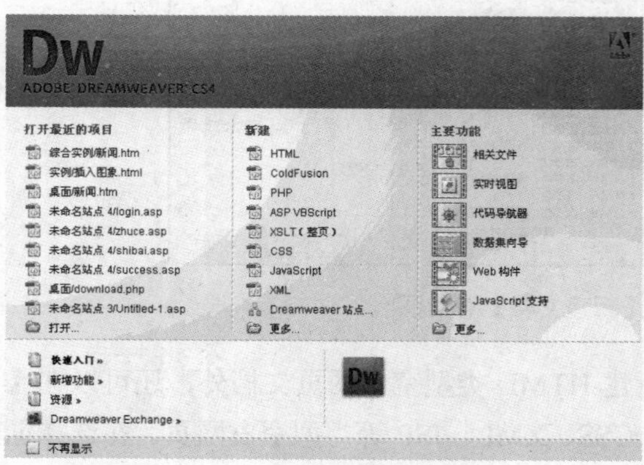

图 2-21 选择打开最近打开的文档

知识点

此外，在启动 Dreamweaver CS4 时，在显示页面左侧的【打开最近的项目】列表中，也可以选择打开最近打开的文档，如图 2-21 所示。

3. 保存网页文档

选择【文件】|【保存】命令或按 Ctrl+S 键，打开【另存为】对话框，如图 2-22 所示。选择文档存放位置并输入保存的文件名称，单击【保存】按钮即可。

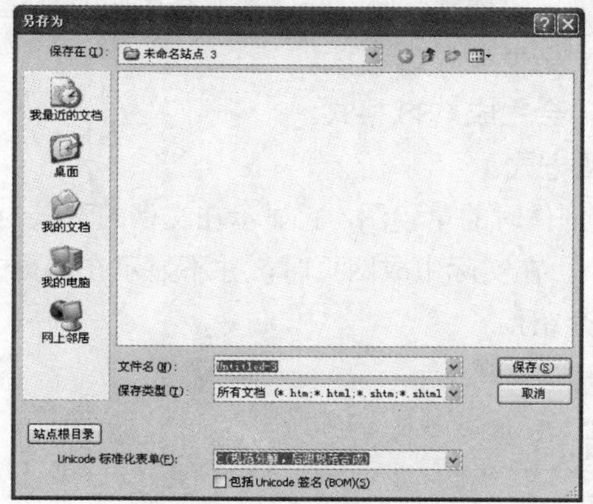
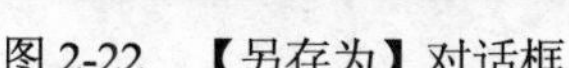

图 2-22　【另存为】对话框

知识点

在保存文档时，不能在文件名和文件夹名中使用空格和特殊符号(如@、#、$等)，因为很多服务器在上传文件时会更改这些符号，将导致与这些文件的链接中断。而且，文件名最好不要以数字开头。

2.3.3　设置文档属性

网页文档的属性主要包括页面标题、背景图像、背景颜色、文本和链接颜色、边距等。其中，【页面标题】确定和命名了文档的名称，【背景图像】和【背景颜色】决定了文档显示的外观，【文本颜色】和【链接颜色】帮助站点访问者区别文本和超文本链接等。

选择【修改】|【页面属性】命令，打开【页面属性】对话框，如图 2-23 所示，可以设置有关网页文档的所有属性。

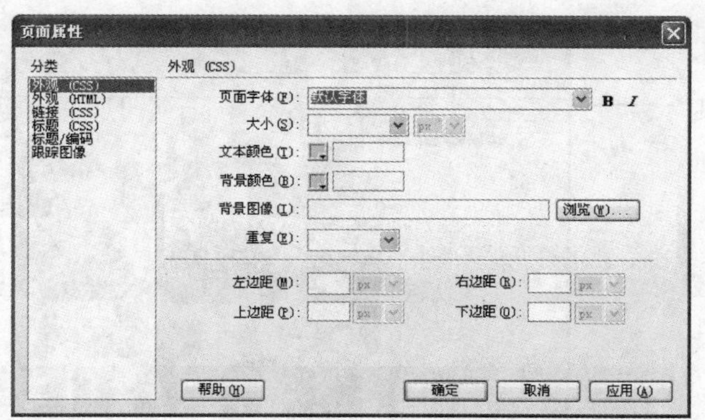

图 2-23　【页面属性】对话框

在对话框的【分类】列表框中显示了可以设置的网页文档分类，包括【外观(CSS)】、【外观(HTML)】、【链接(CSS)】、【标题(CSS)】、【标题/编码】和【跟踪图像】6 个分类，这些分类的具体作用如下。

- 【外观(CSS)】：设置网页默认的字体、字号、文本颜色、背景颜色、背景图像以及 4 个边距的距离等属性，会生成 CSS 格式。
- 【外观(HTML)】：设置网页中文本字号、各种颜色属性等属性，会生成 HTML 格式。
- 【链接(CSS)】：设置网页文档的链接，会生成 CSS 格式。
- 【标题(CSS)】：设置网页文档的标题，会生成 CSS 格式。
- 【标题/编码】：设置网页的标题及编码方式。
- 【跟踪图像】：指定一幅图像作为网页创作时的草稿图，它显示在文档的背景上，便于在网页创作时进行定位和放置其他对象。在实际生成网页时，并不显示在网页中。(有关跟踪图像的使用方法会在 3.1.3 节中介绍)。

2.4 显示和编辑页面头部信息

一个完整的 HTML 网页文件包含 head 和 body 两个部分，head 部分包括许多不可见的信息，例如语言编码、版权声明、关键字等。下面介绍有关页面头部内容的设置操作。

2.4.1 显示页面头部信息

头部信息除了文档 Title 外，其余都是不可见的，要查看这些头部信息，可以使用【查看】菜单，或在代码视图中查看。

打开一个网页文件，选择【查看】|【文件头内容】命令，文档头部中的元素将以图标的形式显示在文档窗口的设计视图左上角，如图 2-24 所示。

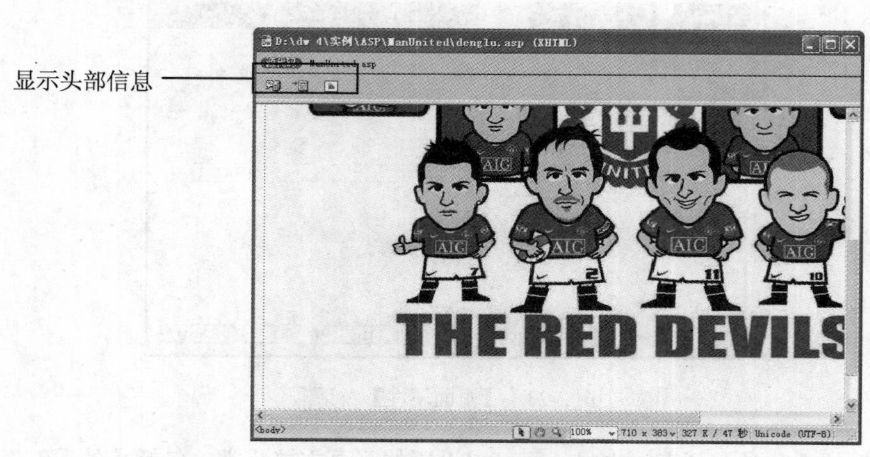

图 2-24　显示页面头部信息

2.4.2　插入头部信息

选择【窗口】|【插入】命令，打开【插入】面板，切换到【常用】类别，单击【文件头】按钮旁边的下拉箭头，在弹出的菜单中可以选择 META、【关键字】、【说明】、【刷新】、【基础】和【链接】命令，插入相应的头部内容元素。

有关头部内容元素的具体作用和设置方法如下。

- META：是 HTML 头部的主要组成部分，用于记录一个文档的页面信息，例如编码、作者、版权等，也可以用来给服务器提供信息，并且计算机能识别这些信息。在【文件头】下拉菜单中选择 META 命令，打开 META 对话框，如图 2-25 所示。在【属性】下拉列表框中可以选择 HTTP-equivalent 和【名称】两个选项，分别对应 HTTP-EQUIV 和 NAME 变量；在【值】文本框中可以输入所选变量的值；在【内容】文本框中可以输入所选变量的内容。

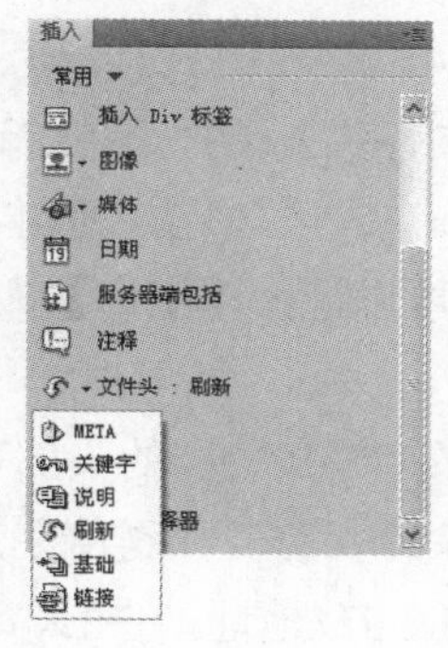

图 2-25　插入 META

- 关键字：属于元数据的一种，用来表述网页的主要内容。在【文件头】下拉菜单中选择【关键字】命令，打开【关键字】对话框，如图 2-26 所示。在【关键字】文本框中可以输入关键字内容。
- 说明：属于元数据的一种，提供网页内容的描述信息。在【文件头】下拉菜单中选择【说明】命令，打开【说明】对话框，如图 2-27 所示。在【说明】文本框中可以输入描述内容。

图 2-26　【关键字】对话框

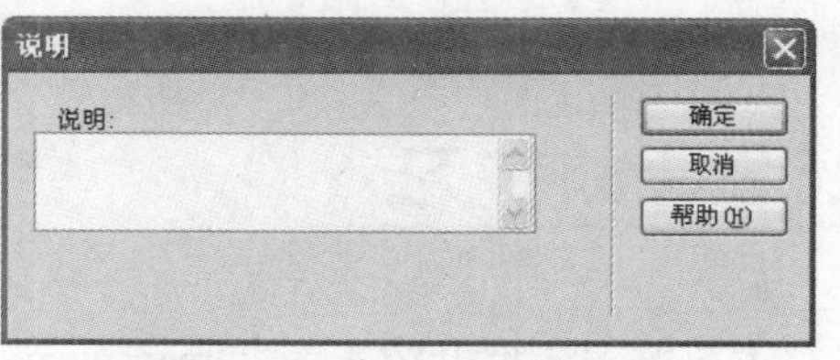

图 2-27　【说明】对话框

- 刷新：可以使网页在浏览器中显示时每隔一段制定的时间自动刷新当前页面或跳转到其他页面。在【文件头】下拉菜单中选择【刷新】命令，打开【刷新】对话框，如图 2-28

所示。在【延迟】文本框中可以输入页面延时的秒数；选中【转到 URL】单选按钮，经过一段时间后会跳转到另一个页面，在【转到 URL】单选按钮旁边的文本框中可以输入跳转页面的 URL 地址，也可以单击【浏览】按钮，打开【选择文件】对话框，选择跳转的网页文件；选中【刷新此文档】单选按钮，经过一段时间后会自动刷新当前页面。

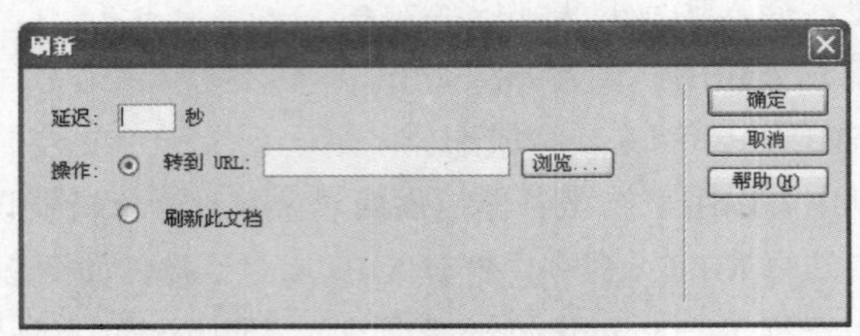

图 2-28 【刷新】对话框

- 基础：网页中的<base>标记定义了文档的基本 URL 地址，在文档中，所有的相对地址形式的 URL 都是相对于这个 URL 地址的。一个文档中的<base>标记只有一个，必须在文档头部，并且在所有包含 URL 地址的语句之前。在【文件头】下拉菜单中选择【基础】命令，打开【基础】对话框，如图 2-29 所示。在 Href 文本框中输入基本 URL 地址，在【目标】下拉列表框中选择连接文档打开的方式，可以选择【空白】、【父】、【自身】和【顶部】4 种方式。
- 链接：网页中的<link>标记定义了文档之间的链接关系，在 HTML 文档的头部可以包含数个<link>标记。在【文件头】下拉菜单中选择【链接】命令，打开【链接】对话框，如图 2-30 所示。在 Href 文本框中可以输入链接资源所在的 URL 地址，在 ID、【标题】、Rel 和 Rev 文本框中可以分别输入链接关系的描述属性。

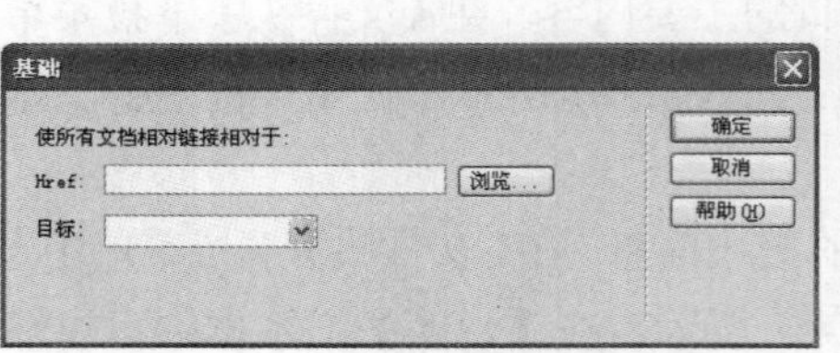

图 2-29 【基础】对话框

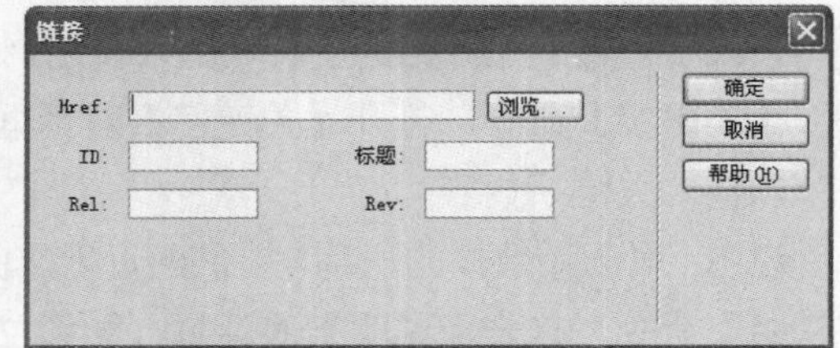

图 2-30 【链接】对话框

2.5 上机练习

本章上机练习主要介绍了在 Dreamweaver 中创建本地站点，在【文件】面板中构建站点以及打开【文件】面板中的某个网页文档，设置头部信息等内容。

2.5.1　构建本地站点

【例 2-2】创建一个本地站点，结合 2.2 节的内容，对站点进行构建。

(1) 启动 Dreamweaver CS4，选择【站点】|【新建站点】命令，打开【站点定义为】对话框，参照【例 2-1】，创建一个名为【双语幼儿园】的本地站点。

(2) 选择【窗口】|【文件】命令，打开【文件】面板。右击站点文件夹，在弹出的快捷菜单中选择【新建文件夹】命令，如图 2-31 所示。

(3) 单击文件夹名称，进入编辑状态，重命名文件夹为【文本介绍】。

(4) 重复操作，新建 3 个文件夹，分别重命名为【图片】、【动画】和【页面】，如图 2-32 所示。

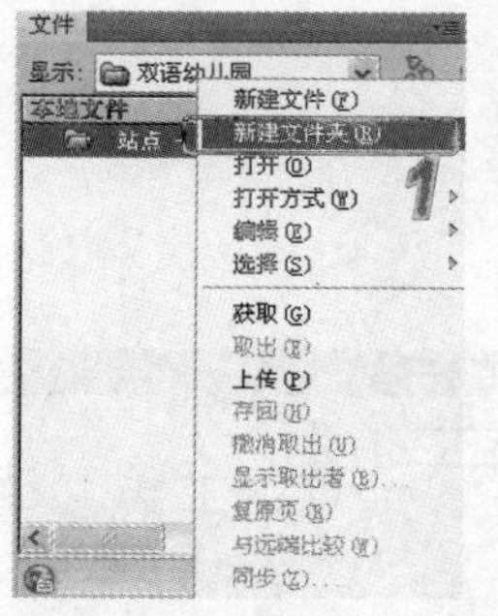

图 2-31　选择【新建文件夹】命令

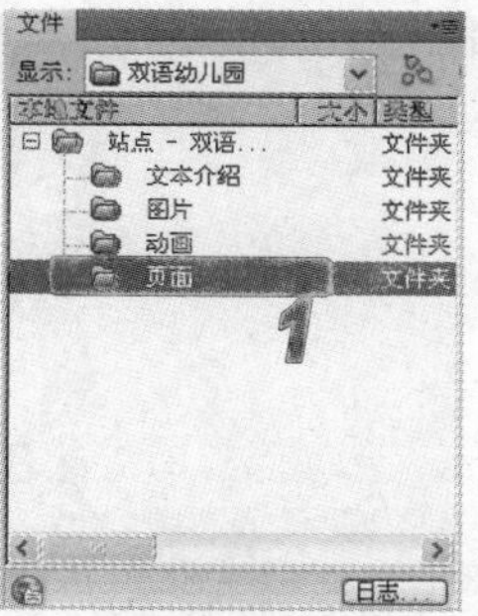

图 2-32　新建文件夹

(5) 右击【页面】文件夹，在弹出的快捷菜单中选择【新建文件】命令，新建一个网页文档，重命名为【首页】，如图 2-33 所示。

(6) 重复操作，新建 8 个网页文档，分别重命名为【本月公告】、【教育教学】、【卫生与保健】、【招生信息】、【校车路线】、【家园联系】、【快乐瞬间】和【网站维护】，如图 2-34 所示。

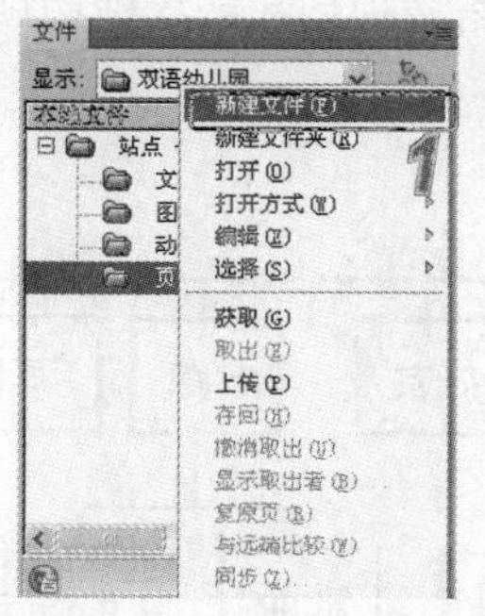

图 2-33　重命名文件(一)

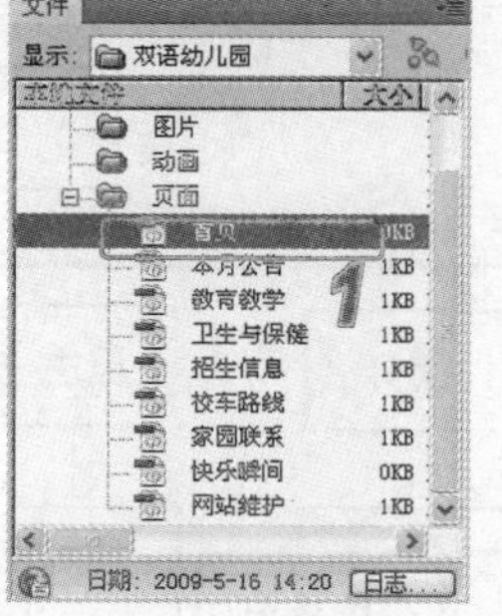

图 2-34　重命名文件(二)

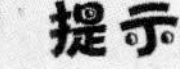

提示

本例是为了介绍新建站点和在【文件】面板中构建网站的方法，在实际操作时，在命名站点文件夹和文件时，最好使用英文字母或汉字英文开头字母简写，例如【首页】网页文档，可以以 index 或 sy 命名。

2.5.2 设置页面头部信息

【例 2-3】打开或新建一个网页文档，设置文件头部信息。

(1) 选择【文件】|【新建】命令，打开【新建文档】对话框，单击【创建】按钮，创建一个空白网页文档。

(2) 选择【窗口】|【插入】命令，打开【插入】面板，单击【文件头】按钮，在弹出的下拉菜单中选择【刷新】命令，打开【刷新】对话框。在【延迟】文本框中输入数值 10，选中【转到 URL】命令，单击【浏览】按钮，打开【选中文件】对话框，如图 2-35 所示。

(3) 选中站点内【页面】文件夹中的【网站维护】文件，单击【确定】按钮，返回【刷新】对话框，如图 2-36 所示。单击【确定】按钮设置文档在 10 秒后自动跳转到【网站维护】页面。

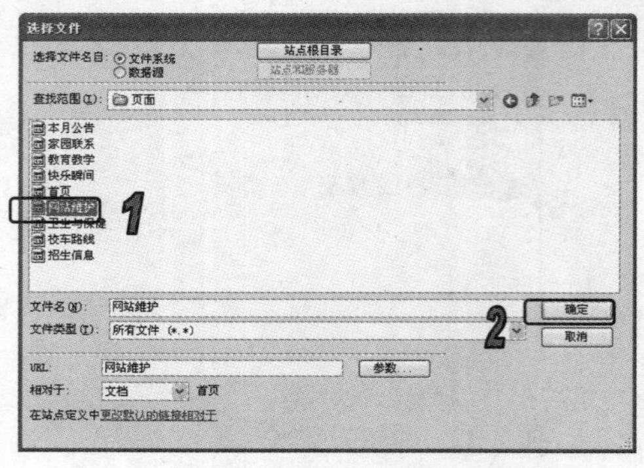

图 2-35 【选择文件】对话框

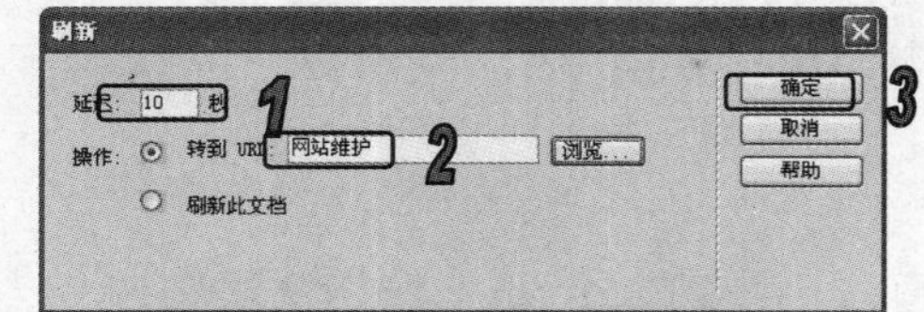

图 2-36 设置【刷新】对话框

2.6 习题

参考图 2-37，创建一个本地站点并进行站点目录结构规划和链接结构规划。

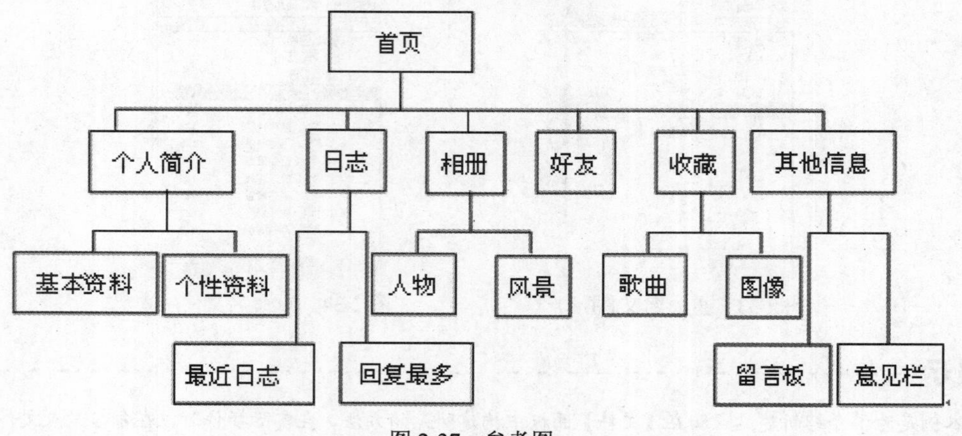

图 2-37 参考图

第3章 规划网页布局

学习目标

表格和框架是 Dreamweaver CS4 中最常用的布局工具，表格在网页中不仅可以排列数据，还可以对页面中的图像、文本、动画等元素进行准确的定位，使页面显得整齐有序、分类明确，便于浏览。使用框架规划网页，可以把网页分成几个部分，每个部分都是一个独立的 HTML 页。本章主要介绍使用表格和利用框架规划网页布局。

本章重点

- 可视化助理
- 使用表格
- 编辑表格
- 使用框架布局网页

3.1 可视化助理

Dreamweaver CS4 提供了【标尺】和【网格】功能，用于辅助设计网页文档。【标尺】功能可以辅助测量、组织和规划布局。【网格】功能可以使绝对定位的网页元素在移动时自动靠齐网格，还可以通过指定网格设置更改网格或控制靠齐行为。

3.1.1 使用【标尺】功能

在设计页面时需要设置页面元素的位置，可以使用【标尺】功能。选择【查看】|【标尺】|【显示】命令，可以在文档中显示标尺，如图 3-1 所示。重复操作，可以隐藏显示标尺。

有关【标尺】功能的基本操作如下。

◎ 设置标尺的原点，可在标尺的左上角区域单击，然后拖至设计区中的适当位置。释放鼠标按键后，该位置即成为新标尺原点，如图 3-2 所示。

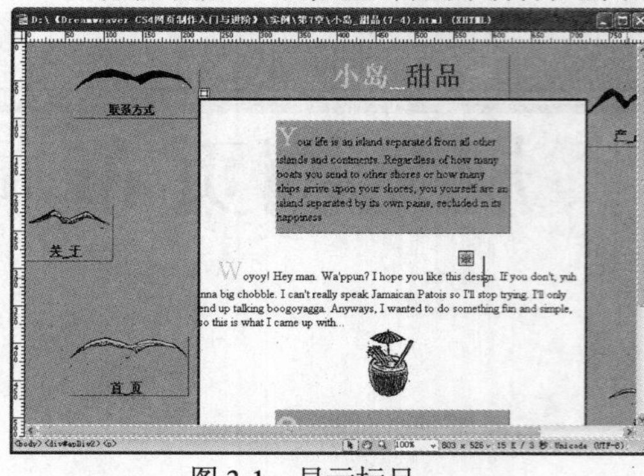

图 3-1　显示标尺

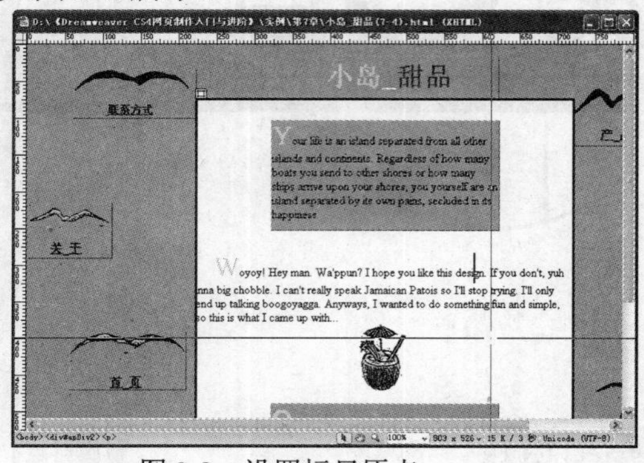

图 3-2　设置标尺原点

◎ 如果要恢复标尺初始位置，可以双击在窗口左上角标尺交点处即可或者选择【查看】|【标尺】|【重设原点】命令。

◎ 如果更改度量单位，请选择【查看】|【标尺】命令，在级联菜单中可以选择【像素】、【英寸】或【厘米】。

3.1.2 使用【网格】功能

【网格】功能的作用是在【设计】视图中对 AP Div 进行绘制、定位或大小调整做可视化向导，可以对齐页面中的元素。

选择【查看】|【网格】|【显示网格】命令，可以在网页文档中显示网格，如图 3-3 所示。重复操作，可以隐藏显示网格。

如果要设置网页，例如网格的颜色、间隔和显示方式等，可以选择【查看】|【网格】|【网格设置】命令，打开【网格设置】对话框，如图 3-4 所示。

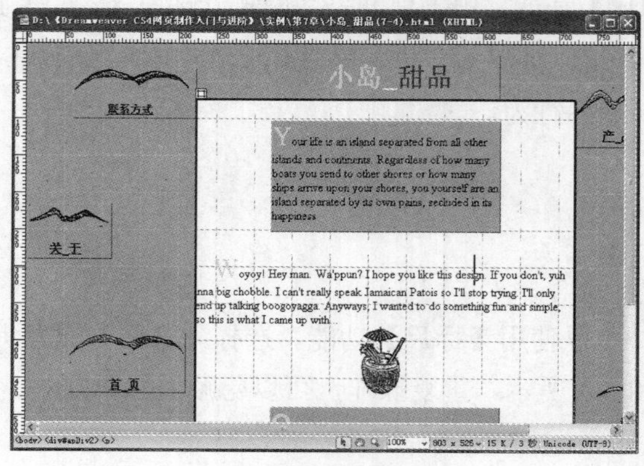

图 3-3　显示网格

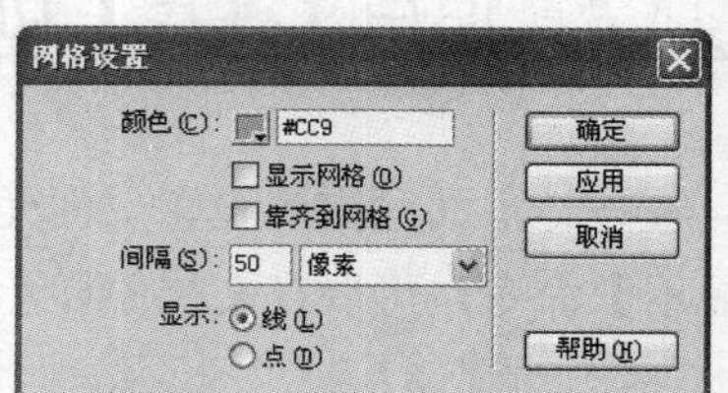

图 3-4　【网格设置】对话框

计算机基础与实训教材系列

有关【网格设置】对话框中的各参数选项具体作用如下。

- 【颜色】：可以在文本框中输入网格线的颜色，或者单击颜色框按钮，打开调色板选择网格线的颜色。
- 【显示网格】：选中该复选框，可以显示网格线。
- 【靠齐到网格】：选中该复选框，可以在移动对象时自动捕捉网格。
- 【间隔】：可以在文本框中输入网格之间的间距，在右边的下拉列表框中可以选择网格单位，可以选择【像素】、【英寸】和【厘米】。
- 【显示】：选中【线】单选按钮，网格线以直线方式显示；选中【点】单选按钮，网格线以点线方式显示。

3.1.3　使用【跟踪图像】功能

使用【跟踪图像】功能，只需载入某个网页的布局(或图片)，然后借助该网页的布局来安排正在制作的网页布局。选择【查看】|【跟踪图像】|【载入】命令，打开【选择图像源文件】对话框，如图 3-5 所示，选择要载入的图片文件，单击【确定】按钮。

打开【页面属性】对话框，默认打开的是【跟踪图像】选项卡对话框，如图 3-6 所示，在【跟踪图像】选项卡对话框中，可以设置跟踪图像的【透明度】值。

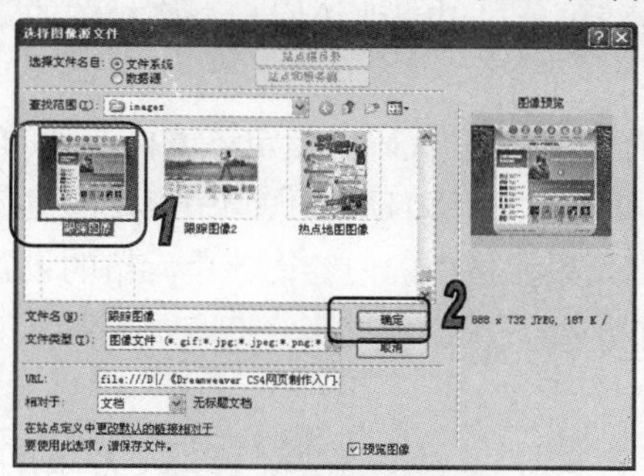

图 3-5　选择跟踪图像

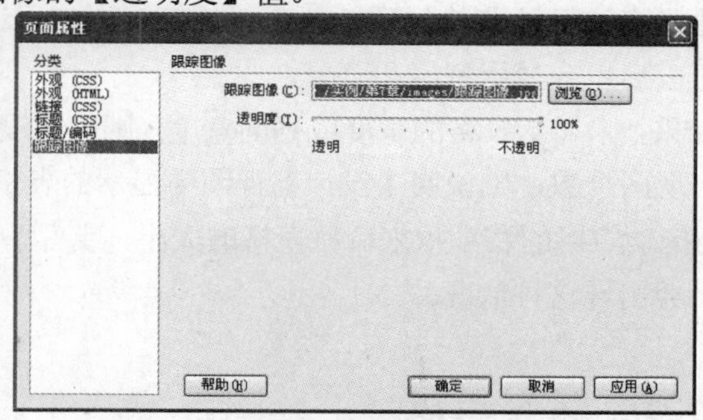

图 3-6　【跟踪图像】选项卡对话框

单击【确定】按钮，即可将图像载入到【文档】窗口中。

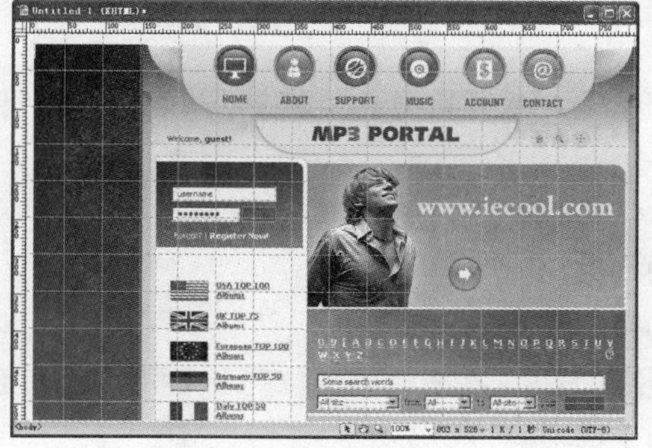

图 3-7　载入跟踪图像

提示

在使用跟踪图像布局网页时，建议设置跟踪图像适当的是透明度，以直观显示布局效果。

选择【查看】|【跟踪图像】菜单，在子菜单中选择相关命令，可以执行以下操作。

- 选择【显示】命令：可以显示或隐藏跟踪图像。
- 选择【对齐所选范围】命令：可以跟踪图像与某个选中对象(如图层、对象等)对齐。
- 选择【调整位置】命令：可以调整跟踪图像位置。
- 选择【重设位置】命令：可以复位跟踪图像位置。

3.2 使用表格

表格是网页中非常重要的元素，是网页排版的主要手段，可以帮助设计者高效、准确地定位各种网页数据，直观、鲜明地表达设计者的思想，向浏览者提供条理清晰的多样化信息。

3.2.1 Dreamweaver 中的表格

表格在 Dreamweaver 中是用于在 HTML 页上显示表格式数据以及对文本和图形进行布局的工具。表格由一行或多行组成，每行又由一个或多个单元格组成。

当选定了表格或表格中有插入点时，Dreamweaver 会显示表格宽度和每个表格列的列宽。宽度旁边是表格标题菜单与列标题菜单的箭头。使用这些菜单可以快速访问与表格相关的常用命令。可以启用或禁用宽度和菜单。

如果，未显示表格的宽度或列的宽度，则说明没有在 HTML 代码中指定该表格或列的宽度。如果出现两个数，则说明【设计】视图中显示的表格可视宽度与 HTML 代码中指定的宽度不一致。当拖动表格的右下角来调整表格的大小，或者添加到单元格中的内容比该单元格的设置宽度大时，会出现这种情况。

3.2.2 插入表格

Dreamweaver CS4 提供了极为方便的插入表格的方法，并且可以设置插入表格的相关属性，例如边距、间距、宽度等。

选择【插入】|【表格】命令，或者单击【插入】面板【常用】类别中的【表格】按钮，打开【表格】对话框，如图 3-8 所示。

在【表格】对话框中，主要参数选项的具体作用如下。

- 【行数】：可以在文本框中输入表格的行数。
- 【列】：可以在文本框中输入表格的列数。
- 【表格宽度】：可以在文本框中输入表格的宽度，在右边的下拉列表中可以选择度量单位，可以选择【百分比】和【像素】两个选项。
- 【边框粗细】：可以在文本框中输入表格边框的粗细。

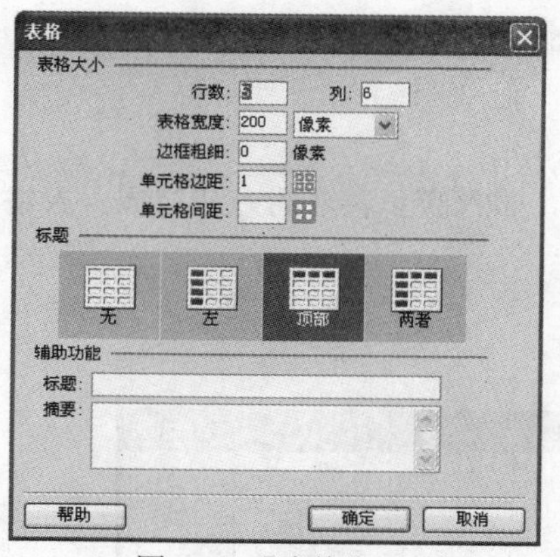

图 3-8　【表格】对话框

知识点

在设置【边框粗细】选项时，一般输入 0 像素，在浏览时将不显示表格边框，当然在一些特殊情况下，需要设置表格边框以清晰浏览内容。

- 【单元格边距】：可以在文本框中输入单元格中的内容与单元格边框之间的距离值。
- 【单元格间距】：可以在文本框中输入单元格与单元格之间的距离值。

知识点

边距是指单元格中文本与单元格边框之间的距离，而间距是指单元格之间的距离，如图 3-9 所示。如果用户没有明确指定单元格间距和单元格边距的值，则大多数浏览器按单元格边距设置为 1，单元格间距设置为 2 显示表格。为了确保浏览器不显示表格中的边距和间距，可以将【单元格边距】和【单元格间距】设置为 0。

- 【标题】：可以选择表格的标题样式，图标中的深蓝色部分表示标题所在的行或列。
- 【辅助功能】：在【标题】文本框中可以输入表格的标题名称。在【摘要】文本框中可以填写摘要内容。【摘要】文本框用来输入表格的摘要说明内容，但输入的摘要内容不会在浏览器中显示。

单击【确定】按钮，即可在网页文档中插入表格。

在文档中插入表格后，就可以在表格中输入表格内容。将光标移至表格单元格中，然后插入表格内容即可，可以添加文本或插入图像等网页元素，如图 3-10 所示。

图 3-9　表格边距和间距

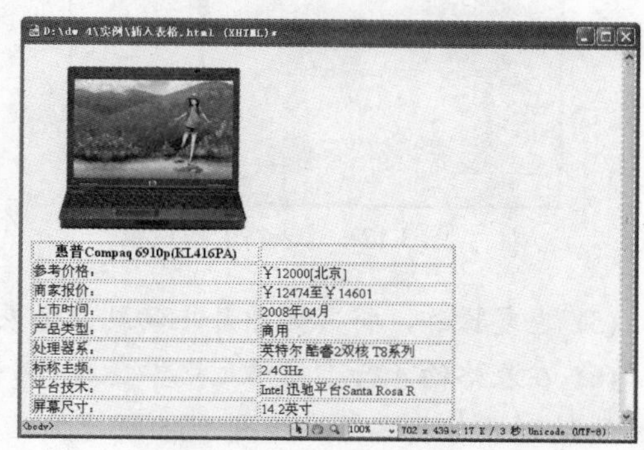

图 3-10　插入表格

3.2.3 插入嵌套表格

嵌套表格就是在已经存在的表格中插入的表格。插入嵌套表格的方法与插入表格的方法相同。下面就通过实例介绍插入嵌套表格的方法。

【例 3-1】打开一个网页文档，插入嵌套表格。

(1) 打开一个网页文档，如图 3-11 所示。

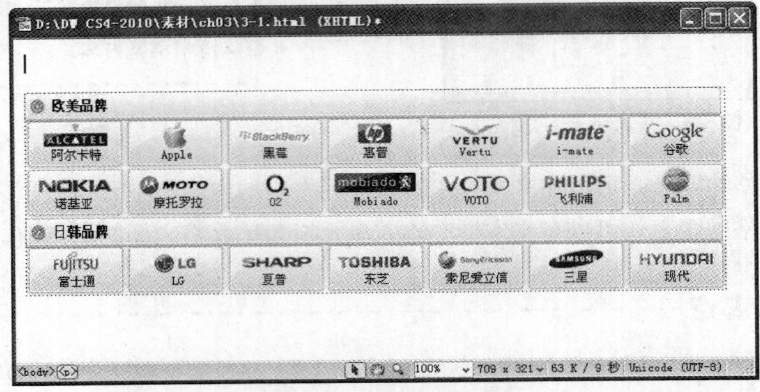

图 3-11　打开网页文档

(2) 在打开的网页文档中，已经插入了一个 4 行 1 列的表格，将光标移至表格的 2 行 1 列单元格中，选择【插入】|【表格】命令，打开【表格】对话框。

(3) 在【行数】文本框中输入数值 2，在【列】文本框中输入数值 7，其他选项采用默认设置，单击【确定】按钮，在表格中插入一个 2 行 7 列的嵌套表格，如图 3-12 所示。

(4) 选中图片，按住鼠标左键拖动到插入的嵌套表格中，如图 3-13 所示。

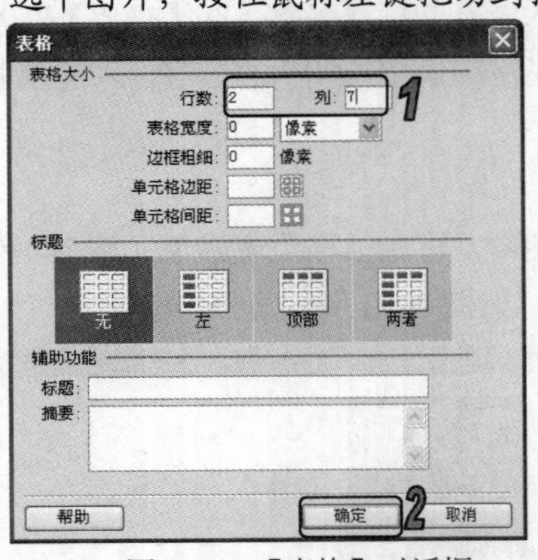

图 3-12　【表格】对话框

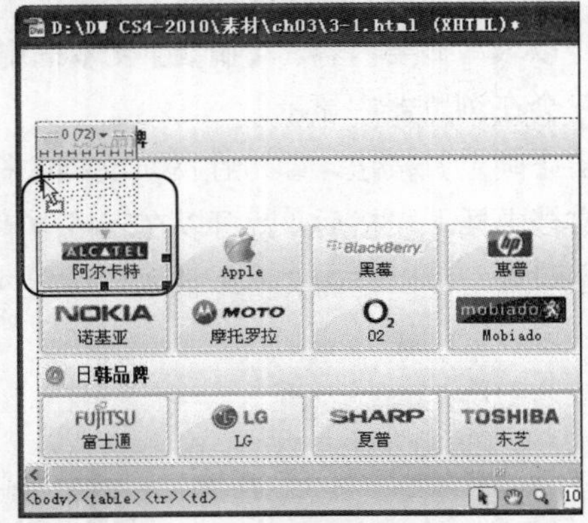

图 3-13　拖动图片到嵌套表格中

(5) 重复操作，将其他图片拖动到嵌套表格中，如图 3-14 所示。

(6) 在表格的 4 行 1 列单元格中插入一个 1 行 7 列的嵌套表格，然后将有关日韩品牌的商标图片拖动到嵌套表格中，如图 3-15 所示。

图 3-14 拖动图片

图 3-15 拖动图片

(7) 选择【文件】|【保存】命令，保存网页文档。

3.3 编辑表格

创建表格后，可以对表格进行编辑，包括合并和拆分单元格、添加和删除单元格、设置单元格和表格属性等。

3.3.1 选择表格

选择表格是对表格进行编辑操作的前提。在 Dreamweaver CS4 中，可以一次选择整个表、行或列，也可以选择连续的单元格。

1. 选择整个表格

选择整个表格对象，常用以下几种方法。

⊙ 将光标移动到表格的左上角或底部边缘稍向外一点的位置，当光标变成【表格】光标时单击，即可选中整个表格，如图 3-16 所示。

⊙ 单击表格中任何一个单元格，然后在文档窗口左下角的标签选择器中选择<table>标签，即可选中整个表格，如图 3-17 所示。

图 3-16　选中表格

图 3-17　选择<table>标签

⊙ 单击表格单元格，然后选择【修改】|【表格】|【选择表格】命令，即可选中整个表格。

⊙ 将光标移至任意单元格上，按住 Shift 键，单击，即可选中整个表格。

选中整个表格后，可以在【属性】面板中设置表格内的所有元素属性。

2. 选择表格中的行或列

在对表格进行操作时，有时需要选中表格中的某一行或某个列，如果要选择表格的某一行或列，常用以下几种方法。

⊙ 将光标移至表格的上边缘位置，当光标显示为向下箭头⬇时，单击，可以选中整列；将光标移至表格的左边缘位置，当光标显示为向右箭头➡时，单击，可以选中整行，如图 3-18 所示。

⊙ 单击单元格，拖动鼠标，即可拖动选择整行或整列。同时，还可以拖动选择多行和多列，如图 3-19 所示。

图 3-18　选择表格整行或整列

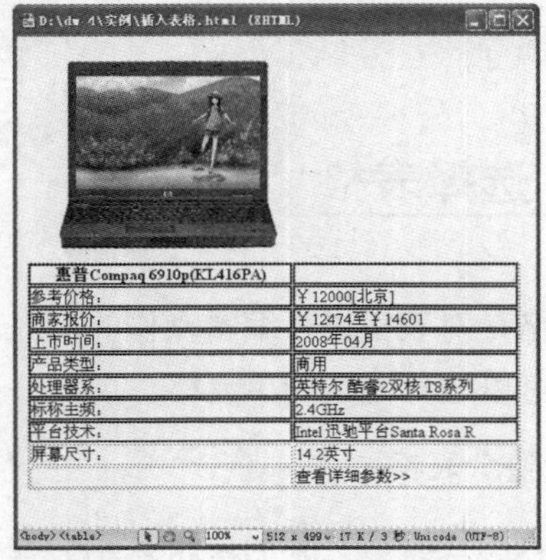

图 3-19　拖动选择表格多行和多列

◉ 单击单元格，拖动鼠标，即可拖动选择整行或整列。同时，还可以拖动选择多行和多列。选择表格行或列后，在【属性】面板中会显示相应的行或列的标志，可以确定是否选中。

3. 选择单个单元格

选择单个的单元格，选择表格单元格，常用以下几种方法。

◉ 单击单元格，在文档窗口左下角的标签选择器中选择<td>标签，即可选中该单元格。

◉ 单击单元格，选择【编辑】|【全选】命令，或者按 Ctrl+A 键，即可选中该单元格。

4. 选择单行或矩形单元格块

在对表格进行操作时，如果要选择单行或矩形单元格块，常用以下几种方法。

◉ 单击单元格，从一个单元格拖到另一个单元格即可。

◉ 选择一个单元格，按住 Shift 键，单击矩形另一个单元格即可。

5. 选择不相邻的单元格

选择不相邻的单元格，常用下面几种方法。

◉ 按住 Ctrl 键，将光标移至任意单元格上，光标会显示一个【矩形】图形，单击所需选择的单元格、行或列即可选中。

◉ 按住 Ctrl 键，单击尚未选中的单元格、行或列即可选中。

◉ 按住 Ctrl 键，选择不相邻的单元格时，如果单元格已经被选中，再次单击可取消选中。

3.3.2　表格的编辑操作

表格的编辑操作是通过设置表格单元格的属性来改变表格的外观，可以对网页中的表格及单元格进行调整大小、添加及删除行列、合并拆分单元格等操作。

1. 调整表格合适大小

选择表格后，表格上会出现 3 个控制点，拖动控制点可以调整表格的大小，方法如下。

◉ 拖动右边的选择控制点，光标显示为水平调整指针，拖动鼠标可以在水平方向上调整表格的大小；拖动底部的选择控制点，光标显示为垂直调整指针，拖动鼠标可以在垂直方向上调整表格的大小。

◉ 拖动右下角的选择控制点，光标显示为水平调整指针沿对角线调整指针，拖动鼠标可以在水平和垂直两个方向调整表格的大小。

2. 更改列宽和行高

要更改表格或单元格的列宽和行高，可以在【属性】面板中或拖动列或行的边框来更改表格的列宽或行高，也可以在【代码】视图中修改 HTML 代码来更改单元格的宽度和高度。具体操作方法如下。

- 要更改列宽，将光标移至所选列的右边框，光标显示为【左右】指针⟛时，拖动鼠标即可调整，如图 3-20 所示。
- 要更改行高，将光标移至所选行的下边框，光标显示为【上下】指针≑时，拖动鼠标即可调整，如图 3-21 所示。

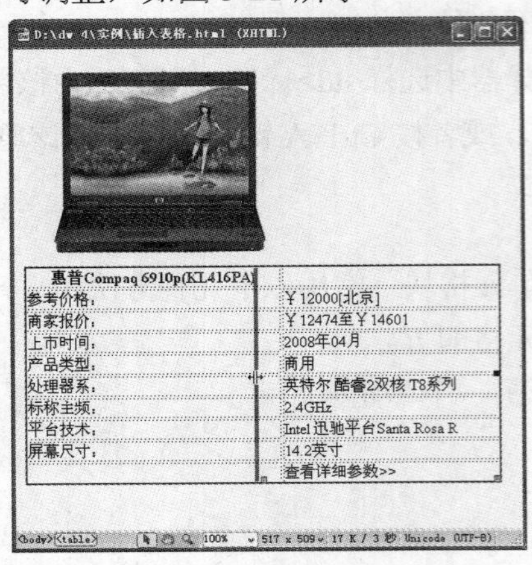

图 3-20　更改列宽

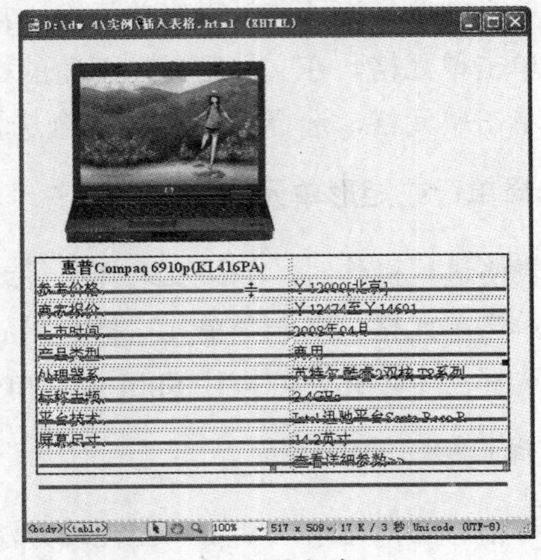

图 3-21　更改行高

- 在【属性】面板中调整表格行和高的数值可以改变列宽和行高，首先选中列或行，然后在【属性】面板中的【宽】或【高】文本框中输入数值来调整列宽或高，如图 3-22 所示。

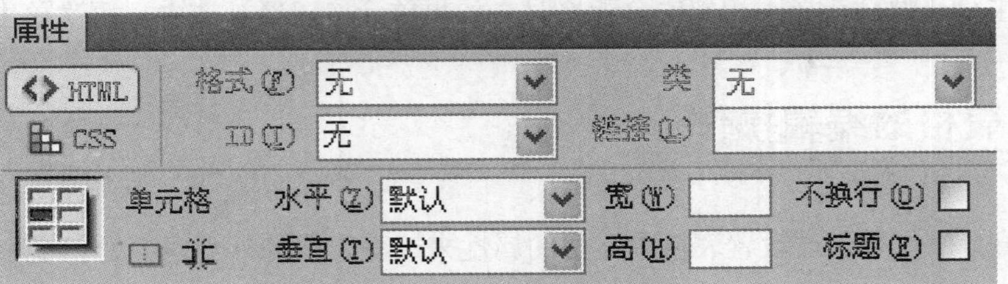

图 3-22　【属性】面板

3. 添加和删除行、列

表格空白的单元格也会占据页面位置，所有多余的行或列可以删除，可以在特定行或列上方或左侧添加行或列，具体操作方法如下。

- 要在当前单元格的上面添加一行，选择【修改】|【表格】|【插入行】命令即可。
- 要在当前单元格的左边添加一列，选择【修改】|【表格】|【插入列】命令即可。
- 单击【插入】面板的【常用】按钮右侧的下拉按钮，在下拉列表中选择【布局】选项，打开【布局】类别，如图 3-23 所示。分别单击【在上面插入行】按钮、【在下面插入行】按钮、【在左边插入列】按钮和【在右边插入列】按钮，可以分别实现单元格上面插入行、下面插入行及左边插入列、右边插入列的功能。
- 要一次添加多行或多列，或者在当前单元格的下面添加行或在其右边添加列，可以选择【修改】|【表格】|【插入行或列】命令，打开【插入行或列】对话框，选择插入行或

列、插入的行数和列数以及插入的位置，然后单击【确定】按钮即可。

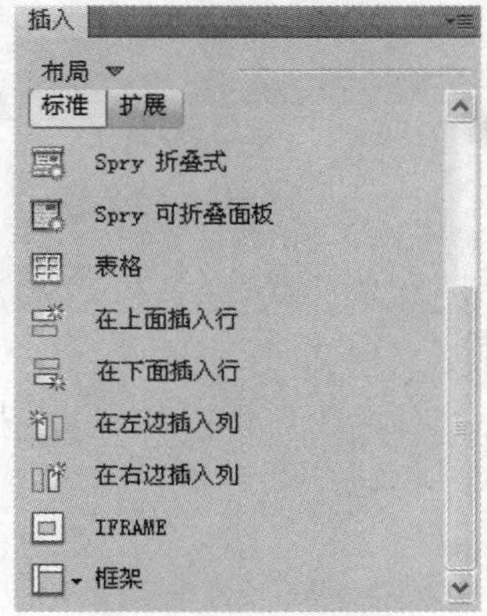

图 3-23　布局类别

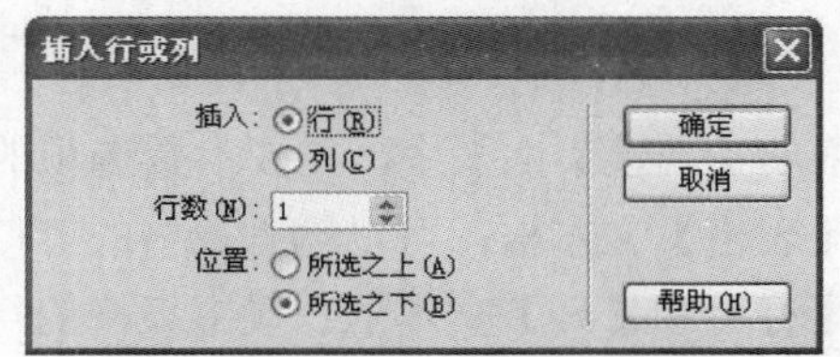

图 3-24　【插入行或列】对话框

- 要删除行或列，选择要删除的行或列，选择【修改】|【表格】|【删除行】命令或按 Delete 键，可以删除整行；选择【修改】|【表格】|【删除列】命令或按下 Delete 键，可以删除整列。
- 要删除单元格里面的内容，选择要删除内容的单元格，然后选择【编辑】|【清除】命令，或是按 Delete 键。

4. 拆分和合并单元格

在制作页面时，如果插入的表格与实际效果不相符，例如有缺少或多余单元格的情况，根据需要，进行拆分和合并单元格操作。

- 选中要合并或拆分的单元格，选择【修改】|【表格】|【合并单元格】命令，即可合并选择的单元格；选择【修改】|【表格】|【合并单元格】命令，可拆分选择的单元格。
- 选择需要拆分的单元格，然后选择【修改】|【表格】|【拆分单元格】命令，或单击【属性】面板中的合并按钮，打开【拆分单元格】对话框，如图 3-25 所示，选择要把单元格拆分成行或列，然后再设置要拆分的行数或列数，单击【确定】按钮即可拆分单元格。

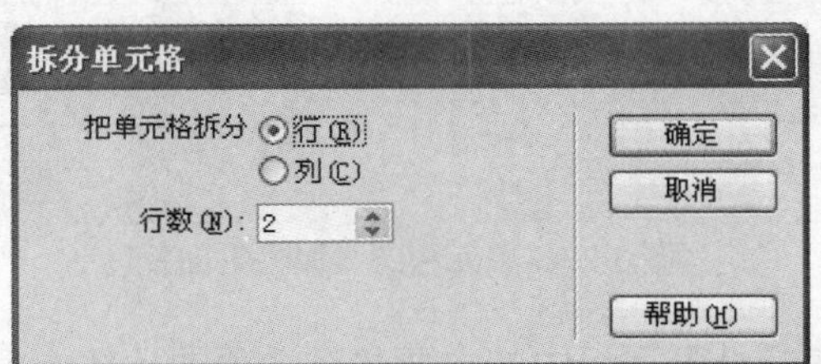

图 3-25　【拆分单元格】对话框

5. 设置表格属性

元素在网页文档中是一个小的独立个体，表格也相同，可以设置表格的属性，例如表格的背

景、背景颜色、边距等。

选中表格，打开【属性】面板，如图 3-26 所示。

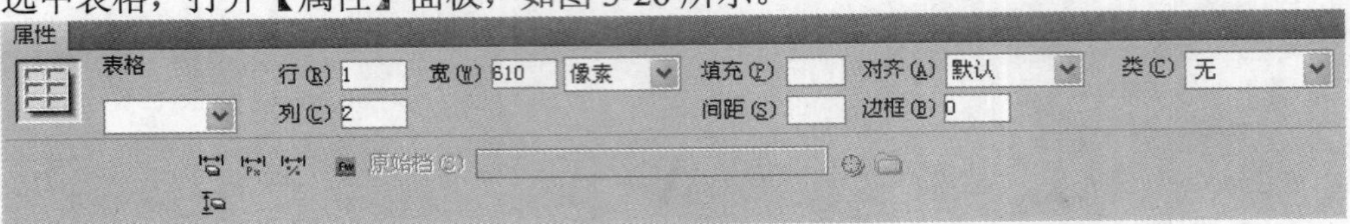

图 3-26　表格的【属性】面板

在表格的【属性】面板中，主要参数选项的具体作用如下。

- 【表格】文本框：可以输入表格的 ID。
- 【行】和【列】文本框：设置表格的行数和列数。
- 【宽】和【高】文本框：设置表格的宽度和高度，在右边的下拉列表中可以选择高度和宽度的单位，选择像素为单位和按占浏览器窗口宽度的百分比为单位。
- 【填充】文本框：设置单元格内容和单元格边界之间的像素数。
- 【间距】文本框：设置相邻的表格单元格之间的像素数。
- 【对齐】下拉列表框：设置确定表格相对于同一段落中其他元素的显示位置。
- 【边框】文本框：设置表格边框的宽度，单位为像素。
- 【清除列宽】按钮和【清除行高】按钮：从表格中删除所有显式指定的行高或列宽值。
- 【将表格宽度转换成像素】按钮：将表格中每个列的宽度或高度设置为以像素为单位的当前宽度。
- 【将表格宽度转换成百分比】按钮：将表格中每个列的宽度或高度设置为按占文档窗口宽度百分比表示的当前宽度。

6. 设置单元格、行和列的属性

除了设置表格属性外，还可以设置单元格、行或列的属性。首先选中一个或一组单元格，打开【属性】面板，如图 3-27 所示。

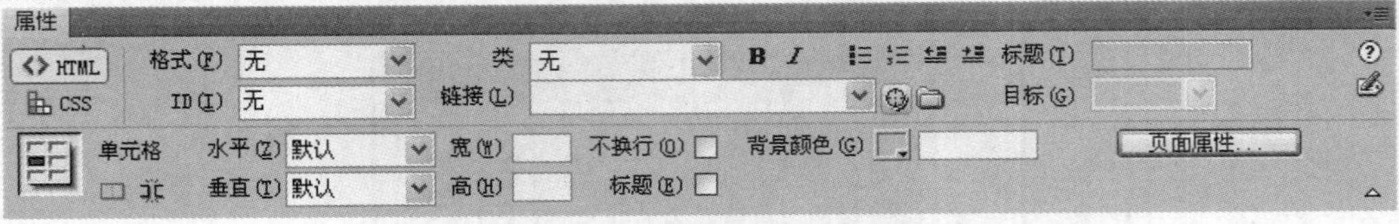

图 3-27　单元格的【属性】面板

在单元格、行或列的【属性】面板中的主要参数选项的具体作用如下。

- 【水平】下拉列表框：指定单元格、行或列内容的水平对齐方式。
- 【垂直】下拉列表框：指定单元格、行或列内容的垂直对齐方式。
- 【宽】和【高】文本框：设置单元格的宽度和高度。
- 【背景颜色】按钮：设置单元格、列或行的背景颜色。

- ⊙ 【不换行】复选框：防止换行，从而使给定单元格中的所有文本都在一行上。
- ⊙ 【标题】复选框：将所选的单元格格式设置为表格标题单元格。默认情况下，表格标题单元格的内容为粗体并且居中显示。

【例 3-2】打开一个网页文档，对表格进行适当的编辑操作。

(1) 选择【文件】|【打开】命令，打开一个网页文档，如图 3-28 所示。

(2) 拖动选中嵌套表格的 1 行 4 列到 1 行 6 列单元格，右击，在弹出的快捷菜单中选择【表格】|【合并单元格】命令，合并单元格。

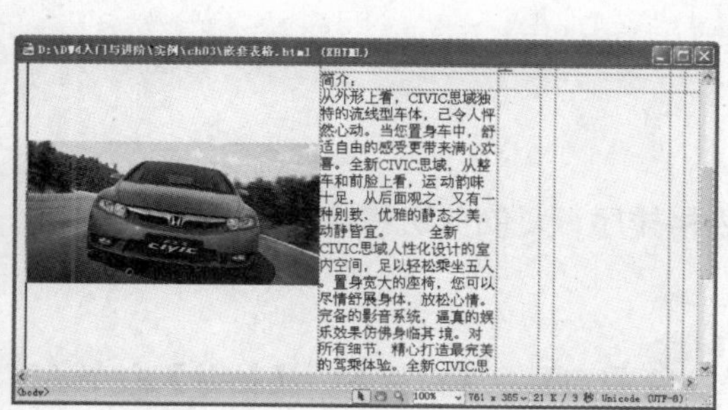

图 3-28 打开网页文档

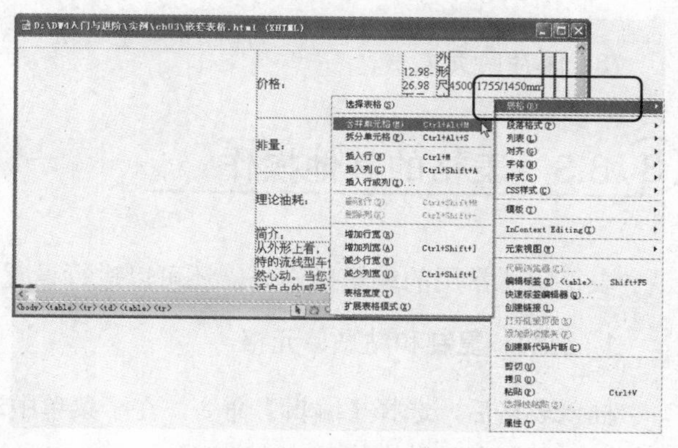

图 3-29 合并单元格

(3) 重复操作，合并嵌套表格的 3 行 2 列到 3 行 6 列单元格；合并嵌套表格的第 4 行和第 5 行的所有单元格，如图 3-30 所示。

(4) 将光标移至表格 1 行 1 列和 1 行 2 列单元之间，调整宽度，直至贴紧 1 行 1 列单元格中的图片宽度为止，如图 3-31 所示。

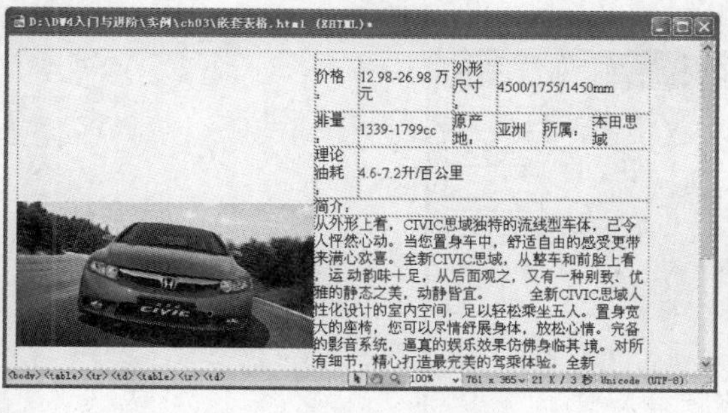

图 3-30 合并嵌套单元格

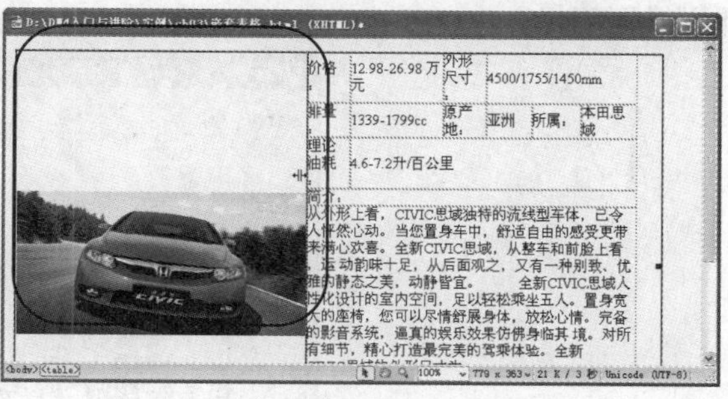

图 3-31 调整单元格宽度

(5) 选中表格，调整表格宽度，然后选中嵌套表格，调整嵌套表格宽度。

(6) 选中图片所在的单元格，打开【属性】面板，设置背景颜色为灰色，如图 3-32 所示。

(7) 选中单元格中的图片，打开【属性】面板，在【边框】文本框中输入数值 1，如图 3-33 所示。

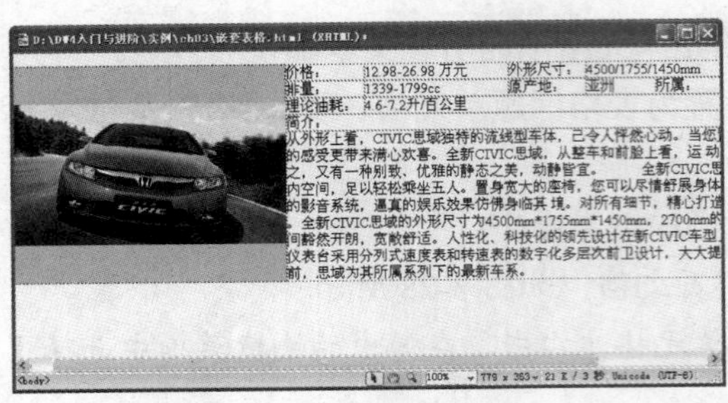

图 3-32　设置背景颜色

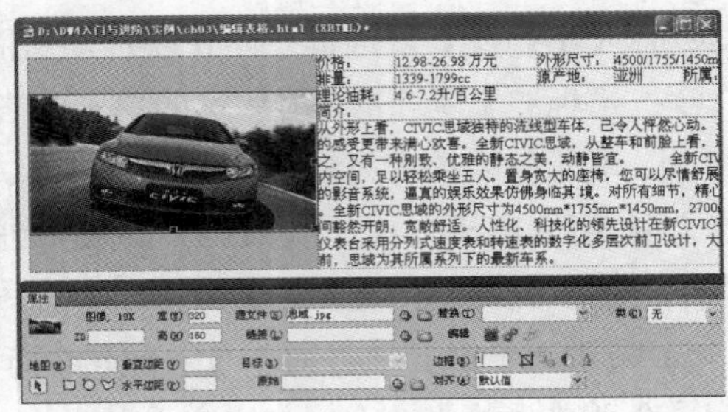

图 3-33　设置表框

(8) 保存网页文档。

3.3.3　表格的其他操作

表格除了常用的编辑操作外，还可以进行设置表格排序、复制剪切和导入导出操作。

1. 剪切、复制和粘贴单元格

插入表格后，选择【编辑】命令，在子菜单中选择【剪切】、【拷贝】、【粘贴】命令，可以剪切、复制和粘贴表格。

2. 排序表格

对于插入的表格，可以根据单个列的内容对表格中的行进行排序或者根据两个列的内容执行更加复杂的表格排序。

打开【排序表格】对话框，如图 3-34 所示，设置相应的参数选项后，单击【确定】按钮，即可排序表格。

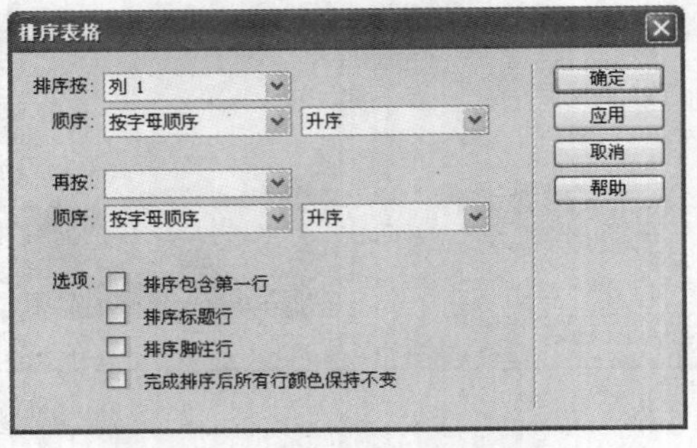

图 3-34　【排序表格】对话框

在【排序表格】对话框中的主要参数选项具体作用如下。

- 【排序按】：选择使用哪个列的值对表格的行进行排序。
- 【顺序】：确定是按字母还是按数字顺序以及是以升序(A 到 Z，数字从小到大)或是以降序对列进行排序。
- 【再按】/【顺序】：确定将在另一列上应用的第二种排序方法的排序顺序。在【再按】

下拉列表中指定将应用第二种排序方法的列，并在【顺序】弹出菜单中指定第二种排序方法的排序顺序。

- 【排序包含第一行】：指定将表格的第一行包括在排序中。如果第一行是不应移动的标题，则不选择此选项。
- 【排序脚注行】：指定按照与主体行相同的条件对表格的 tfoot 部分中的所有行进行排序。
- 【完成排序后所有行颜色保持不变】：设置排序之后表格行属性与同一内容保持关联。

3. 导入表格式数据

使用 Dreamweaver CS4，可以将另一个应用程序，例如 Excel 中创建并以分隔文本格式(其中的项以制表符、逗号、冒号、分号或其他分隔符隔开)保存的表格式数据导入到网页文档中并设置为表格的格式。

选择【文件】|【导入】|【表格式数据】命令，或者选择【插入记录】|【表格对象】|【导入表格式数据】命令，打开【导入表格式数据】对话框，如图 3-35 所示，设置相应的参数选项，单击【确定】按钮，即可导入表格式数据。

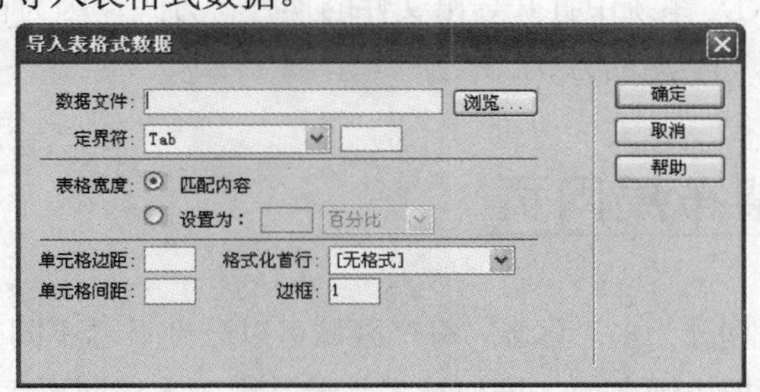

图 3-35　【导入表格式数据】对话框

有关【导入表格式数据】对话框中的主要参数选项的具体作用如下。

- 【数据文件】文本框：可以设置要导入的文件名称。用户也可以单击【浏览】按钮选择一个导入文件。
- 【定界符】下拉列表框：可以选择在导入的文件中所使用的定界符，如 Tab、逗号、分号、引号等。如果在此选择【其他】选项，在该下拉列表框右面将出现一个文本框，用户可以在其中输入需要的定界符。定界符就是在被导入的文件中用于区别行、列等信息的标志符号。定界符选择不当，将直接影响到导入后表格的格式，而且有可能无法导入。
- 【表格宽度】选项区域：可以选择创建的表格宽度。其中，选择【匹配内容】单选按钮，可以使每个列足够宽以适应该列中最长的文本字符串；选择【设置为】单选按钮，将以像素为单位，或按占浏览器窗口宽度的百分比指定固定的表格宽度。
- 【单元格边距】文本框与【单元格间距】文本框：可以设置单元格的边距和间距。
- 【格式化首行】下拉列表框：可以设置表格首行的格式，可以选择【无格式】、【粗体】、【斜体】或【加粗斜体】4 种格式。
- 【边框】文本框：可以设置表格边框的宽度，单位为像素。

4. 导出表格式数据

在 Dreamweaver CS4 中的表格同样可以导出，并且相邻单元格的内容自动以分隔符隔开。

如果要导出表格式数据，选择要导出的表格，然后选择【文件】|【导出】|【表格】命令，打开【导出表格】对话框，如图 3-36 所示。

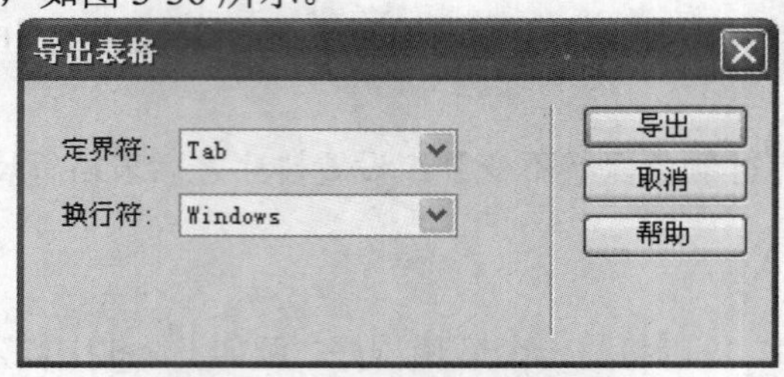

图 3-36　【导出表格】对话框

在【导出表格】对话框中，主要参数选项的具体作用如下。

- 【定界符】下拉列表框：可以设置要导出的文件以什么符号作为定界符。
- 【换行符】下拉列表框：可以设置在哪个操作系统中打开导出的文件，例如在 Windows，Macintosh 或 UNIX 系统中打开导出文件的换行符方式，因为在不同的操作系统中具有不同的指示文本行结尾的方式。

3.4 使用框架布局网页

框架是将浏览器窗口划分为多个区域，每个区域可以分别显示不同的网页，并且各个框架之间不存在干扰，在网页模板出现之前，框架技术是最常用的布局网页工具之一。

3.4.1 框架的概念

框架页面通过框架将网页分成多个独立的区域，在每个区域可以单独显示不同的网页，每个区域可以独立翻滚。正是基于框架页面的这种特点，使用框架可以极大丰富网页设计的自由度，在不同的页面部分设置不同的网页属性，尤其是对于页面间的链接，可以使页面的结构变化自如。

1. 框架网页的功能

在网络带宽十分有限的情况下，如何提高网页的下载速度，是设计网页时必须考虑的问题。框架将网页划分为多个相同的、独立的页面，只是内容有所不同，在浏览框架网页时，便无需每次都下载整个页面，只需下载网页中需要更新的内容部分即可，从而能够极大提高网页的下载速度。这样的网页也称为框架页，最典型的应用便是论坛，如图 3-37 所示。

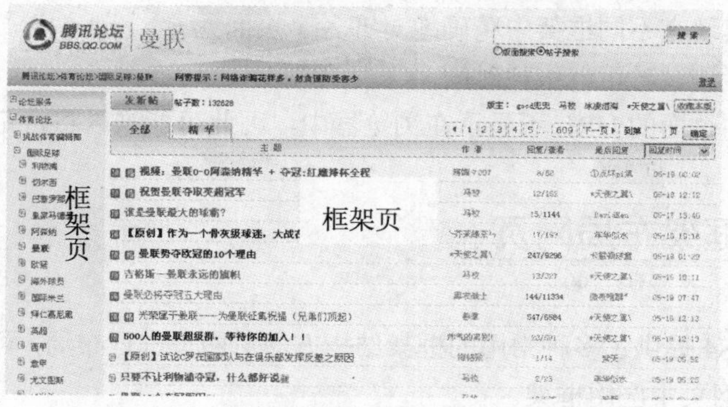

图 3-37　论坛网页

2. 框架的结构

框架由框架和框架集组成，框架就是网页中被分隔开的各个部分，每部分都是一个完整的网页，这些网页共同组成了框架集，框架集实际上也是一个网页文件，用于定义框架的结构、数量、尺寸等属性。

从图 3-38 所示的框架网页可以看出，它包含了两个框架，而框架集并不显示在具体的浏览器中，如果要访问一个框架网页，则需要输入这个框架网页的框架集文件所在的 URL 地址。

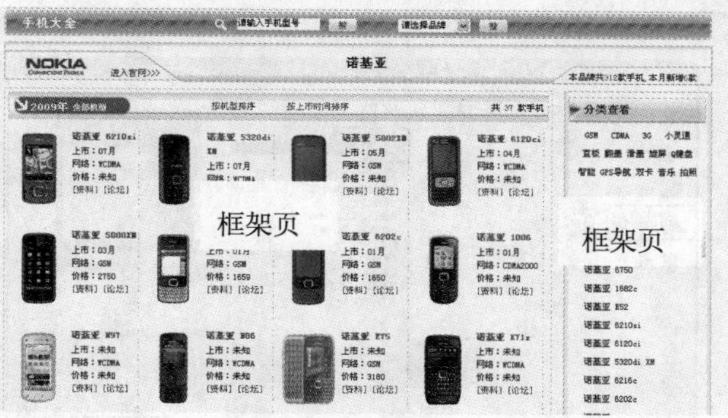

图 3-38　框架网页

框架集又被称为父框架，框架被称为子框架。将某个页面划分为若干框架时，既可独立地操作各个框架，创建新文档，也可为框架指定已制作好的文档。

3. 框架结构的优缺点

框架一方面可以将浏览器显示空间分割成几个部分，每个部分可以独立显示不同的网页，同时对于整个网页设计的整体性的保持也是有利的；但它对于不支持框架结构的浏览器，页面信息不能显示。

使用框架具有以下优缺点。

- 访问者的浏览器不需要为每个页面重新加载与导航相关的图形。这样可以大大提高网页下载的效率，同时也减轻了网站服务器的负担。
- 每个框架都具有自己的滚动条，因此访问者可以独立滚动这些框架。

- 可能难以实现在不同框架中精确地对齐各个页面元素。
- 对导航进行测试时可能很耗时间。
- 带有框架的页面的 URL 不显示在浏览器中，因此可能难以将特定页面设为书签。

3.4.2 使用框架布局网页

Dreamweaver CS4 提供了多种常用的框架结构方便对网页进行布局，可以创建框架网页，也可以在普通 HTML 网页中应用框架。

1. 创建框架网页

要创建框架网页文档，选择【文件】|【新建】命令，打开【新建文档】对话框，设置选中框架样式后，单击【创建】按钮即可。

【例 3-3】创建一个【上方固定，左侧嵌套】的框架网页文档。

(1) 选择【文件】|【新建】命令，打开【新建文档】对话框。

(2) 在左侧的列表框中选中【示例中的页】选项，在【示例文件夹】列表框中选中【框架页】选项，在【示例页】列表框中选中【上方固定，左侧嵌套】选项，如图 3-39 所示。单击【创建】按钮，创建框架网页，如图 3-40 所示。

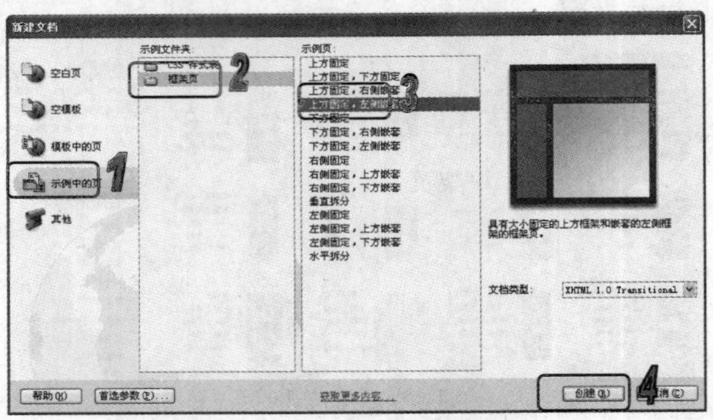

图 3-39 【新建文档】对话框

(3) 在创建网页文档时，系统会自动打开【框架标签辅助功能属性】对话框，在【框架】下拉列表框中选择框架，在【标题】文本框中可以输入框架标题，单击【确定】按钮即可。

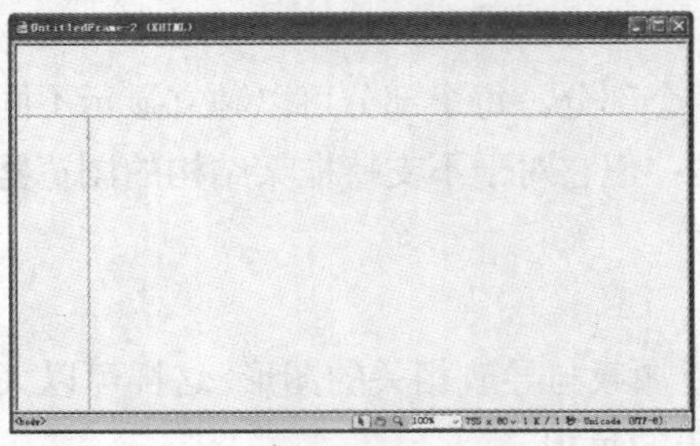

图 3-40 新建框架网页

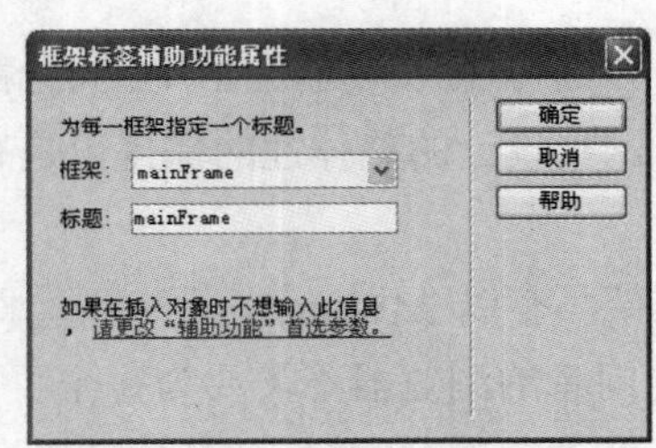

图 3-41 【框架标签辅助功能属性】对话框

提示

因为框架页是一个独立的 HTML 页面，所以在保存框架页时也是单独保存的，因此在【框架标签辅助功能属性】对话框中设置框架标题名称可以方便今后打开框架页。

2. 在 HTML 网页文档中应用框架

如果已经创建了网页文档，也可以在文档中应用框架。打开【插入】面板，单击【常用】类别右侧的下拉按钮，在下拉列表中选择【布局】选项，打开该类别，单击【框架】按钮，在下拉列表中显示了可以应用的框架结构，如图 3-42 所示。选择所需的框架结构即可应用框架。

使用这种方法，可以方便、直观地布局网页文档，并且可以插入多个框架，例如是先应用【顶部框架】后，再应用【左侧框架】和【右侧框架】，如图 3-43 所示。

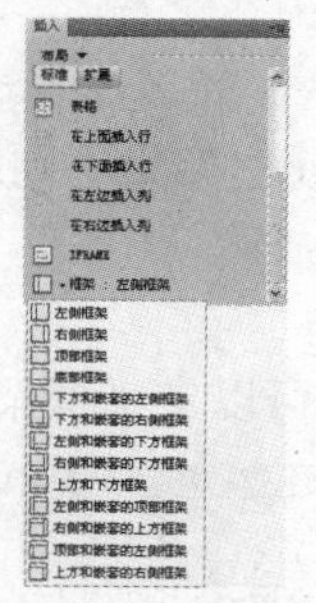

图 3-42　显示应用的框架结构

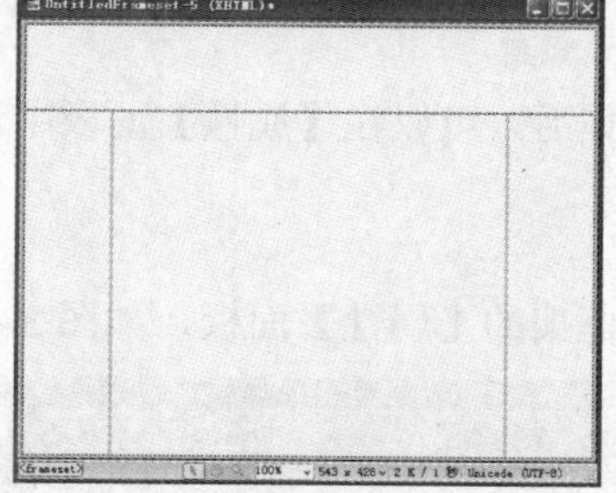

图 3-43　应用框架

3.4.3　保存框架

在浏览器中预览包含框架或框架集的网页文档之前，必须保存框架集文件以及要在框架中显示的所有文档。可以单独保存每个框架集文件和带框架的文档，也可以同时保存框架集文件和框架中出现的所有文档。

保存框架和框架集的具体方法如下。

- 保存框架集文件：选择框架集，如果要保存框架集文件，选择【文件】|【保存框架页】命令；如果要将框架集文件另存为新文件，请选择【文件】|【框架集另存为】命令。
- 保存框架中显示的文档：单击框架，然后选择【文件】|【保存框架】命令或者选择【文件】|【框架另存为】命令即可。
- 保存与一组框架关联的所有文件：选择【文件】|【保存所有框架】命令即可。在使用该命令时，将保存在框架集中打开的所有文档，包括框架集文件和所有带框架的文档。如果未保存该框架集文件，则在【设计】视图中的框架集或未保存的框架集的周围出现粗边框，可以选择文件名。

3.4.4 创建嵌套框架

嵌套框架与嵌套表格相似，是在已经存在的框架中插入一个框架。一个框架集文件可以包含多个嵌套框架集。大多数使用框架的网页，实际上都使用了嵌套的框架，并且在 Dreamweaver 中的多数预定义的框架集也使用嵌套。如果在一组框架里，不同行或不同列中有不同数目的框架，则要求使用嵌套框架。

打开一个框架网页，将光标移至要创建嵌套框架集的框架中，选择【插入记录】|HTML|【框架】|【下方及左侧嵌套】命令，即可在选中框架中插入嵌套框架集。

3.4.5 设置框架属性

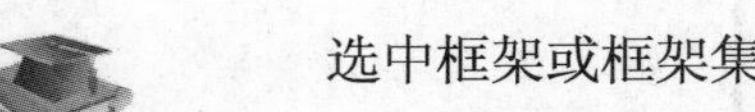

选中框架或框架集后，可以在【属性】面板中设置框架或框架集不同属性。

1. 设置框架属性

选中框架，打开框架的【属性】面板，如图 3-44 所示，可以定义框架名称、滚动方式等。

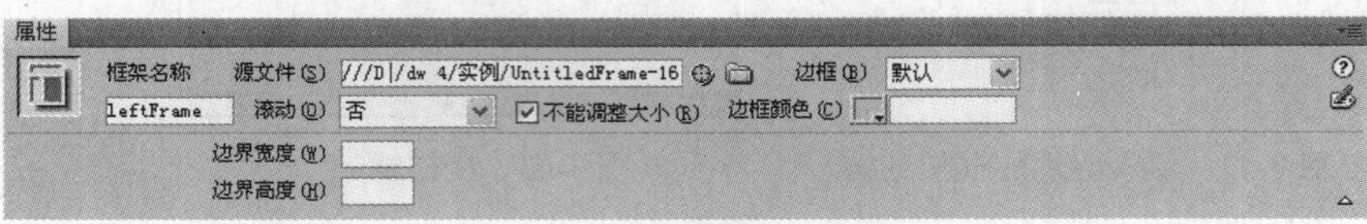

图 3-44　框架的【属性】面板

在框架的【属性】面板中，主要参数选项具体作用如下。

- 【框架名称】：在文本框中输入框架的名称，在使用 Dreamweaver 行为或脚本撰写语言(例如 JavaScript 或 VBScript)时可以引用该对象。
- 【源文件】：在文本框输入框架对应的源文件，单击【文件夹】按钮，可以在打开的对话框中选择文件。
- 【滚动】：在下拉列表中选择框架中滚动条的显示方式，可以选择【默认】、【是】、【否】和【自动】4 个选项。大多数浏览器默认为【自动】，只有在浏览器窗口中没有足够空间来显示当前框架的完整内容时才显示滚动条。
- 【不能调整大小】：选中该项后，可以禁止改变框架的尺寸。
- 【边框】：在下拉列表中选择设置框架的边界选项。设置边界后，将会覆盖框架集的【属性】面板中所做的设置，并且只有当该框架的所有邻接框架的边框都设置为【否】时，才能关闭该框架的边界。
- 【边框颜色】：设置的颜色应用于和框架接触的所有边框。
- 【边界宽度】和【边界高度】：设置框架内容与边界之间的距离。

2. 设置框架集属性

选中框架，打开框架集的【属性】面板，如图 3-45 所示，可以设置框架边框颜色、宽度等。

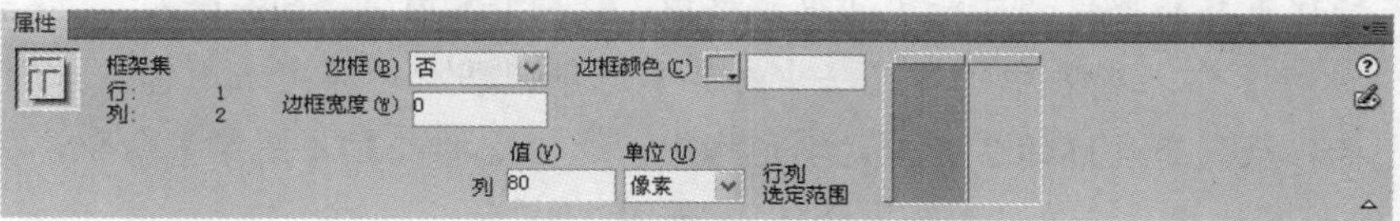

图 3-45　框架集的【属性】面板

在框架集的【属性】面板中，主要参数选项的具体作用如下。

- 【边框】：在下拉列表中选择设置框架集的边界的选项。
- 【边框颜色】：在文本框中输入当前框架集的所有边框的颜色十六进制数值。
- 【边框宽度】：在文本框中输入框架集边框线的宽度数值，单位为像素。
- 【列】：在文本框中输入框架集的宽度数值。
- 【单位】：在下拉列表中选择宽度单位，可以选择【像素】、【百分比】和【相对】3 个选项。选择【相对】选项，可以设置当前框架与其他框架之间的大小比例。

3.5　上机练习

本章的进阶练习主要介绍了在网页文档中插入表格来制作一个网站登录主页。有关本章的其他内容，可以参照具体章节进行练习。

【例 3-4】新建一个网页文档，插入表格和嵌套表格，制作网站登录主页。

(1) 选择【文件】|【新建】命令，新建一个空白网页文档。

(2) 选择【插入】|【表格】命令，打开【表格】对话框，在【行数】和【列】文本框中输入数值 1，单击【确定】按钮，创建一个 1 行 1 列的表格。

(3) 选中单元格，打开【属性】面板，在【背景颜色】文本框中输入颜色数值#CC0000，设置表格单元格颜色，如图 3-46 所示。

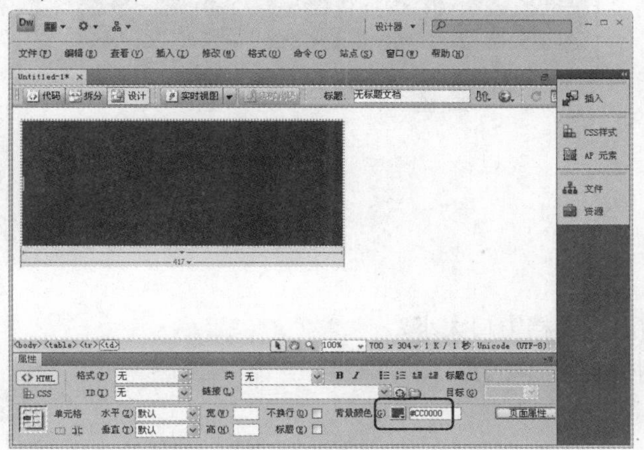

图 3-46　设置表格单元格背景颜色

(4) 将光标移至表格单元格中，然后选择【插入】|【表格】命令，插入一个 2 行 1 列的嵌套表格。

(5) 将光标移至嵌套表格的 2 行 1 列单元格中，输入文本内容“点击进入------Enter”，在【属性】面板的【水平】下拉列表中选择【居中对齐】选项，居中对齐文本内容，如图 3-47 所示。

(6) 将光标移至嵌套表格的 2 行 1 列单元格中，选择【插入】|【图像】命令，插入一个图片(有关插入图像的具体操作会在 4.3 节中介绍)，如图 3-48 所示。

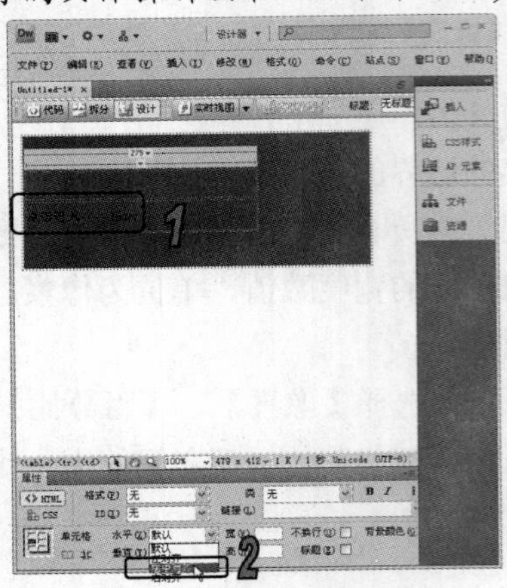
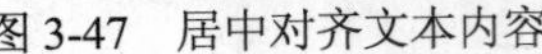

图 3-47　居中对齐文本内容

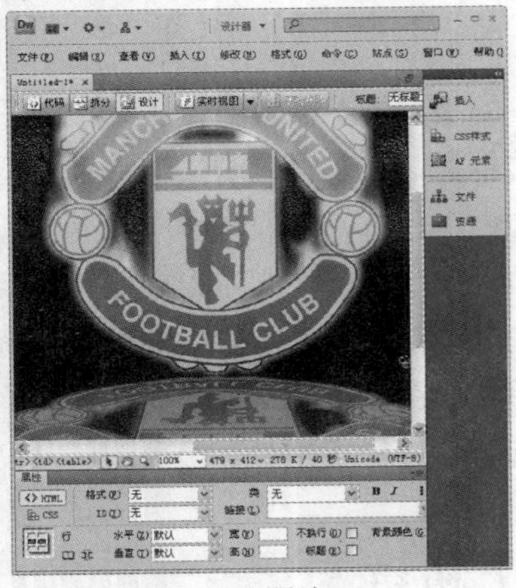

图 3-48　插入图片

(7) 保存网页文档，按 F12 键，在浏览器中预览网页文档，如图 3-49 所示。

图 3-49　预览网页文档

3.6　习题

1. 如何设置当前网页文档窗口大小？
2. 插入表格，制作个人简历。

第4章 插入文本和图像

学习目标

文本和图像就可以组成一个基本网页，它们也是网页最基本的元素。文本是向浏览者传递信息的主要手段；图像起到了画龙点睛的作用，不仅可以美化网页，还可以展现生动的视觉效果。本章将学习在网页中插入文本和图像，对文本和对象进行编辑操作，制作基本网页。

本章重点

- 在网页中插入文本
- 编辑文本
- 在网页中插入图像
- 编辑图像

4.1 在网页中插入文本

文本是网页中最常见也是运用最广泛的元素之一，是网页内容的核心部分。在 Dreamweaver CS4 中可以直接输入文本，也可以从其他文档中复制文本和导入文本。

4.1.1 认识【文本】插入栏

应用【文本】插入栏，可以在文档中快速插入各种类型的文本。选择【窗口】|【插入】命令，打开【插入】面板，拖动面板至【文档】窗口顶部的水平位置，可将【插入】面板更改为【插入】工具栏。单击【文本】选项卡，打开【文本】插入栏，如图 4-1 所示。

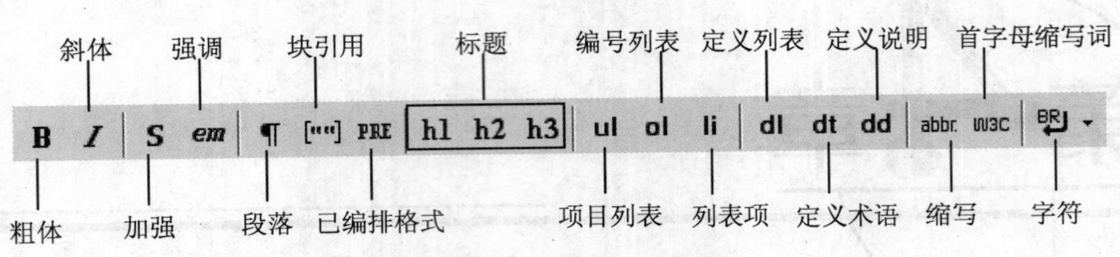

图 4-1 【文本】插入栏

4.1.2 插入文本

在网页中插入文本主要有以下几种方法。

- 直接输入文本：输入文本的排列方式由左到右，跟其他软件都是相同的，遇到编辑口的边界时会自动换行，在表格中输入文本内容。
- 复制文本：复制其他文档中的文本内容主要是为了提高工作效率。

4.1.3 导入文本

此外，在 Dreamweaver CS4 中，可以导入 XML 模板、Word 和 Excel 格式的文档，方法与导入表格式数据相同。

【例 4-1】在网页文档中导入外部 Word 文本。

(1) 新建一个网页文档，选择【文件】|【导入】|【Word 文档】命令，打开【导入 Word 文档】对话框，如图 4-2 所示。

(2) 选择要导入的 Word 文档，单击【打开】按钮，即可导入 Word 文档。

(3) 如果当前导入的 Word 文档中含有图像，在导入时会打开【图像描述】对话框，如图 4-3 所示，可以单击【取消】按钮，取消图像描述操作，直接导入 Word 文档。

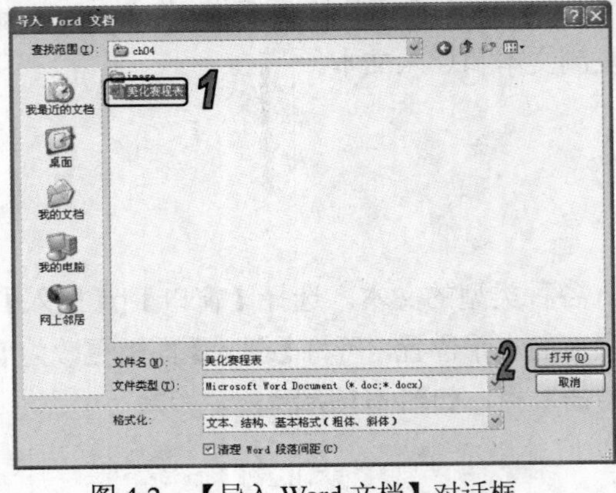

图 4-2 【导入 Word 文档】对话框

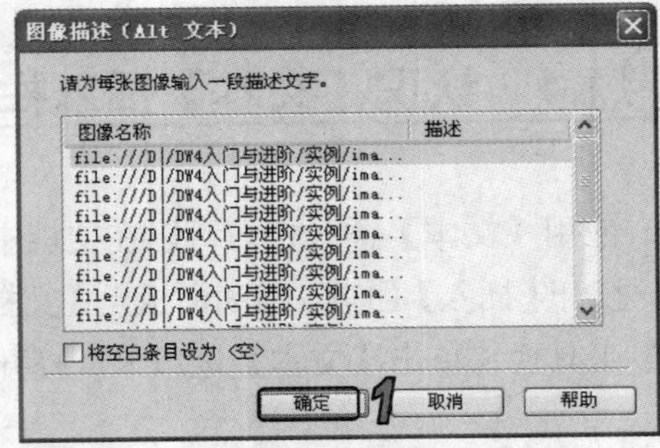

图 4-3 【图像描述】对话框

(4) 导入的外部 Word 文档如图 4-4 所示。

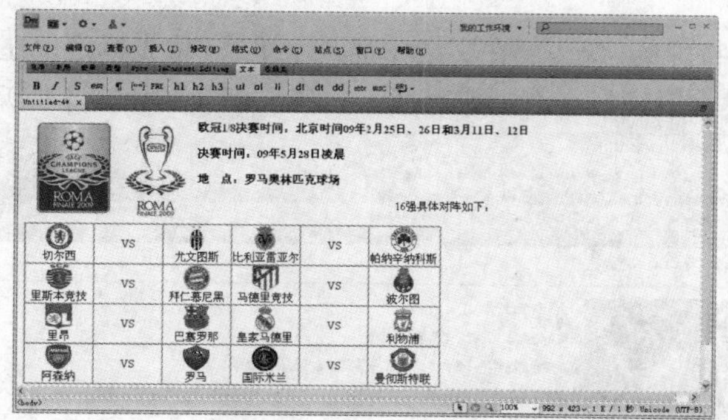

图 4-4　导入外部 Word 文档

4.1.4　插入特殊符号

在网页文档中常见的特殊符号有版权符号、货币符号、注册商标号以及直线等。

单击【插入】工具栏中的【文本】选项卡，打开【文本】插入栏。单击【字符】按钮旁边的下拉箭头，在弹出的下拉菜单中可以选择要插入的字符类型，如图 4-5 所示。

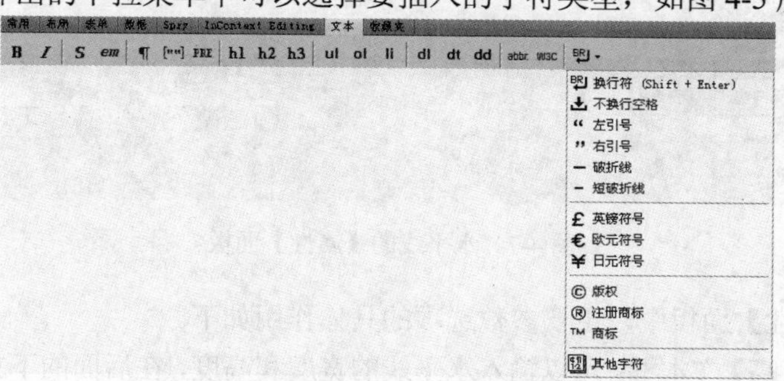

图 4-5　选择要插入的字符类型

在【字符】下拉列表中，将常用的特殊字符分为标点符号类、货币符号类、版权相关类和其他字符 4 大类型。标点符号类中包括换行符、不容易添加的空格符、左右引号以及长横线；版权相关类包括当前比较常用的 ™ 上标符号。如果选择【其他符号】命令，将打开【插入其他字符】对话框，在其中选择所需插入的字符，单击【确定】按钮即可。

4.1.5　插入水平线

当网页中的元素较多时，可以用水平线对信息进行组织。在网页中，可以使用一条或多条水平线来可视化分隔文本和对象，使段落更加分明和更具层次感。插入日期对象，可以以任何格式插入当前的日期(可以包括时间)，并且在每次保存文件时都会自动更新该日期。

1. 插入水平线

水平线其实是一种特殊的字符。要在文档中插入水平线，将光标定位在要插入水平线的位置，选择【插入】|HTML|【水平线】命令，即可插入一条水平线，如图 4-6 所示。

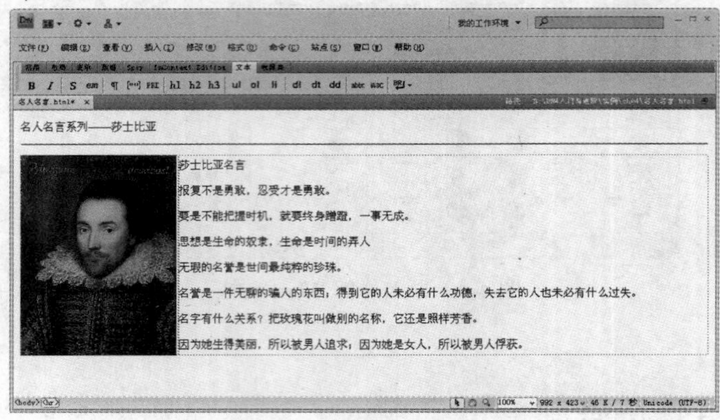

图 4-6　插入水平线

2. 编辑水平线

选中插入的水平线，打开【属性】面板，如图 4-7 所示，可以设置水平线宽度、高度和对齐方式等属性。

图 4-7　水平线的【属性】面板

在水平线【属性】面板中，主要参数选项的具体作用如下。

- 【宽】和【高】文本框：可以输入水平线的宽度和高度，在后面的下拉列表框中选择【像素】和【百分比】两种单位选项。
- 【对齐】下拉列表框：可以选择水平线的对齐方式，在下拉列表中可以选择【默认】、【左对齐】、【右对齐】和【居中对齐】4 种对齐方式选项。
- 【阴影】复选框：可以显示水平线的阴影。如果取消该项，则显示为一种纯色绘制的水平线。
- 【类】下拉列表框：可以指定使用的 CSS 样式。

4.1.6　插入日期

使用 Dreamweaver CS4 可以直接在文档中插入当前时间和日期，还可以利用 JavaScript 代码来实现动态变化的时间和日期。

1. 直接插入日期

如要在网页文档中插入日期，可以选择【插入】|【日期】命令，打开【插入日期】对话框，如图 4-8 所示。在【插入日期】对话框的【星期格式】下拉列表框中，可以选择日期的星期显示格式，选择【不要星期】，将不会显示星期信息；在【日期格式】列表框中，可以选择日期的显示格式；在【时间格式】下拉列表框中，可以选择时间的显示格式。单击【确定】按钮即可插入日期，如图 4-9 所示。

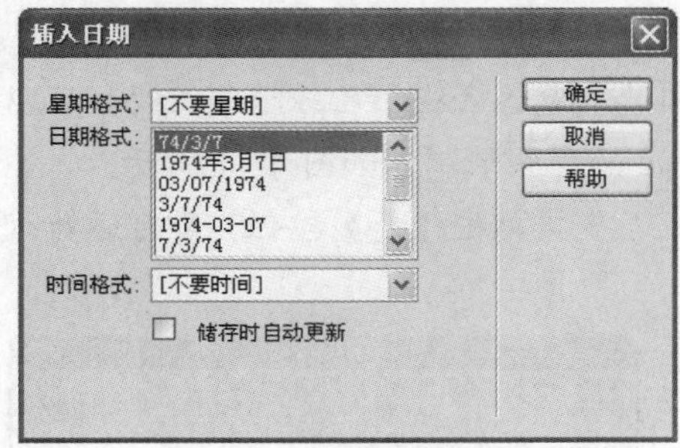

图 4-8　【插入日期】对话框

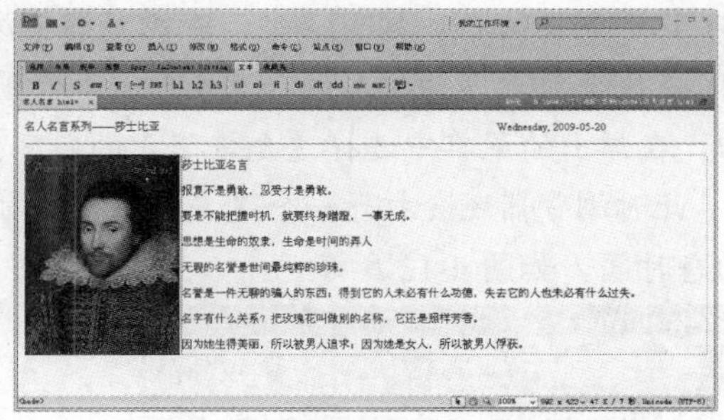

图 4-9　插入日期

2. 插入动态变化的日期

插入动态变化的日期是通过插入代码来实现的，下面通过实例来介绍插入代码实现动态变化日期效果，同时也为后面有关应用代码实现一些特殊效果内容打下基础。

【例 4-2】打开一个网页文档，输入代码插入即时日期和时间。

(1) 打开一个网页文档，选择【查看】|【代码】命令切换到【代码】视图，如图 4-10 所示。

图 4-10　切换到【代码】视图

(2) 将光标移至<body>标签前面，输入如下代码。

```
<script>
document.write("<span id=time></span>")
//输出显示时间日期的容器
setInterval(function(){
```

```
with(new Date)
time.innerText =getYear()+"年"+(getMonth()+1)+"月"+getDate()+"日  星期"+"日一二三四五六
".charAt(getDay())+" "+getHours()+":"+getMinutes()+":"+getSeconds()
//设置 id 为 time 的对象内的文本为当前日期时间
},1000)
//每 1000 毫秒(即 1 秒) 执行一次本段代码
</script>
```

(3) 保存网页文档，按 F12 键，在浏览器中浏览页面。

(4) 在浏览时，因为插入的是 JavaScript 代码，因此浏览器会提示已经限制运行，可以单击该按钮，在弹出的菜单中选择【允许阻止的内容】命令，解除限制，如图 4-11 所示。

(5) 此时浏览器还会打开一个【安全警告】对话框，直接单击【是】按钮，即可运行代码，显示动态时间，如图 4-12 所示。

图 4-11　解除限制

图 4-12　浏览网页

4.2　编辑文本

编辑文本操作，可以将网页中的文本设置成色彩纷呈、样式各异的文本，使枯燥的文本更显生动。编辑文本的操作主要指设置文本的基本格式，例如文本字体、字体颜色、对齐方式等。

4.2.1　设置文本样式

网页文本的基本样式主要包括文本的字体、大小和颜色等，对这些样式的设置也就是对文本外观的设置。

1. 设置字体

选中要设置字体的文本，右击，在弹出的快捷菜单中选择【字体】命令，在弹出的子菜单中可以选择字体，如图 4-13 所示。

如果在下拉列表中提供的字体样式不能满足实际需求，可以通过编辑字体列表操作添加字体，选择【字体】|【编辑字体列表】命令，打开【编辑字体列表】对话框，如图 4-14 所示。在【可用字体】列表框中选中【华文行楷】，单击⊠按钮，添加到【选择的字体】列表框中,然后单击对话框左上角的⊞按钮，添加字体列表。

图 4-13　选择字体

图 4-14　【编辑字体列表】对话框

有关【编辑字体列表】对话框中的其他操作如下。

- 要修改【字体列表】列表框中某一字体的组合项，选中该字体组合项，单击⊠和⊠按钮，在【选择的字体】和【可用字体】列表框之间互相调整字体组合项内容。
- 单击对话框左上角的⊟按钮，可以删除【字体列表】列表框中的字体；单击对话框右上角的⊠⊠按钮，可以改变【字体列表】列表框中的字体组合的上下顺序。

2 设置字体颜色

设置字体颜色同样是通过新建并应用 CSS 规则样式来实现的。

选中要设置颜色的文本，选择【格式】|【颜色】命令，打开【颜色】面板，如图 4-15 所示。选择要设置的字体颜色，单击【确定】按钮，打开【新建 CSS 规则】对话框。在【选择或输入选择器名称】文本框中输入新建的 CSS 规则样式名称，单击【确定】按钮，新建并应用 CSS 规则样式，此时选中的文本颜色将是在【颜色】面板中选择的颜色，如图 4-16 所示。

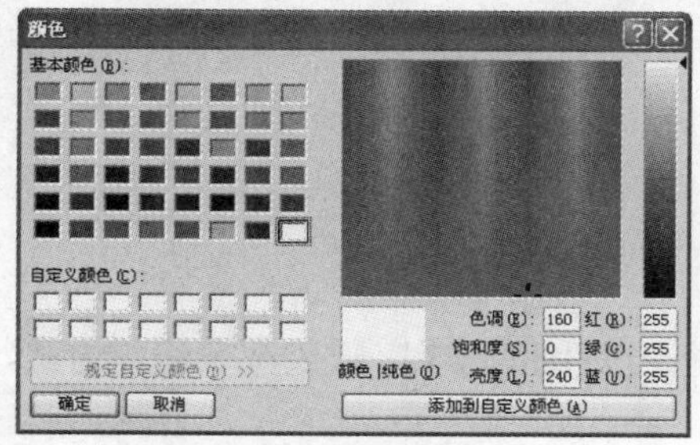

图 4-15　【颜色】面板

图 4-16　设置字体颜色

3. 设置文本的粗斜

选中文本，打开【属性】面板，单击【粗体】按钮**B**可以设置文本粗体；单击【斜体】按钮*I*，可以设置斜体。再次单击相应的按钮，可以取消设置。

4.2.2 设置文本段落格式

文本的段落格式主要包括缩进方式、对齐方式和设置列表项等。

1. 应用标准格式

Dreamweaver CS4 定义了多种标准文本格式，可以将光标定义在段落内或选定段落中的全部或部分文本，使用属性检查器中的【格式】下拉列表框应用标准文本格式，如图 4-17 所示。

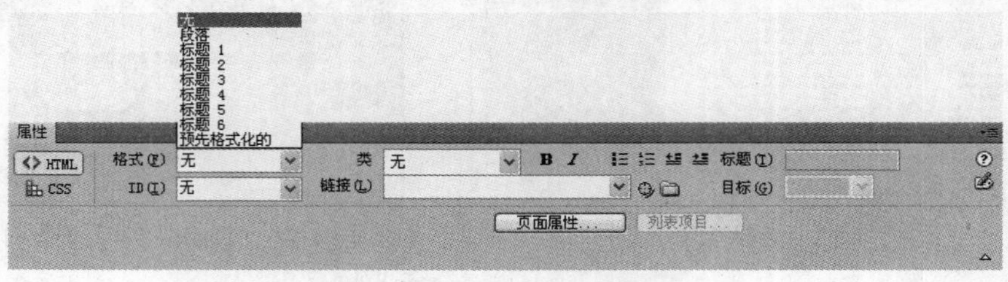

图 4-17 【格式】下拉列表框

应用标准格式的最小单位是段落，但无法在同一段落中应用不同的标准格式，在某一段落中选择部分内容应用标准样式将会使整个段落格式化为同一样式。

2. 设置对齐方式

如果要设置文本的对齐方式，选中所需对齐的文本内容，选择【格式】|【对齐】命令，在级联菜单中选择对齐方式命令即可，可以选择【左对齐】、【居中对齐】、【右对齐】、【两端对齐】命令。

3. 设置文本缩进

设置文本段落缩进包括增加段落缩进和减少缩进。将光标移至文档中需要设置格式的段落中，打开【属性】面板，单击【文本缩进】按钮，增加该段落的缩进；单击【文本凸出】按钮，减少段落的缩进。

4.2.3 设置列表

列表是指将具有相似特性或某种顺序的文本进行有规则的排列。通过列表组织方式，可以明确地表现信息的层次关系，突出重点。

计算机 基础与实训教材系列

1. 编号列表

编号列表文本前面通常是数字作为前导字符，例如英文字母、阿拉伯数字或罗马数字等，编号列表又称为有序列表。

选中文本内容，打开【属性】面板，单击【编号列表】按钮，如图 4-18 所示，即可根据文本段落添加编号列表。

2. 项目列表

项目列表的各项目之间没有先后顺序，因此也称为无序列表。项目列表前面一般用项目符号作为前导字符。

选中要设置项目列表的文本，打开【属性】面板，单击【项目列表】按钮，如图 4-19 所示，即可根据文本段落添加项目列表。

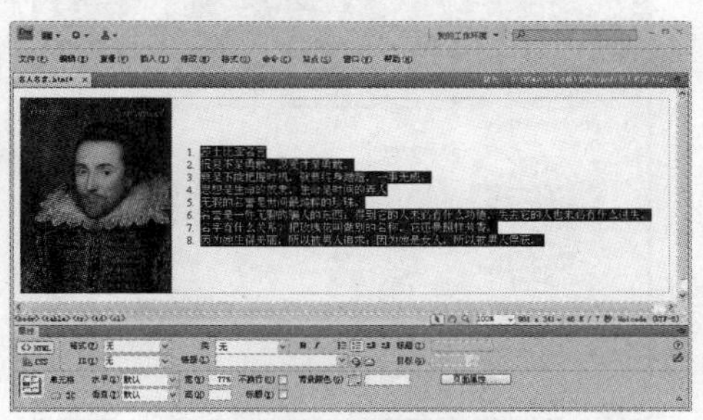

图 4-18　添加编号列表

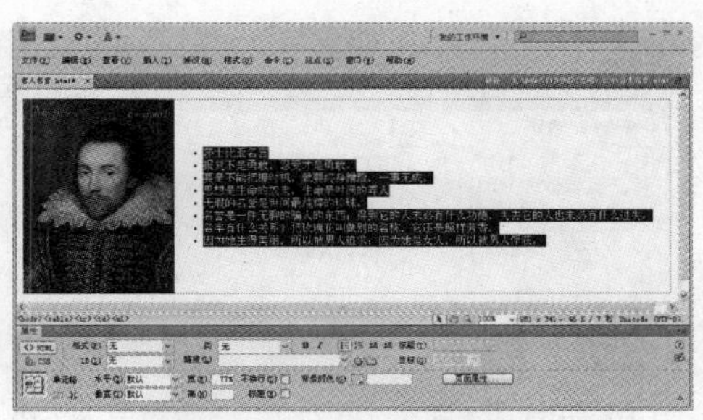

图 4-19　添加项目列表

【例 4-3】新建一个网页文档，制作图书目录。

(1) 新建一个网页文档，选择【插入】|【表格】命令，插入一个 2 行 3 列的表格。选中表格的第 1 行中所有单元格，合并单元格，如图 4-20 所示。

(2) 在表格的各个单元格中输入文本内容，如图 4-21 所示。

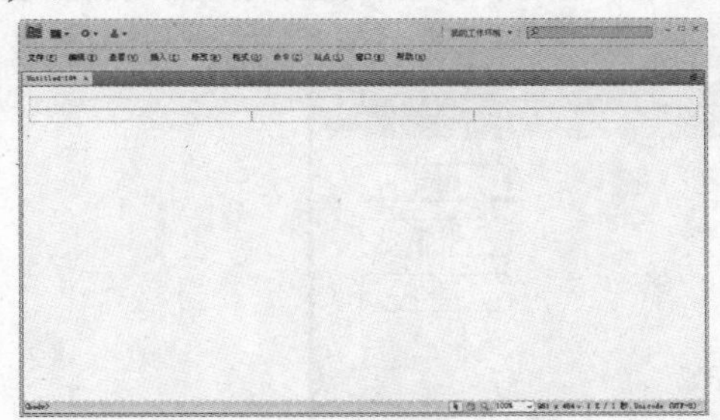

图 4-20　合并单元格

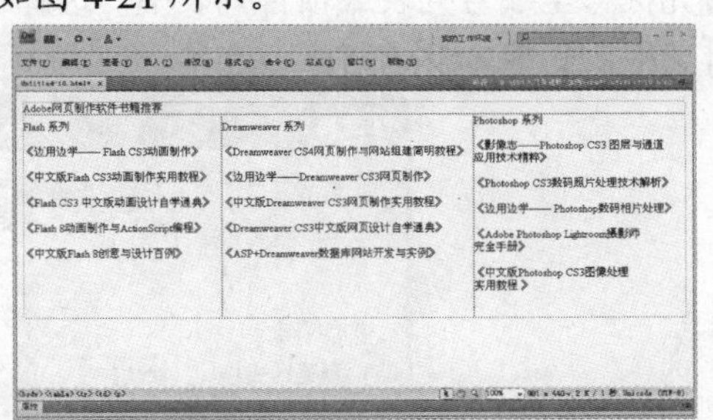

图 4-21　输入文本内容

(3) 将光标移至文本内容“Flash 系列”中间，打开【属性】面板，单击【项目列表】按钮，创建项目列表，如图 4-22 所示。

(4) 重复操作，设置其余两个专辑名称的项目列表。

(5) 选中系列书籍名称，单击【属性】面板中的【编号列表】按钮，创建编号列表，如图 4-23 所示。

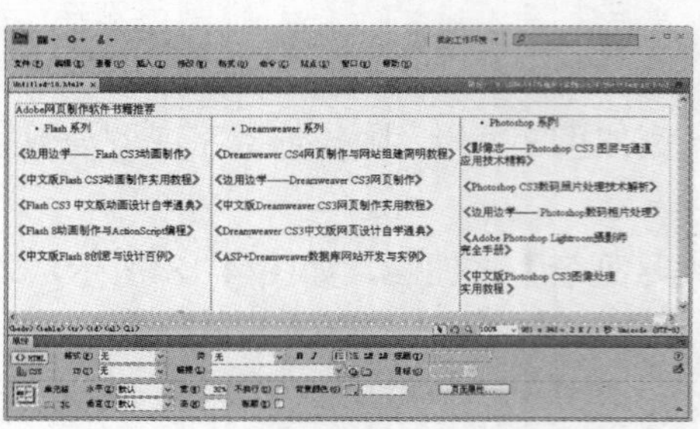

图 4-22　创建项目列表

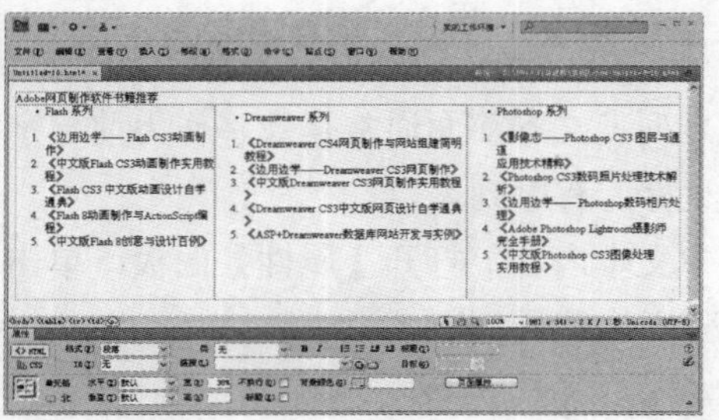

图 4-23　创建编号列表

(6) 选中系列书籍名称，单击【属性】面板中的【文本缩进】按钮，缩进文本内容，如图 4-24 所示。

(7) 保存网页文档，按下 F12 键，在浏览器中预览网页，如图 4-25 所示。

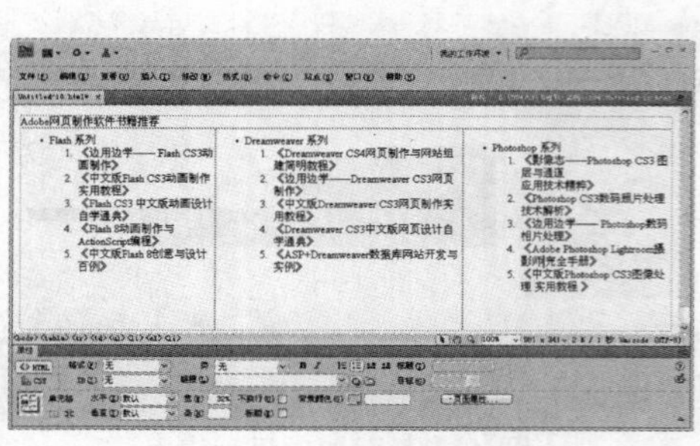

图 4-24　缩进文本内容

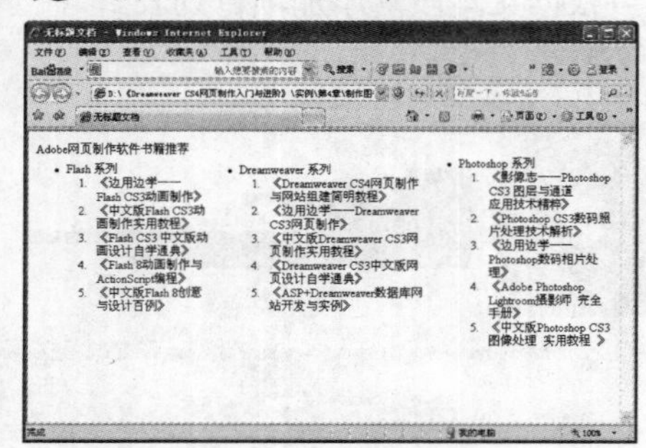

图 4-25　预览网页

3. 设置列表属性

编号列表和项目列表的前导符还可以自行编辑。

将光标移至编号列表或项目列表中，选择【格式】|【列表】|【属性】命令，打开【列表属性】对话框，如图 4-26 所示。

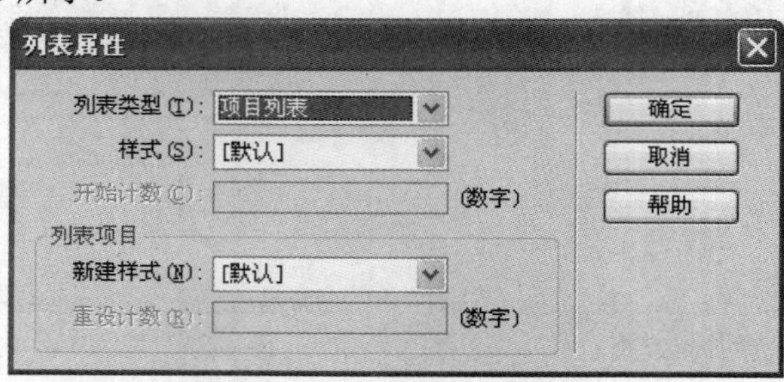

图 4-26　【列表属性】对话框

在【列表属性】对话框中，主要参数选项的具体作用如下。

- 【列表类型】：可以选择列表类型。
- 【样式】：设置选择的列表样式。
- 【新建样式】：可以选择列表的项目样式。

- 【开始计数】：可以设置编号列表的起始编号数字，只对编号列表作用。
- 【重设计数】：可以重新设置编号列表编号数字，只对编号列表作用。

4.3　在网页中插入图像

图像是网页上最基本的元素之一，制作精美的图像可以大大增强网页的视觉效果。在网页中插入图像通常是用于添加图形界面(如按钮)、创建具有视觉感染力的内容(如照片、背景等)或交互式设计元素(如鼠标指针经过图像)。

4.3.1　网页中的图像格式

网页中常用的图像文件格式有 JPEG(JPG)、GIF 和 PNG 这 3 种。

- GIF(图形交换格式)：GIF 文件最多使用 256 种颜色，最适合显示色调不连续或具有大面积单一颜色的图像，例如导航条、按钮、图标或其他具有统一色彩和色调的图像。
- JPEG(联合图像专家组标准)：JPEG 文件格式是用于摄影或连续色调图像的高级图片文件格式，这种格式的图片可以包含数百万种颜色。
- PNG(可移植网络图形)：PNG 文件格式是一种替代 GIF 格式的无专利权限制的格式，这种格式的图片具备对索引色、灰度、真彩色图像以及 alpha 通道透明的支持。

4.3.2　插入图像

如果网页中的内容全是密密麻麻的文字，很容易产生厌烦感，往往不能吸引浏览者的眼球，一个漂亮的网页通常是图文并茂的。在网页中适当地插入图像可以使网页增色不少，更重要是可以借此直观地向浏览者表达信息。

1. 直接插入图像

直接插入图像是最常用的插入图像方法。将光标移至所需插入图像的位置。

选择【插入】|【图像】命令，打开【选择图像源文件】对话框。在【选择图像文件】对话框中，选中【文件系统】单选按钮可以选择一个图片文件；选中【数据源】单选按钮可以选择一个动态图像源文件；在 URL 文本框中可直接输入要插入图像的路径和名称，单击【确定】按钮，即可插入图像。

【例 4-4】 新建一个网页文档，在文档中插入表格，然后在表格的单元格内插入图像和文本内容，制作一个基本网页。

(1) 新建一个网页文档，选择【插入】|【表格】命令，打开【表格】对话框，插入一个 1 行 2 列的表格。

(2) 将光标移至表格的1行1列单元格中，选择【插入】|【表格】命令，插入一个2行1列的嵌套表格。重复操作，在表格的1行2列单元格中插入一个3行2列的嵌套表格，如图4-27所示。

(3) 在插入的2个嵌套表格中输入合适的文本内容，如图4-28所示。

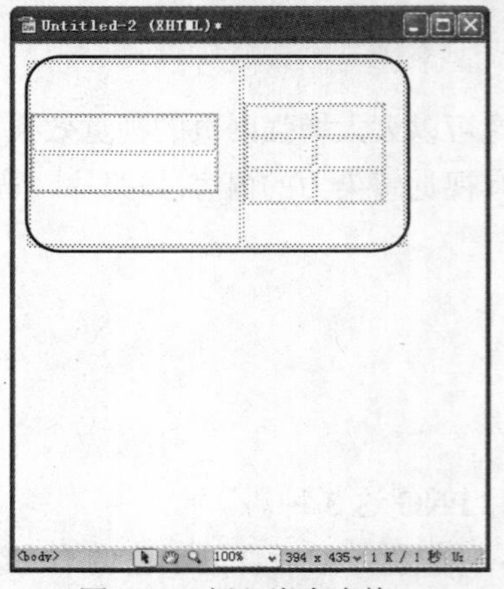

图 4-27　插入嵌套表格

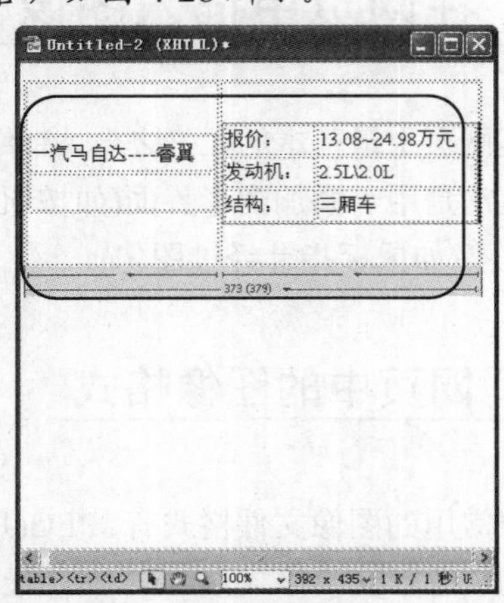

图 4-28　输入文本

(4) 将光标移至左侧嵌套表格的2行1列单元格中，选择【插入】|【图像】命令，打开【选择图像源文件】对话框。选择要插入的图像，单击【确定】按钮，插入图像，如图4-29所示。

(5) 保存网页文档，按F12键，在浏览器中预览网页文档，如图4-30所示。

图 4-29　插入图像

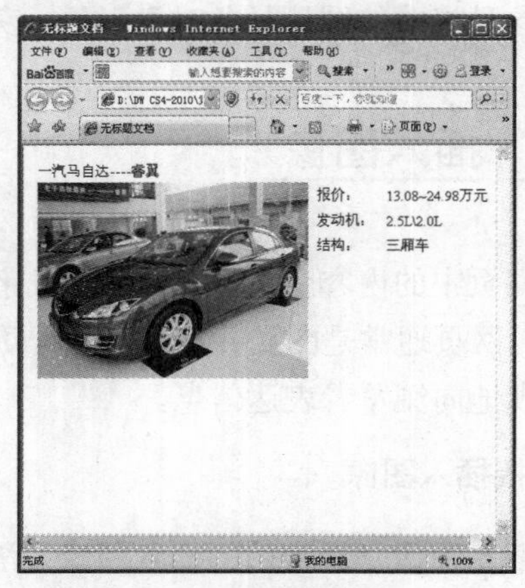

图 4-30　浏览网页

2. 插入图像占位符

在网页制作过程中，如果所需插入的图像未制作完成或还未计划好要插入的图像，可以使用插入图像占位符的方式来插入图像。简单来说，图像占位符是在准备将最终图像添加到网页文档前而使用的图像。

要在网页文档中插入图像占位符，选择【插入】|【图像对象】|【图像占位符】命令，打开【图像占位符】对话框，如图4-31所示。

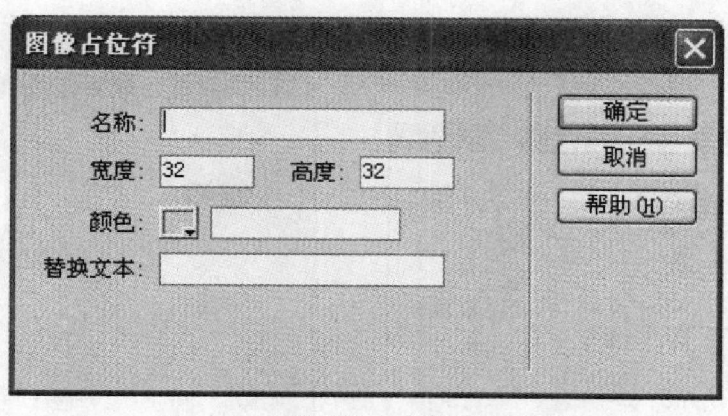

图 4-31　【图像占位符】对话框

在【图像占位符】对话框中，主要参数选项的具体作用如下。

⊙　【名称】：可以在文本框中输入要作为图像占位符的标签文字显示的文本(该文本框只能包含字母与数字，不允许使用空格和高位 ASCII 字符)。

⊙　【宽度】：可以在文本框中输入图像宽度大小数值。

⊙　【高度】：可以在文本框中输入图像高度大小数值。

⊙　【替换文本】：可以为使用只显示文本浏览器的访问者输入描述该图像的文本。

⊙　【颜色】：可以在文本框中输入图像占位符指定的颜色。

3. 设置网页背景图像

在 Dreamweaver CS4 中，通过设置页面属性，可以将某个图像设置为网页的背景图像。

【例 4-5】新建一个网页文档，设置页面背景图片。

(1) 新建一个网页文档，右击文档空白区域，在弹出的快捷菜单中选择【页面属性】命令，打开【页面属性】对话框。

(2) 默认打开的是【外观】选项分类对话框，单击【背景图像】文本框右侧的【浏览】按钮，如图 4-32 所示，打开【选择图像源文件】对话框。

(3) 选择要设置为网页背景图像的文件，单击【确定】按钮，如图 4-33 所示，返回【页面属性】对话框。

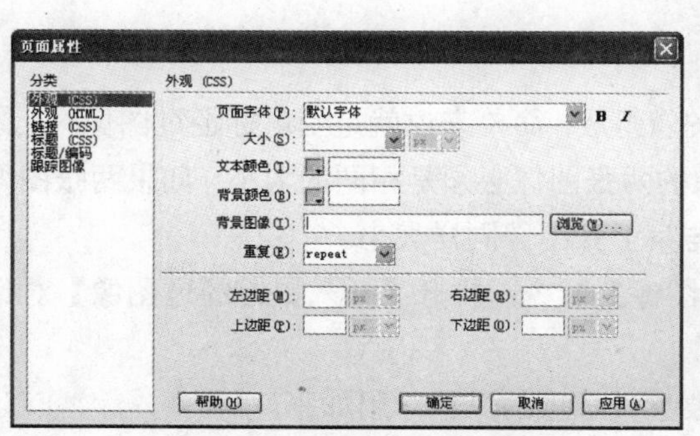

图 4-32　【页面属性】对话框

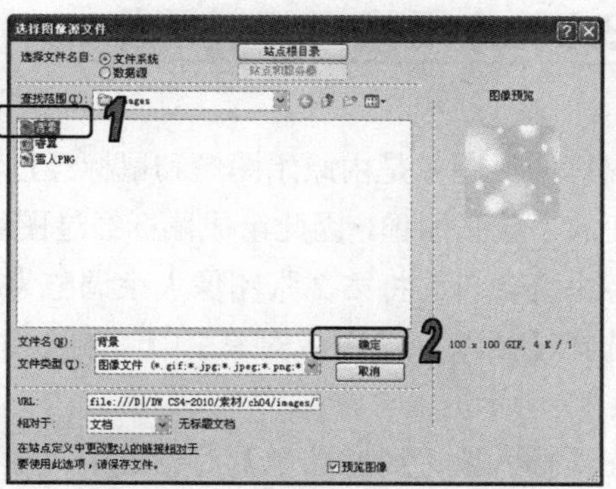

图 4-33　选择背景图像

(4) 在【重复】下拉列表中选择 repeat 选项，如图 4-34 所示，单击【确定】按钮，插入背景

图像，如图 4-35 所示。

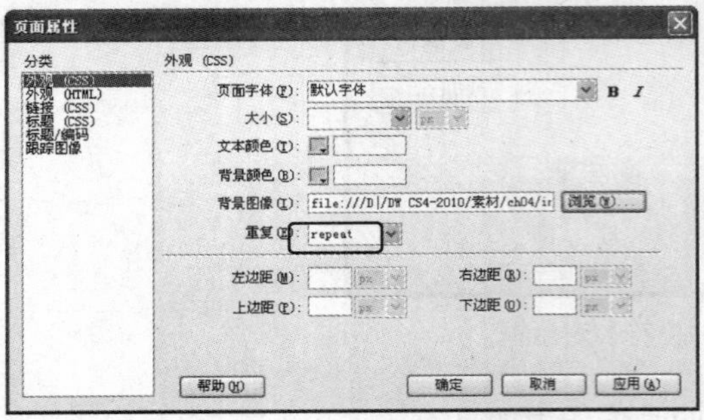

图 4-34　选择 repeat 选项

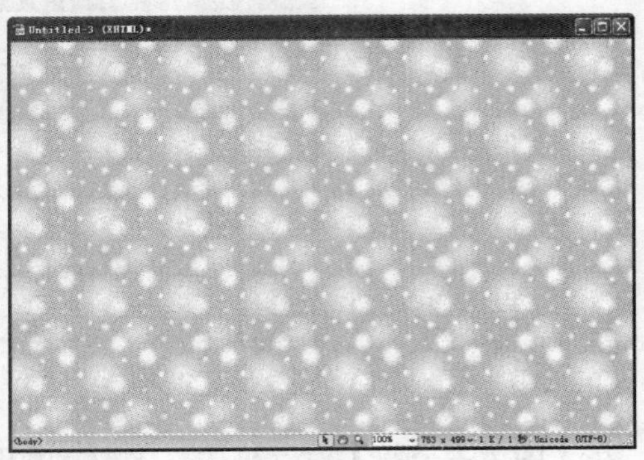

图 4-35　插入背景图像

(5) 选择【插入】|【图像】命令，在网页文档中插入一个 PNG 雪人图像，如图 4-36 所示。

图 4-36　插入 PNG 图像

4.3.3　应用鼠标经过图像

鼠标经过图像是由原始图像和鼠标经过图像组成，简单来说就是当鼠标经过图像时，原始图像会变成另一张图像，因此组成鼠标经过图像的两张图像必须是相同的大小。如果两张图像大小不同，系统会自动将第 2 张图像大小调整为与第 1 张图像同样大小。

选择【插入】|【图像对象】|【鼠标经过图像】命令，打开【插入鼠标经过图像】对话框，如图 4-37 所示。

在【插入鼠标经过图像】对话框中，主要参数选项的具体作用如下。

- 【图像名称】：在文本框中输入图像名称。
- 【原始图像】：单击【浏览】按钮，打开【原始图像】对话框，如图 4-38 所示，选择原始图像。

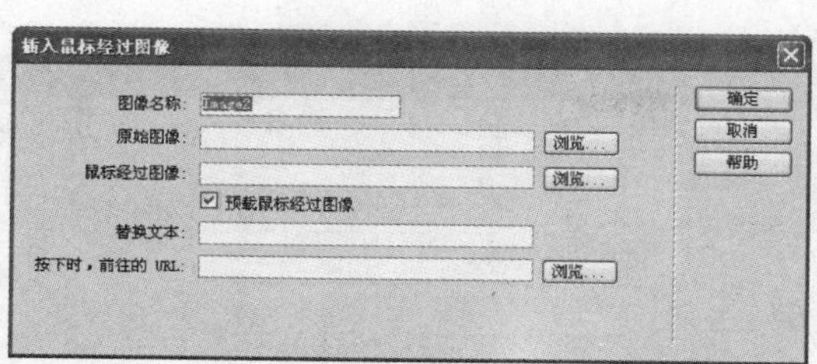

图 4-37　【插入鼠标经过图像】对话框

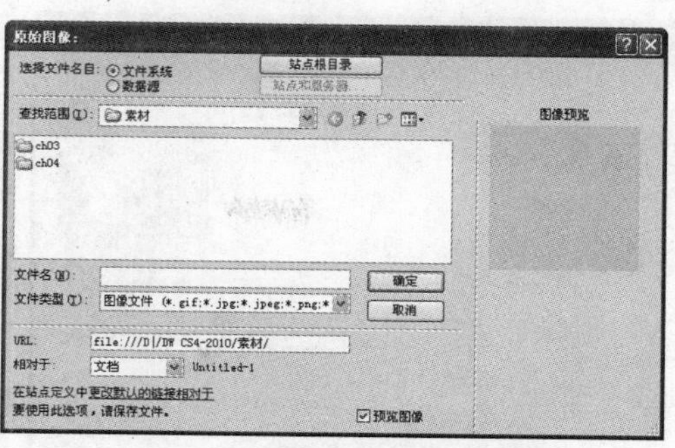

图 4-38　【原始图像】对话框

◉ 【鼠标经过图像】：选择鼠标经过时的图像。

◉ 【预载鼠标经过图像】：选中该单选按钮，可以预先加载图像到浏览器的缓存中，加快图像显示速度。

◉ 【按下时，前往的 URL】：设置鼠标经过图像时打开的 URL 路径，如果没有设置 URL 路径，鼠标经过图像将无法应用。

【例 4-6】打开一个网页文档，插入鼠标经过图像。

(1) 打开一个网页文档，如图 4-39 所示。

(2) 将光标移至水平线上方的表格中，选择【插入】|【图像对象】|【鼠标经过图像】命令，打开【插入鼠标经过图像】对话框。

(3) 在【图像名称】文本框中输入鼠标经过图像名称为“guilin”，如图 4-40 所示。单击【原始图像】文本框右侧的【浏览】按钮，打开【原始图像】对话框。

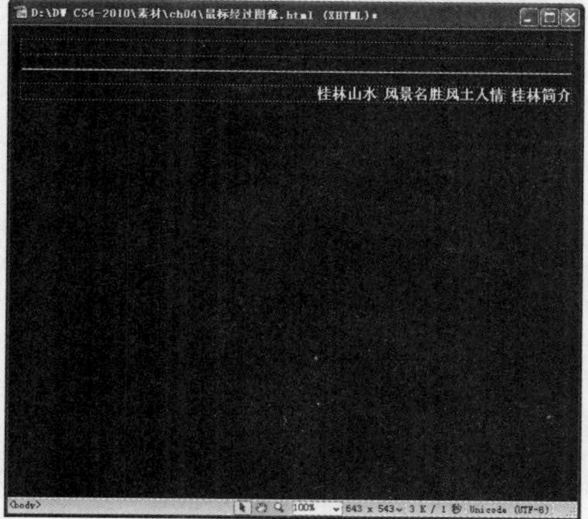

图 4-39　打开一个网页文档

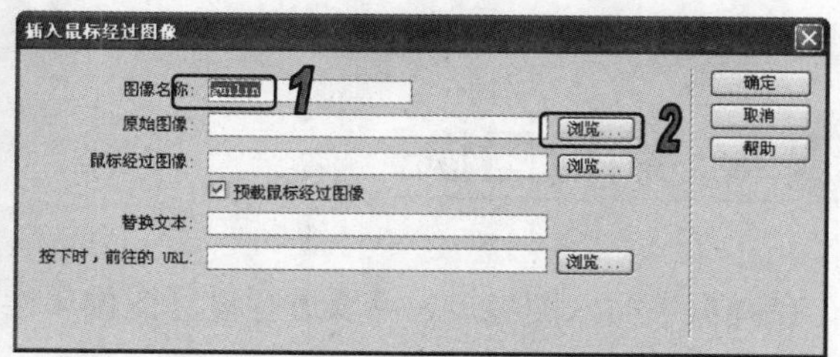

图 4-40　输入图像名称

(4) 如图 4-41 所示选择【桂林山水 1】图片文件，单击【确定】按钮，返回【插入鼠标经过图像】对话框。

(5) 单击【鼠标经过图像】文本框右侧的【浏览】按钮，打开【鼠标经过图像】对话框，选中【桂林山水 2】图片文件，单击【确定】按钮，返回【插入鼠标经过图像】对话框。

(6) 此时在【插入鼠标经过图像】对话框中的设置如图 4-42 所示。

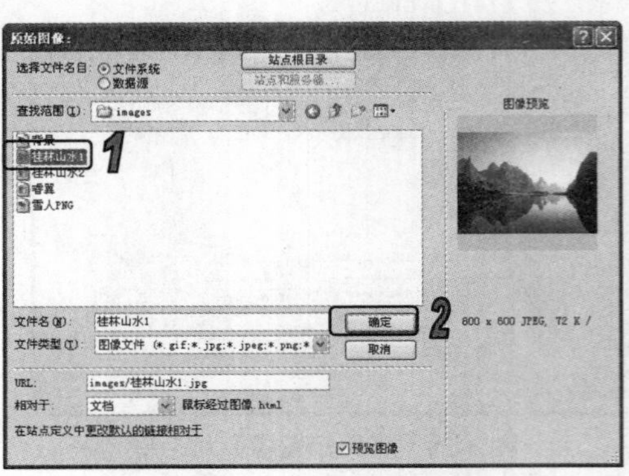

图 4-41　选择原始图像

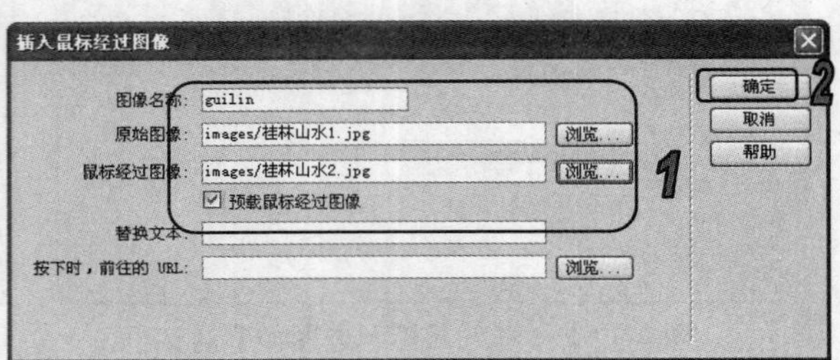

图 4-42　设置的【插入鼠标经过图像】对话框

(7) 单击【确定】按钮，即可在网页文档中插入鼠标经过图像，如图 4-43 所示。

(8) 保存网页文档，按下 F12 键，在浏览器中预览效果，如图 4-44 所示。

图 4-43　插入鼠标经过图像

图 4-44　预览网页文档

4.4　编辑图像

在网页中插入图像后，可以进行设置图像属性、对齐方式等编辑操作，这些编辑操作可以直接影响网页的整体效果。

4.4.1　设置图像属性

在文档中插入图像后，需要经常对图像进行大小、对齐方式、边距等属性的设置，这些操作可以在【属性】面板中实现。

1. 命名图像名称

选中网页文档中的图像，打开【属性】面板，如图 4-45 所示，在【图像】文本框中可以为图像命名。【图像】文本框也可以为空。

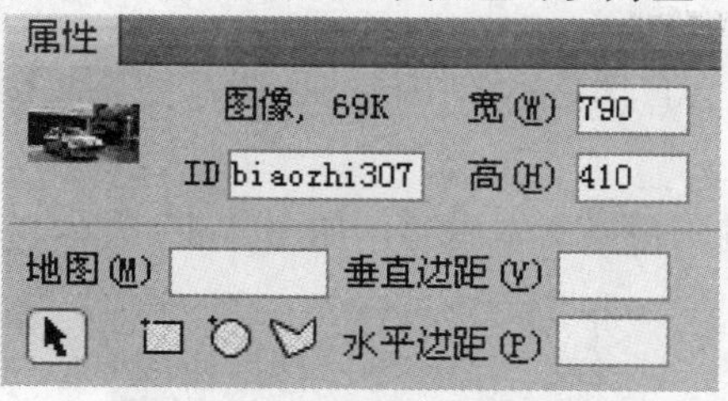

图 4-45　图像的【属性】面板

知识点

给图像命名是为了有利于在使用行为或编写脚本程序时，可以引用该图像。此外，在命名图像时，使用英文字母或数字命名。

2. 调整图像大小

调整图像大小有两种方法，一种是在【属性】面板中设置，另一种是在设计窗口中拖动图像改变大小。

选中网页文档中的图像，打开【属性】面板，在【宽】和【高】文本框中可以分别输入图像的宽度和高度，单位为像素，如图 4-46 所示。

如果设置的【宽】和【高】的值与图像的实际宽度和高度不相符，则该图像在浏览器中可能会出现扭曲变形的现象。当图像的高或宽与图像原始尺寸不完全相同时，这两个文本框的右侧会出现按钮，同时，与图像原始尺寸不相同的尺寸对应的文本框中的数值会加粗显示。单击按钮，可以恢复图像原始尺寸大小。

在设计窗口中拖动图像调整大小的方法很简单，选中图像后，在图像周围会显示 3 个控制柄，调整不同的控制柄即可分别在水平、垂直、水平和垂直 3 个方向调整图像大小，如图 4-47 所示。

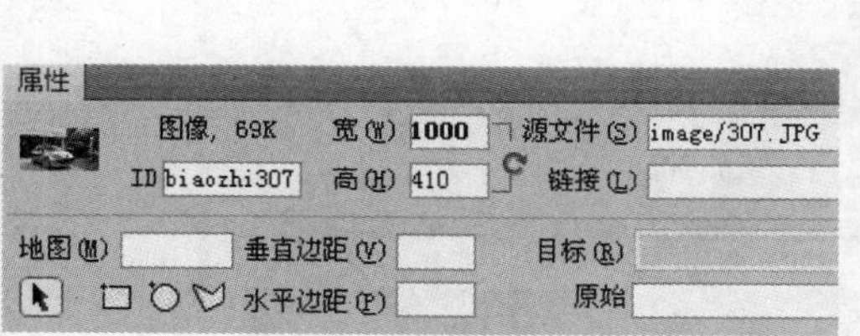

图 4-46　输入宽高数值

图 4-47　手动调整图像大小

3. 替换图像源文件

在图像【属性】面板的【源文件】文本框中显示了当前图像的路径，如果要重新选择图像，可以在文本框中直接输入图像的路径，也可以单击文本框右侧的【浏览文件】按钮，打开【选择图像源文件】对话框，重新选择图像。而文本框右侧的【指向文件】按钮，可以指向当前文档或【文件】面板中的其他图像，如图 4-48 所示，从而选择该图像来替换图像源文件。

4. 添加替换文本

添加替换文本是在浏览网页时，当光标移至图像上会自动显示该图像的说明；当图片无法显示时，也会在图像所在位置显示图像说明。

在图像的【属性】面板中的【替换】下拉列表中输入替换文本内容，如图 4-49 所示，在浏览器中浏览网页文档，即可显示图像替换文本。

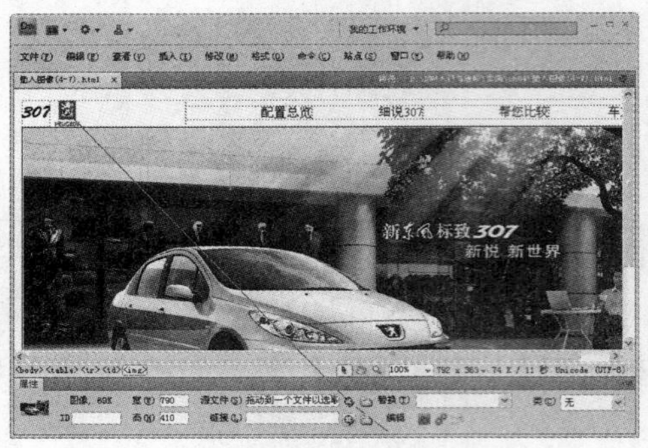

图 4-48　替换图像源文件

图 4-49　替换文本内容

5. 设置图像边距

图像的边距是与网页文档中其他元素之间的距离，可以在图像【属性】面板的【垂直边距】和【水平边距】文本框中输入边距大小数值，如图 4-50 所示，单位默认为像素。

水平边距是图像左侧和右侧与其他元素之间的间隔距离；垂直边距是图像顶部和底部与其他元素之间间距的距离。

6. 设置图像的边框

在图像【属性】面板的【边框】文本框中可以输入图像边框数值，如图 4-51 所示，默认单位同样是像素。

图 4-50　输入边距大小数值

图 4-51　输入图像边框数值

7. 调整图像的明暗度和对比度

单击图像【属性】面板中的【亮度和对比度】按钮，打开【亮度/对比度】对话框，如图 4-52 所示，可以拖动【亮度】选项滑块调整图像的明暗度；拖动【对比度】选项滑块可以调整图像的对比度；选中【预览】复选框，可以即时预览页面中图像的变化。

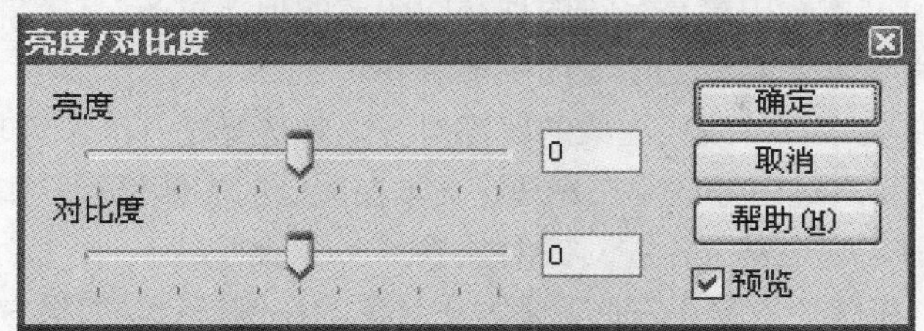

图 4-52　【亮度/对比度】对话框

8. 裁切图像

裁切图像可以将图像中不需要的部分剪切掉，选中图像后，打开【属性】面板，单击【裁切】按钮，选中的图像周围会显示阴影边框，调整阴影边框，然后按下 Enter 键，即可裁切图像，阴影部分的图像将被剪切掉，如图 4-53 所示。

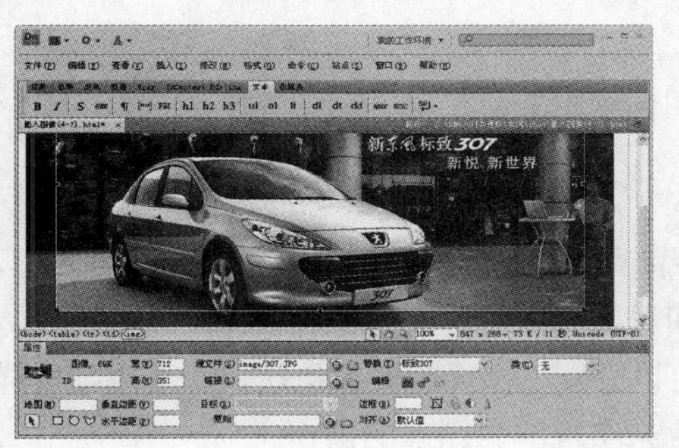

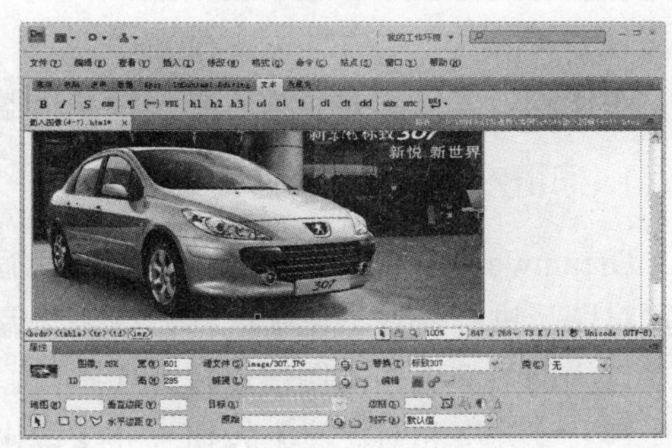

图 4-53　裁切图像

9. 对齐图像

在网页中插入图像后，要恰当地排列好图像与文本之间的位置。要设置图像的格式，可以在【属性】面板中的【对齐】下拉列表框中选择对齐方式，可以选择【默认值】、【基线】、【顶端】等选项，如图 4-54 所示。

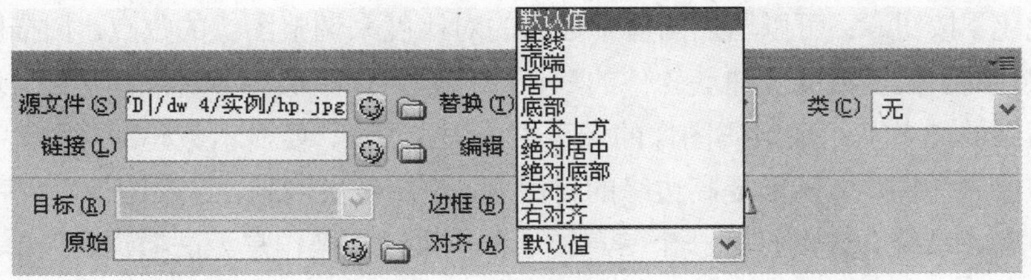

图 4-54　选择【对齐】选项

有关图像对齐方式选项的具体作用如下。

- ⊙ 【默认值】：默认情况下通常采用基线对齐方式(根据站点访问者浏览器的不同，默认值也会有所不同)。
- ⊙ 【基线】：将文本的基线同图像底部对齐。
- ⊙ 【顶端】：将文本行中最高字符的顶端同图像的顶端对齐。
- ⊙ 【居中】：将文本的基线同图像的中部对齐。
- ⊙ 【底部】：将文本行基线同图像的底部对齐，与选择【基线】选项时的效果相同。
- ⊙ 【左对齐】：将所选图像放置在左边，文本在图像的右侧换行。如果左对齐文本在行上处于对象之前，它通常强制左对齐对象换到一个新行。
- ⊙ 【右对齐】：将图像放置在右边，文本在对象的左侧换行。如果右对齐文本在行上处于对象之前，它通常强制右对齐对象换到一个新行。
- ⊙ 【文本上方】：将文本行中最高字符同图像顶端对齐，该方式与 【顶端】效果相似。
- ⊙ 【绝对居中】：将文本行的中部同图像的中部对齐。
- ⊙ 【绝对底部】：将文本行的绝对底部同图像的底部对齐。

4.4.2 使用图像编辑器

图像编辑器，主要分为内部图像编辑器和外部图像编辑器。

1. 使用内部图像编辑器

Dreamweaver CS4 集成了 Fireworks 的基本图形编辑技术，可以不用借助外部图形编辑器，直接对图形进行修剪、重新取样、调整图像的亮度和对比度以及锐化图像等操作。

选中网页文档中的图像，打开【属性】面板，可以分别单击【裁剪】按钮、【重新取样】按钮、【亮度和对比度】按钮和【锐化】按钮来实现编辑图像的操作。

之前已经介绍了裁剪图像以及调节图像明暗度和对比度的方法，下面介绍【重新取样】按钮和【锐化】按钮的作用。

- ⊙ 【重新取样】按钮：可以添加或减少已调整大小的 JPEG 或 GIF 图像文件中的像素，使图像与原始图像的外观尽可能地匹配。对图像进行重新取样会减小图像文件的大小，其结果是下载性能的提高。使用时，先选择文档中的图像，然后单击【重新取样】按钮即可。
- ⊙ 【锐化】按钮：可以增加图像中边缘的对比度来调整图像的焦点。扫描图像或拍摄数码照片时，大多数图像捕获软件的默认操作是柔化图像中各对象的边缘。这可以防止特别精细的细节从组成数码图像的像素中丢失。不过，要显示数码图像文件中的细节，经常需要锐化图像，从而提高边缘的对比度，使图像更清晰。选中图像，然后单击【锐化】按钮，系统会自动打开一个信息提示框，执行该操作是无法撤销的，单击【确定】按钮，打开【锐化】对话框，如图 4-55 所示。可以通过拖动滑块控件或在文本框中输入一个 0~10 的数值，来指定 Dreamweaver 应用于图像的锐化程度。

2. 使用外部图像编辑器

在 Dreamweaver CS4 文档中的图像，也可以使用外部图像编辑器来编辑，在外部图像编辑器中编辑图像后，保存并返回 Dreamweaver 时，网页文档窗口中的图像也随之同步更新。

选中所要编辑的图像，选择【编辑】|【参数选择】命令，打开【首选参数】对话框。在【分类】列表框中选择【文件类型/编辑器】选项，打开该选项对话框，如图 4-56 所示，即可为图像文件类型设置外部图像编辑器。

图 4-55　【锐化】对话框

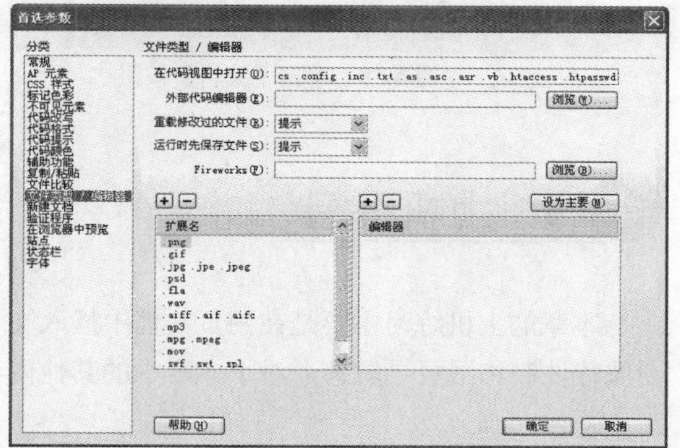

图 4-56　【文件类型/编辑器】选项对话框

【例 4-7】设置 Photoshop CS4 为图像外部编辑器。

(1) 打开任意一个网页文档，选择【编辑】|【首选参数】命令，打开【首选参数】对话框。

(2) 在【分类】列表框中选择【文件类型/编辑器】选项，打开该选项对话框。

(3) 单击【编辑器】列表框上方的+按钮，打开【选择外部编辑器】对话框，如图 4-57 所示。

(4) 选中 Photoshop 应用程序，单击【打开】按钮，返回【文件类型/编辑器】选项对话框。

(5) 此时在对话框的【编辑器】列表框中显示了添加的 Photoshop 应用程序，如图 4-58 所示，单击【确定】按钮，即可设置为默认的外部图像编辑器。

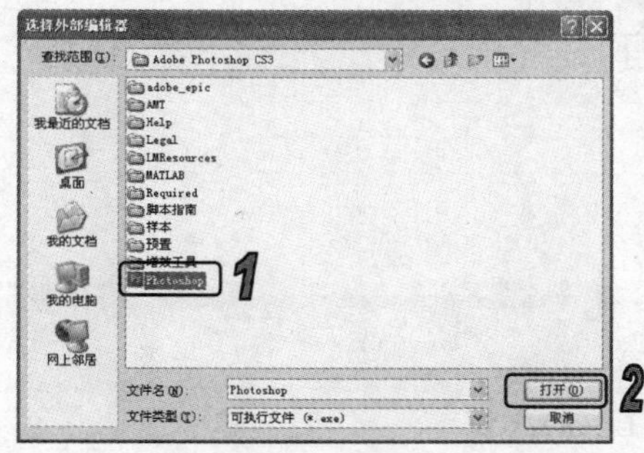

图 4-57　【选择外部编辑器】对话框

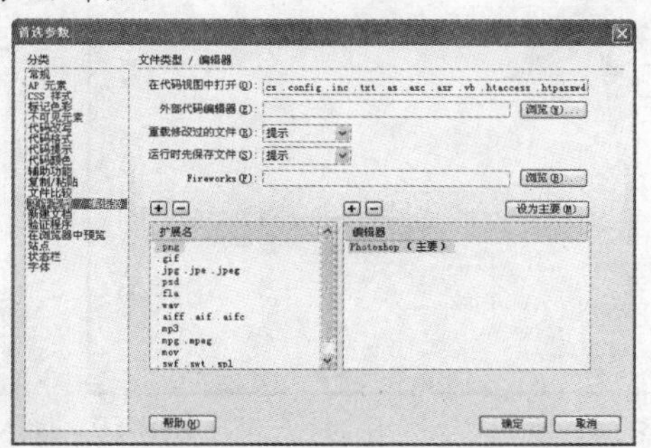

图 4-58　显示了添加的 Photoshop 应用程序

(6) 选中文档中的图像，打开【属性】面板后，在【编辑】选项区域中单击【编辑】按钮(已经默认设置为 Photoshop 图标)，如图 4-59 所示，即可打开 Photoshop 对图像进行编辑。

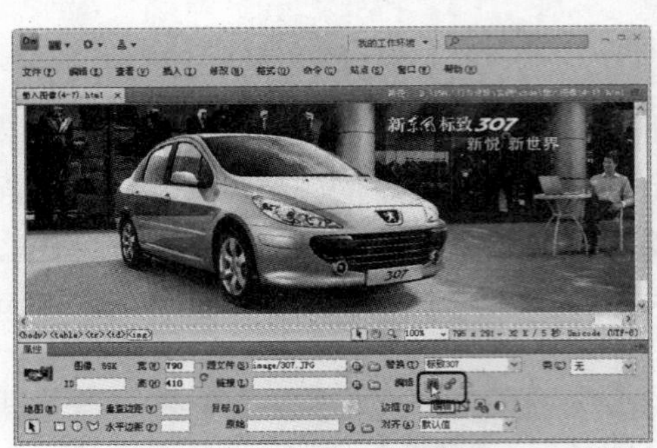

图 4-59　单击【编辑】按钮

提示

在【文件类型/编辑器】选项对话框中，单击【扩展名】列表上方的+、-按钮可以进行增添、删除文件类型；单击【编辑器】列表左上方的+、-按钮可以进行增添、删除外部编辑器。

4.5　上机练习

本章的上机练习主要是在网页文档中插入文本和图像，制作一个基本网页以及应用鼠标经过图像特性制作网页导航条，对于本章中的其他内容，可以根据相应的内容进行练习。

4.5.1　制作汽车网站主页

【例 4-8】新建一个网页文档，制作汽车网站主页面。

(1) 新建一个网页文档，选择【插入】|【表格】命令，打开【表格】对话框，插入一个 6 行 1 列的表格。

(2) 将光标移至表格的 1 行 1 列单元格中，选择【插入】|【图像】命令，打开【选择图像源文件】对话框，选择 LOGO 图像，单击【确定】按钮，插入到单元格中，如图 4-60 所示。

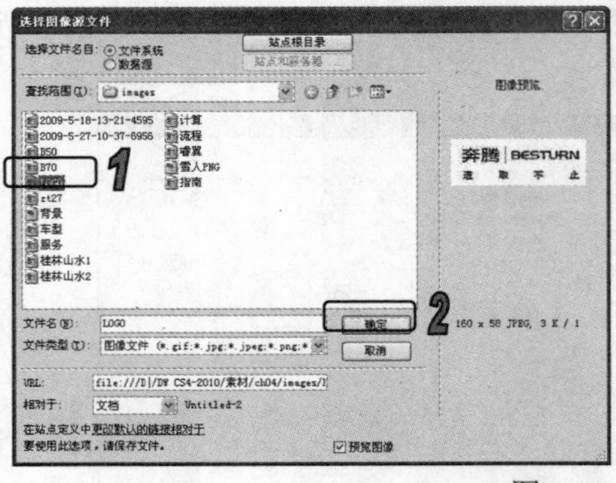

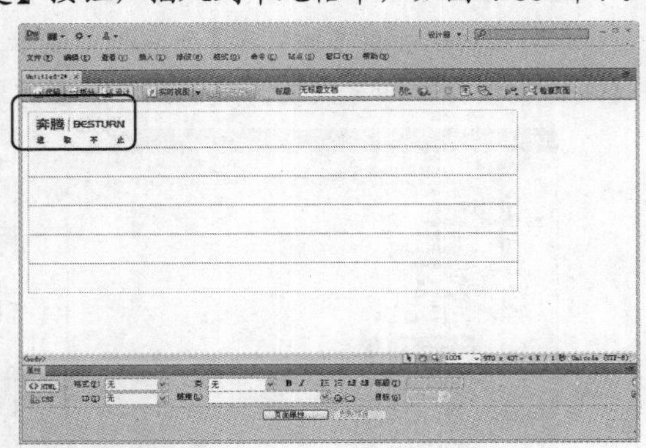

图 4-60　插入 LOGO 图像

(3) 将光标移至表格的 2 行 1 列单元格中，选择【插入】|【图像对象】|【鼠标经过图像】命令，打开【插入鼠标经过图像】对话框。

(4) 单击【原始图像】文本框右侧的【浏览】按钮，打开【原始图像】对话框，选择 B50 图像文件，单击【确定】按钮，返回【插入鼠标经过图像】对话框。

(5) 单击【鼠标经过图像】文本框右侧的【浏览】按钮，打开【鼠标经过图像】对话框，选择 B70 图像文件，单击【确定】按钮，返回【插入鼠标经过图像】对话框。

(6) 此时设置的【插入鼠标经过图像】对话框如图 4-61 所示。

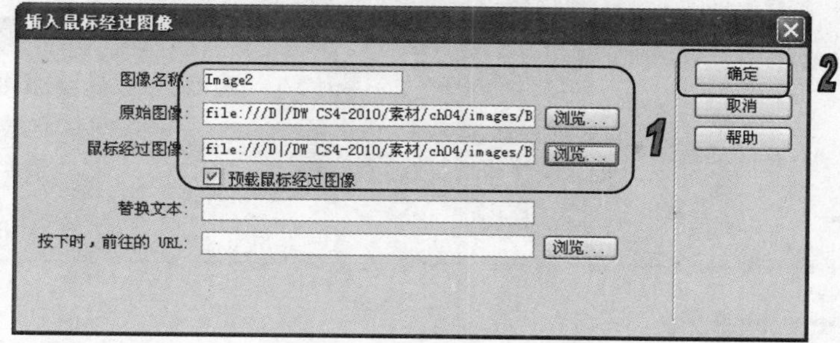

图 4-61　设置的【插入鼠标经过图像】对话框

(7) 单击【确定】按钮，即可插入鼠标经过图像，如图 4-62 所示。

图 4-62　插入鼠标经过图像

(8) 将光标移至表格的 4 行 1 列单元格中，选择【插入】|【表格】命令，插入一个 2 行 3 列的嵌套表格。

(9) 在嵌套表格的 2 行 2 列单元格中插入一个 1 行 3 列的嵌套表格，在嵌套表格的各个单元格中插入图像和文本内容。

(10) 将光标移至嵌套表格的任意单元格中，单击<table>标签，选中表格，打开【属性】面板，在【对齐】下拉列表中选中【居中对齐】选项，居中对齐嵌套表格，如图 4-63 所示。

(11) 将光标移至表格的 5 行 1 列单元格中，选择【插入】|【表格】命令，插入一个 1 行 5 列的嵌套表格。

(12) 在嵌套表格的各个单元格中插入图像和文本内容，设置单元格对齐方式为水平居中对齐，如图 4-64 所示。

图 4-63　居中对齐嵌套表格

图 4-64　插入图像和文本

(13) 最后在表格的 6 行 1 列单元格中输入版权内容，版权符号可以选择【插入】|HTML|【特殊字符】|【版权】命令输入。

(14) 居中对齐单元格内容。

(15) 保存网页文档，按 F12 键，即可在浏览器中预览网页文档，如图 4-65 所示。

图 4-65　预览网页文档

4.5.2　制作导航栏

【例 4-9】打开一个网页文档，应用鼠标经过图像，制作导航栏。

(1) 打开【例 4-8】制作的汽车网站主页面，将光标移至表格的 2 行 1 列单元格中，选择【插入】|【表格】命令，插入一个 1 行 8 列的嵌套表格。

(2) 将光标移至嵌套表格的 1 行 1 列单元格中，选择【插入】|【图像对象】|【鼠标经过图像】命令，打开【插入鼠标经过图像】对话框。

(3) 单击【原始图像】文本框右侧的【浏览】按钮，打开【原始图像】对话框，选择 sy01 图像文件，单击【确定】按钮，返回【插入鼠标经过图像】对话框。

(4) 单击【鼠标经过图像】文本框右侧的【浏览】按钮，打开【鼠标经过图像】对话框，选择 sy02 图像文件，单击【确定】按钮，返回【插入鼠标经过图像】对话框。

(5) 此时设置的【插入鼠标经过图像】对话框如图 4-66 所示。

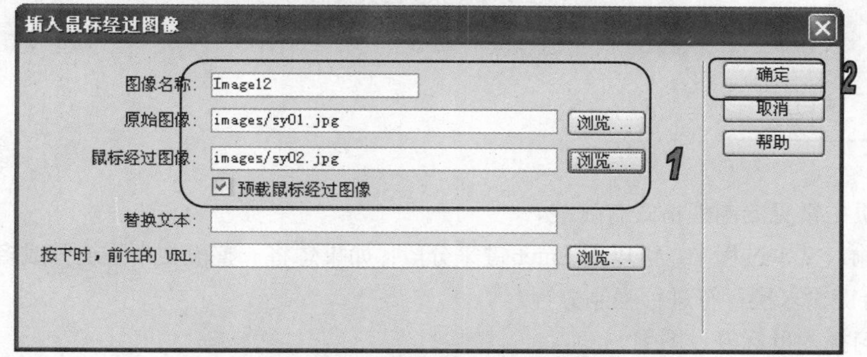

图 4-66　设置【插入鼠标经过图像】对话框

(6) 重复操作，在其他单元格中插入其他鼠标经过图像，如图 4-67 所示。

图 4-67　插入鼠标经过图像

(7) 保存网页文档，按下 F12 键，即可在浏览器中预览网页文档，如图 4-68 所示。

图 4-68　预览网页文档

4.6　习题

1. 网页中常见的图像格式有哪些？

2. 在输入文本过程中，可以用 Enter 键来分段；如果想将一整段文本强迫分成多行，可以使用什么组合键输入换行符进行强制分行？

3. 练习插入鼠标经过图像。

第5章 制作精美的网页

学习目标

随着多媒体技术的发展，多媒体在网络上得到了广泛的应用。在网页文档中加入 Flash 动画、音乐和 Java Applet 等动态元素，可以使网页更具动感效果、让网页更加精彩。此外，还可以添加网页特效，制作别具一格的网页。本章主要介绍插入多媒体元素来设计精美的网页。

本章重点

- 应用导航条
- 在网页中插入 Flash 动画
- 插入其他媒体文件
- 在网页中插入声音
- 应用网页特效

5.1 应用导航条

导航条是由一个或多个图像组成，它的显示随着动作的改变而改变，它就像图书目录一样，在浏览网站时起到指引方向的作用，能够快速地找到所需的内容。

5.1.1 插入导航条

导航条其实就是一个图像集，根据鼠标的动作，【导航条】的图像通常有以下 4 种状态。

- 【一般】：尚未单击时所显示的初始图像。
- 【滑过】：当指针从图像上经过时显示的图像。
- 【按下】：单击导航条图像时显示的图像。

◉ 【按下时鼠标经过】：单击图像后，当指针滑过该图像时显示的图像。

选择【插入】|【图像对象】|【导航条】命令，打开【插入导航条】对话框，如图 5-1 所示。

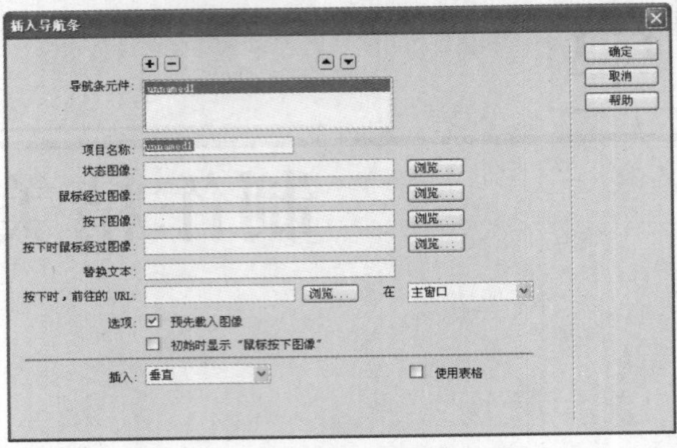

图 5-1　【插入导航条】对话框

在【插入导航条】对话框中，主要参数选项的具体作用如下。

◉ 单击⊞按钮，将在【导航条元件】文本框中添加一个导航条元件，再次单击该按钮添加另一个导航条元件。选定一个，然后单击⊟按钮将其删除，使用箭头键可以在列表中向上或向下移动导航条元件。

◉ 【项目名称】：输入导航条项目的名称，此项为必需项。

◉ 【状态图像】：单击【浏览】按钮选择最初将显示的图像。此项为必需项，其他图像状态选项为可选项。

◉ 【鼠标经过图像】：单击【浏览】按钮，在打开的对话框中选择光标指针滑过状态图像时所显示的图像。

◉ 【按下图像】：单击【浏览】按钮，在打开的对话框中可以选择单击状态图像后显示的图像。

◉ 【按下时鼠标经过图像】文本框：单击【浏览】按钮选择光标指针滑过按下图像时所显示的图像。

◉ 【替换文本】：输入导航条项目的描述性名称。

◉ 【按下时，前往的 URL】：输入导航条项目链接的 URL 地址。

◉ 【预先载入图像】：选择该项后，可在载入页面时就下载全部图像。

◉ 【页面载入时就显示'鼠标按下图像'】：选择该项后，可在显示页面时，以按下状态显示初始图像。

◉ 【插入】：选择在文档中是垂直插入还是水平插入导航条项目。

5.1.2　编辑导航条

用户在文档创建导航条后，选择【修改】|【导航条】命令，打开【修改导航条】对话框，

如图 5-2 所示。在该对话框中可以添加图像，或从导航条中删除图像。用于更改图像或图像组、更改单击项目时所打开的文件、选择在不同的窗口或框架中打开文件以及重新排序图像。

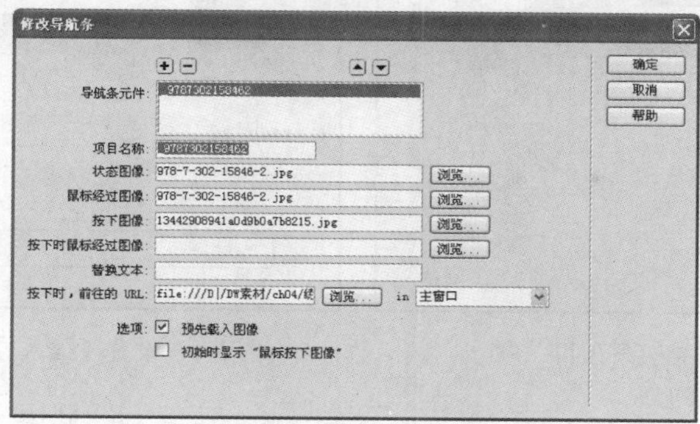

图 5-2　【修改导航条】对话框

【例 5-1】打开【例 4-8】的网页文档，插入导航条。

(1) 打开【例 4-8】的网页文档，如图 5-3 所示。

(2) 将光标移至表格的 2 行 1 列单元格中，选择【插入】|【图像对象】|【导航条】命令，打开【插入导航条】对话框。

(3) 单击【状态图像】文本框右侧的【浏览】按钮，打开【选择图像源文件】对话框，选择 sy01 图片文件，如图 5-4 所示，单击【确定】按钮，返回【插入导航条】对话框。

图 5-3　打开网页文档

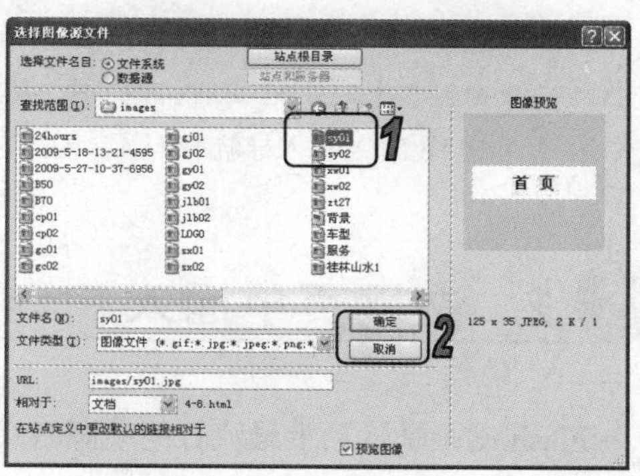

图 5-4　选择图片文件

(4) 单击【鼠标经过图像】文本框右侧的【浏览】按钮，在打开的【选择图像源文件】对话框中选择 sy02 图片文件，单击【确定】按钮，返回【插入导航条】对话框。

(5) 单击对话框左上角的【添加项】按钮➕，添加导航条项目，如图 5-5 所示。

(6) 参照步骤(3)和步骤(4)，插入状态图像和鼠标经过图像。

(7) 在【插入导航条】对话框的【插入】下拉列表中选中【水平】选项，选中【使用表格】复选框，如图 5-6 所示。

(8) 单击【确定】按钮，即可在网页文档中插入导航条，如图 5-7 所示。

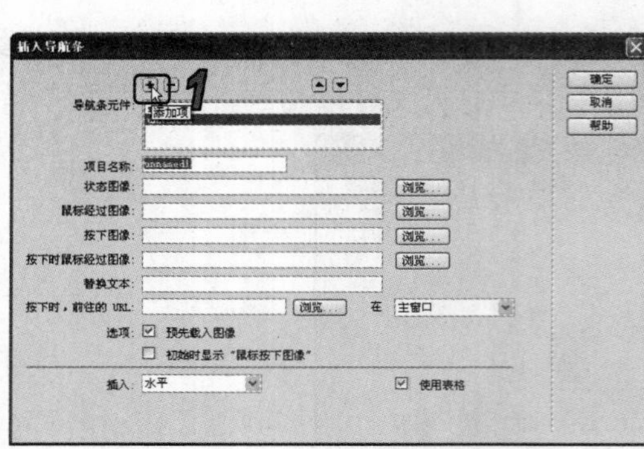

图 5-5　添加导航条项目

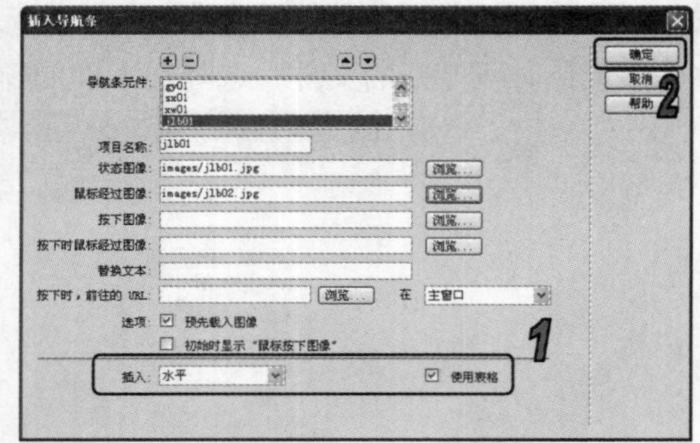

图 5-6　设置【插入导航条】对话框

(9) 另存网页文档，按下 F12 键，在浏览器中预览网页文档，如图 5-8 所示。

图 5-7　插入导航条

图 5-8　预览网页文档

5.2　在网页中插入 Flash 动画

Flash 动画是网页上最流行的动画格式。在 Dreamweaver CS4 中，Flash 动画也是最常用的多媒体插件之一，它将声音、图像和动画等内容加入到一个文件中并能制作较好的动画效果，同时使用了优化的算法将多媒体数据进行压缩，使文件变得很小，因此，非常适合在网上传播。

5.2.1　插入 Flash SWF 文件

将光标移至所需插入 Flash 动画的位置，选择【插入】|【媒体】|SWF 命令，打开【选择文件】对话框。选择所需插入的 Flash 动画，单击【确定】按钮，即可插入到网页文档中，如图 5-9 所示。

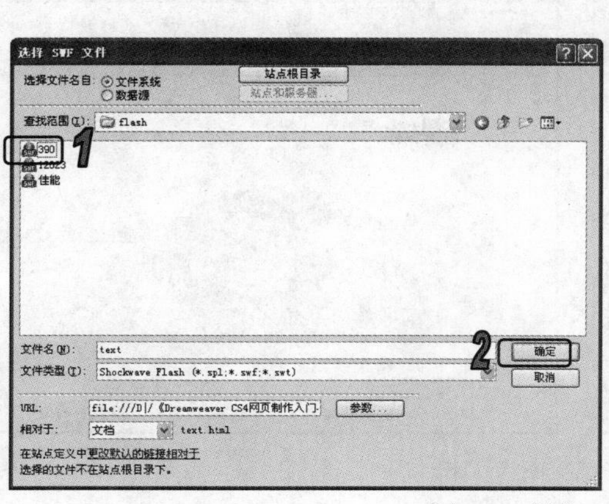

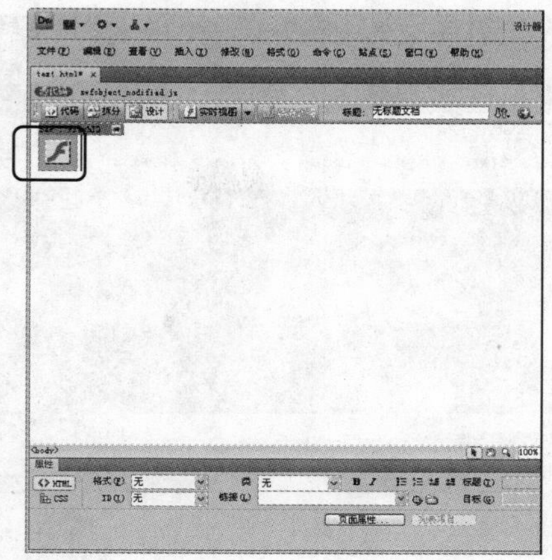

图 5-9　插入 Flash 动画

在网页文档中插入的 SWF 文件显示为一个 Flash 动画图标。可以在【属性】面板中设置 SWF 文件的大小，如图 5-10 所示。

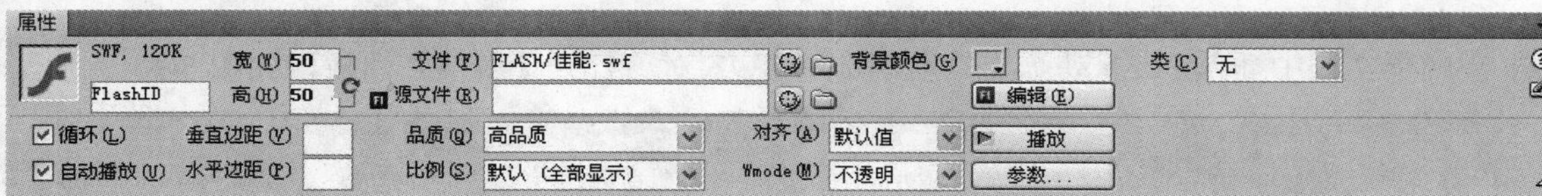

图 5-10　SWF 文件的【属性】面板

【例 5-2】打开【例 5-1】的网页文档，删除网页中央的鼠标经过图像，然后插入 SWF 动画文件。

(1) 打开【例 5-1】的网页文档，如图 5-11 所示。

(2) 选中网页中央的鼠标经过图像，按下 Del 键删除图像。

(3) 选择【插入】|【媒体】|SWF 命令，打开【选择文件】对话框。选择 BERTURN SWF 动画文件，单击【确定】按钮，即可插入到网页文档中，如图 5-12 所示。

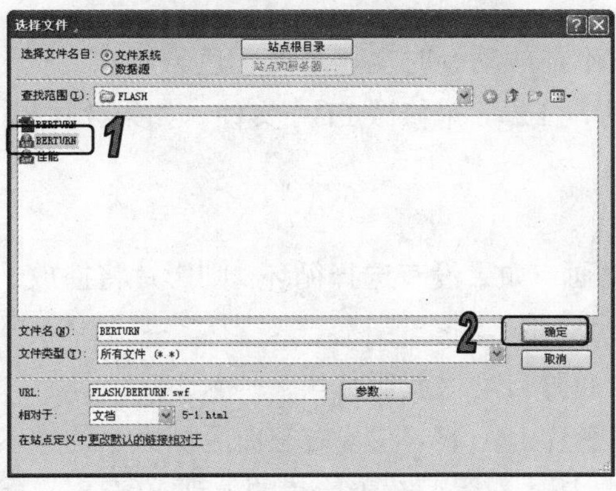

图 5-11　打开网页文档

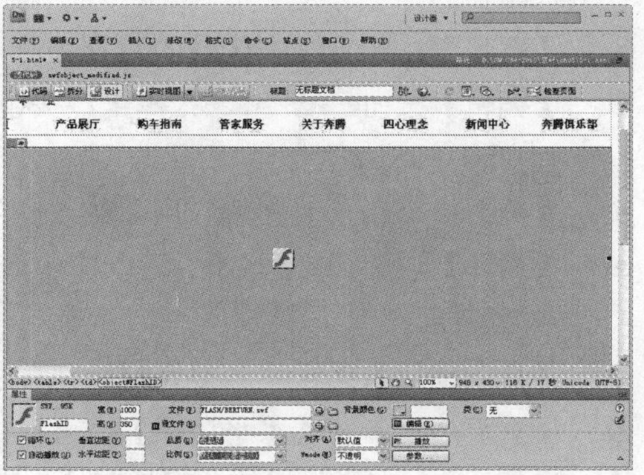

图 5-12　插入 SWF 动画文件

(4) 另存网页文档，按下 F12 键，在浏览器中预览网页文档，如图 5-13 所示。

图 5-13　预览网页文档

5.2.2　设置 Flash 动画属性

在网页文档中插入 Flash 动画文件后，选中 SWF 对象打开【属性】面板，如图 5-14 所示。

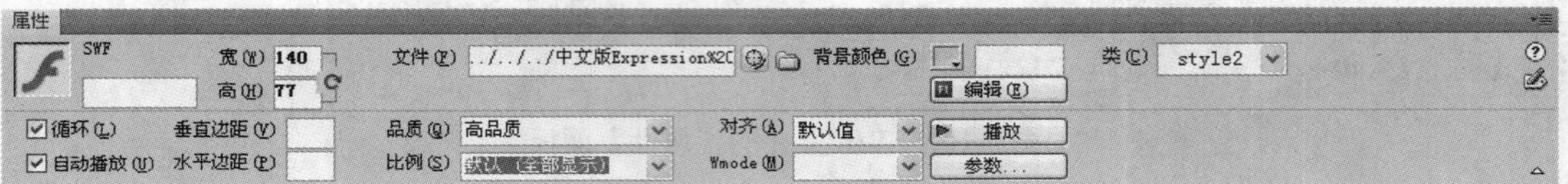

图 5-14　SWF 动画文件的【属性】面板

在 SWF 文件的【属性】面板中，主要参数选项的具体作用如下。

- ID：在左侧的为标记文本框中可以输入 SWF 文件的唯一 ID 名称。
- 【宽】和【高】：可以在文本框中输入以像素为单位的数值，指定影片的宽度和高度。
- 【文件】：指定 SWF 文件的路径。单击文件夹按钮以浏览某一文件，也可以直接输入路径。
- 【背景】：指定动画区域的背景颜色，在不播放动画时也显示此颜色。
- 【编辑】按钮：单击该按钮，启动 Flash 来修改 FLA 文件。如果计算机上没有安装 Flash，则会禁用此选项。
- 【类】：可用于对影片应用 CSS 类。
- 【循环】：选中该复选框，可以连续播放动画。如果没有选择循环，则影片将播放一次，然后停止。
- 【自动播放】：选中该复选框，在加载页面时自动播放影片。
- 【垂直边距】和【水平边距】：可以指定影片上、下、左、右空白区域大小的像素数。
- 【品质】：在影片播放期间控制抗失真。高品质设置可改善影片的外观。但高品质设置的影片需要较快的处理器才能在屏幕上正确呈现。低品质设置会首先照顾到显示 速度，然后才考虑外观，而高品质设置首先照顾到外观，然后才考虑显示速度。自动低品质会

首先照顾到显示速度，但会在可能的情况下改善外观。自动高品质开始 时会同时照顾显示速度和外观，但以后可能会根据需要牺牲外观以确保速度。

- 【比例】：设置影片如何适合在宽度和高度文本框中设置的尺寸。默认设置为显示整个影片。
- 【对齐】：设置影片在页面上的对齐方式。
- Wmode：为 SWF 文件设置 Wmode 参数以避免与 DHTML 元素(例如 Spry 构件)相冲突。默认值是不透明，这样在浏览器中，DHTML 元素就可以显示在 SWF 文件的上面。如果 SWF 文件包括透明度，并且希望 DHTML 元素显示在它们的后面，可以选择【透明】选项。选择【窗口】选项可以从代码中删除 Wmode 参数并允许 SWF 文件显示在其他 DHTML 元素的上面。

5.2.3　插入 Flash Paper

在浏览器中打开包含 FlashPaper 文档的页面时，可以浏览 FlashPaper 文档中的所有页面，并且不需要加载新的 Web 页。

要在网页文档中插入 FlashPaper，将光标移至要插入 Flash 文本的位置，选择【插入】|【媒体】|FlashPaper 命令，打开【插入 FlashPaper】对话框，如图 5-15 所示。

图 5-15　【插入 FlashPaper】对话框

可以在【源】文本框中输入 FlashPaper 文件的路径，或者单击右侧的【浏览】按钮，在打开的对话框中选择 FlashPaper 文件；在【高度】和【宽度】文本框中可以输入 FlashPaper 文件的高度和宽度。

知识点

FlashPaper 的功能是将通用格式转为 flash 格式后，在网页中显示。例如将 doc、pdf 格式的文件转为 swf 格式，然后应用 flashpaper 插入，就可以在网页中像电子阅读器那样浏览转换的 SWF 文件了。同样，在网页中可以打印其中的内容。或者搜索其中的内容。

5.2.4　插入 Flv 视频

FLV 是 Flash 视频文件，在文档中插入的 FLV 文件是以 SWF 组件显示的，当在浏览器中查

计算机　基础与实训教材系列

看时，该组件显示所选的 FLV 文件以及一组播放控件。

1. 视频类型

将光标移至要插入 FLV 文件的位置，选择【插入】|【媒体】|FLV 命令，打开【插入 FLV】对话框，如图 5-16 所示。在【视频类型】下拉列表中可以选择累进式下载视频和流视频两种视频类型。

提示

要播放 FLV 文件，必须安装 Flash Player 8 或更高版本播放器。如果没有安装所需的 Flash Player 版本，但安装了 Flash Player 6.0 或更高版本，则浏览器将显示 Flash Player 快速安装程序，而非替代内容。如果拒绝快速安装页面会显示替代内容。

- 累进式下载视频：将 FLV 文件下载到站点访问者的硬盘上，然后进行播放。但是，与传统的下载并播放视频传送方法不同，累进式下载允许在下载完成之前就开始播放视频文件。
- 流视频：对视频内容进行流式处理，并在一段可确保流畅播放的很短的缓冲时间后在网页上播放该内容。

2. 插入累进式下载视频

在【插入 FLV】对话框中选择累进式下载视频类型，打开该类型对话框，如图 5-17 所示。在该对话框中的主要参数选项的具体作用如下。

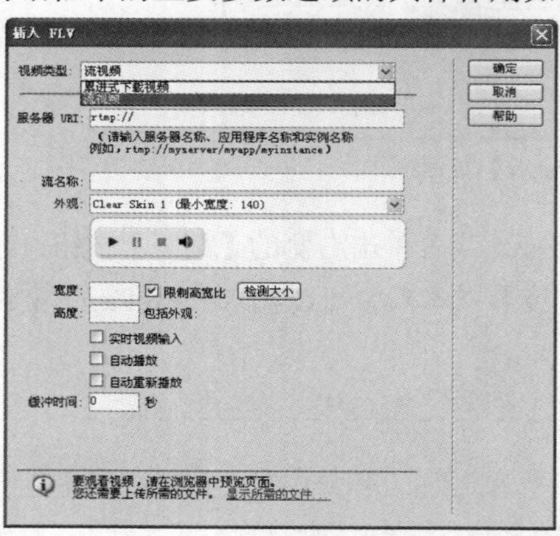

图 5-16 【插入 FLV】对话框

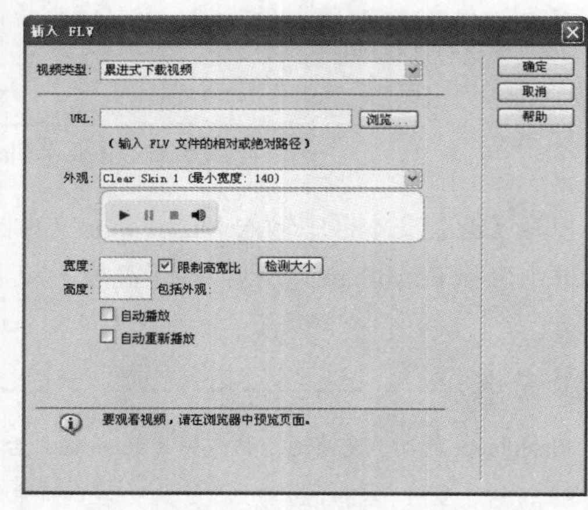

图 5-17 累进式下载视频类型对话框

- URL：指定 FLV 文件的相对路径或绝对路径。
- 【外观】：指定视频组件的外观。
- 【宽度】：设置 FLV 文件的宽度。可以单击【检测大小】按钮，让系统自动确定 FLV 文件的准确宽度。
- 【高度】：设置 FLV 文件的高度。同样可以单击【检测大小】按钮，让系统自动确定

计算机基础与实训教材系列

FLV 文件的准确高度。

- 【限制高宽比】：选中该复选框，可以保持视频组件的宽度和高度之间的比例不变。默认情况下该复选框为选中状态。
- 【自动播放】：选中该复选框，可以设置在网页文档打开时是否播放视频。
- 【自动重新播放】：选中该复选框，可以设置播放控件在视频播放完之后是否返回起始位置。

【例 5-3】新建一个网页文档，在文档合适位置插入 FLV 视频文件。

(1) 新建一个网页文档，保存网页文档。

(2) 选择【插入】|【表格】命令，打开【表格】对话框，插入一个 2 行 2 列的表格。

(3) 在表格 1 行 1 列中插入【天下足球 LOGO】图像，调整图像合适大小，如图 5-18 所示。

(4) 在表格的 1 行 2 列和 2 行 1 列单元格中输入文本内容，并且设置这 2 个单元格的背景颜色为#47881A，如图 5-19 所示。

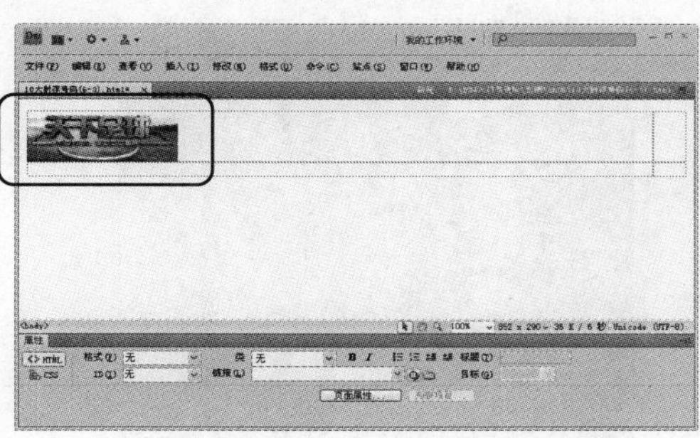

图 5-18　调整图像合适大小

图 5-19　设置单元格背景颜色

(5) 将光标移至表格的 2 行 2 列单元格中，选择【插入】|【媒体】|FLV 命令，打开【插入 FLV】对话框。

(6) 单击 URL 文本框右侧的【浏览】按钮，打开【选择 FLV】对话框，选中【10 大封存号码天下足球】文件，单击【确定】按钮，如图 5-20 所示，返回【插入 FLV】对话框。

(7) 单击【检测大小】按钮，此时，在【宽度】和【高度】文本框中显示了 FLV 文件的默认大小。

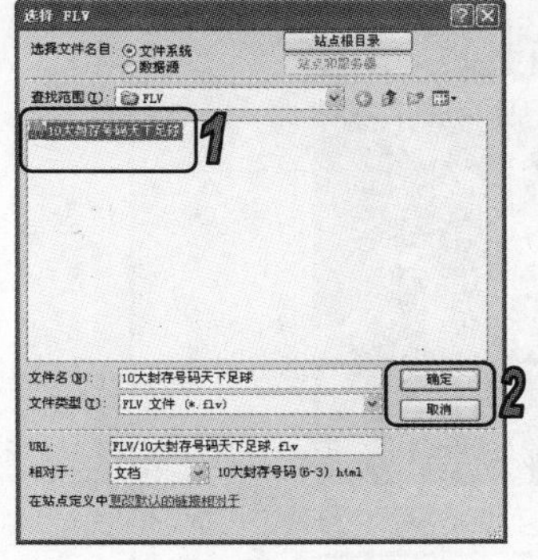

图 5-20　选择 FLV 视频文件

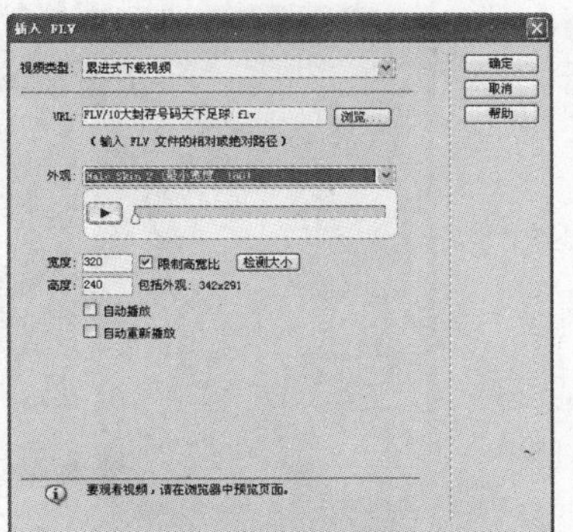

图 5-21　选择【外观】选项

(8) 在【外观】下拉列表中选中【Halo Skin 2(最小宽度：180)】选项，如图 5-21 所示，单击【确定】按钮，插入 FLV 视频。

知识点

在选择【外观】选项时，在每个选项后面都会标注最小宽度，要根据插入的 FLV 视频实际大小选择合适的外观，例如本例中，插入的 FLV 视频大小为 320 × 240 像素，宽度为 320 像素，可以选择宽度小于或等于 320 像素的外观，如果选择大于宽度的外观，在浏览网页文档时，设置的外观可能会超出视频范围。

(9) 插入空格，使插入的 FLV 视频居中对齐单元格并且设置单元格背景颜色为#47881A，如图 5-22 所示。

(10) 设置文本内容颜色为白色，如图 5-23 所示。

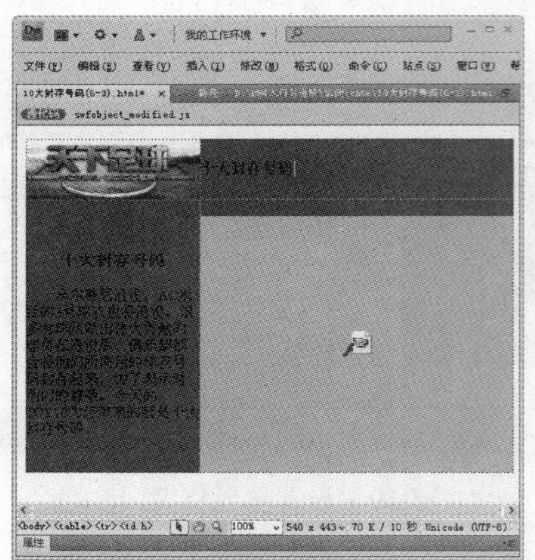

图 5-22　设置单元格背景颜色

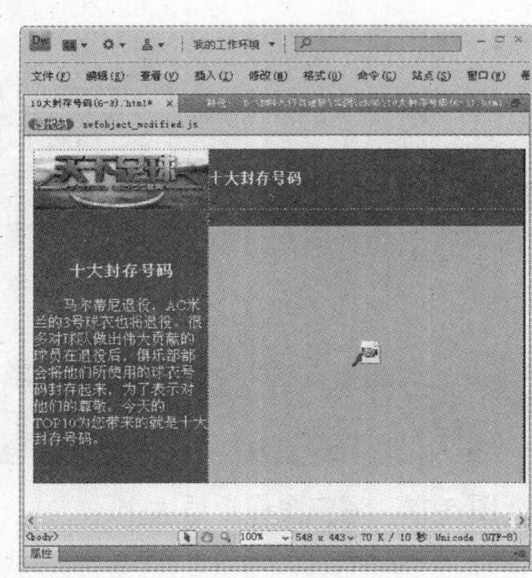

图 5-23　设置文本颜色

(11) 保存网页文档，按下 F12 键，在浏览器中预览网页文档，如图 5-24 所示。

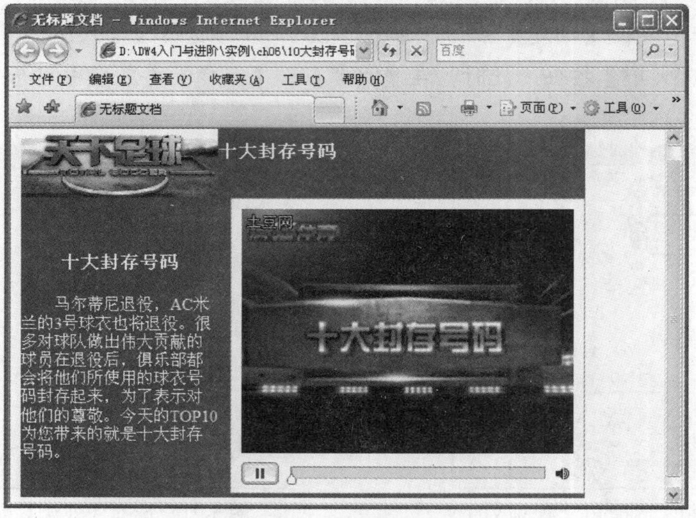

图 5-24　预览网页文档

3. 插入流视频

在【插入 FLV】对话框中选择流视频类型，打开该类型对话框，如图 5-25 所示。

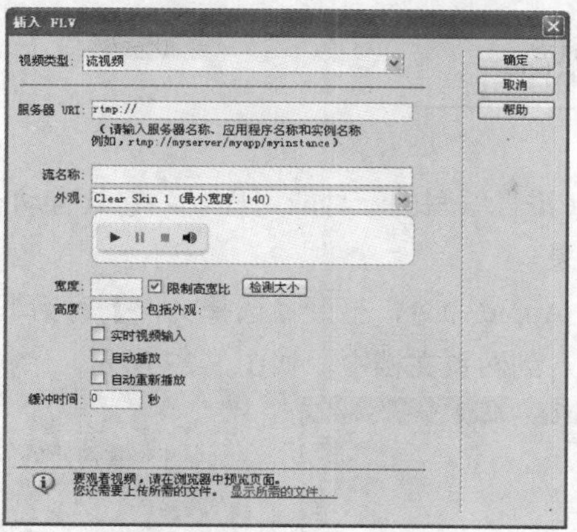

图 5-25　流视频类型对话框

在流视频类型对话框中的一些参数选项作用与累进式下载视频类型相同，关于该对话框中的其他主要参数选项的具体作用如下。

- 【服务器 URI】：指定的服务器名称、应用程序名称和实例名称。
- 【流名称】：在文本框中输入要播放的 FLV 文件的名称。
- 【实时视频输入】：可以设置视频内容是否是实时的。选中该复选框，Flash Player 将播放从 Flash® Media Server 流入的实时视频流。实时视频输入的名称是在【流名称】文本框中指定的名称。但要注意的是，如果选中该复选框，组件的外观上只会显示音量控件，并且不支持【自动播放】和【自动重新播放】选项。
- 【缓冲时间】：可以设置在视频开始播放之前进行缓冲处理所需的时间(以秒为单位)。默认的缓冲时间设置为 0。

单击【确定】按钮，即可在网页文档中插入 FLV 文件。

5.3　插入其他媒体文件

除了插入的 Flash 媒体文件外，还可以插入 Shockwave 影片、Java Applet 和插件等，但这些元素并不常用，下面就简单介绍下这些元素的插入方法。

5.3.1 插入 Shockwave 影片

Shockwave 影片是多媒体影片文件，文件较小，广泛应用于制作多媒体光盘和游戏等领域。选择【插入】|【媒体】|Shockwave 命令，打开【选择文件】对话框，如图 5-26 所示。选择

要插入的 Shockwave 影片，单击【确定】按钮即可插入到网页文档中，在【属性】面板中可以设置影片大小。

5.3.2 插入 Java Applet

Java Applet 是使用 Java 语言编写的一种应用程序，它具有动态、安全和跨平台等特点，能够在网页中实现一些特殊效果。

选择【插入】|【媒体】|Apple 命令，打开【选择文件】对话框，选择插入的 Java Applet 文件，单击【确定】按钮，插入到网页文档中，如图 5-27 所示。

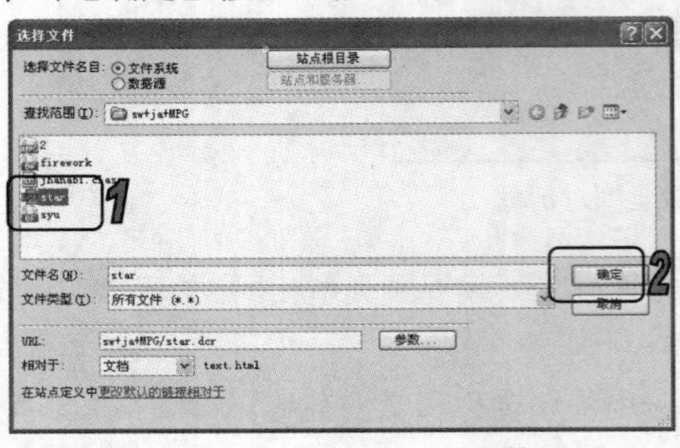

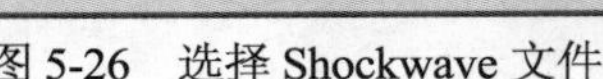
图 5-26　选择 Shockwave 文件

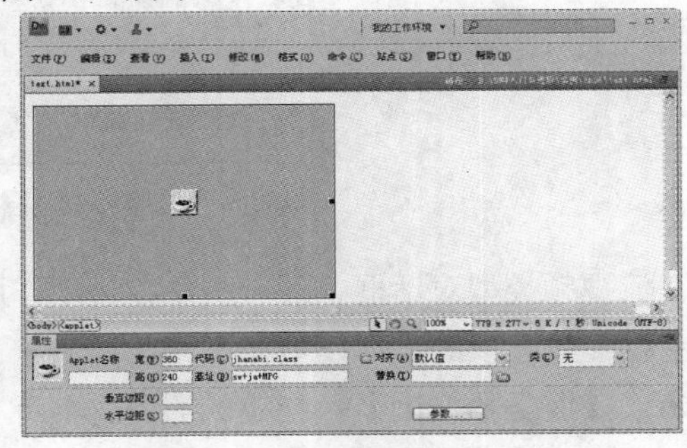

图 5-27　插入 JavaApplet

选中 Java Applet 文件，打开【属性】面板，可以在【宽】和【高】文本框中输入 Java Applet 大小，单击【参数】按钮，可以打开【参数】对话框进行参数设置，如图 5-28 所示。

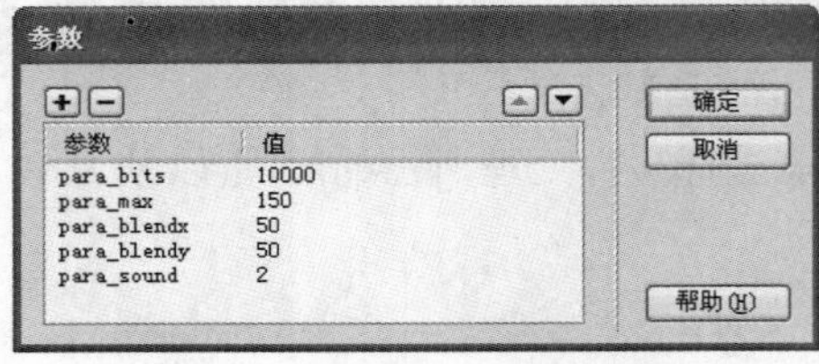

图 5-28　【参数】对话框

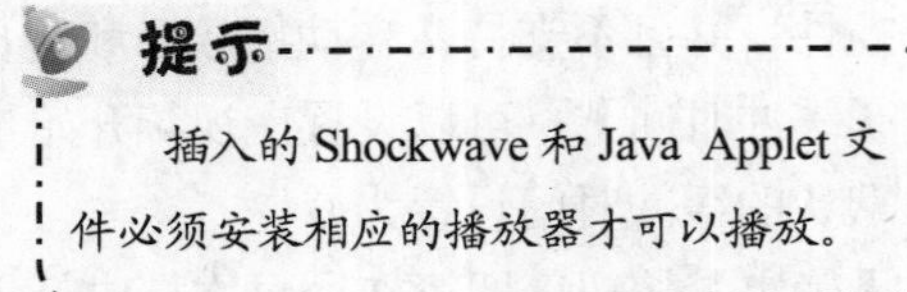

提示

插入的 Shockwave 和 Java Applet 文件必须安装相应的播放器才可以播放。

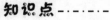

知识点

如果是插入其他媒体文件，例如 MPG 格式文件，可以选择【插入】|【媒体】|【插件】命令插入。

5.4 在网页中插入声音

现在浏览器能支持的多媒体文件越来越多，文件也越来越小，但表现的效果却越来越好。在网页中，可以插入声音文件，并可以在浏览器中播放。

5.4.1　网页中的声音格式

在 Dreamweaver CS4 中，可以向网页文档添加多种不同类型的声音文件和格式，例如.wav、.midi 和.mp3。根据要添加声音的目的、文件大小、声音品质等要素，来确定插入哪种格式和方法。

常见的音频文件格式如下。

- .midi 或.mid：许多浏览器都支持 MIDI 文件，并且不需要插件。音质非常好，很小的 MIDI 文件就可以提供较长时间的声音剪辑。但不能进行录制，并且必须使用特殊的硬件和软件在计算机上合成。
- .wav：具有良好的音质，许多浏览器都支持此类格式文件并且不需要插件。可以录制但是文件大小较大。
- .aif：AIFF 格式与 WAV 格式类似，具有较好的音质，大多数浏览器都可以播放它并且不需要插件，可以录制但是文件大小较大。
- .mp3：一种声音文件的压缩格式，可使声音文件明显缩小，音质非常好。但文件大小大于 Real Audio 文件，因此通过典型的拨号调制解调器连接下载整首歌曲可能仍要花较长的时间，并且要播放 mp3 文件，必须下载并安装辅助应用程序或插件。
- .ra、.ram、.rpm 或 Real Audio：具有非常高的压缩度，文件大小小于 mp3。歌曲文件可以在合理的时间范围内下载。必须下载并安装 RealPlayer 辅助应用程序才可以播放。

5.4.2　直接插入声音

要在网页中加入声音文件，将光标移至插入声音文件的位置，选中【插入】|【媒体】|【插件】命令，打开【选择文件】对话框，选择要插入的声音文件，单击【确定】按钮即可插入到网页中，如图 5-29 所示。

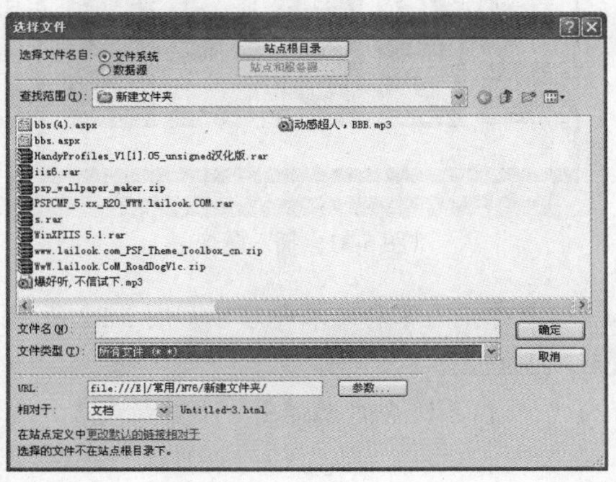

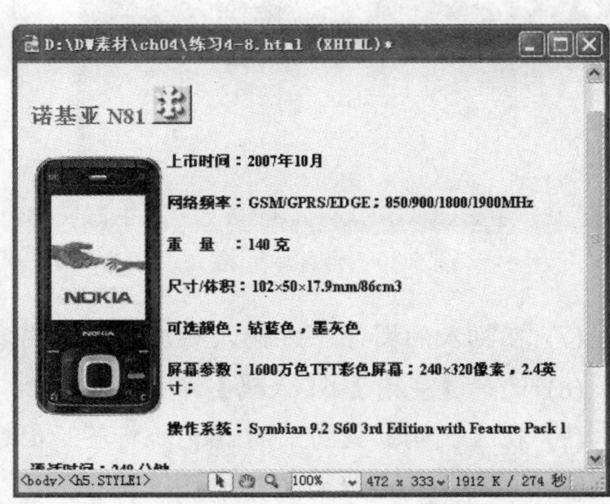

图 5-29　插入声音

提示

网页上播放的音乐或影片等多媒体文件，并不是依靠浏览器本身播放的，而是依靠浏览器所搭配的插件。大多数媒体文件在播放时都有相应的播放器，例如 Windows MediaPlayer 等。

5.4.3 添加背景音乐

打开添加背景音乐的网页时，背景音乐会自动播放，为网页增色不少。要为网页添加背景音乐，可以在代码中输入代码完成操作。

【例 5-4】新建一个网页文档，插入图片，在文档中插入背景音乐。

(1) 新建一个网页文档，选择【插入】|【表格】命令，打开【表格】对话框，插入一个 14 行 3 列的表格。

(2) 合并表格的第 1 行和第 2 行单元格，在合并的单元格中插入 1 个 2 行 2 列嵌套表格。在嵌套表格中插入圣诞节日相关的图像。

(3) 合并表格的第 14 行中所有单元格，在该单元格中插入【底部】图像。在表格第 3 行到第 13 行的第 1 列单元格中插入【背景】图像。 在表格第 3 行到第 13 行的第 4 列单元格中插入【背景】图像。

(4) 合并剩余的单元格，如图 5-30 所示。

(5) 在合并的单元格中插入一个 3 行 5 列的嵌套表格，分别合并嵌套表格的第 1 行。

(6) 在表格的第 1 行中插入合适的图像，在其余单元格中插入其他相关图像，如图 5-31 所示。

图 5-30　合并单元格

图 5-31　插入图像

(7) 在插入的图像下方输入相应的文本内容，居中对齐图像和文本内容，如图 5-32 所示。

(8) 选择【查看】|【代码】命令，切换到【代码】视图。

(9) 在【代码】视图中的<body>标签后面输入“<”，系统会自动弹出一个下拉列表，在下拉列表中选择 bgsound 标签，如图 5-33 所示。

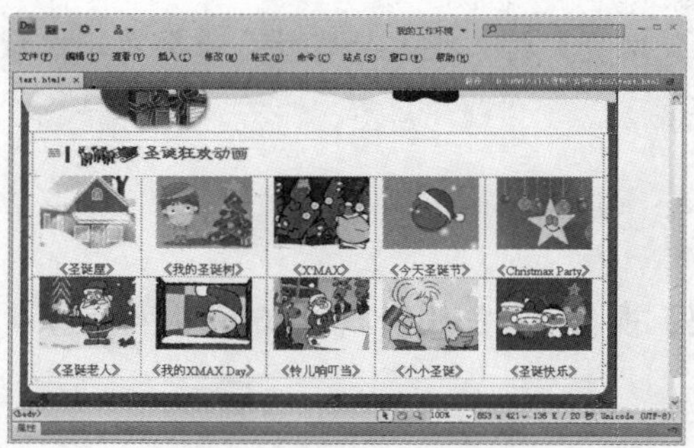

图 5-32 输入文本内容

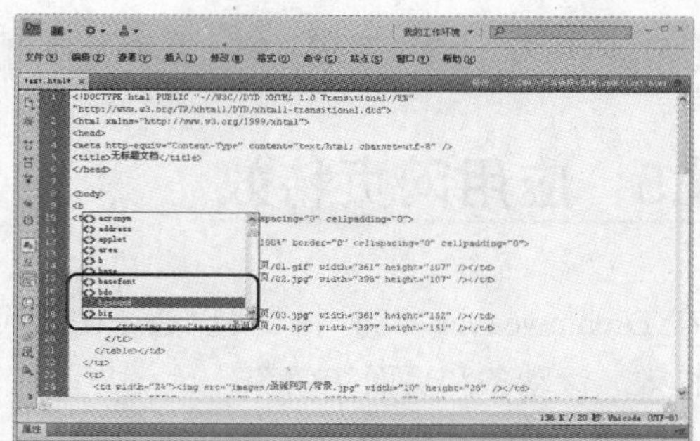

图 5-33 选择 bgsound 标签

(10) 在 bgsound 标签后按下空格键，系统会自动显示该标签允许的属性下拉列表，在下拉列表中选择 src 属性，如图 5-34 所示。该属性用于设置背景音乐文件的路径。

(11) 选择 src 属性后，会显示一个【浏览】按钮，单击该按钮，打开【选择文件】对话框，如图 5-35 所示，选择所需插入的声音文件，单击【确定】按钮，插入声音文件。

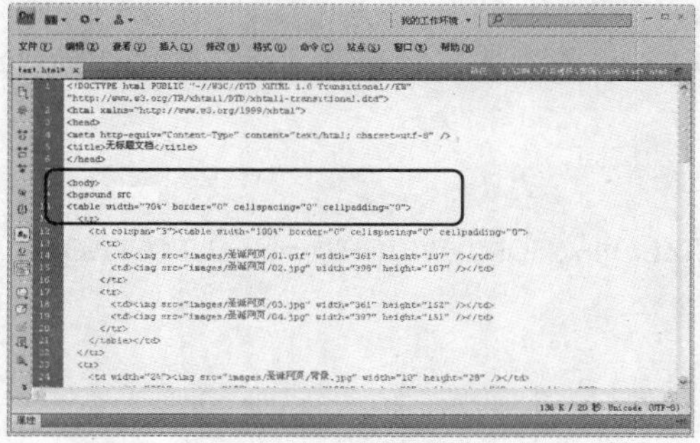

图 5-34 选择 src 属性

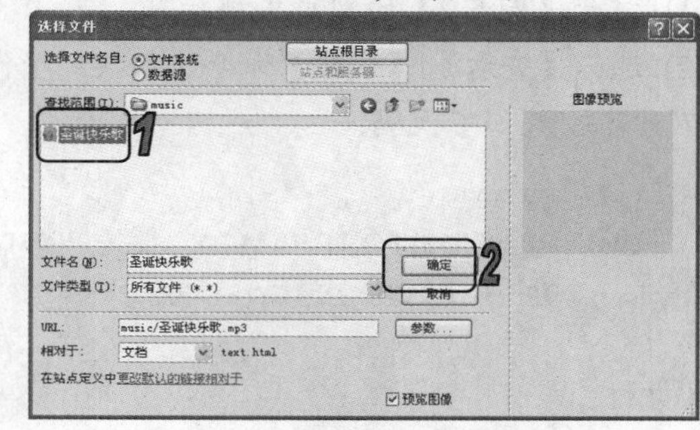

图 5-35 【选择文件】对话框

(12) 在插入的音乐文件后按下空格键，在弹出的属性下拉列表中选择 loop 属性。这时会显示属性值-1，选中该属性值，如图 5-36 所示。

(13) 完整的插入背景音乐代码如下。

```
<bgsound src="music/圣诞快乐歌.mp3" loop="-1"
```

(14) 选择【查看】|【设计】命令，切换到【设计】视图，插入的背景音乐以代码形式显示在文档中，如图 5-37 所示。在浏览网页文档时，不会显示插入的背景音乐代码。

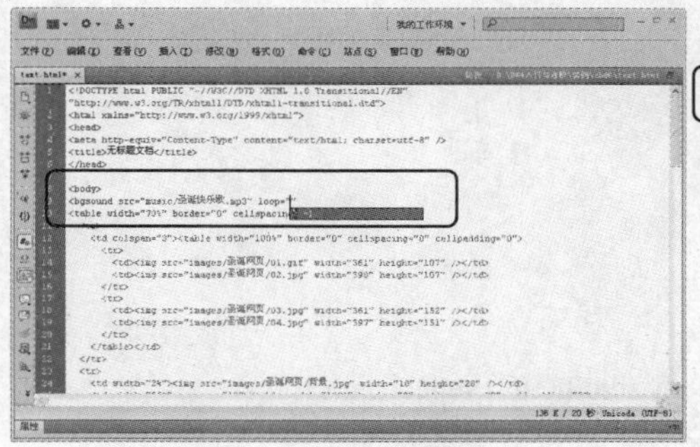

图 5-36 选择属性值

图 5-37 显示插入的背景音乐代码

(15) 保存文件，按下 F12 键，在浏览器中预览网页文档，插入的背景音乐会自动播放。

5.5 应用网页特效

在 Dreamweaver CS4 中，可以通过在【代码】视图中添加代码，添加一些特殊效果，例如鼠标特效、滚动条和页面特效等。

5.5.1 添加鼠标特效

下面就通过实例介绍在【代码】视图中输入代码，添加鼠标特效的方法。

【例 5-5】打开【例 5-2】的网页文档，在【代码】视图中输入代码，添加鼠标特效。

(1) 打开【例 5-2】的网页文档。

(2) 选择【查看】|【代码】命令，切换到【代码】视图。将光标移至【代码】视图的<head>标记下方，输入如下代码。

```
<STYLE>.spanstyle {
    COLOR: #0066ff; FONT-FAMILY: 隶书; FONT-SIZE: 14pt; FONT-WEIGHT: normal; POSITION: absolute; TOP: -50px; VISIBILITY: visible
}
</STYLE>
```

(3) 将光标移至<body>标记下方，输入如下鼠标特效代码。

```
<SCRIPT language=javascript>
    var message=" BESTURN";
    var x,y;
    var step=10;
    var flag=0;
    message=message.split("");
    var xpos=new Array();
    for (i=0;i<=message.length-1;i++) {
        xpos[i]=-50;
    }
    var ypos=new Array();
    for (i=0;i<=message.length-1;i++) {
        ypos[i]=-50;
    }
    function handlerMM(e) {
        x = (document.layers) ? e.pageX : document.body.scrollLeft+event.clientX+10;
        y = (document.layers) ? e.pageY : document.body.scrollTop+event.clientY;
```

```
            flag=1;
        }
        function makesnake() {
            if (flag==1 && document.all) {
                        for (i=message.length-1; i>=1; i--) {
                            xpos[i]=xpos[i-1]+step;
                        ypos[i]=ypos[i-1];
                        }
                    xpos[0]=x+step;
                    ypos[0]=y;
                    for (i=0; i<=message.length-1; i++) {
                            var thisspan = eval("span"+(i)+".style");
                            thisspan.posLeft=xpos[i];
                        thisspan.posTop=ypos[i];
                        thisspan.color=Math.random() * 255 * 255 * 255 + Math.random() * 255 * 255 +
Math.random() * 255;
                        }
            }
            else if (flag==1 && document.layers) {
                        for (i=message.length-1; i>=1; i--) {
                            xpos[i]=xpos[i-1]+step;
                        ypos[i]=ypos[i-1];
                        }
                    xpos[0]=x+step;
                    ypos[0]=y;
                    for (i=0; i<message.length-1; i++) {
                            var thisspan = eval("document.span"+i);
                            thisspan.left=xpos[i];
                        thisspan.top=ypos[i];
                        thisspan.color=Math.random() * 255 * 255 * 255 + Math.random() * 255 * 255 +
Math.random() * 255;
                    }
            }
        }
</SCRIPT>
<SCRIPT language=javascript>
    for (i=0;i<=message.length-1;i++) {
            document.write("<span id='span"+i+"' class='spanstyle'>");
        document.write(message[i]);
            document.write("</span>");
    }
```

```
    if (document.layers) {
        document.captureEvents(Event.MOUSEMOVE);
    }
    document.onmousemove = handlerMM;
</SCRIPT>
<SCRIPT language=javascript>
    function pageonload() {
        makesnake();
        window.setTimeout("pageonload();", 2);
    }
</SCRIPT>
```

(4) 添加鼠标特效代码后，修改<body>标记，在<body>标记中添加表达式。

```
onload=javascript:pageonload()
```

(5) 添加<body>标记的表达式。

(6) 保存网页文档，按下 F12 键，在浏览器中预览网页文档，可以运行鼠标特效。

5.5.2 插入滚动条

滚动条在 Dreamweaver 中是不常用到的元素，但在网页中经常能看到一些滚动信息，要在 Dreamweaver 中创建滚动条，可以在【代码】视图中输入正确的代码，添加滚动条。

滚动条代码如下，文本内容“暂无滚动信息”即为滚动条显示信息，可以插入其他元素代替。

```
<marquee>暂无滚动信息</marquee>
```

保存网页文档，按下 F12 键，即可在浏览器中预览滚动条，如图 5-38 所示。

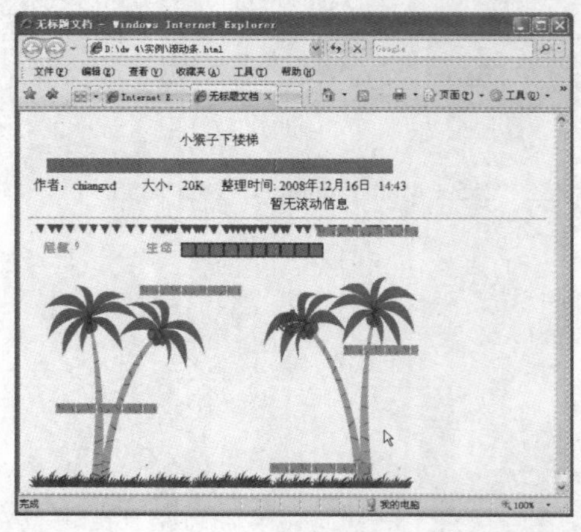

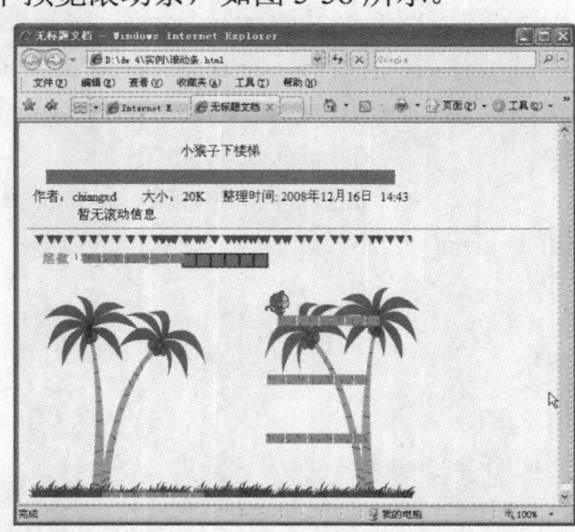

图 5-38 插入滚动条

【例 5-6】打开一个网页文档，在文档中插入滚动条。

(1) 打开一个网页文档，选择【视图】|【代码和设计】命令，切换到【代码和设计】视图。

(2) 在窗口上面的【代码】视图中输入如下代码。

```
<marquee>
<script>
document.write("<span id=time></span>")
//输出显示时间日期的容器
setInterval(function(){
with(new Date)
time.innerText =getYear()+"年"+(getMonth()+1)+"月"+getDate()+"日 星期"+"日一二三四五六
".charAt(getDay())+" "+getHours()+":"+getMinutes()+":"+getSeconds()
//设置 id 为 time 的对象内的文本为当前日期时间
},1000)
//每 1000 毫秒(即 1 秒) 执行一次本段代码
</script></marquee>
```

(3) 其中<marquee>到</marquee>标记就是滚动条代码，<script>到</script>标记是插入的即时更新时间代码。

(4) 另存网页文档，按下 F12 键，在浏览器中预览网页文档，如图 5-39 所示。

图 5-39　预览网页文档

5.5.3　应用网页特效

在【代码】视图中插入正确的代码，可以实现一些特殊的页面效果，下面通过实例来介绍插入代码制作页面特效的方法。

【例 5-7】新建一个网页文档，插入代码，制作特效网页。

(1) 新建一个网页文档，选择【查看】|【代码】命令，切换到【代码】视图。

(2) 将光标移至<head>标记下方，在<head>和</head>标记之间插入如下代码。

```
<style type="text/css">
html {
  overflow: hidden;
}
body {
  background: #222;
  width: 100%;
  height: 100%;
  cursor: crosshair;
}
//定义网页文档背景色
.spanSlide {
  position: absolute;
  background: #000;
  font-size: 1px;
  overflow: hidden;
}
//定义幻灯片背景色和显示方式
.imgSlide {
  position: absolute;
  left: 5%;
  top: 5%;
  width: 90%;
  height: 90%;
  overflow: hidden;
}
//定义图片大小、显示位置和显示方式
.txtSlide {
  position: absolute;
  top: 5%;
  left: 50px;
  width:100%;
  color:#FFF;
  font-family: arial, helvetica, verdana, sans-serif;
  font-weight: bold;
  font-size:60px;
  letter-spacing:12px;
  filter: alpha(opacity=70);
  -moz-opacity:0.7;
  opacity:0.7;
```

```
}
//定义文本字体大小、显示位置等属性
.d {
}
#gg {
color: #FFF;
}
.ffs {
color: #FFF;
}
</style>

<script type="text/javascript">
var ym=0;
var ny=0;
createElement = function(container, type, param){
o=document.createElement(type);
for(var i in param)o[i]=param[i];
container.appendChild(o);
return o;
}
mooz = {
O:[],
/////////
mult:6,
nbI:5,
/////////
rwh:0,
imgsrc:0,
W:0,
H:0,
Xoom:function(N){
  this.o = createElement(document.getElementById("screen"), "span", {
   'className':'spanSlide'
  });
  img = createElement(this.o, "img", {
   'className':"imgSlide",
   'src':mooz.imgsrc[N%mooz.imgsrc.length].src
  });
  spa = createElement(this.o, "span", {
```

```
    'className':"imgSlide"
  });
  txt = createElement(spa, "span", {
    'className':"txtSlide",
    'innerHTML':mooz.imgsrc[N%mooz.imgsrc.length].title
  });
  this.N = 10000+N;
},
mainloop:function(){
  with(this){
    for(i=0; i<mooz.nbI; i++) {
      O[i].N += (ym-ny)/8000;
      N = O[i].N%nbI;
      ti = Math.pow(mult,N);
      with(O[i].o.style){
        left      = Math.round((W-(ti*rwh))/(W+ti)*(W*.5))+"px";
        top       = Math.round((H-ti)/(H+ti)*(H*.5))+"px";
        zIndex = Math.round(10000-ti*.1);
        width    = Math.round(ti*rwh)+"px";
        height = Math.round(ti)+"px";
      }
    }
  }
  setTimeout("mooz.mainloop();", 16);
},
oigres:function(){
  with(this){
    W = parseInt(document.getElementById("screen").style.width);
    H = parseInt(document.getElementById("screen").style.height);
    imgsrc = document.getElementById("images").getElementsByTagName("img");
    rwh = imgsrc[0].width/imgsrc[0].height;
    for(var i=0;i<nbI;i++) O[i] = new Xoom(i);
    mainloop();
  }
}
}
document.onmousemove = function(e){
if(window.event) e=window.event;
ym = (e.y || e.clientY);
if(ym/2>ny)ny=ym/2;
```

```
}
window.onload = function(){
ym = ny+50;
mooz.oigres();
}
</script>
//定义幻灯片动作
```

(3) 在该段代码中主要定义了网页文档的背景和幻灯片内容显示，主要代码的注释可以参考代码中的中文注释。

(4) 将光标移至<body>标记下方，在<body>和</body>标记之间插入如下代码。

```
<div style="position:absolute;left:50%;top:50%">
  <div id="screen" style="position:absolute; width:500px; height:400px; left:-243px; top:-184px;
overflow:hidden"></div>
</div>
//定义层大小和显示位置
<p class="ffs"> </p>
<div id="images" style="visibility:hidden">
  <img title="levi's" src="images/levi's01.jpg">
        <img title="levi's" src="images/levi's02.jpg">
  <img title="levi's" src="images/levi's03.jpg">
  <img title="levi's" src="images/levi's04.jpg">
<img title="levi's;" src="images/levi's05.jpg"></div>
//定义幻灯片中播放的图片和显示的文本信息
```

(5) 在该段代码中，主要是在网页文档中插入在幻灯片中显示的元素，例如代码<img title="levi's" src="images/levi's03.jpg">，levi's 是显示的文本，位于本地站点 images/levi's03.jpg 的图片文件是显示的图像。

(6) 可以保存文件，按下 F12 键，在浏览器中浏览网页文档，如图 5-40 所示。

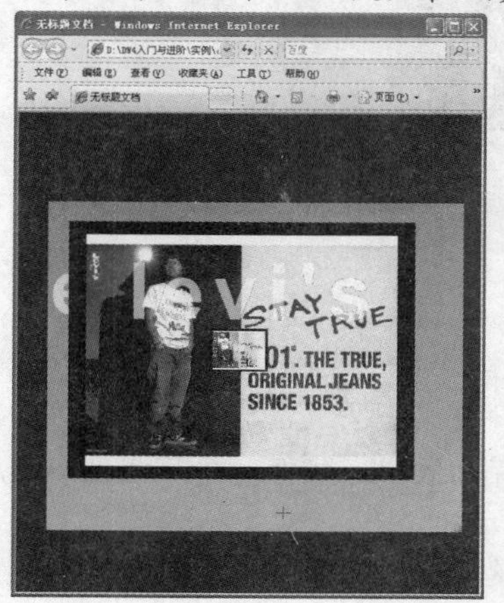

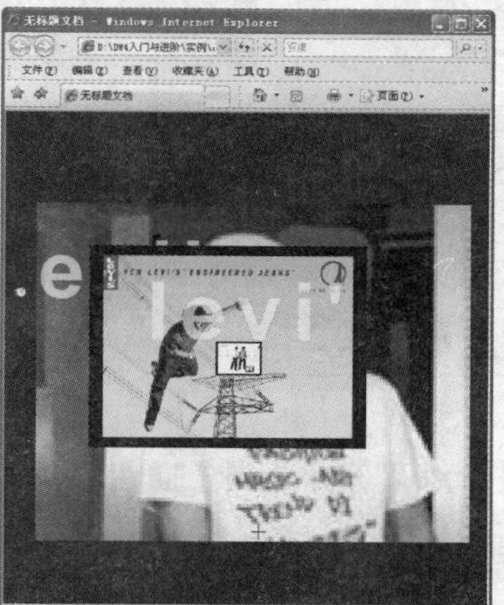

图 5-40　预览网页文档

(7) 在网页文档中插入代码制作特效后，要学会将效果巧妙地结合到网页文档中。

(8) 返回网页文档，选择【查看】|【设计】命令，切换到【设计】视图，如图 5-41 所示。

(9) 此时的【设计】视图显得非常凌乱，如果想根据特效添加一些元素，首先要了解文档中各个元素的作用。本例中，亮度显示的边框是最后在浏览器中的幻灯片播放区域，鼠标光标选中的边框是整个网页特效区域，可以选中该区域，按下方向键左键，将光标移至左侧，按下 Enter 键，插入空行。此时特效区域作为整体向下移动一行，并不会影响到显示效果，如图 5-42 所示。

图 5-41 切换到【设计】视图

图 5-42 调整元素

(10) 可以在文档左上角位置插入与网页主题相关的图像和文本内容，调整图像合适大小并设置文本内容合适属性，如图 5-43 所示。

(11) 另存网页文档，按下 F12 键，在浏览器中预览网页效果，如图 5-44 所示。

图 5-43 设置文本内容属性

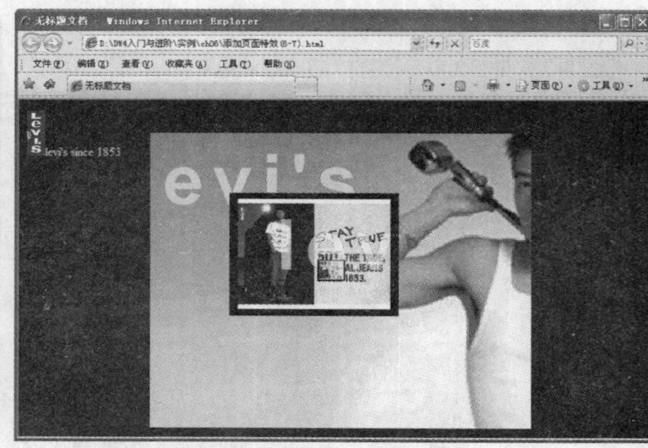

图 5-44 预览网页文档

5.6 上机练习

本章的进阶练习部分介绍了插入多媒体内容和结合特效，制作一个主页面。用户通过练习从而巩固本章所学知识。

5.6.1　制作主页

【例 5-8】新建一个网页文档，制作产品主页。

(1) 新建一个网页文档，选择【插入】|【表格】命令，插入一个 4 行 1 列的表格。

(2) 将光标移至表格的 1 行 1 列单元格中，选择【插入】|【图像对象】|【导航条】命令，打开【插入导航条】对话框。

(3) 单击【状态图像】文本框右侧的【浏览】按钮，打开【选择图像源文件】对话框，选择 zy01 图片文件，如图 5-45 所示，单击【确定】按钮，返回【插入导航条】对话框。

(4) 单击【鼠标经过图像】文本框右侧的【浏览】按钮，在打开的【选择图像源文件】对话框中选择 zy02 图片文件，单击【确定】按钮，返回【插入导航条】对话框。

(5) 单击对话框左上角的【添加项】按钮+，添加导航条项目，如图 5-46 所示。

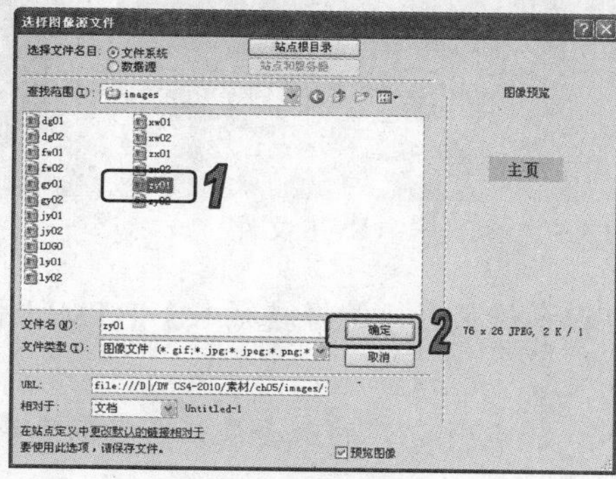

图 5-45　选择状态图片

图 5-46　添加项目

(6) 参照步骤(3)和步骤(4)，插入状态图像和鼠标经过图像。

(7) 在【插入导航条】对话框的【插入】下拉列表中选中【水平】选项，选中【使用表格】复选框，如图 5-47 所示。

(8) 单击【确定】按钮，插入导航条，如图 5-48 所示。

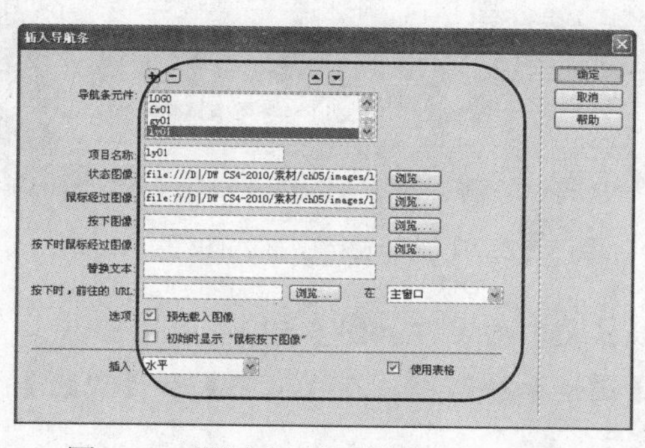

图 5-47　设置【插入导航条】对话框

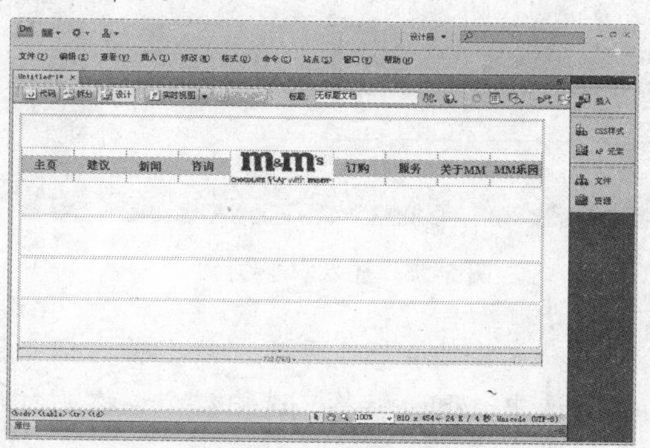

图 5-48　插入导航条

(9) 选择【文件】|【保存】命令，保存网页文档。

(10) 将光标移至表格的 2 行 1 列单元格中，选择【插入】|【媒体】|SWF 命令，打开【选择文件】对话框，选中【MM 豆】SWF 文件，如图 5-49 所示，单击【确定】按钮，插入 SWF 文件。

(11) 选中 SWF 文件所在的单元格，打开【属性】面板，在【水平】下拉列表中选择【居中对齐】选项，水平方向居中对齐 SWF 文件，如图 5-50 所示。

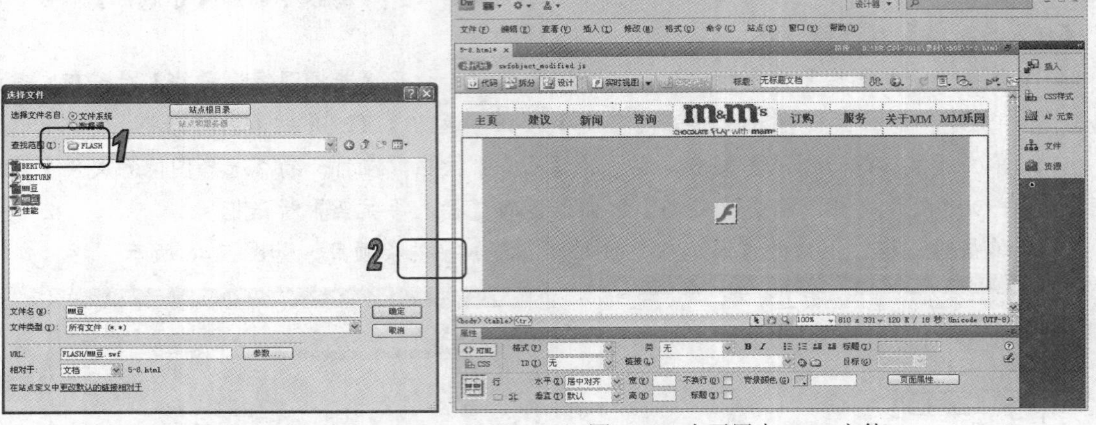

图 5-49　选择 SWF 文件　　　　图 5-50　水平居中 SWF 文件

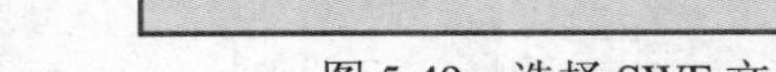

(12) 将光标移至 SWF 文件的右侧，按下 Shift+Enter 键换行，选择【插入】|HTML|【水平线】命令，插入水平线，如图 5-51 所示。

(13) 将光标移至表格的 3 行 1 列单元格中，插入一个 1 行 2 列的嵌套表格，在嵌套表格的各个单元格中插入图像文件，如图 5-52 所示。

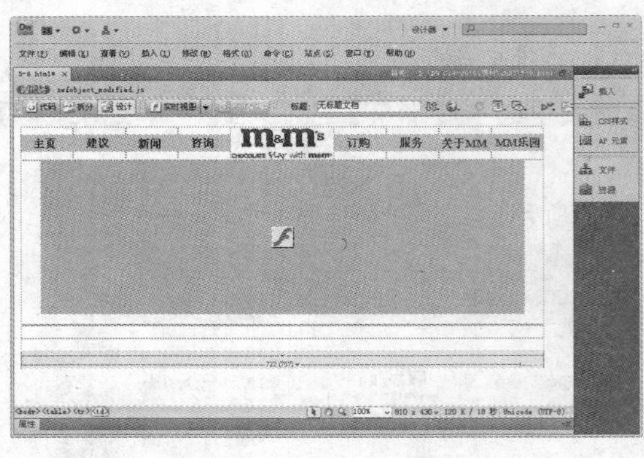

图 5-51　插入水平线

图 5-52　在嵌套表格中插入图像

(14) 在表格的 4 行 1 列单元格中插入相应的版权文本内容，如图 5-53 所示。

(15) 选中<table>标签，选中整个表格，打开【属性】对话框，在【填充】和【边距】文本框中输入数值 0。

(16) 保存网页文档，按下 F12 键，在浏览器中预览网页文档，如图 5-54 所示。

图 5-53　输入文本

图 5-54　预览网页文档

5.6.2　丰富页面内容

在【例 5-8】制作的网页基础上应用代码，添加弹出广告。

(1) 打开 IE 浏览器，打开一个与产品相关的图像所在页面，右击页面中的图像，在弹出的快捷菜单中选中【属性】命令，打开图像的【属性】对话框，如图 5-55 所示。

(2) 在图像的【属性】对话框中显示了【地址(URL)】选项和【维度】选项，维度也就是图像的实际大小，例如本例中的图像为 328 × 460 像素。

(3) 复制图像的 URL 地址，返回 Dreamweaver CS4，切换到【代码】视图中，输入如下代码。

```
<script>function l()
{
window.open("http://www.ytad.cn/advertise/UploadFiles_1521/200610/20061016091114833.jpg
","name","width=328,height=460,border=0")
}
//打开 328×460 大小窗口，显示 http://www.ytad.cn/advertise/UploadFiles_1521/200610/20061016091114833.jpg
内容。
setTimeout("l()",2000)
</script>
```

(4) 在该段代码中，http://www.ytad.cn/advertise/UploadFiles_1521/200610/20061016091114833.jpg 也就是图像的 URL 地址，这个 URL 地址可以是 Internet 中某个图像的 URL 地址，也可以是某个网页的 URL 地址。width=328，height=460 表示弹出的窗口大小。

(5) 保存网页文档，按下 F12 键，在浏览器中预览网页文档，如图 5-56 所示。

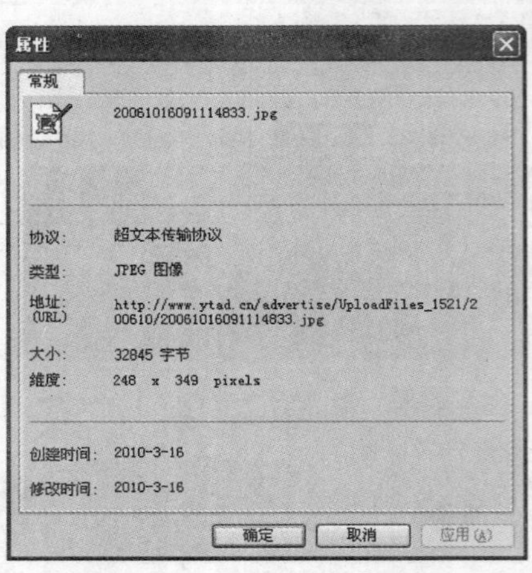

图 5-55　图像的【属性】对话框

图 5-56　预览网页文档

(6) 在预览网页文档时，浏览器在 1 秒钟后会自动打开一个 328×460 像素大小的窗口，在该窗口中根据 URL 地址显示了链接的图像。

5.7　习题

1. 如何修改文档中的导航条和插入垂直方向导航条？
2. 练习在网页中插入背景音乐。
3. 导航条中的图像有哪 4 种状态？

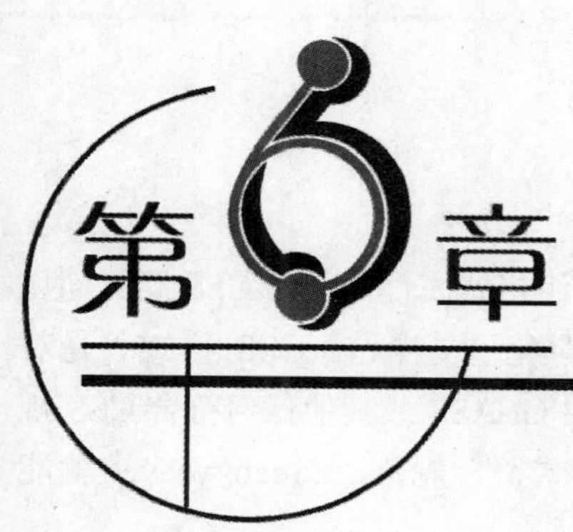

第6章 使用CSS样式美化

学习目标

CSS是一种用来进行网页风格设计的样式表技术，使用CSS样式可以对页面的布局、字体、颜色、背景和其他图文效果实现更加精确地控制，并且同一个样式可以应用于多个不同的对象，提高制作效率。本章介绍了使用CSS样式来美化网页的方法。

本章重点

- CSS样式的基础知识
- 使用CSS样式
- 编辑CSS样式

6.1 CSS样式的基础知识

CSS样式是Cascading Style Sheets(层叠样式单)的简称，也可以称为【级联样式表】，它是一种网页制作的新技术，利用它可以对网页中的文本进行精确的格式化控制。

6.1.1 CSS样式的概念

在CSS样式之前，HTML样式被广泛应用，HTML样式用于控制单个文档中某范围内文本的格式。CSS样式与之不同，它不仅可以控制单个文档中的多个范围内文本的格式，而且可以控制多个文档中文本的格式。

要管理一个系统的网站，使用CSS样式，可以快速格式化整个站点或多个文档中的字体、图像等网页元素的格式。并且，CSS样式可以实现多种不能用HTML样式实现的功能。

6.1.2 CSS 样式的功能

CSS，是用来控制一个网页文档中的某文本区域外观的一组格式属性。使用 CSS 能够简化网页代码，加快下载速度，减少上传的代码数量，从而可以避免重复操作。CSS 样式表是对 HTML 语法的一次革新，它位于文档的<head>区，作用范围由 CLASS 或其他任何符合 CSS 规范的文本来设置。对于其他现有的文档，只要其中的 CSS 样式符合规范，Dreamweaver 就能识别它们。

在制作网页时采用 CSS 技术，可以有效地对页面的布局、字体、颜色、背景和其他效果实现更加精确的控制。CSS 样式表的主要功能有以下几点。

- 几乎所有的浏览器中都可以使用。
- 以前一些只有通过图片转换实现的功能，现在只要用 CSS 就可以轻松实现，从而可以更快地下载页面。
- 使页面的字体变得更漂亮，更容易编排，使页面真正赏心悦目。
- 可以轻松地控制页面的布局。
- 可以将许多网页的风格格式同时更新，不用再一页一页地更新。

在 Dreamweaver CS4 中，系统默认将文本的 HTML 标记转化为了 CSS 样式，而没有采用传统的 HTML 样式。

6.1.3 CSS 样式规则

CSS 样式规则由两部分组成：选择器和声明(大多数情况下为包含多个声明的代码块)。选择器是标识已设置格式元素的术语，例如 p、h1、类名称或 ID，而声明块则用于定义样式属性。例如下面 CSS 规则中，h1 是选择器，大括号({})之间的所有内容都是声明块。

```
h1 {
font-size: 12 pixels;
font-family: Times New Roman;
font-weight:bold;
}
```

每个声明都由属性(例如如上规则中的 font-family)和值(例如 Times New Roman)两部分组成。在如上的 CSS 规则中，已经创建了 h1 标签样式，即所有链接到此样式的 h1 标签的文本将为大小为 12 像素的，字体为 Times New Roman，字体样式为粗体。

样式存放在与要设置格式的实际文本分离的位置，通常在外部样式表或 HTML 文档的文件头部分中。因此，可以将 h1 标签的某个规则一次应用于许多标签(如果在外部样式表中，则可以将此规则一次应用于多个不同页面上的许多标签)。这样，CSS 就可以提供非常便利的更新功能。若在一个位置更新 CSS 规则，使用已定义样式的所有元素的格式设置将自动更新为新样式。

1. CSS 样式类型

在 Dreamweaver CS4 中，可以定义以下 CSS 样式类型。

- ⊙ 类样式：可将样式属性应用于页面上的任何元素。
- ⊙ HTML 标签样式：重新定义特定标签(如 h1)的格式。创建或更改 h1 标签的 CSS 样式时，所有用 h1 标签设置了格式的文本都会立即更新。
- ⊙ 高级样式：重新定义特定元素组合的格式，或其他 CSS 允许的选择器表单的格式(例如，每当 h2 标题出现在表格单元格内时，就会应用选择器 td h2)。高级样式还可以重定义包含特定 id 属性的标签的格式(例如，由#myStyle 定义的样式可以应用于所有包含属性/值对 id="myStyle"的标签)。

2. CSS 规则应用范围

在 Dreamweaver CS4 中，有外部样式表和内部样式表，区别在于应用的范围和存放位置。

知识点

Dreamweaver 可以判断现有文档中定义的符合 CSS 样式准则的样式，并且在【设计】视图中直接呈现已应用的样式。但要注意的是有些 CSS 样式在 Microsoft Internet Explorer、Netscape、Opera、Apple Safari 或其他浏览器中呈现的外观不相同，而有些 CSS 样式目前不受任何浏览器支持。

下面是这两种样式表的介绍。

- ⊙ 外部 CSS 样式表：存储在一个单独的外部 CSS(.css)文件(而非 HTML 文件)中的若干组 CSS 规则。此文件利用文档头部分的链接或@import 规则链接到网站中的一个或多个页面。
- ⊙ 内部(嵌入式)CSS 样式表：若干组包括在 HTML 文档头部分的<style>标签中的 CSS 规则。

知识点

除了外部和内部样式表外，还有内联样式，该样式定义在整个 HTML 文档中的特定标签实例中，一般不建议使用该样式。

6.2 使用 CSS 样式

在 Dreamweaver CS4 中，首先创建一个 CSS 样式，然后应用到网页文档的单个或多个元素，完成文本的格式化。

6.2.1 认识【CSS 样式】面板

在【CSS 样式】面板中显示了当前所选页面元素的 CSS 规则和属性，也可以跟踪网页文档可用的所有规则和属性。

选择【窗口】|【CSS 样式】命令，打开【CSS 样式】面板，在该面板顶部有【全部】和【正在】两种模式按钮，单击相应的按钮，即可在两种模式之间切换，并且可以在这两种模式下进行修改 CSS 属性操作，如图 6-1 所示。

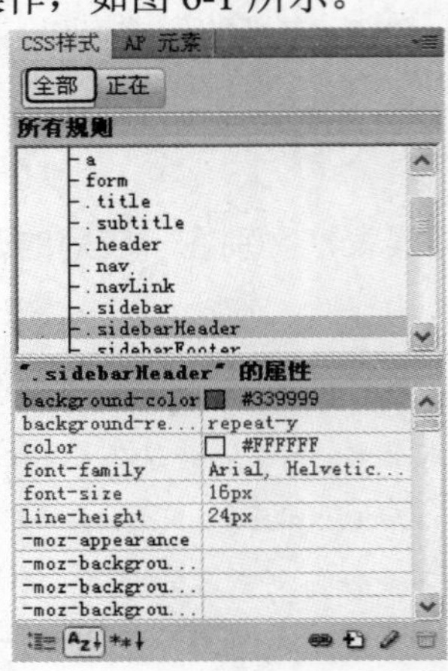

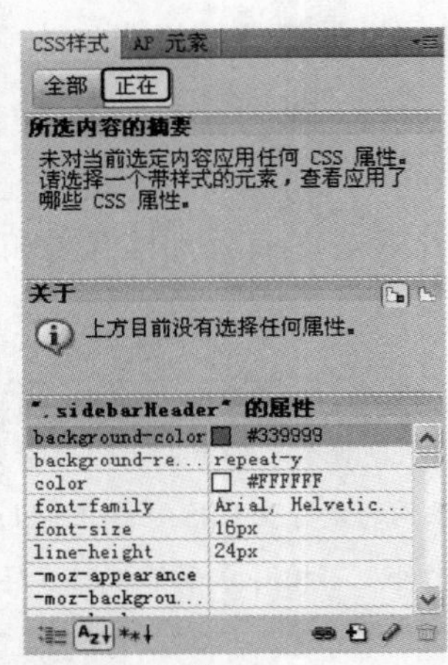

图 6-1 【全部】和【正在】两种模式

1. 【全部】模式

在【全部】模式下的【CSS 样式】面板显示了【所有规则】窗格和【属性】窗格。【所有规则】窗格显示当前文档中定义的规则以及附加到当前文档的样式表中定义的所有规则的列表。使用【属性】窗格可以编辑【所有规则】窗格中任何所选规则的 CSS 属性。

有关【全部】模式下的【CSS 样式】面板基本操作如下。

- 在【所有规则】窗格中选择某个规则时，该规则中定义的所有属性都会显示在【属性】窗格中。可以在【属性】窗格中修改 CSS，而无论它是嵌入在当前文档中还是链接到附加的样式表。默认情况下，【属性】窗格仅显示那些先前已设置的属性，并按字母顺序排列它们。
- 单击【显示列表视图】按钮 Az↓：可以打开列表视图，该视图中显示所有可用属性的按字母顺序排列的列表，已设置的属性排在顶部。
- 单击【显示类别视图】按钮 ≔：可以打开类别视图，该视图中显示按类别分组的属性，例如字体、背景、区块、边框等，已设置的属性位于每个类别的顶部。

2. 【正在】模式

在【正在】模式下的【CSS 样式】面板显示了【所选内容的摘要】窗格，在该窗格中显示文档中当前所选内容的 CSS 属性；【规则】窗格显示所选属性的位置(或所选标签的一组层叠

的规则，具体取决于用户的选择)；在【属性】窗格中可以编辑应用于所选内容规则的 CSS 属性。

6.2.2 新建 CSS 样式规则

在 Dreamweaver CS4 中，可以很方便地创建、编辑 CSS 样式表定义，并且不需要直接编辑 CSS 代码，即使不懂 CSS 层叠样式表定义语法，也能轻松完成定义。

在 Dreamweaver CS4 中新建 CSS 样式规则，可以在【新建文档】对话框中创建，也可以在【CSS 样式】对话框面板中创建。

1. 创建 CSS 样式表

Dreamweaver CS4 提供了功能非常强大的 CSS 样式编辑器，不但可以在页面中直接插入 CSS 样式定义，还可以创建、编辑独立的 CSS 样式表文件。

选择【文件】|【新建】命令，打开【新建文档】对话框，在左侧的列表框中选择【示例中的页】选项卡，在【示例文件夹】列表框中选择【CSS 样式表】选项，在【示例页】中可以选择预定义 CSS 样式表的选项，如图 6-2 所示，Dreamweaver CS4 提供了丰富的预定义样式表。

单击【创建】按钮，即可创建示例页中的样式表。

2. 在【CSS 样式】面板中创建

创建一个 CSS 规则后，可以用来自动完成 HTML 标签的格式设置或者 class 或 ID 属性所标识的文本范围的格式设置。打开【CSS 样式】面板后，单击【新建 CSS 规则】按钮，打开【新建 CSS 规则】对话框，如图 6-3 所示。

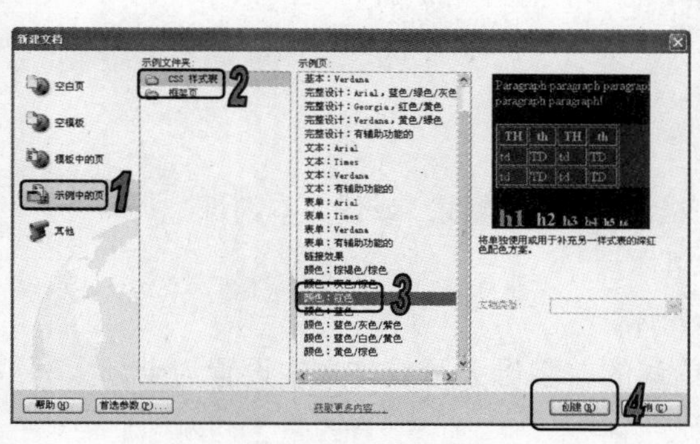

图 6-2　选择预定义 CSS 样式表

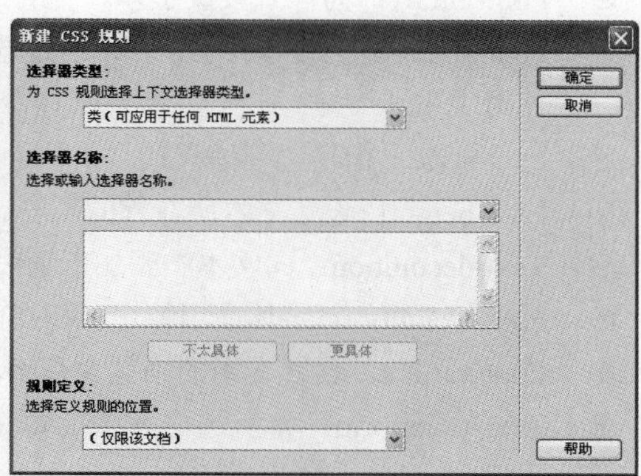

图 6-3　【新建 CSS 规则】对话框

有关【新建 CSS 规则】对话框中的基本操作如下。

- 【为 CSS 规则选择上下文选择器类型】：可以在该下拉列表中选择要创建的选择器类型选项。选择【类】选项，可以创建一个作为 class 属性，应用于任何 HTML 元素的 CSS 样式；选择 ID 选项，可以定义包含特定 ID 属性标签的 CSS 样式；选择【标签】选项，可以重新定义特定 HTML 标签的默认格式；选择【复合内容】选项，可以定义可同时应用两个或多个标签、类或 ID 的复合样式。

- 【选择或输入选择器名称】：可以在下拉列表中选择选择器名称或者输入选择器名称。要注意的是，类名称必须以句点开头，并且可以包含任何字母和数字组合，例如.myhead1。ID 名称必须以井号(#)开头，并且可以包含任何字母和数字组合，例如#myID1。
- 【选择定义规则的位置】：可以在下拉列表中选择定义规则的位置，如果要将规则放置到已附加到文档的样式表中，可以选择相应的样式表；如果要创建外部样式表，选择【新建样式表文件】选项；若要在当前文档中嵌入样式，选择【仅对该文档】选项。

单击【确定】按钮，可以打开【CSS 规则定义】对话框，在该对话框中可以定义 CSS 样式规则。

6.2.3 定义 CSS 样式规则

在【CSS 规则定义】对话框中，可以定义【类型】、【背景】、【区块】、【方框】、【边框】、【列表】、【定位】和【扩展】8 个属性。下面将介绍这 8 种类型属性的定义方法。

1. 类型

选中【CSS 规则定义】对话框中【分类】列表框中的【类型】选项，打开该类型对话框，如图 6-4 所示。该类型属性可以定义 CSS 样式的基本字体和类型设置。

在对话框中的主要参数选项设置如下。

- Font-family：为样式设置字体。
- Font-size：定义文本大小，可以通过选择数字和度量单位选择特定的大小，也可以选择相对大小。
- Font-style：指设置字体样式。
- Line-height：设置文本所在行的高度。
- Text-decoration：向文本中添加下划线、上划线或删除线，或使文本闪烁。
- Font-weight：对字体应用特定或相对的粗体量。
- Font-variant：设置文本的小型大写字母变体。
- Text-transform：将所选内容中的每个单词的首字母大写或将文本设置为全部大写或小写。
- Color：设置文本颜色。

2. 背景

选中【背景】选项，打开该类型对话框，如图 6-5 所示，该类型属性可以对网页中的任何元素应用背景属性，还可以设置背景图像的位置。

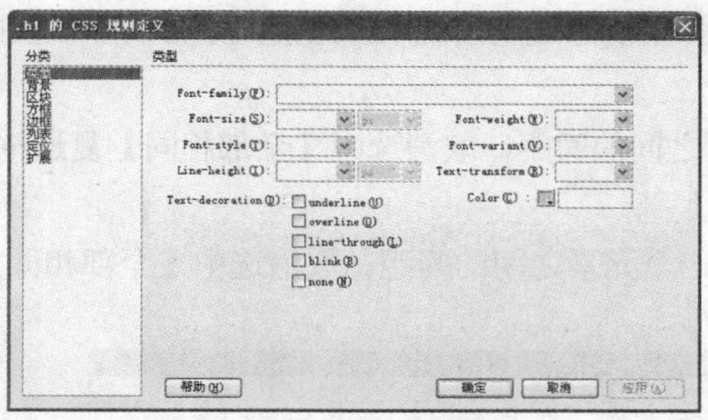

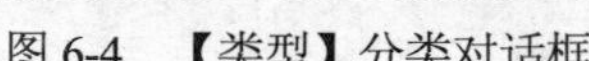

图 6-4　【类型】分类对话框

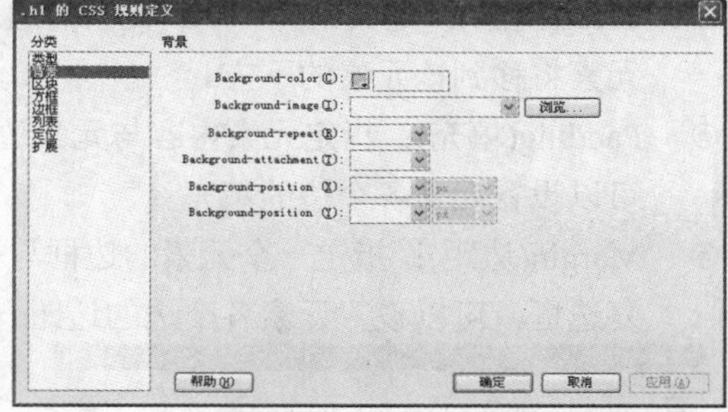

图 6-5　【背景】分类对话框

在对话框中的主要参数选项设置如下。

- Background-color(背景颜色)：设置元素的背景颜色。
- Background-image(背景图片)：设置元素的背景图像。
- Background-repeat：确定是否以及如何重复背景图像。
- Background-attachment：确定背景图像是固定在其原始位置还是随内容一起滚动。
- Background-position (X)和 Background-position (Y)：指定背景图像相对于元素的初始位置。

3. 区块

选中【区块】选项，打开该类型对话框，如图 6-6 所示，该类型属性可以定义标签和属性的间距和对齐设置。

在对话框中的主要参数选项设置如下。

- Word-spacing(单词间距)：设置字词的间距。如果要设置特定的值，在下拉菜单中选择【值】选项后输入数值。
- Letter-spacing(字母间距)：增加或减小字母或字符的间距。
- Vertical-align：指定应用此属性的元素的垂直对齐方式。
- Text-align(文本对齐)：设置文本在元素内的对齐方式。
- Text-indent(文本缩进)：指定第一行文本缩进的程度。
- White-space(空格)：确定如何处理元素中的空格。
- Display(显示)：指定是否以及如何显示元素。选择 none 选项，将禁用指定元素的 CSS 样式显示。

4. 方框

选中【方框】选项，打开该类型对话框，如图 6-7 所示，该类型属性可以设置用于控制元素在页面上放置方式的标签和属性。

在对话框中的主要参数选项设置如下。

- Width(宽)和 Height(高)：设置元素的宽度和高度。
- Float(浮动)：设置其他元素(如文本、AP Div、表格等)在围绕元素的哪个边浮动。

⊙ Clear(清除)：定义不允许 AP 元素的边。如果清除边上出现 AP 元素，则带清除设置的元素将移到该元素的下方。

⊙ Padding(填充)：指定元素内容与元素边框之间的间距，取消选中【全部相同】复选框，可以设置元素各个边的填充。

⊙ Margin(边距)：指定一个元素的边框与另一个元素之间的间距。取消选中【全部相同】复选框，可以设置元素各个边的边距。

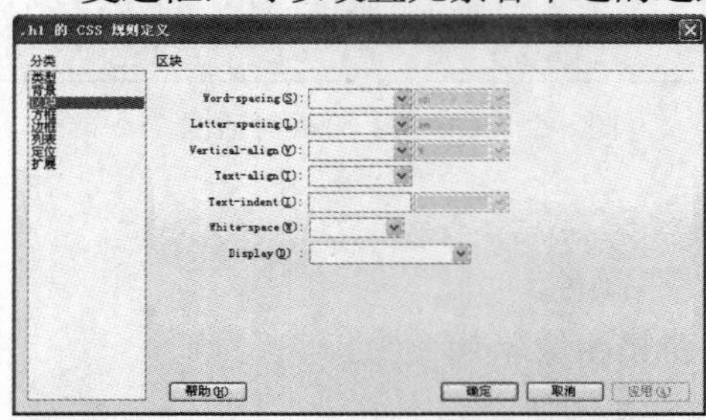

图 6-6 【区块】分类对话框

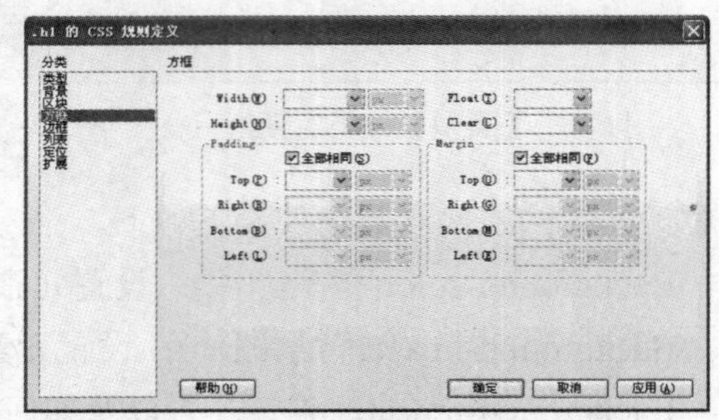

图 6-7 【方框】选项对话框

5. 边框

选中【边框】选项，打开该类型对话框，如图 6-8 所示，该类型属性可以设置网页元素周围的边框属性，例如宽度、颜色和样式等。

在对话框中的主要参数选项设置如下。

⊙ Style(类型)：设置边框的样式外观，取消选中【全部相同】复选框，可以设置元素各个边的边框样式。

⊙ Width(宽)：设置元素边框的粗细，取消选中【全部相同】复选框，可以设置元素各个边的边框宽度。

⊙ Color(颜色)：设置边框的颜色，取消选中【全部相同】复选框，可以设置元素各个边的边框颜色。

6. 列表

选中【列表】选项，打开该类型对话框，如图 6-9 所示，该类型属性可以设置列表标签属性，例如项目符号大小和类型等。

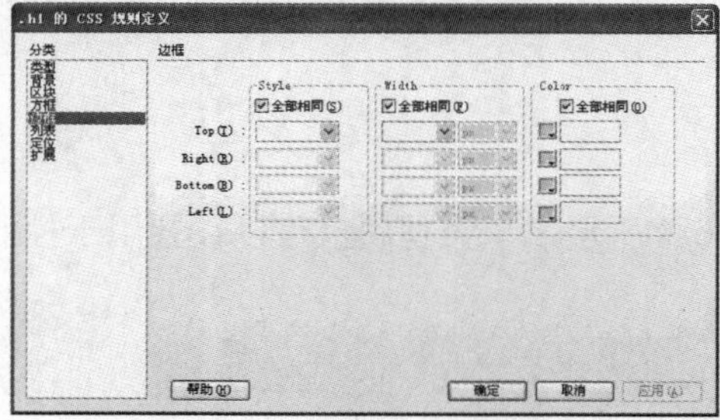

图 6-8 【边框】选项对话框

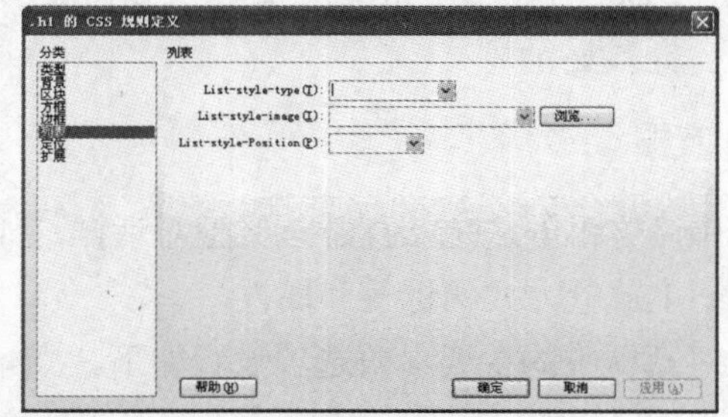

图 6-9 【列表】选项对话框

在对话框中的主要参数选项设置如下。

- List-style-type(列表目录类型)：设置项目符号或编号的外观。
- List-style-image(列表样式图像)：可以自定义图像项目符号。
- List-style-Position(列表样式段落)：设置列表项文本是否换行并缩进(外部)或者文本是否换行到左边距(内部)。

7. 定位

选中【CSS 规则定义】对话框中【分类】列表框中的【定位】选项，如图 6-10 所示，打开该类型对话框。该类型属性可以设置与 CSS 样式相关的内容在页面上的定位方式。

在对话框中的主要参数选项设置如下。

- Position(位置)：确定浏览器应如何来定位选定的元素。
- Visibility(可见性)：确定内容的初始显示条件，默认情况下内容将继承父级标签的值。
- Z-index(Z 轴)：确定内容的堆叠顺序，Z 轴值较高的元素显示在 Z 轴值较低的元素的上方。值可以为正，也可以为负。
- Overflow(溢出)：确定当容器的内容超出容器的显示范围时的处理方式。
- Placement(位置)：指定内容块的位置和大小。
- Clip(剪辑)：定义内容的可见部分，如果指定了剪辑区域，可以通过脚本语言访问它，并设置属性以创建像擦除那样的特殊效果。

8. 扩展

选中【扩展】选项，打开该类型对话框，如图 6-11 所示。该类型属性包括滤镜、分页和指针选项。

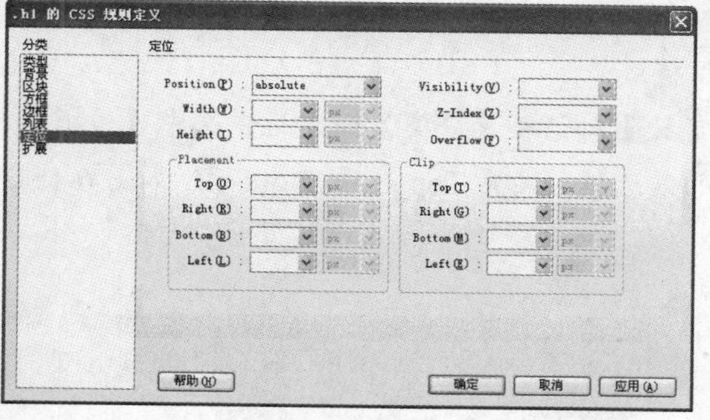

图 6-10　【定位】选项对话框

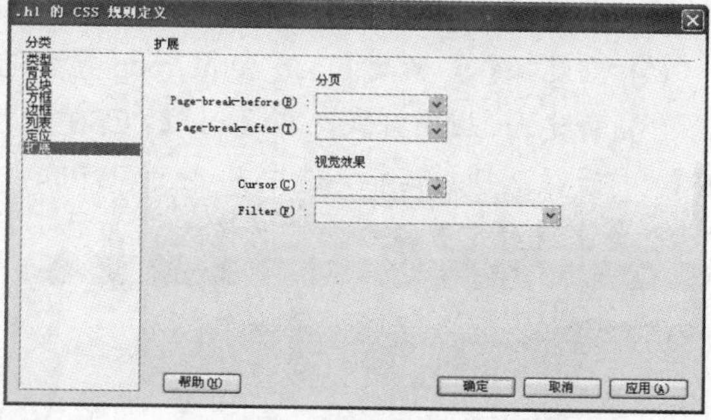

图 6-11　【扩展】选项对话框

在对话框中的主要参数选项设置如下。

- Page-break-before(分页符位置)：在打印期间在样式所控制的对象之前或者之后强行分页。在弹出菜单中选择要设置的选项。此选项不被任何 4.0 版本的浏览器支持，但可能被未来的浏览器支持。
- Cursor(光标)：当指针位于样式所控制的对象上时，改变指针图像。

◎ Filter(过滤器)：对样式所控制的对象应用特殊效果。

在【CSS 规则定义】对话框中设置相应类型的属性后，单击【确定】按钮，即可新建一个CSS 规则，新建的 CSS 规则会在【CSS 样式】面板中显示。

【例 6-1】在【新建 CSS 样式】对话框中新建 CSS 规则样式。

(1) 打开一个网页文档，选择【格式】|【CSS 样式】|【新建】命令，如图 6-12 所示，打开【新建 CSS 规则】对话框。

(2) 在【选择或输入选择器名称】文本框中输入新建的 CSS 规则样式名称 logo，在【选择定义规则的位置】下拉列表中选中【仅限该文档】选项，如图 6-13 所示，单击【确定】按钮，打开【.logo 的 CSS 规则定义】对话框。

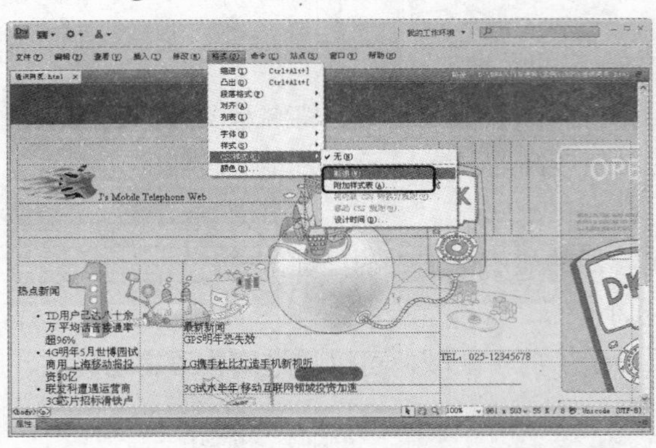

图 6-12 选择【格式】|【CSS 样式】|【新建】命令

新建 CSS 规则
选择器类型：
为 CSS 规则选择上下文选择器类型。
类（可应用于任何 HTML 元素）
选择器名称：
选择或输入选择器名称。
logo
此选择器名称将规则应用于
所有具有类“logo”的 HTML 元素。
不太具体 更具体
规则定义：
选择定义规则的位置。
（仅限该文档）
确定 取消 帮助

图 6-13 选择【仅限该文档】选项

(3) 在【分类】列表框中选中【类型】选项，打开该选项对话框。

(4) 设置 Font-size 选项为 24px，Font-style 选项为 italic，Color 为#36F，如图 6-14 所示，单击【确定】按钮，定义样式。

(5) 重复操作，新建 biaoti 和 neirong 类型选项样式。

(6) 新建 pic 规则样式，在【.pic 的 CSS 规则定义】对话框【分类】列表框中选中【边框】选项，打开该选项对话框，选中 Style 和 Width 中的复选框，设置 Top 选项为 outset，如图 6-15 所示，单击【确定】按钮，定义样式。

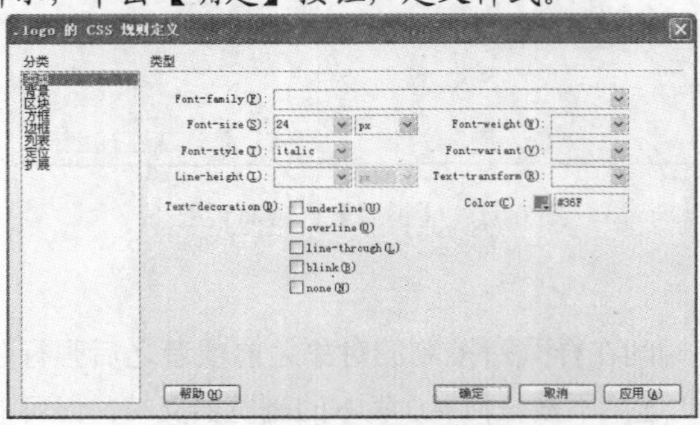

图 6-14 设置【类型】属性

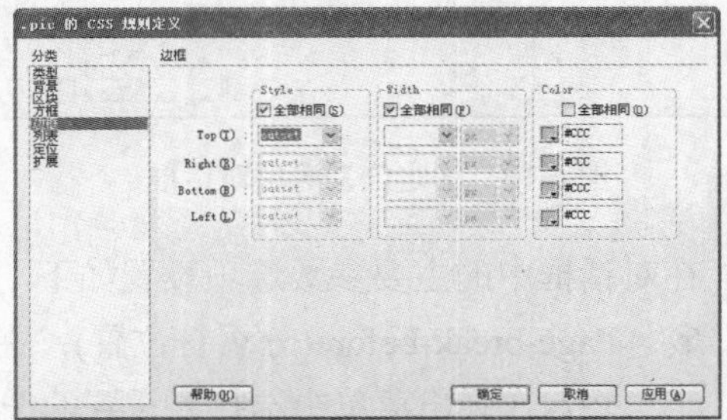

图 6-15 设置【边框】属性

计算机 基础与实训教材系列

6.2.4 应用 CSS 样式规则

新建 CSS 规则样式后，就可以利用该样式快速设置页面上的网页元素样式，使网站具有统一的风格。在 Dreamweaver CS4 中，要对文档指定元素应用 CSS 样式，可以在【属性】面板中设定、在标签处设定、在【标签检查器】面板组的【属性】面板中和右击文档选择快捷菜单设定。

1. 在【属性】面板中应用 CSS 样式

打开一个网页文档，在文档中选中要设定样式的对象，打开【属性】面板，在【类】下拉列表中选择要应用的样式即可应用样式，如图 6-16 所示。

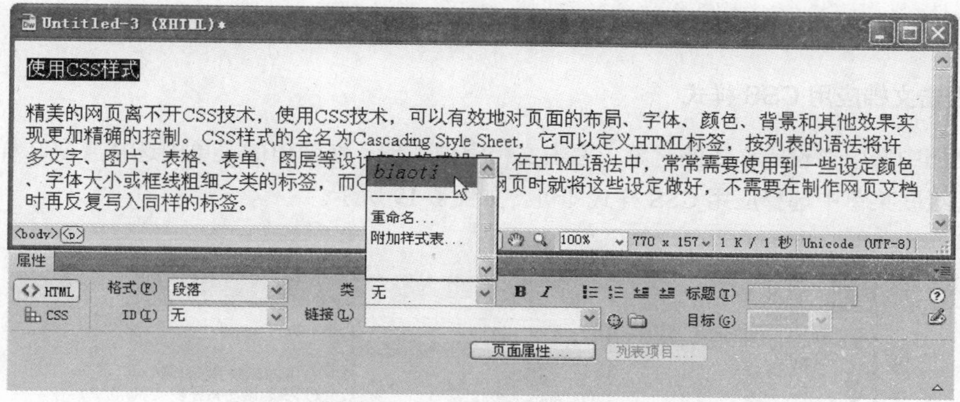

图 6-16 选择要应用的样式

2. 在标签处应用 CSS 样式

在网页文档中选中要设定样式的对象，右击<p>标签(p 代表段落)，在弹出的菜单中选择【设置类】，在级联菜单中选择所需应用的 CSS 样式即可，如图 6-17 所示。

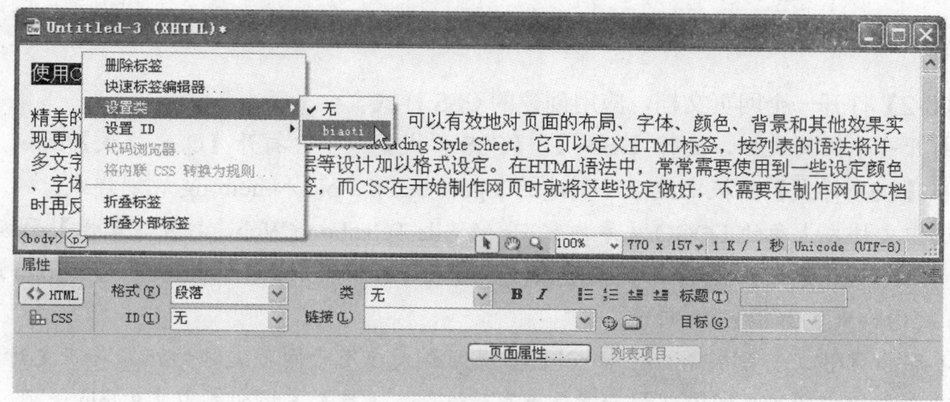

图 6-17 选择所需应用的 CSS 样式

3. 【标签检查器】面板

在网页文档中选中要设定样式的对象，打开【标签检查器】面板，展开面板中的【CSS/辅助功能】，在 class 选项右侧的文本框中输入样式的名称，如图 6-18 所示。

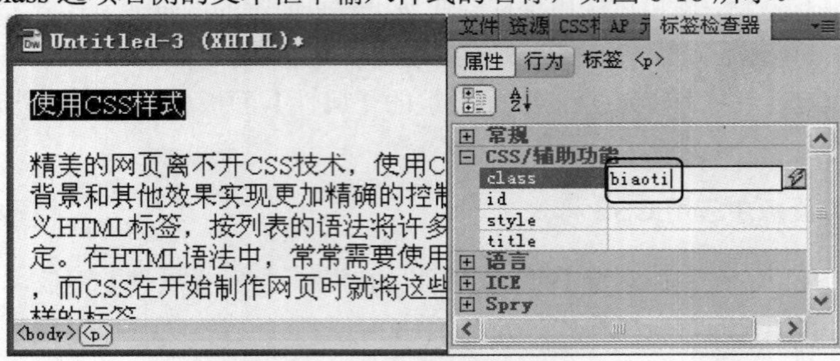

图 6-18 输入样式的名称

4. 右击文档应用 CSS 样式

在文档中选中要设定样式的对象，右击文档空白位置，在弹出的菜单中选择【CSS 样式】命令，在级联菜单中选择应用 CSS 样式即可，如图 6-19 所示。

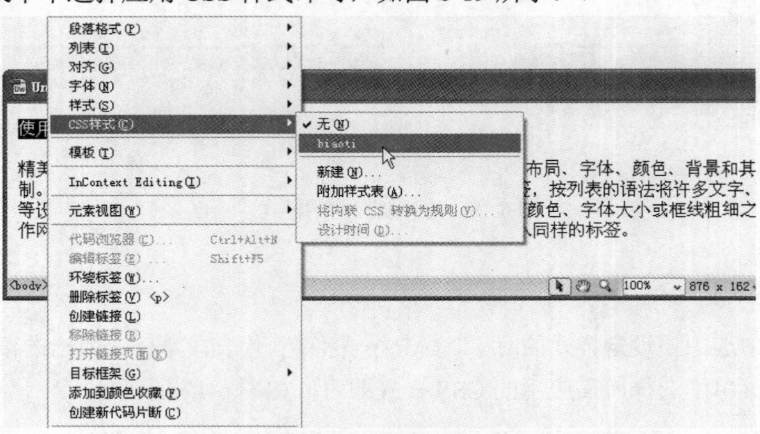

图 6-19 选择应用的 CSS 样式

【例 6-2】打开一个网页文档，应用创建的 CSS 样式。

(1) 打开一个网页文档，选择【窗口】|【CSS 样式】命令，打开【CSS 样式】面板。

(2) 在【CSS 样式】面板中显示了创建的 logo、biaoti、pic 和 neirong 规则样式。

(3) 选中文档左上角的 LOGO 文本内容 J's Mobile Telephone Web，打开【属性】面板，单击面板左侧的【CSS】按钮 CSS，切换面板，然后在【目标规则】下拉列表中选中 logo 选项，应用 logo 规则样式，如图 6-20 所示。

(4) 参照步骤(3)，分别将 biaoti 和 neirong 规则样式应用于网页文档的标题和正文对象。

(5) 选中文档中的某个图像，打开【属性】面板，在【类】下拉列表中选中 pic 选项，应用 pic 规则样式，如图 6-21 所示。

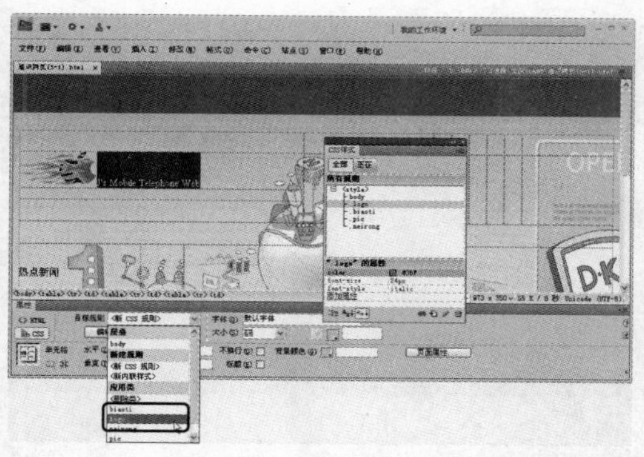

图 6-20　应用 logo 规则样式

图 6-21　应用 pic 规则样式

(6) 对网页文档中的表格和插入的元素进行适当的调整，另存网页文档。

6.3　编辑 CSS 样式

对于创建的 CSS 样式，可以进行编辑操作，主要包括修改 CSS 样式属性、设置 CSS 样式首选参数以及链接和导入 CSS 样式等。

6.3.1　修改 CSS 样式

CSS 样式表通常包含一个或多个规则。可以在【CSS 规则定义】对话框中修改已经创建的 CSS 样式表中的各个规则，也可以直接在【CSS 样式】面板中操作。

1. 重新定义 CSS 规则样式

选择【窗口】|【CSS 样式】命令，打开【CSS 样式】面板，单击【全部】按钮，切换到【全部】模式。双击【所有规则】窗格中所需修改的样式表的名称，打开【CSS 规则定义】对话框，如图 6-22 所示，然后对 CSS 样式进行修改。

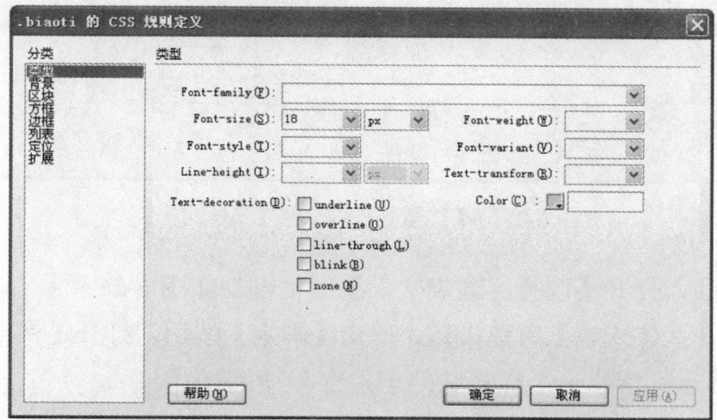

图 6-22　【CSS 规则定义】对话框

2. 直接修改 CSS 规则样式

打开【CSS 样式】面板后，在【全部】模式的【CSS 样式的属性】列表框中显示了当前选中的样式属性，选中创建的规则样式，显示了字体大小为 18 像素，可以单击数值 18，进入编辑模式，重新设置字体大小，对样式进行修改，如图 6-23 所示。

单击【CSS 样式】面板下方的【添加属性】链接，可以添加 CSS 样式属性，例如添加背景颜色 background-color 为#06F 属性，如图 6-24 所示。

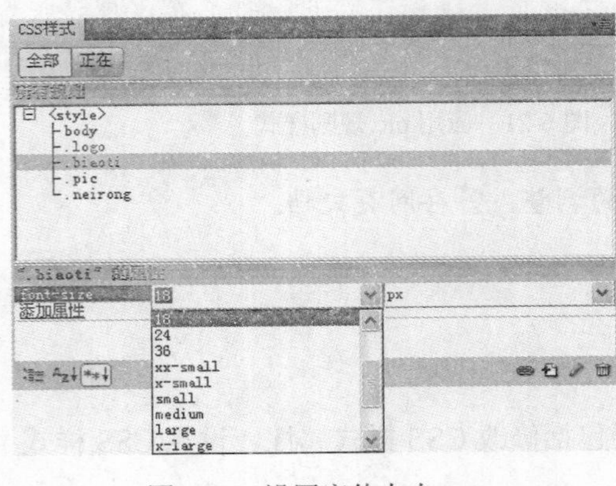

图 6-23　设置字体大小

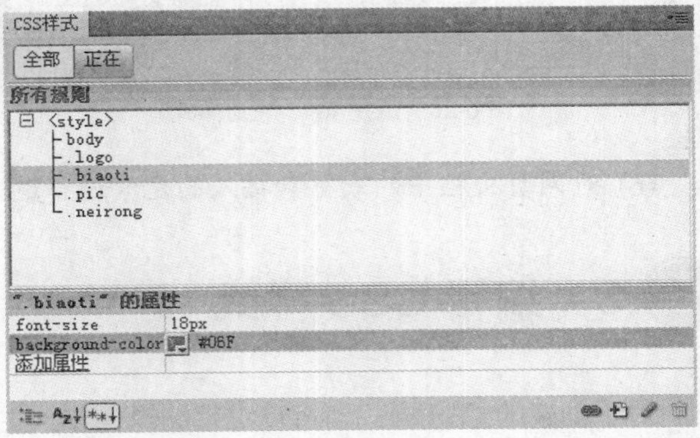

图 6-24　添加背景颜色

6.3.2　移动 CSS 样式

在 Dreamweaver CS4 中的 CSS 规则，可以很方便地移动到不同位置，例如将规则在文档间移动、从文档头移动到外部样式表、在外部 CSS 文件之间移动等等。

将 CSS 规则移至新样式表

打开【CSS 样式】面板，右击所需移动的一个或多个 CSS 规则，在弹出的快捷菜单中选择【移动 CSS 规则】命令，打开【移至外部样式表】对话框，如图 6-25 所示。

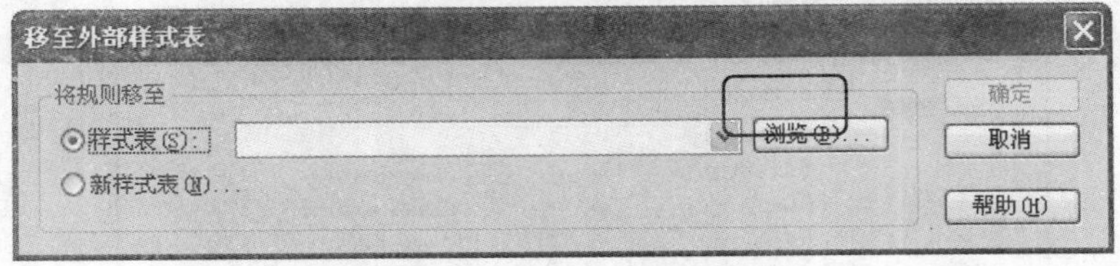

图 6-25　【移至外部样式表】对话框

单击【浏览】按钮，打开【选择样式表文件】对话框，如图 6-26 所示，选择要移至的外部样式表；也可以选中【新样式表】单选按钮，单击【确定】按钮，打开【将样式表文件另存为】对话框，如图 6-27 所示，新建一个样式表用于保存移动的样式。

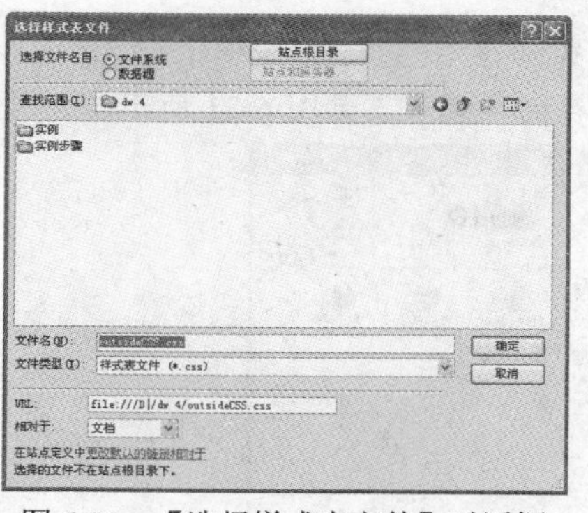

图 6-26　【选择样式表文件】对话框

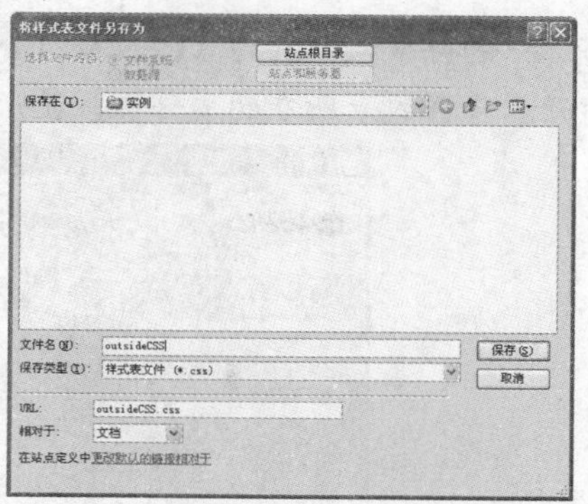

图 6-27　【将样式表文件另存为】对话框

【例 6-3】新建一个 CSS 示例文档，将创建的所有 CSS 规则样式移至新建的【CSS 模板】样式表。

(1) 选择【文件】|【新建】命令，打开【新建文档】对话框。

(2) 在左侧的列表框中选中【示例中的页】选项，在【示例文件夹】列表框中选中【CSS 样式表】选项，在【示例页】列表框中选中【颜色：红色】选项，单击【创建】按钮，创建 CSS 示例文档，如图 6-28 所示。

(3) 选择【窗口】|【CSS 样式】命令，打开【CSS 样式】面板。

(4) 在【所有规则】列表框中选中所有样式，右击鼠标，在弹出的快捷菜单中选中【移动 CSS 规则】命令，如图 6-29 所示，打开【移至外部样式表】对话框。

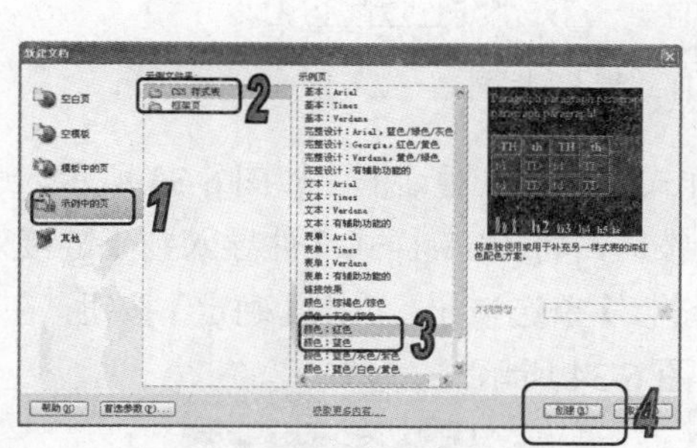

图 6-28　创建 CSS 示例文档

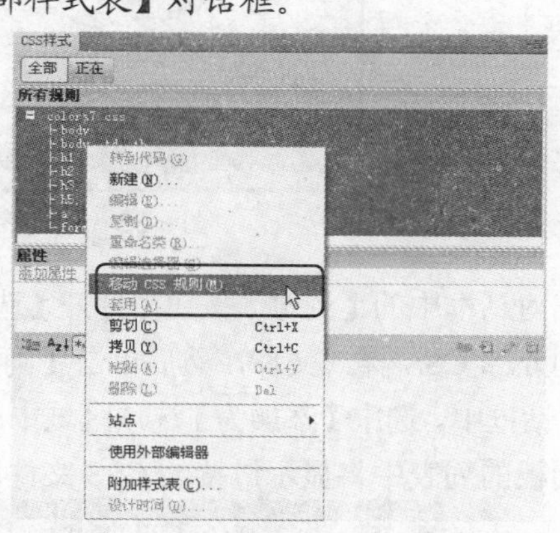

图 6-29　选择【移动 CSS 规则】命令

(5) 选中【新样式表】单选按钮，然后单击【确定】按钮，如图 6-30 所示。打开【将样式表文件另存为】对话框。

图 6-30　【将样式表文件另存为】对话框

(6) 将选中的样式表保存为【CSS 模板】样式表。

(7) 打开保存样式表所在的文件夹，显示了保存的样式表，如图 6-31 所示。

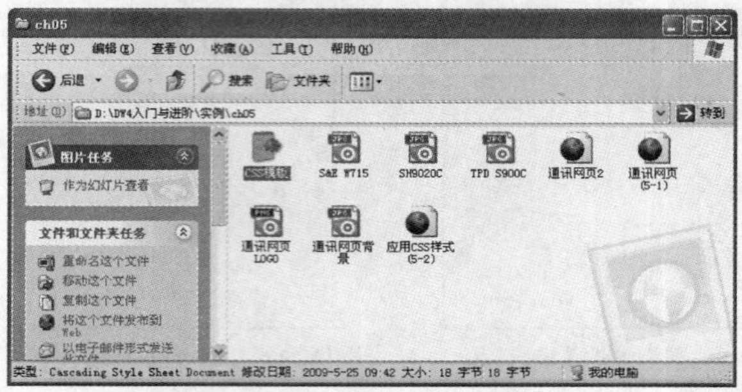

图 6-31　显示了保存的样式表

6.3.3　链接与导入 CSS 样式

单击【CSS 样式】面板中的【附加样式表】按钮，打开【链接外部样式表】对话框，如图 6-32 所示，可以链接和导入样式表。

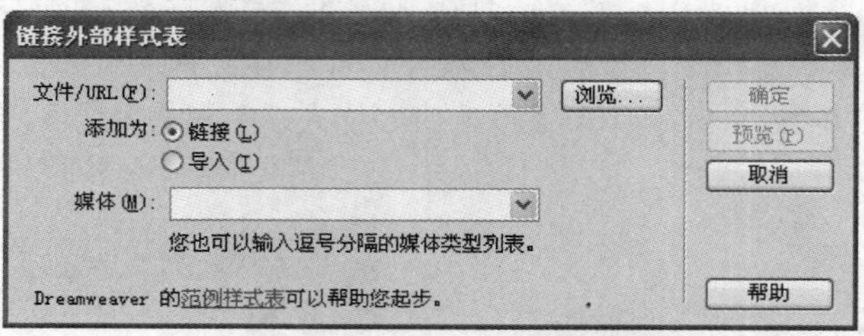

图 6-32　【链接外部样式表】对话框

单击对话框中的【浏览】按钮，打开【选择样式表文件】对话框，如图 6-33 所示，选择需要链接的外部 CSS 样式文件，然后单击【确定】按钮，将 CSS 样式文件导入到【链接外部样式表】对话框中。选中【添加为】选项区域中的【链接】单选按钮，单击【确定】按钮，在【CSS 样式】面板的列表中将显示链接的 CSS 文件，如图 6-34 所示。

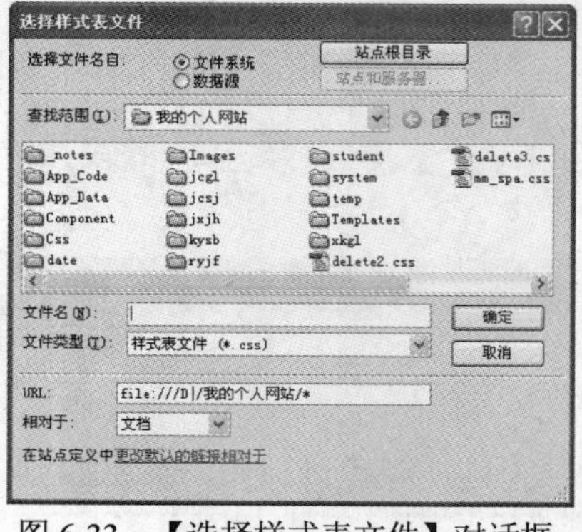

图 6-33　【选择样式表文件】对话框

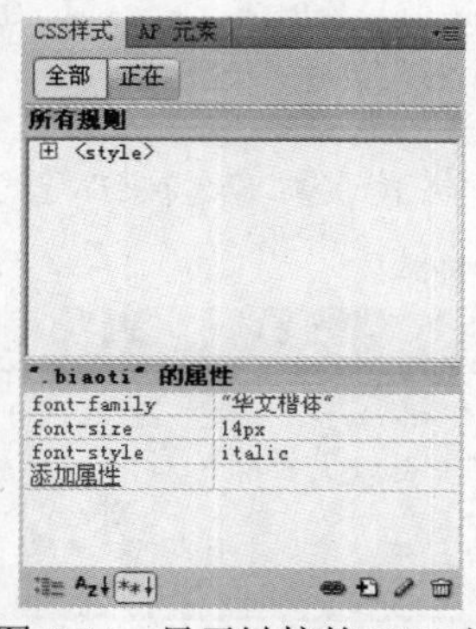

图 6-34　显示链接的 CSS 文件

6.4 上机练习

本章的上机练习主要介绍了新建 CSS 样式，将样式表移至外部样式表中，以及应用外部样式表中的样式并适当修改 CSS 规则样式。对于本章中的其他内容，可以根据相应的内容进行练习。

6.4.1 新建 CSS 样式表

【例 6-4】新建 CSS 样式表示例页文档，保存 CSS 样式表。

(1) 选择【文件】|【新建】命令，打开【新建文档】对话框。

(2) 在左侧的列表框中选中【示例中的页】选项，在【示例文件夹】列表框中选中【CSS 样式表】选项，在【示例页】列表框中选中【颜色：蓝色/白色/黄色】选项，如图 6-35 所示，单击【创建】按钮，创建 CSS 样式表示例页文档。

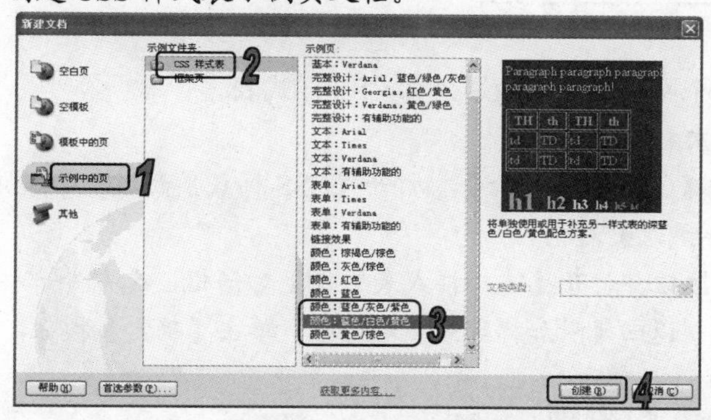

图 6-35 创建 CSS 样式表示例文档

(3) 选择【窗口】|【CSS 样式表】命令，打开【CSS 样式表】面板。

(4) 按下 Ctrl 键，选中【所有规则】列表框中的全部 CSS 规则样式，右击鼠标，在弹出的快捷菜单中选中【移动 CSS 规则】命令，打开【移至外部样式表】对话框。

(5) 选中【新样式表】单选按钮，单击【确定】按钮，打开【将样式表文件另存为】对话框，如图 6-36 所示。

图 6-36 【将样式表文件另存为】对话框

(6) 在【文件名】文本框中输入保存的 CSS 样式表名称，单击【保存】按钮，将示例页中的 CSS 规则样式保存到样式表中，如图 6-37 所示。

(7) 在保存样式表时，可能会存在同名的 CSS 规则样式，此时系统会打开【存在同名规则】

对话框，如图 6-38 所示，单击【确定】按钮即可。

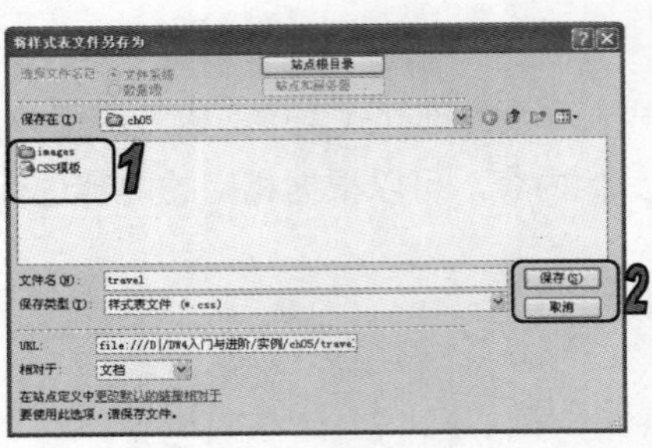

图 6-37　保存样式表

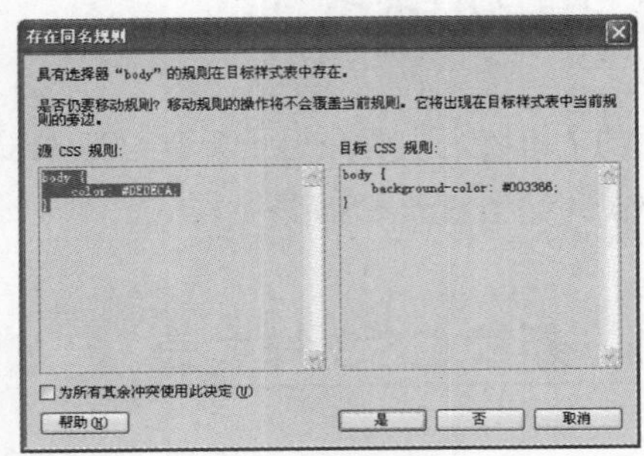

图 6-38　【存在同名规则】对话框

(8) 选择【文件】|【保存】命令，保存 CSS 样式表示例页文档。

6.4.2　链接外部样式表

【例 6-5】打开一个网页文档，应用外部 CSS 样式表。

(1) 打开一个网页文档。

(2) 选择【窗口】|【CSS 样式】命令，打开【CSS 样式】面板，单击【附加样式表】按钮 ，打开【链接外部样式表】对话框。

(3) 单击【浏览】按钮，打开【选择样式表文件】对话框，选中外部样式表，如图 6-39 所示，单击【确定】按钮，返回【附加样式表】对话框。单击【确定】按钮，链接并应用样式表，如图 6-40 所示。

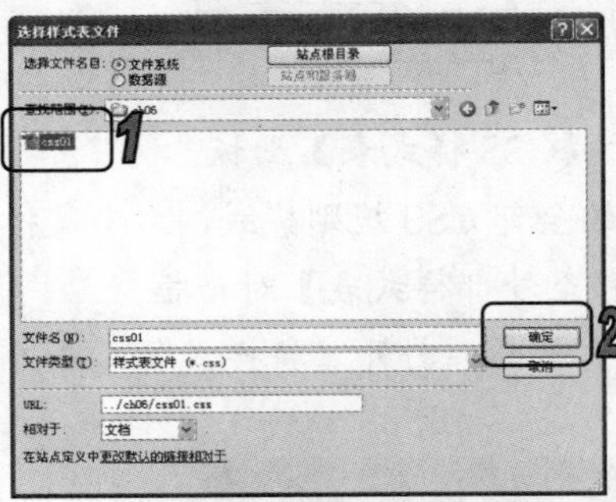

图 6-39　选择外部样式表

图 6-40　应用样式表

6.5　习题

1. 如何设置 CSS 样式首选参数？
2. CSS 样式表的主要功能有哪几点？
3. 练习创建 CSS 示例页网页文档，导出为 CSS 样式表。

第7章 使用超链接和层

学习目标

超链接是网页中至关重要的元素之一，它可以实现页面之间的互相跳转，从而有机地将网站中的每个页面联系起来。此外，还可以创建电子邮件，热点图像等超链接。层的使用也非常广泛，可以定位页面上的任意位置，在层中可以插入各种元素。本章主要介绍有关超链接和层的使用方法。

本章重点

- ◎ 超链接的基础知识
- ◎ 创建超链接
- ◎ 管理超链接
- ◎ 使用层
- ◎ 编辑层
- ◎ 使用 Spry 布局对象

7.1 超链接的基础知识

超链接是网页中最重要的组成部分。超链接的应用范围很广，利用它不仅可以链接到其他网页，还可以链接到其他图像文件、多媒体文件及下载程序，也可以利用它在网页内部进行链接或是发送 E-mail 等。在 Dreamweaver CS4 中，可以将文档中的任何文字及任意位置的图片设置为超链接。

7.1.1 超链接的概念

超链接与 URL 及网页文件的存放路径是紧密相关的。URL 可以简单地称为网址，顾名思义，就是Internet文件在网上的地址，定义超链接其实就是指定一个URL地址来访问它指向的Internet资源。URL(Uniform Resoure Locator，统一资源定位器)是指Internet文件在网上的地址，是使用数字和字母按一定顺序排列来确定的Internet地址，由访问方法、服务器名、端口号，以及文档位置组成。格式为Access-method :// server-name:port / document-location。

- Access-method(访问方法)：指明要访问Internet资源的方法或是访问的协议类型。在网上，几乎使用的都是http协议(hypertext transfer protocol，超文本转换协议)，因为它是用于转换网页的协议；有时也使用ftp(file transfer protocol，文件传输协议)，主要用于传输软件和大文件，许多做软件下载的网站就使用ftp作为下载网址。
- Server-name(服务器名称)：指出被访问的Internet资源所在的服务器域名。
- Port(端口号)：指出被访问的Internet资源所在的服务器端口号，但是对于一些常用的协议类型，都有默认的端口号，所以一般不用写出。
- Document-location(文档位置)：指明服务器上某资源的位置(其格式与DOS系统中的格式一样，通常有目录/子目录/文件名这样结构组成)，与端口号一样，路径并非总是需要的。

http://www.xdchiang.com/dreamweaver/index.htm，这是一个典型的URL，它指出使用http协议访问www.xdchiang.com域名所在服务器下dreamweaver这个目录中的index.htm文件。

7.1.2 Dreamweaver中的超链接

在Dreamweaver CS4中，可以创建下列几种类型的链接。

- 页间链接：利用该链接可以跳转到其他文档或文件，如图形、电影、PDF或声音文件。
- 页内链接：也称为锚记链接，利用它可以跳转到本站点指定文档的位置。
- E-mail链接：使用该链接，可以启动电子邮件程序，允许用户书写电子邮件，并发送到指定地址。
- 空链接及脚本链接：它允许用户附加行为至对象或创建一个执行JavaScript代码的链接。

7.1.3 绝对和相对路径

从作为链接起点的文档到作为链接目标的文档之间的文件路径，对于创建链接至关重要。一般来说，链接路径可以分为绝对路径与相对路径两类。

1. 绝对路径

绝对路径指包括服务器协议在内的完全路径，比如：http://www.xdchiang/dreamweaver/index.htm(此处使用的协议是最常用的http协议)。使用绝对路径与链接的源端点无关，只要目标站点地址不变，无论文档在站点中如何移动，都可以正常实现跳转而不会发生错误。如果所要链接当前站点之外的网页或网站，就必须使用绝对路径。

但是，绝对路径链接方式不利于测试。如果在站点中使用绝对路径地址，要想测试链接是否有效，必须在 Internet 服务器端进行。此外，采用绝对路径不利于站点的移植。例如，一个较为重要的站点，可能会在几个服务器上创建镜像，同一个文档也就有几个不同的网址，要将文档在这些站点之间移植，必须对站点中的每个使用绝对路径的链接进行一一修改，这样才能达到预期目的。

2. 相对路径

相对路径包括根相对路径(Site Root)和文档相对路径(Document)两种。

使用 Dreamweaver CS4 制作网页时，需要选定一个文件夹来定义一个本地站点，模拟服务器上的根文件夹，系统会根据这个文件夹来确定所有链接的本地文件位置，而根相对路径中的根就是指这个文件夹。

文档相对路径就是指包含当前文档的文件夹，也就是以当前网页所在文件夹为基础来计算的路径。

文档根相对路径(也称相对根目录)的路径以“/”开头，路径是从当前站点的根目录开始计算。例如在 C 盘 Web 目录建立的名为 web 的站点，这时/index.htm 路径为 C:\Web\index.htm。根相对路径适用于链接内容频繁更换环境中的文件，这样即使站点中的文件被移动了，链接仍可以生效，但是仅限于在该站点中。

如果目录结构过深，在引用根目录下的文件时，用根相对路径会更好些。比如网页文件中引用根目录下 images 目录中的一个图像 good.gif，在当前网页中用文档相对路径表示为：../../../images/good.gif，而用根相对路径只要表示为/images/good.gif 即可。

7.2　创建超链接

Dreamweaver CS4 使用文档相对路径创建指定站点中其他网页的链接，可以在本地站点内移动或重命名文档时自动更新指向文档的链接。

7.2.1　创建超链接的常用方法

在 Dreamweaver CS4 中，可以随时随地在所需的位置创建各种超级链接，并且可以通过多种方法来创建超链接，可以在【属性】面板中创建、使用菜单命令创建或使用【指向文件】图标来创建超链接。

1. 在【属性】面板中创建超链接

在网页文档中选择文本或图像，选择【窗口】|【属性】命令，打开【属性】面板，如图 7-1 所示。

在【属性】面板中的【链接】文本框中输入链接的文件地址，从【目标】下拉列表框中选择文档打开的位置即可。

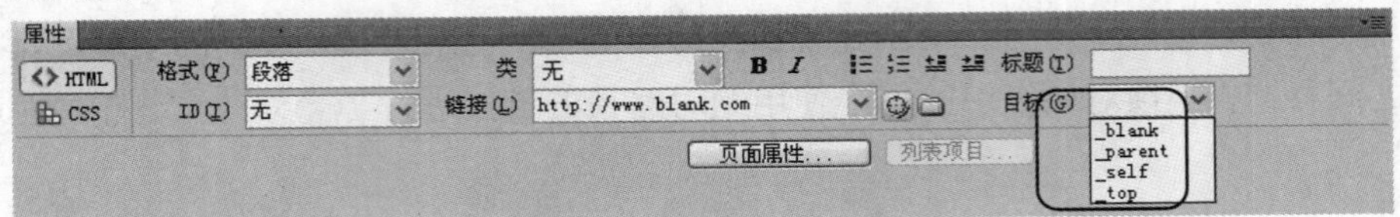

图 7-1　【属性】面板

在【目标】下拉列表中可以选择_blank、_parent、_self 和_top 4 个选项，具体作用如下。

- -blank：在弹出的新窗口中打开所链接的内容。
- -parent：如果是嵌套的框架，会在父框架或窗口中打开链接的文档，如果不是嵌套的框架，则与_top 相同，是在整个浏览器窗口中打开所链接的内容。
- -self：浏览器的默认设置，在当前网页所在的窗口中打开链接的网页。
- -top：在完整的浏览器窗口中打开。

2. 使用菜单命令创建超级链接

使用菜单命令创建超链接的方法很简单，选中要创建超链接的对象，选择【插入】|【超级链接】命令，打开【超级链接】对话框，如图 7-2 所示。

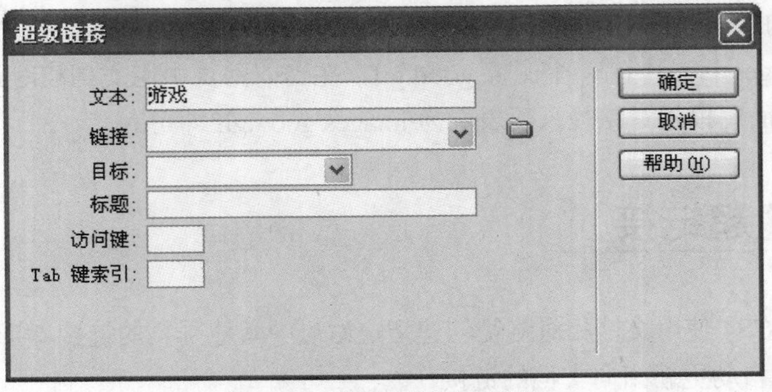

图 7-2　【超级链接】对话框

在【超级链接】对话框中的主要参数选项具体作用如下。

- 【文本】：创建超链接显示的文本。
- 【链接】：设置超级链接链接到的路径，尽量输入文件的相对路径。
- 【目标】：设置超级链接的打开方式，可以选择 blank、parent、self 和 top 4 个选项。
- 【标题】：设置超级链接的标题。
- 【访问键】：设置键盘快捷键，如果按键盘上的快捷键将选中这个超级链接。
- 【Tab 键索引】：设置网页中用 Tab 键选中这个超级链接的顺序。

3. 使用【指向文件】图标创建超级链接

打开【属性】面板，单击【链接】文本框右侧的【指向文件】按钮，拖动鼠标，会出现一

条带箭头的细线，指示要拖动的位置，指向链接的文件后，释放鼠标，即会链接到该文件，如图 7-3 所示。

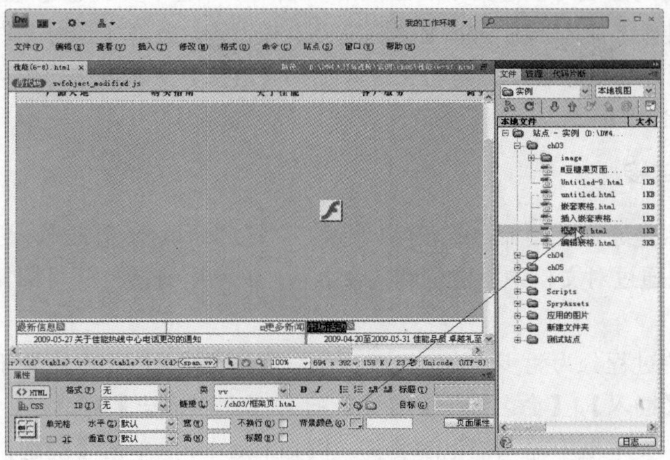

图 7-3　指向文件创建超链接

7.2.2　创建各种超链接

在对超级链接有了初步了解后，将分类介绍各种超级链接的方法，包括创建文本超链接、图像超链接、锚点链接、E-mail 链接和图形热点链接。

1. 创建文本超链接

当光标移至浏览器中的文本链接时，光标会变成一只手的形状，此时单击链接便可以打开链接所指向的目标网页。

打开一个网页文档，选中要创建文本超链接的内容，打开【属性】面板，在【链接】文本框中输入 URL 地址，如图 7-4 所示。

保存网页文档，按下 F12 键，在浏览器中预览网页文档，将光标移至创建超链接的文本上，当光标显示为手形图标，单击鼠标，即可跳转到链接页面，如图 7-5 所示。

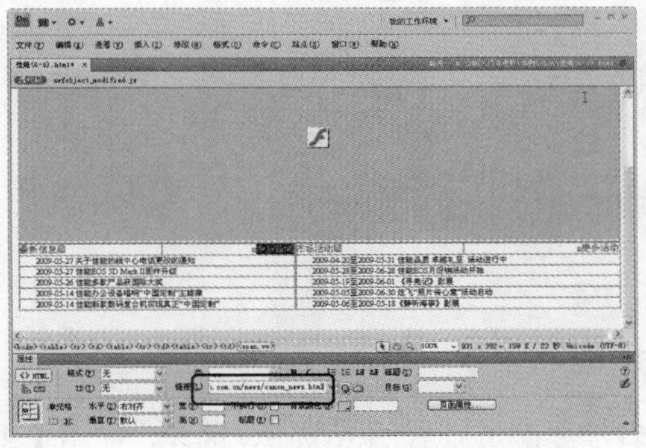

图 7-4　输入超链接 URL 地址

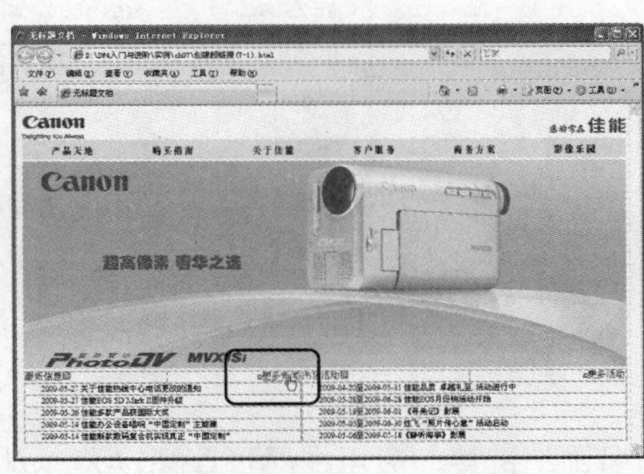

图 7-5　单击超链接跳转到链接页面

2. 创建图像超链接

创建图像超链接的方法与创建文本超链接的方法相同。选中要创建超链接的图像，打开【性】面板，单击【链接】文本框右侧的【浏览文件】按钮，打开【选择文件】对话框，选择链接的文件，单击【确定】按钮，即可将文件添加到【链接】文本框中，也可以在【链接】文框中输入链接的 URL 地址。

3. 创建页内超链接

创建页内超链接是通过使用命名锚记(用于标记位置的标识)来完成的，因此，页内超链接称为命名锚记链接。通过对文档中指定位置的命名，允许利用链接打开目标文档时直接跳转到应的命名位置。

创建页内链接的过程分为两步，首先加入一个命名锚记，可以将光标置于文本中需要创建链接的位置，选择【插入】|【命名锚记】命令，打开【命名锚记】对话框，如图 7-6 所示。

在【锚记名称】文本框中输入锚记的名称，例如 text_top，单击【确定】按钮即可。创建命名锚记之后，在网页文档中将出现一个锚记标记，如图 7-7 所示。

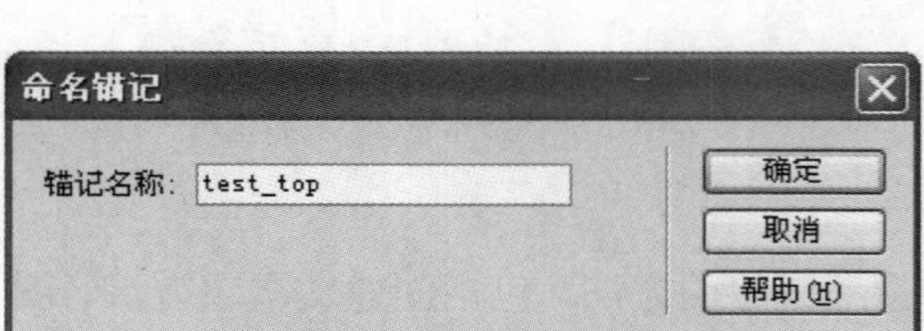

图 7-6　【命名锚记】对话框

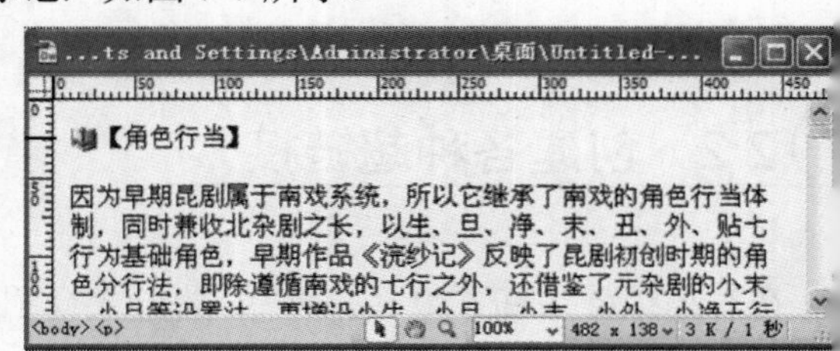

图 7-7　显示锚记标记

选中要创建锚点链接的文字，打开【属性】面板，在【链接】文本框中输入前缀和锚记称#text_top 即可，如图 7-8 所示。

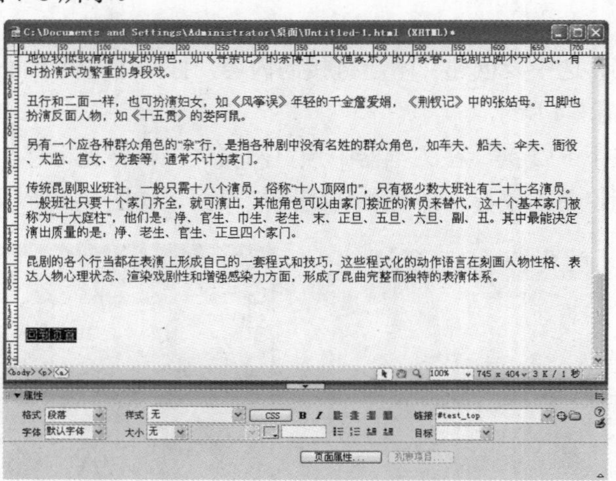

图 7-8　输入前缀和锚记名称

命名锚记链接一般用在网页篇幅较大，浏览者需要翻屏查看的情况下，因此，应用【命名

记链接】，有助于访问者浏览网页。

4. 创建 E-mail 链接

E-mail 链接是一种特殊的链接，单击 E-mail 链接，可以打开一个空白通讯窗口。在 E-mail 通讯窗口中，可以创建电子邮件，并发送到指定的地址。

【例 7-1】打开一个网页文档，创建 E-mail 链接。

(1) 打开一个网页文档。

(2) 选中文本中的文本内容【联系方式】，打开【属性】面板，在【链接】文本框中输入 mailto:xdchiang@163.com，如图 7-9 所示。

(3) 保存网页文档，按下 F12 键，在浏览器中预览网页文档。单击创建 E-mail 链接的文本内容后，打开【新邮件】窗口，如图 7-10 所示，发送电子邮件。

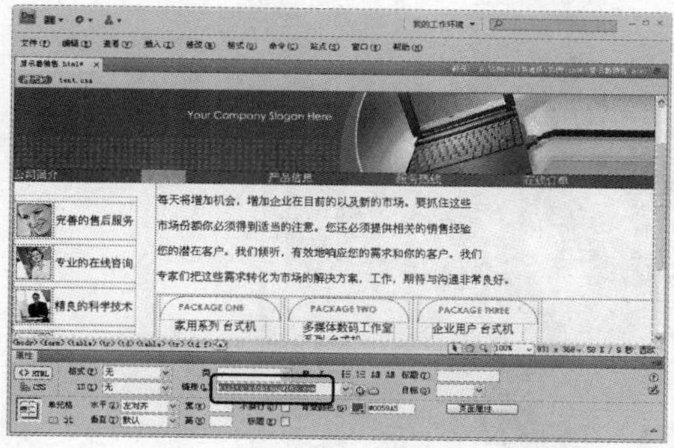

图 7-9　输入 E-mail 链接地址

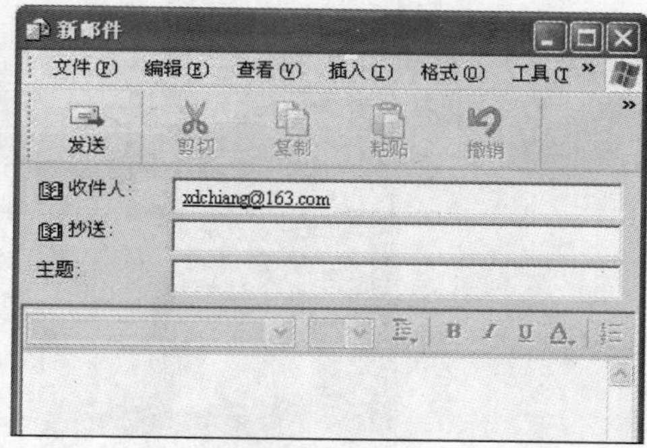

图 7-10　【新邮件】窗口

(4) 选择【插入】|【电子邮件链接】命令，打开【电子邮件链接】对话框，如图 7-11 所示，在【文本】文本框中输入创建 E-mail 链接的对象，在 E-mail 文本框中输入 E-mail 地址，单击【确定】按钮同样可以创建 E-mail 链接。

图 7-11　【电子邮件链接】对话框

5. 创建虚拟链接

虚链接实际上是一个未设计的链接，使用虚链接可以激活页面上的对象或文本。一旦对象或文本被激活，当光标经过该链接时，可以附加行为来交换图片或显示层。要创建虚链接，选中所需创建链接的文字或图片后，打开【属性】面板，在【链接】文本框中输入 javascript:;(javascript 一词后依次接一个冒号和一个分号)或是一个#号即可。

在使用#符号时要注意的是，当单击虚链接时，某些浏览器可能跳到页的顶部。单击 JavaScript 虚链接不会在页上产生任何效果，因此创建虚链接最好创建 JavaScript 虚链接。

6. 创建脚本链接

脚本链接是指执行 JavaScript 代码或调用 JavaScript 函数。创建脚本链接后，在不离开当前页面的情况下可以了解关于某个项目的一些附加信息。常用于执行计算、表单验证或其他任务。

要创建脚本链接，选中所需创建链接的对象后，打开【属性】面板，在【链接】文本框中输入 javascript:(javascript 一词后依次接一个冒号)，输入 JavaScript 代码或函数调用即可。例如，输入“javascript:alert('网站测试中…敬请期待')”，当单击该链接时，系统将弹出一个提示框，显示上面输入的文本内容“网站测试中…敬请期待”，如图 7-12 所示。

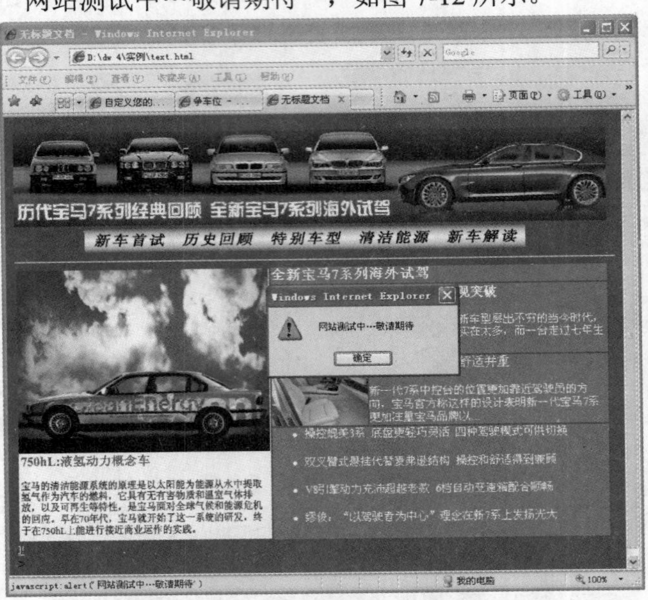

图 7-12　创建脚本链接

7.2.3　创建图像地图

图像地图也是一种超链接，适用于较大的图像。

创建图像地图，可以在图像上创建不规则区域的链接或某个部分区域的链接。图像地图是将图片分为几个区域，这些区域又称为热点，单击不同的热点可以打开不同的链接，这样的链接就称为图形热点链接。在图像的【属性】面板中可以方便地创建图形热点链接。

【例 7-2】 新建一个网页文档，插入图像，创建图像地图。

(1) 新建一个网页文档，选择【插入】|【图像】命令，在网页文档中插入一个图像作为热点地图图像，如图 7-13 所示。

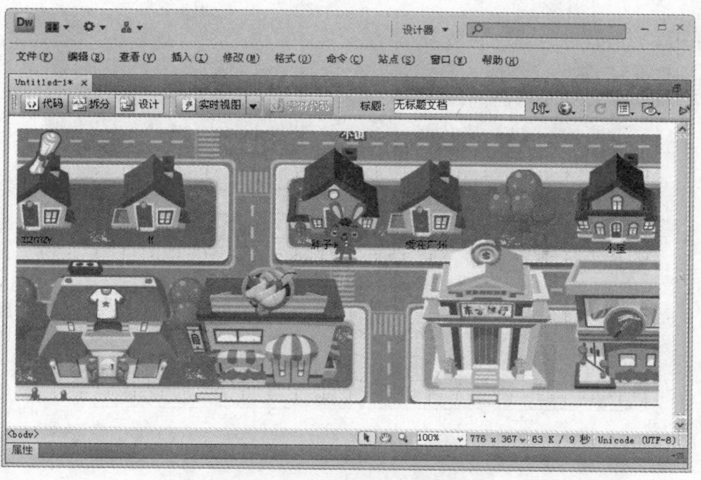

图 7-13　插入图像热点地图

(2) 选中图像，打开【属性】面板，单击左下角的【矩形热点工具】按钮□，

(3) 将光标移至图像上，光标显示为十字形状，拖动创建图像热点区域，如图 7-14 所示。

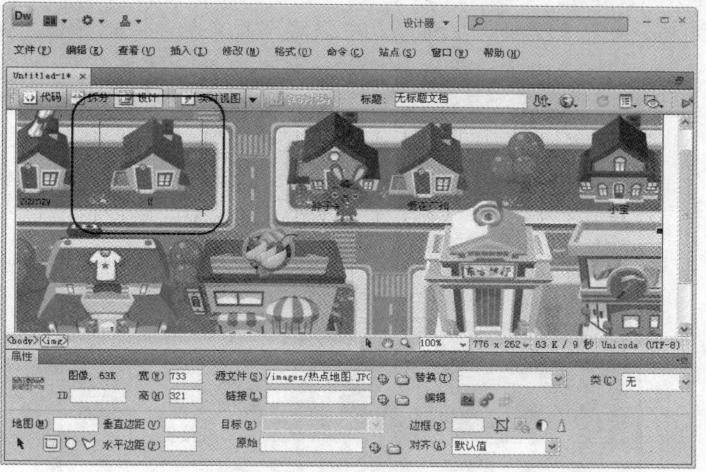

图 7-14　创建图像热点

(4) 创建图像热点区域后，系统会自动打开一个信息提示框，如图 7-15 所示，单击【确定】按钮，即可创建矩形图像热点。

图 7-15　信息提示框

(5) 创建了图像热点后，单击【属性】面板中的【指针热点工具】按钮，可以选中图像热点，进行热点区域大小和位置的调整。

(6) 单击【工具】面板中的【多边形热点工具】按钮，通过连续的点击，可以创建多边形热点，如图 7-16 所示。

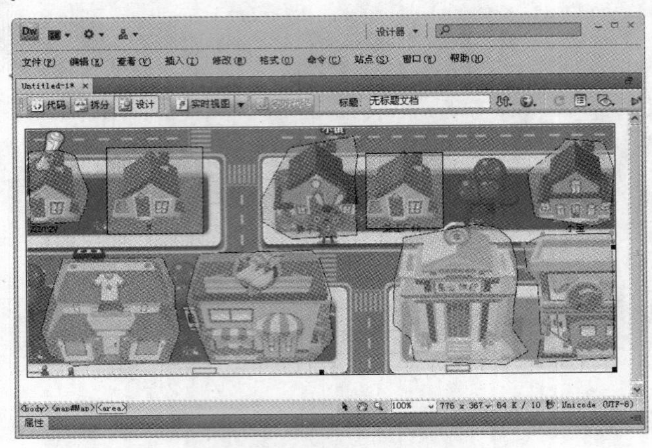

图 7-16　创建图像热点

(7) 创建的图像热点都是阴影显示的，在【属性】面板的【链接】文本框中显示了#号，说明这些图像热点都默认创建了虚拟链接，可以修改链接地址。

(8) 保存网页文档，按下 F12 键，在浏览器中预览网页文档，将光标移至创建图像热点上时，会显示手形符号，如图 7-17 所示，单击鼠标，可以跳转到链接页面。

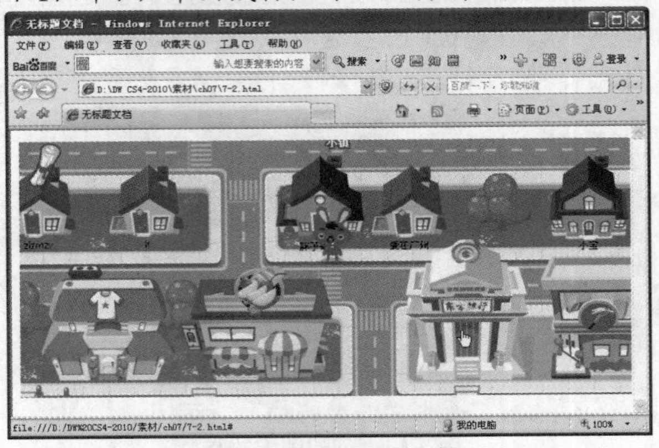

图 7-17　预览网页文档

创建图像热点后，单击【属性】面板中的【指针热点工具】，可以恢复光标原来状态。选中热点区域，打开【属性】面板，如图 7-18 所示，可以设置图像热点相关选项。

图 7-18　热点区域的【属性】面板

在图像热点的【属性】面板中，主要参数选项的具体作用如下。

◉　【链接】：在该文本框中输入要链接对象的 URL 或是路径，可以拖动【链接】文本框

后面的【指向文件】图标到【文件】面板中要链接对象，也可以单击【链接】文本框后面的【浏览文件】按钮，打开【选择文件】对话框，选择要链接对象，然后单击【确定】按钮。

- 【目标】：在下拉列表中选择链接对象新窗口的打开方式。
- 【替换】：在下拉列表中选择或输入在浏览器中作为替代文本出现的内容，有些浏览器在光标指针暂停于该热点之上时，将此文本显示为工具提示，与链接中的 title 属性作用相似。

7.3　管理超链接

通过管理网页中的超链接，可以对网页进行相应的管理。管理超链接操作主要包括更新超链接、修改超链接和测试超链接。

7.3.1　自动更新超链接

在站点内移动或重命名文档时，Dreamweaver 会自动更新指向该文档的链接，将整个站点存储在本地磁盘上时，自动更新链接功能最适用，但要注意的是，Dreamweaver 不会更改远程文件夹中的相应文件。为了加快更新速度，Dreamweaver 会创建一个缓存文件，用来存储跟本地文件夹有关的所有链接信息，在添加、删除或更改指向本地站点上的文件的链接时，该缓存文件会以可见方式进行更新。

要设置自动更新链接，选择【编辑】|【首选参数】命令，打开【首选参数】对话框，在【分类】列表框中选择【常规】选项，打开该选项对话框，如图 7-19 所示。

在【文档选项】区域中的【移动文件时更新链接】下拉列表中选择【总是】选项或【提示】选项，如果选择【总是】选项，在每次移动或重命名文档时，Dreamweaver 会自动更新指向该文档的所有链接；选择【提示】选项，系统将自动显示一个信息提示框，如图 7-20 所示，提示是否更新文件，单击【是】按钮即可更新这些文件中的链接。

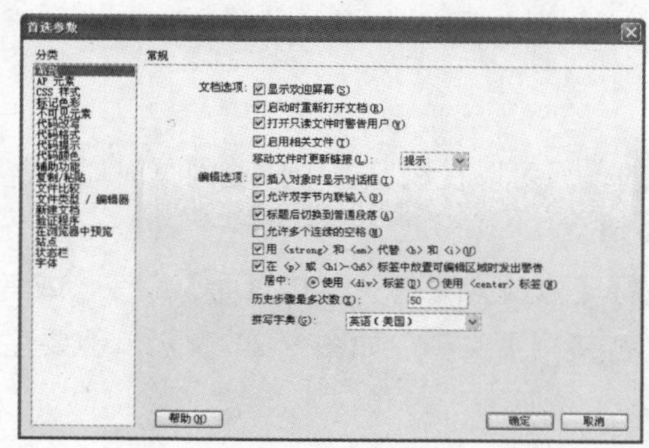

图 7-19　【常规】选项对话框

图 7-20　信息提示框

7.3.2 修改超链接

除了自动更新链接外，还可以手动修改所有创建的超链接，以指向其他位置。

要修改创建的超链接，选择【站点】|【改变站点链接范围的链接】命令，打开【更改整个站点链接】对话框，如图 7-21 所示。

在【更改整个站点链接】对话框中，单击【更改所有的链接】文本框右侧的文件夹按钮，选择要取消链接的目标文件。如果更改的是电子邮件链接、FTP 链接、空链接或脚本链接，可以直接在文本框中输入要更改的链接的完整文本。

单击【变成新链接】文本框右侧的文件夹按钮，选择要链接到的新文件，单击【确定】按钮，打开【更改文件】对话框，如图 7-22 所示。单击对话框中的【更新】按钮，即可更改整个站点范围内的链接。

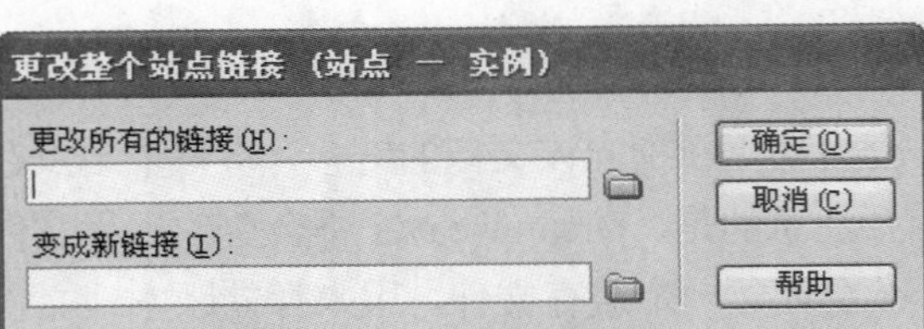

图 7-21 【更改整个站点链接】对话框

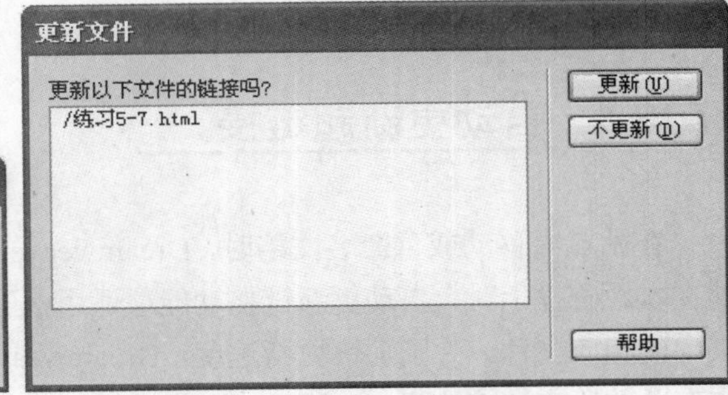

图 7-22 【更改文件】对话框

 **知识点**

在修改超链接时，因为是在本地站点修改的，所以必须手动删除远程文件夹中的相应独立文件，然后存入或取出链接已经更改的所有文件，才能浏览修改后的链接内容。

7.3.3 测试链接

在 Dreamweaver 中是无法显示链接对象的，只可以在浏览器中预览网页时显示链接对象，可以通过测试链接操作来检查所有链接是否成功。

要测试链接，首先选中要测试的链接，选择【修改】|【打开链接页面】命令，或者按下 Ctrl 键，双击选中的超链接，即可在新窗口中打开链接网页文档，如图 7-23 所示。但要注意的时，测试页面必须保存在本地站点中。

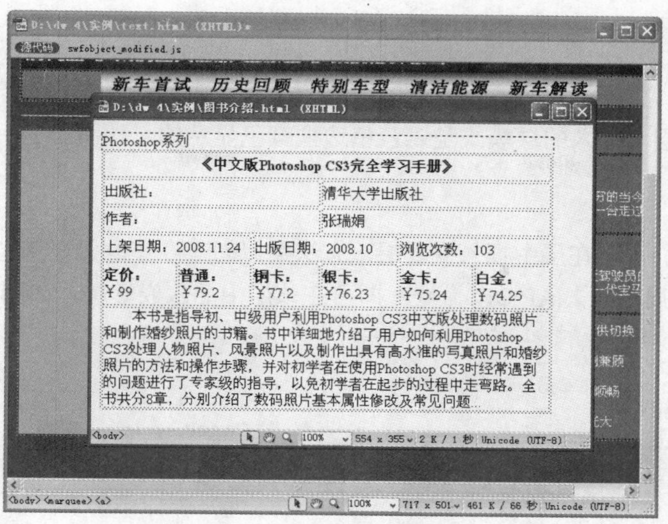

图 7-23 测试超链接

7.4 使用层

层是带有 CSS 样式的 Div 或 Span 代码，用于网页元素的精确定位。由于一个页面中可以拥有多个层，而不同的层之间可以相互重叠，通过设置透明度来决定每个层是否可见或者可见的程度，所以层可用来实现许多特效。

7.4.1 层的基本作用

层就像是包含文字或图像等元素的胶片，按顺序叠放在一起，组合成页面的最终效果。层可以精确地定位页面上的元素，并且在层中可以加入文本、图像、表格、插件等元素，还可以插入嵌套层。

在 Dreamweaver 中运用层，为设计者提供了强大的网页控制能力。层不但可以作为一种网页定位技术，也可以作为一种特效形式出现。熟练掌握层的使用方法，是网页制作中最重要的关节之一。

7.4.2 插入层

在网页文档中插入层后，在【代码】视图中会自动插入 HTML 标签。层的常用标签有<Div>和<Span>两种，默认是使用<Div>标签来插入层。

1. 插入普通层

要创建普通层，将光标移至要创建层的地方。选择【插入】|【布局对象】|AP Div 命令，即可在所需位置插入层，插入的层模式是以蓝色边框颜色显示的，如图 7-24 所示。

2. 插入嵌套层

层与表格一样，可以在层中插入嵌套层，方法类似创建嵌套框架。将光标移至创建的层中，选择【插入】|【布局对象】|AP Div 命令，即可在该层中插入嵌套层，如图 7-25 所示。

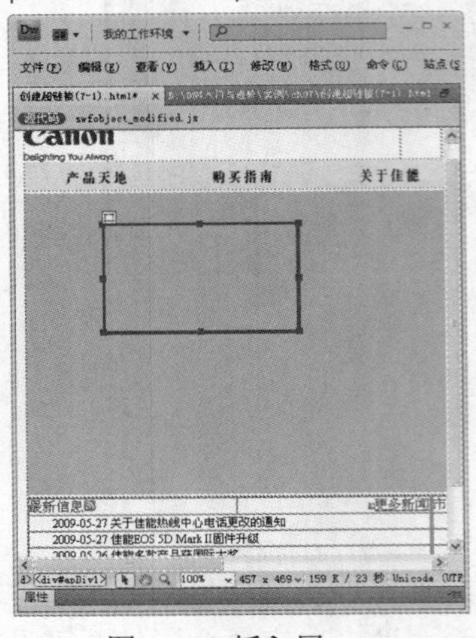

图 7-24　插入层

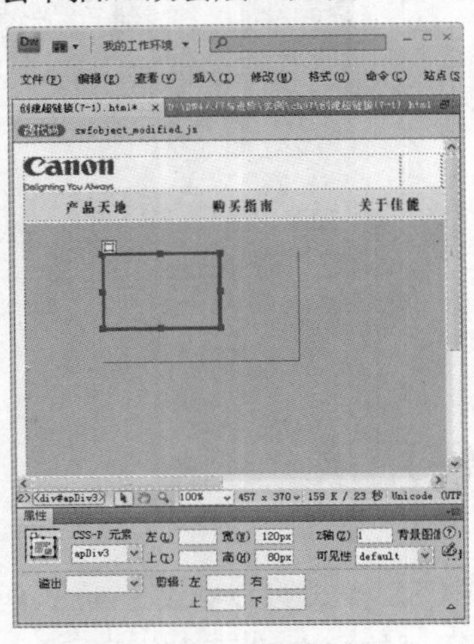

图 7-25　插入嵌套层

3. 绘制层

除了使用菜单命令插入层外，还可以绘制层。选择【窗口】|【插入】命令，打开【插入】面板，单击【常用】按钮，在弹出的下拉列表中选中【布局】选项，打开【布局】插入面板，单击【绘制 AP Div】命令，将光标移至网页文档，拖动鼠标即可绘制层，如图 7-26 所示。

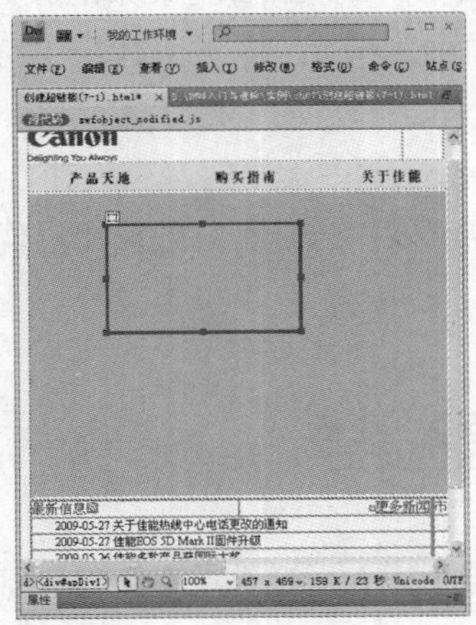

图 7-26　绘制层

7.4.3　层的基本操作

在【AP 元素】面板中可以管理网页文档中的所有插入的层元素，防止重叠，更改层的可见性，嵌套或堆叠层等。

选择【窗口】|【AP 元素】命令，打开【AP 元素】面板，如图 7-27 所示。在该面板中显示了网页文档中所有插入的层。

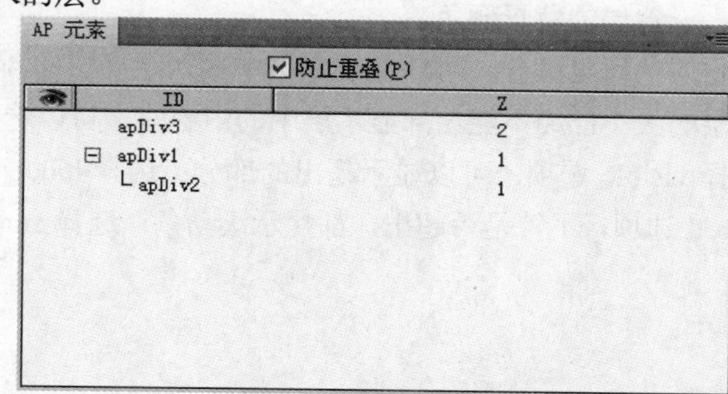

图 7-27　【AP 元素】面板

1. 选择层

选择层的方法很简单，通过以下几种方法，可以很轻松地选中层。

- 将光标移至层的边框位置，当光标显示为十字双向箭头时，单击鼠标，即可选中层。
- 将光标移至层中，选择<div>标签即可选中层。
- 单击【AP 元素】面板中 ID 列中的层名称，即可选择该层。
- 按住 Ctrl 键，同时单击多个层，可以一次选择多个层。

2. 设置层的属性

选中层，选择【窗口】|【属性】命令，打开【属性】面板，如图 7-28 所示。

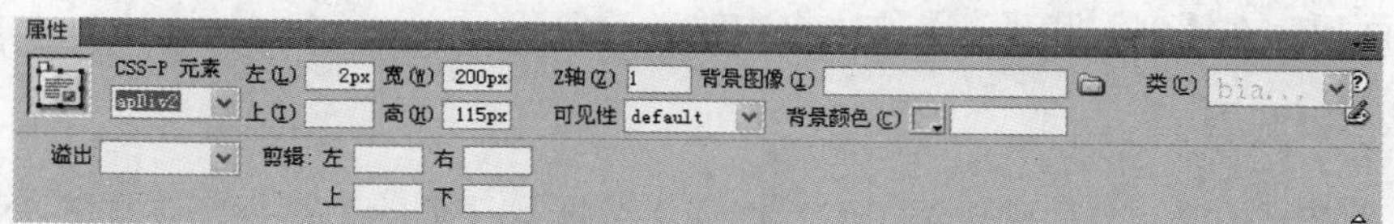

图 7-28　层的【属性】面板

在层的【属性】面板中，主要参数选项的具体作用如下。

- 【CSS-P 元素】：为 AP 元素指定一个 ID，可以用于在【AP 元素】面板和 JavaScript 代码中标识 AP 元素。但要注意的是，只能使用标准的字母数字字符，而不要使用空格、连字符、斜杠或句号等特殊字符。每个 AP 元素都必须有各自的唯一 ID。
- 【左】：在文本框中输入层的左边界距离浏览器窗口左边界的距离数值。
- 【上】：在文本框中输入层的上边界距离浏览器窗口上边界的距离数值。
- 【宽】和【高】：在文本框中输入层的宽度和高度数值。

- 【Z 轴】：在文本框中输入层的 Z 轴顺序。
- 【背景图像】：设置层的背景图。
- 【可见性】：设置层的显示状态，可以选择 default、inherit、visible 和 hidden 4 个选项。选择 default 选项，表示不指定可见性属性，当未指定可见性时，多数浏览器都会默认为继承；选择 inherit 选项，表示使用该层父级的可见性属性；选择 visible 选项，显示该层的内容；选择 hidden 选项，表示隐藏层的内容。
- 【背景颜色】：设置层的背景颜色。
- 【剪辑】：指定层的可见部分，可以在文本框中输入距离层的 4 个边界的距离数值。
- 【溢出】：当层的大小已经不能全部显示层中的内容时，可以选择该选项。在【溢出】下拉列表中选择 visible 选项，可以显示超出的部分；选择 hidden 选项，可以隐藏超出部分；选择 scroll 选项，不管是否超出，都显示滚动条；选择 auto 选项，当有超出时才显示滚动条。

3. 移动层

要移动层，有以下几种方法。

- 选择要移动的层，拖动层的边框即可移动层。
- 选择要移动的层，按下方向键，可以一次移动一个像素位置。
- 选择要移动的层，按下方向键，可以一次移动 10 个像素位置。

4. 调整层的大小

在层中插入对象后，根据需求，对层的大小要进行适当的调整，使页面更加美观。

要调整层的大小，首先选中所需调整大小的层，将光标移至层边框上的小黑方框上，当光标显示为垂直双向箭头时，拖动鼠标可以调整层的高度；当光标显示为水平双向箭头时，拖动鼠标可以调整层的宽度；当光标显示为斜向双箭头时，拖动鼠标可以同时调整层的宽度和高度。

以上是通过手动调整层大小的方法，还可以通过下面的方式设置层的精确大小：选中层，打开【属性】面板，在【宽】和【高】文本框中输入数值。

5. 删除和复制层

要删除不需要的层，首先选中层，然后选择【编辑】|【清除】命令，或按下 Del 键，即可删除层。

要复制层，首先选中层，然后选择【编辑】|【拷贝】命令，然后在文档中选择要粘贴层的位置，选择【编辑】|【粘贴】命令即可粘贴层。

6. 在层中插入元素

在层中插入任何元素，例如文本、图像或视频等。选中要插入对象的层，选择【插入记录】|【图像】命令，打开【选择图像源文件】对话框，选择要插入的图像，单击【确定】按钮，即可插入到层中，如图 7-29 所示。

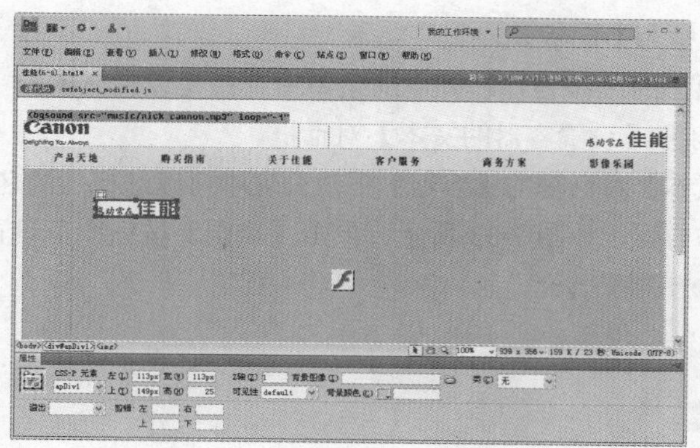

图 7-29　在层中插入图像

7.4.4　层的其他操作

插入的层还有一些常用的操作，例如排列层，对齐层，隐藏层等。

1. 改变层的顺序

层的顺序也就是层的显示顺序，可以在【AP 元素】面板中改变层的顺序。调整层的顺序有以下两种方法。

- 在【AP 元素】面板中选中某个层，单击 Z 轴属性列，在 Z 轴属性列文本框中输入层的叠堆顺序数值即可，如图 7-30 所示。
- 在【AP 元素】面板中选中某个层，拖动至所需重叠的位置，在拖动过程中会显示一条线，释放鼠标即可改变层的叠堆顺序，如图 7-31 所示。

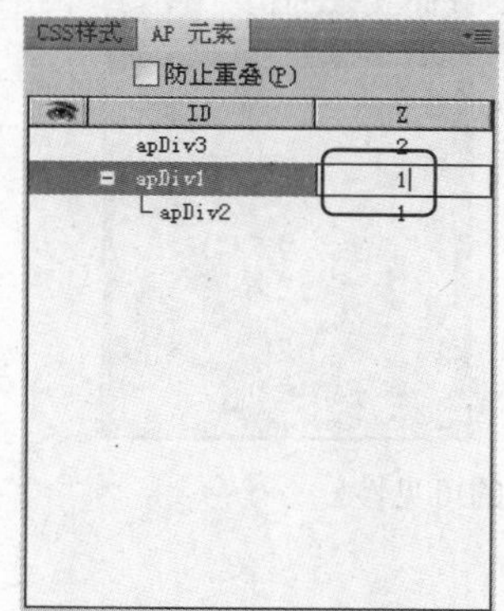

图 7-30　输入层的叠堆顺序数值

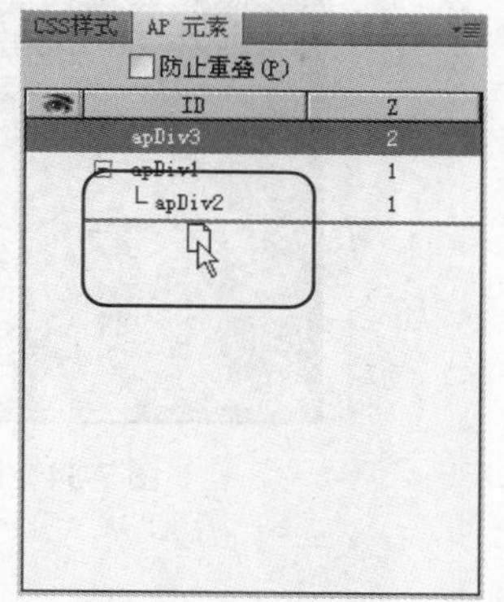

图 7-31　拖动层改变顺序

2. 设置层文本

在创建层的过程中，还可以使用设置层文本导览。选中要设置层文本的层，选择【窗口】|

【行为】命令，打开【行为】面板。

单击【行为】面板上的+按钮，在弹出的菜单中选择【设置文本】|【设置容器的文本】命令，如图 7-32 所示，打开【设置容器的文本】对话框。

在【设置容器的文本】对话框的【容器】下拉列表中可以选择层的名称，在【新建 HTML】文本框中可以输入文本内容，如图 7-33 所示，单击【确定】按钮即可设置层文本。

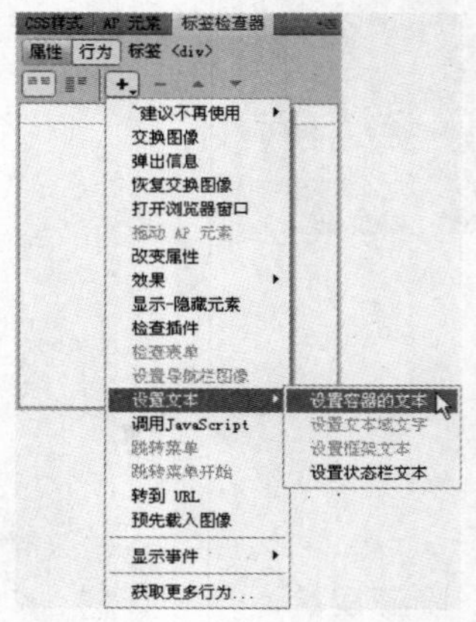

图 7-32　选择【设置容器的文本】命令

图 7-33　【设置容器的文本】对话框

3. 设置层的可见性

在处理文档时，可以在【AP 元素】面板中手动设置层的可见性。单击【AP 元素】面板中的按钮，如果显示为图标，层为可见；当显示为图标，隐藏层的显示，如图 7-34 所示。

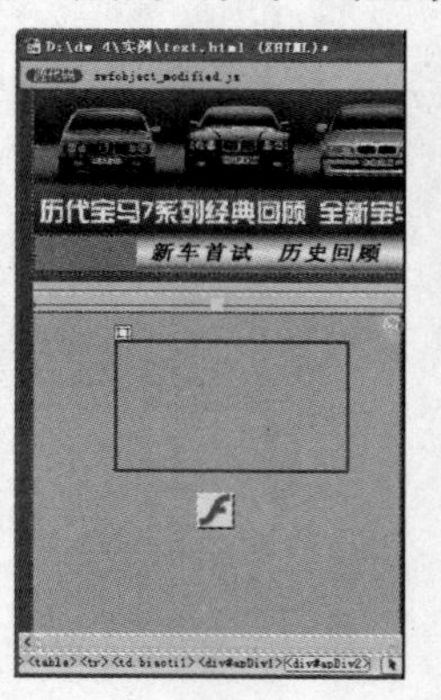

图 7-34　设置层的可见性

4. 对齐层

对齐层主要是对齐多个层。选中多个层后，选择【修改】|【排列顺序】命令，在子命令中选择对齐方式，如图 7-35 所示。如果选择【修改】|【排列顺序】|【设成高度相同】命令或【修改】|【排列顺序】|【设成宽度相同】命令，将以最后一个选中的层的大小为标准，调整其他层的大小并对齐层。

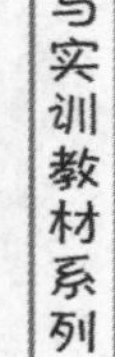

5. 将层对齐网格

在 Dreamweaver CS4 中，可以使用网格功能，将层进一步精确定位。使用网格，可以让层在移动或绘制时自动靠齐到网格。

要将层对齐到网格，选择【查看】|【网格设置】|【显示网格】命令，打开网格功能。然后选择【查看】|【网格设置】|【靠齐到网格】命令，即可将层对齐网格，如图 7-36 所示。

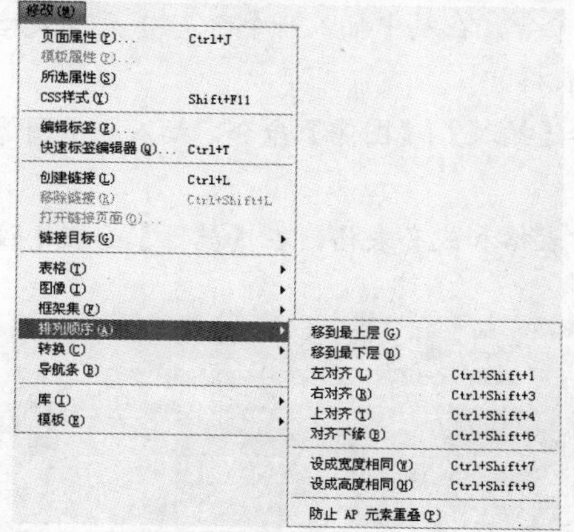

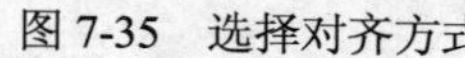
图 7-35　选择对齐方式

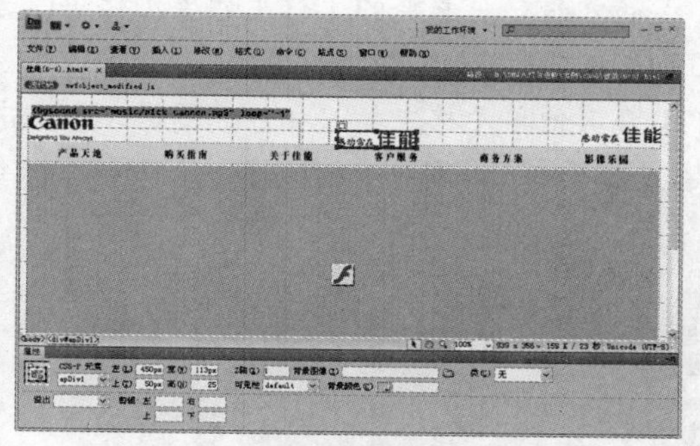

图 7-36　将层对齐网格

【例 7-3】新建一个网页文档，设置页面背景颜色，插入层，在层中插入网页元素。

(1) 新建一个网页文档，右击文档空白区域，在弹出的快捷菜单中选择【页面属性】命令，打开【页面属性】对话框。

(2) 在【分类】列表框中选中【外观(CSS)】选项，打开该选项对话框，设置背景颜色为#414723，单击【确定】按钮，设置背景颜色，如图 7-37 所示。

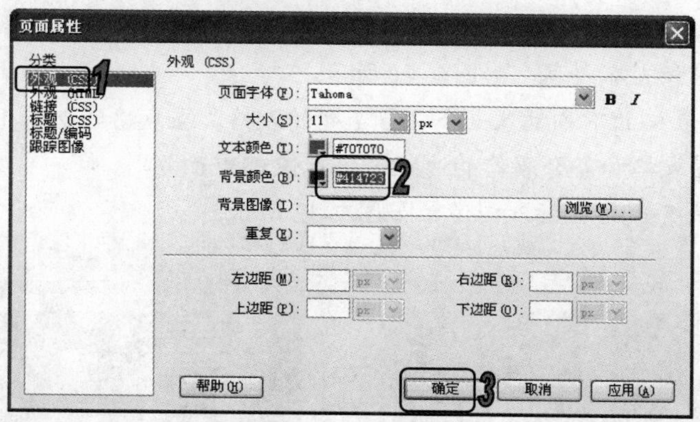

图 7-37　设置背景颜色

(3) 选择【插入】|【布局对象】|AP Div 命令，在网页文档中插入层。

(4) 选中层，打开【属性】面板，在【左】文本框中输入数值 100px，在【上】文本框中输入数值 30px，在【宽】和【高】文本框中分别输入数值 800px 和 600px，如图 7-38 所示。

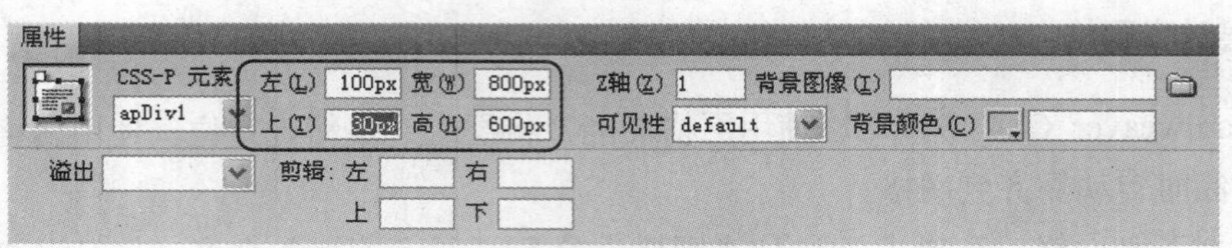

图 7-38　设置层的属性

(5) 将光标移至层中，选择【插入】|【表格】 命令，在层中插入一个 3 行 1 列的表格，在表格的 2 行 1 列单元格中插入一个 1 行 7 列的嵌套表格。

(6) 将光标移至表格的 1 行 1 列单元格中，选择【插入】|【图像】命令，插入一个图像，如图 7-39 所示。

(7) 在其他单元格中插入相应的图像，分别选中表格和嵌套表格，在【属性】面板中设置边距、填充都为 0，如图 7-40 所示。

图 7-39　插入图像

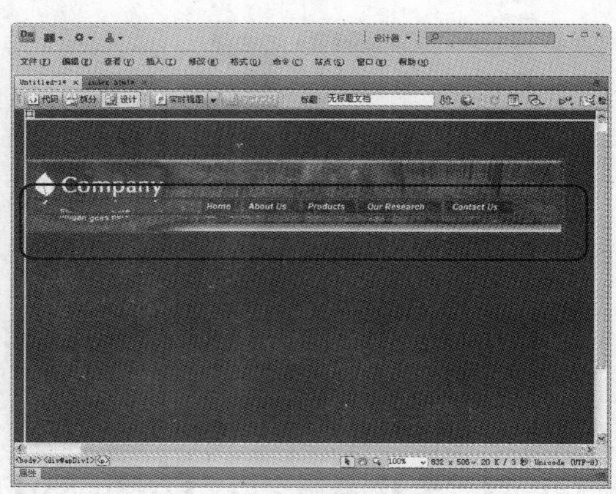

图 7-40　设置边距和填充

(8) 在 3 行 1 列表格的下方插入一个 1 行 7 列的表格，设置表格边距和填充都为 0，在表格的单元格中插入图像和文本内容，如图 7-41 所示。

(9) 在 1 行 7 列表格的下方插入一个 2 行 1 列的表格，在表格的 2 行 1 列中插入一个 1 行 2 列的嵌套表格，设置表格和嵌套表格的边距、填充值都为 0。

(10) 在表格和嵌套表格中插入图像，如图 7-42 所示。

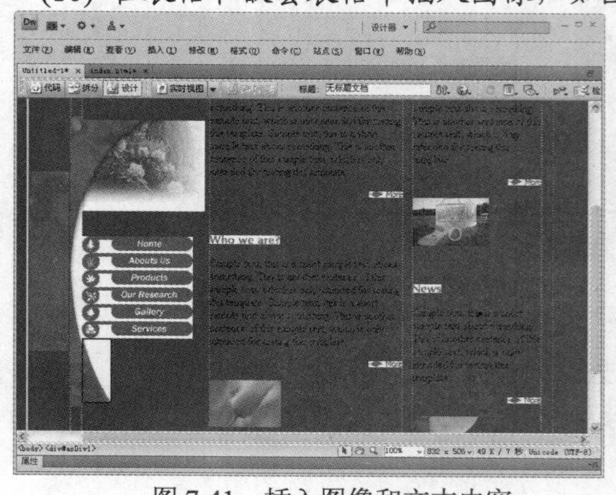

图 7-41　插入图像和文本内容

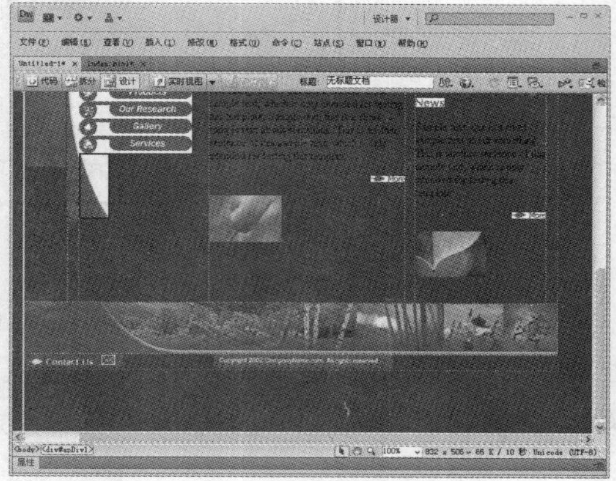

图 7-42　插入图像

(11) 选中层，然后打开【属性】面板，根据层中表格的大小调整层的合适大小，如图 7-43 所示。

(12) 保存网页文档，按下 F12 键，在浏览器中预览网页文档，如图 7-44 所示。

图 7-43　调整层的大小

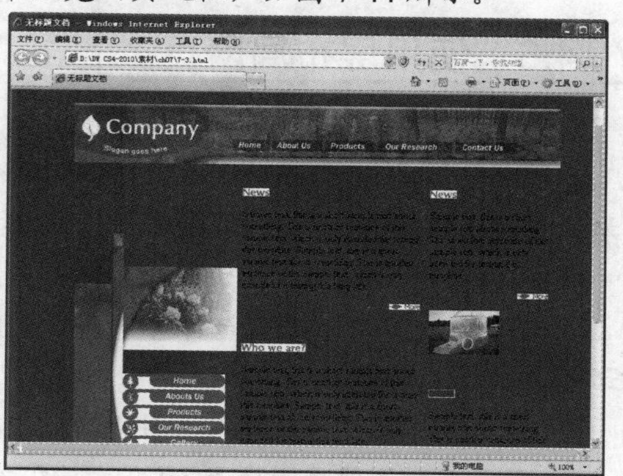

图 7-44　在浏览器中预览网页文档

7.4.5　转换表格和层

要改变网页中各元素的布局，最方便的方法就是将元素置于层内，然后通过移动层来改变网页的布局。要使用这种方法改变网页布局，首先要将表格转换为层。Dreamweaver CS4 允许使用层来创建布局，然后将层转换为表格，以使网页能够在浏览器中正确浏览；也可以将网页中的表格转换为层。

1. 将表格转换为层

要将表格转换为层，首先选中要转换为层的表格，然后选择【修改】|【转换】|【将表格转换为 AP Div】命令，打开【将表格转换为 AP Div】对话框，如图 7-45 所示。

在【将表格转换为 AP Div】对话框中，可以在【布局工具】选项区域中选择【防止重叠】、【显示 AP 元素面板】、【显示网格】和【靠齐到网格】4 个选项，设置表格转换为层的效果。

2. 将层转换为表格

要将层转换为表格，选中所需转换为表格的层，选择【修改】|【转换】|【将 AP Div 转换为表格】命令，打开【将 AP Div 转换为表格】对话框，如图 7-46 所示。

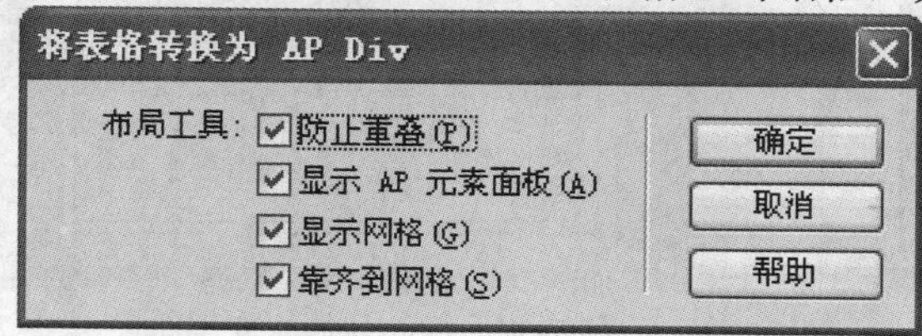

图 7-45　【将表格转换为 AP Div】对话框

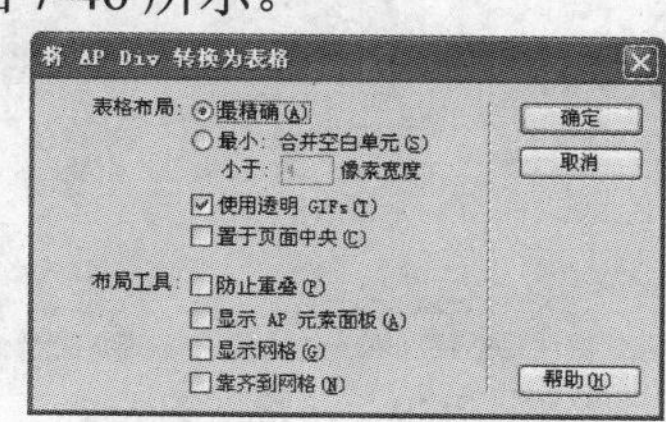

图 7-46　【将 AP Div 转换为表格】对话框

在【将 AP Div 转换为表格】对话框中会显示将层转换为表格的显示选项，一般情况下选择系统默认设置的选项即可，单击【确定】按钮，即可将层转换为表格。

7.4.6 使用层布局网页

一些非常复杂的网页如果仍然使用表格来布局网页的话，这将是一个非常大的工作量，而且将来修改起来会很麻烦。当要布局一个多元素的网页的时候，可以使用层来布局。

【例 7-4】新建一个网页文档，使用层布局网页。

(1) 新建一个网页文档，选择【查看】|【跟踪图像】|【载入】命令，打开【选择图像源文件】对话框，如图 7-47 所示。

(2) 选择【跟踪图像】图片文件，单击【确定】按钮，打开【页面属性】对话框。

(3) 设置跟踪图像透明度为 60%，如图 7-48 所示，单击【确定】按钮，在网页文档中插入跟踪图像。

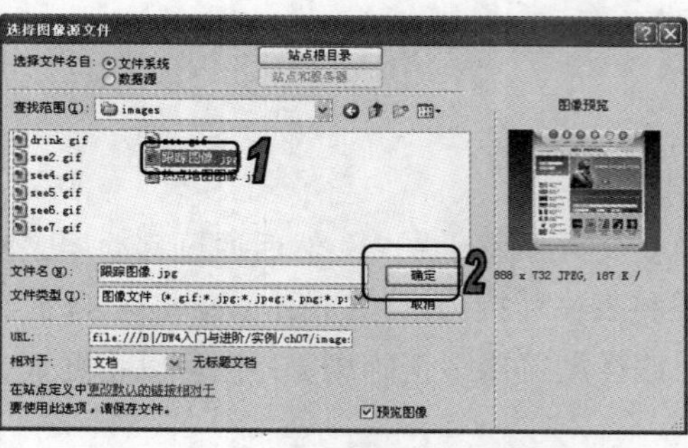

图 7-47 【选择图像源文件】对话框

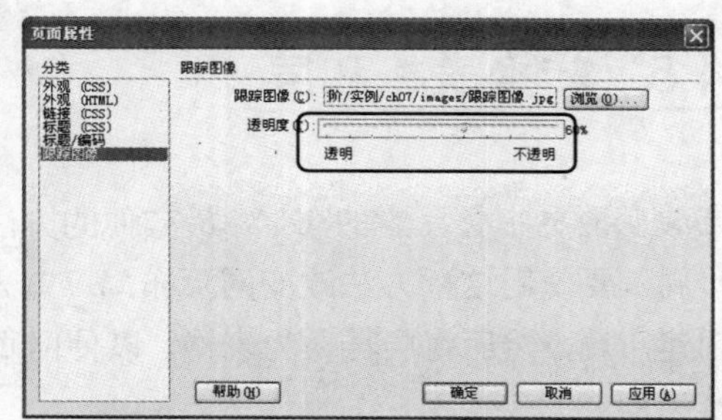

图 7-48 设置跟踪图像透明度为 60%

(4) 选择【插入】|【布局对象】|AP Div 命令，插入层。

(5) 根据插入的跟踪图像大小，拖动调整层的大小，如图 7-49 所示。

(6) 将光标移至层中，插入嵌套层 apDiv2，调整层合适大小。

(7) 根据跟踪图像，在 apDiv1 层中插入其他嵌套层，如图 7-50 所示。

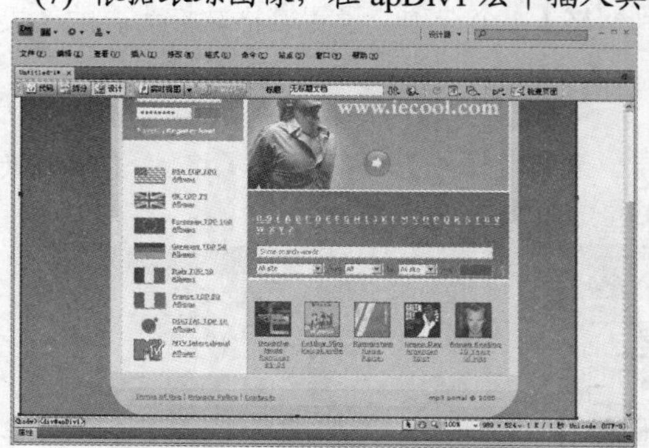

图 7-49 调整层的大小

图 7-50 插入其他嵌套层

(8) 可以根据跟踪图像内容，在插入的层中输入相关的说明文本内容，如图 7-51 所示，以便今后使用该布局时，能清晰知道各个层中插入的对象。

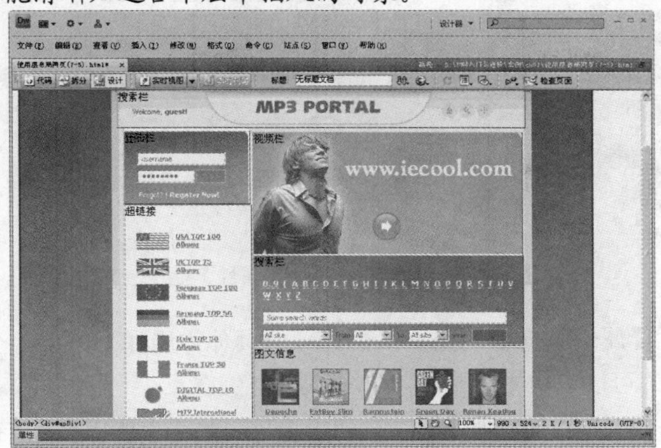

图 7-51　在层中输入说明内容

(9) 选择【文件】|【保存】命令，保存网页文档为【使用层布局网页】。

7.5　使用 Spry 布局网页

Spry 框架是一个 JavaScript 库，使用它可以创建更丰富的网页。可以使用 HTML、CSS 和一些 JavaScript 将 XML 数据合并到 HTML 文档中、创建构件、向各种网页元素添加不同种类的效果等。

7.5.1　使用 Spry 菜单栏

Srpy 菜单栏是一组可导航的菜单按钮。当浏览网页时，将光标悬停在某个菜单按钮上时，可以显示相应的子菜单，使用菜单栏可以在有限的空间里显示大量导航信息，在浏览网页时，可以全面了解站点包含信息，无需深入浏览网站。

在 Dreamweaver CS4 中，可以插入水平和垂直两种菜单栏使用 Spry 菜单栏。选择【插入】|Spry|【Spry 菜单栏】命令，打开【Spry 菜单栏】对话框，如图 7-52 所示。

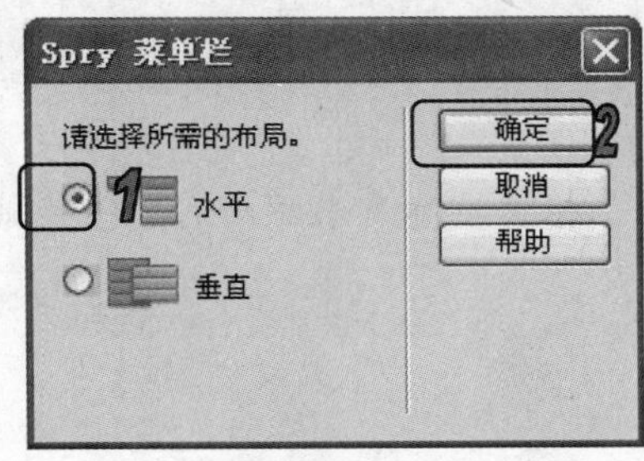

图 7-52　【Spry 菜单栏】对话框

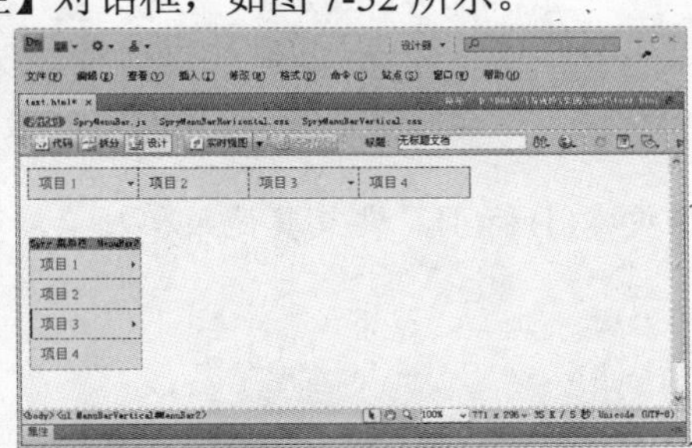

图 7-53　插入 Spry 菜单栏

在该对话框中可以选择插入垂直或水平样式 Spry 菜单栏，选中相应的单选按钮即可，然后单击【确定】按钮，即可在网页文档中插入 Spry 菜单栏。如图 7-53 所示，是分别插入水平 Spry 菜单栏和垂直 Spry 菜单栏的效果。

选中插入的 Spry 菜单栏，打开【属性】面板，如图 7-54 所示，可以添加菜单项。

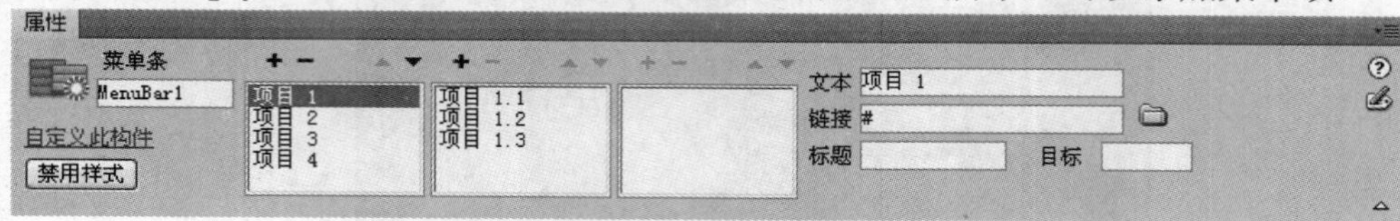

图 7-54 Spry 菜单栏的【属性】面板

有关 Spry 菜单栏【属性】面板的主要参数选项的具体作用如下。

- 【菜单条】：可以在文本框中输入 Spry 菜单栏 ID。
- 左侧列表框：可以定义一级菜单项目列表选项，可以单击+或−按钮，添加和删除项目列表选项，单击▲或▼按钮，调整项目列表显示顺序。
- 中间列表框和右侧列表框：与左侧列表框功能相同，分别定义二级和三级菜单项目列表选项。
- 【文本】：定义项目列表选项名称。
- 【链接】：定义项目列表选项链接目标。

【例 7-5】新建一个网页文档，插入 Spry 菜单栏。

(1) 新建一个网页文档，选择【插入】|Spry|【Spry 菜单栏】命令，打开【Spry 菜单栏】对话框。

(2) 选中【水平】单选按钮，单击【确定】按钮，在网页文档中插入水平 Spry 菜单栏。

(3) 选中插入的 Spry 菜单栏，打开【属性】面板，在左侧列表框中选中【项目 1】，在【文本】文本框中输入“大众途观”。

(4) 在中间列表框中选中【项目 1.1】，在【文本】文本框中输入“车型报价”；选中【项目 1.2】，在【文本】文本框中输入“参数配置”；选中【项目 1.3】，在【文本】文本框中输入“资讯”，如图 7-55 所示。

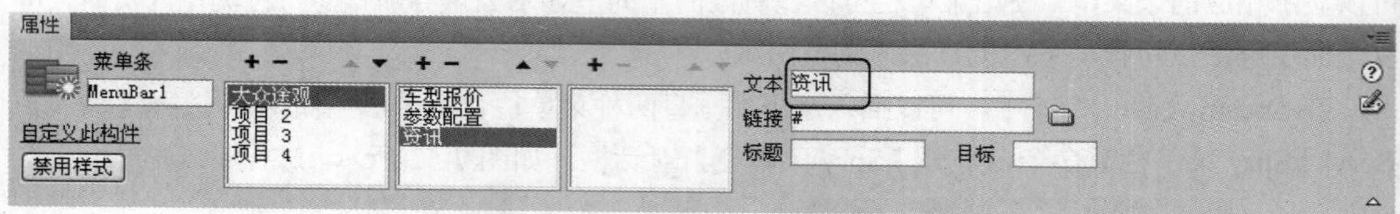

图 7-55 设置项目 1

(5) 参照步骤(3)和(4)，设置其他菜单项名称，并且根据实际需求添加和删除菜单项，如图 7-56 所示。

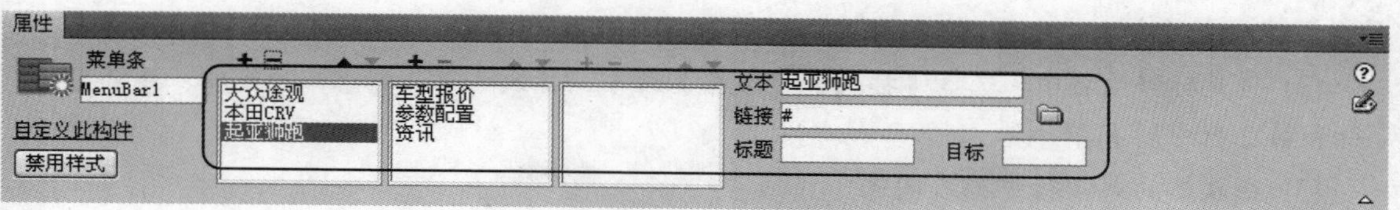

图 7-56　配置 Spry 菜单项

7.5.2　使用 Spry 选项卡面板

Spry 选项卡面板是一组面板，可以将内容存储到紧凑的空间中。访问站点时，可以单击所需访问的面板上的选项卡来显示或隐藏存储在选项卡面板中的内容。单击不同的选项卡时，会打开相应的面板，但只能同时打开一个面板。

要使用 Spry 选项卡面板，选择【插入】|【布局对象】|【Spry 选项卡式面板】命令，即可在网页文档中插入 Spry 选项卡面板，如图 7-57 所示。

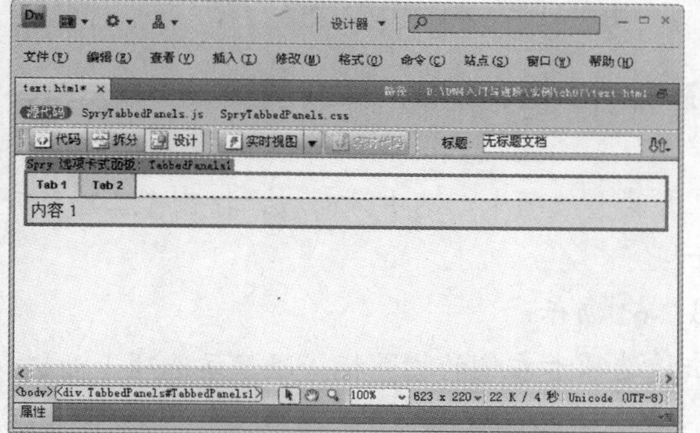

图 7-57　插入 Spry 选项卡面板

知识点

当选项卡面板的 HTML 代码中包含一个含有所有面板的外部 div 标签、一个标签列表、一个用来包含内容面板的 div，以及一个面板对应一个 div。在选项卡面板的 HTML 中，在文档头中和选项卡面板的 HTML 标记之后还包括脚本标注。

选中插入的 Spry 选项卡面板，打开【属性】面板，如图 7-58 所示，可以设置相关选项。

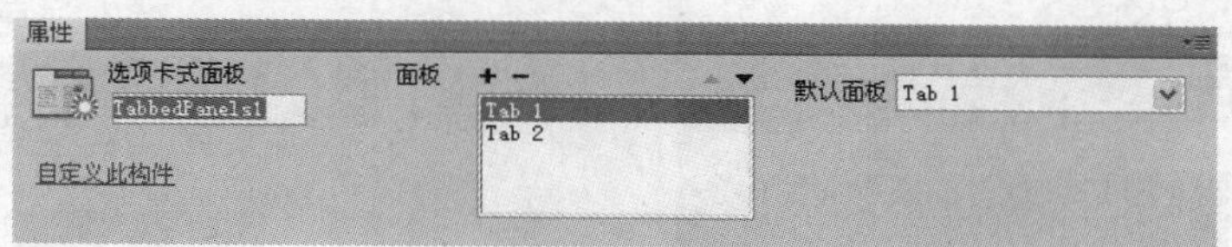

图 7-58　Spry 选项卡面板的【属性】面板

在 Spry 选项卡面板【属性】面板中，主要参数选项的具体作用如下。

- 【选项卡式面板】：可以在文本框中输入 Spry 选项卡面板 ID。
- 【面板】：可以在该列表框中添加和调整选项卡面板项目。
- 【默认面板】：设置 Spry 选项卡面板的默认面板。

【例 7-6】新建一个网页文档，插入 Spry 选项卡面板。

(1) 新建一个网页文档，选择【插入】|【布局对象】|AP Div 命令，在网页文档中插入一个

层，调整层合适大小，如图 7-59 所示。

(2) 将光标移至层中，选择【插入】|【表格】命令，插入一个 3 行 2 列的表格，合并表格第 1 行和第 2 行中所有单元格。

(3) 在表格的第 1 行中插入图像。

(4) 在表格的 3 行的各个单元格中插入文本内容，设置 3 行 2 列单元格背景颜色为红色，如图 7-60 所示。

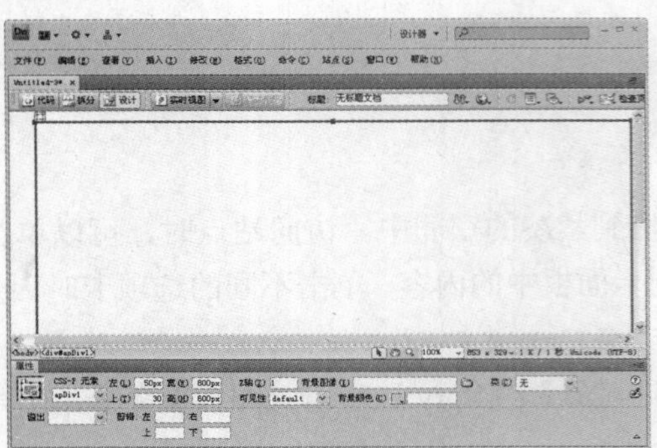
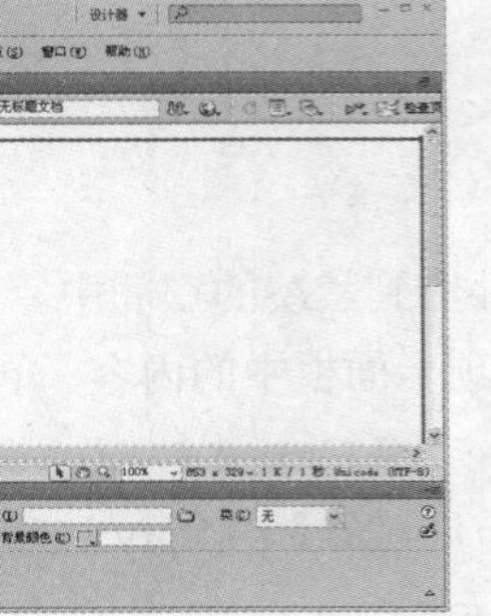

图 7-59　调整层的大小　　图 7-60　在表格中插入文本内容

(5) 将光标移至表格的第 2 行中，选择【插入】|Spry|【Spry 选项卡式面板】命令，插入 Spry 选项卡式面板。

(6) 默认情况下，添加的 Spry 选项卡式面板只有两个选项卡，选中该面板，打开【属性】面板，单击【添加面板】按钮+，添加 7 个选项卡面板。

(7) 在网页文档中分别命名这些选项卡，如图 7-61 所示。

(8) 选中【特雷斯 麦克格雷迪】选项卡，单击该选项卡右侧的图标，显示该选项卡面板。删除该选项卡面板中的文本内容“内容 1”。

(9) 选择【插入】|【表格】命令，插入一个 2 行 7 列的表格，如图 7-62 所示。

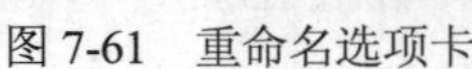
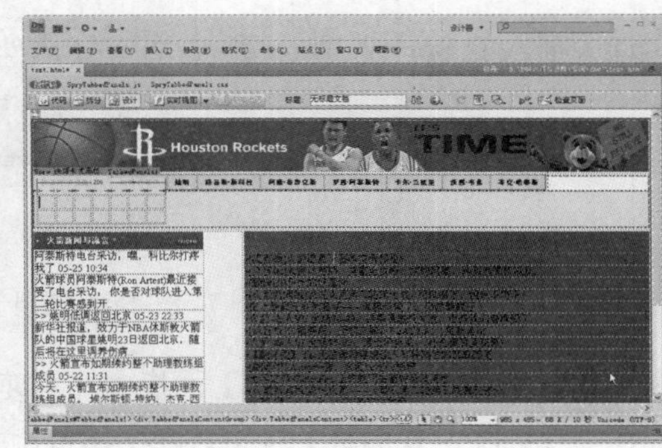

图 7-61　重命名选项卡　　图 7-62　插入表格

(10) 在表格的相应单元格中插入图像和文本元素，如图 7-63 所示。

(11) 参照步骤(8)~步骤(11)，在其他选项卡面板中插入表格，在表格单元格中插入图像和文本元素，如图 7-64 所示。

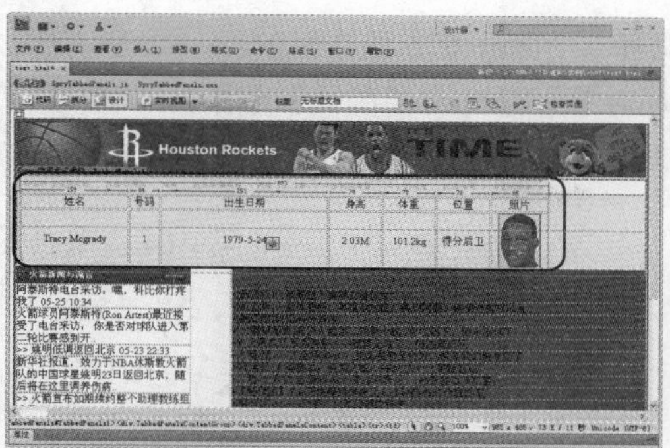

图 7-63　插入图像和文本

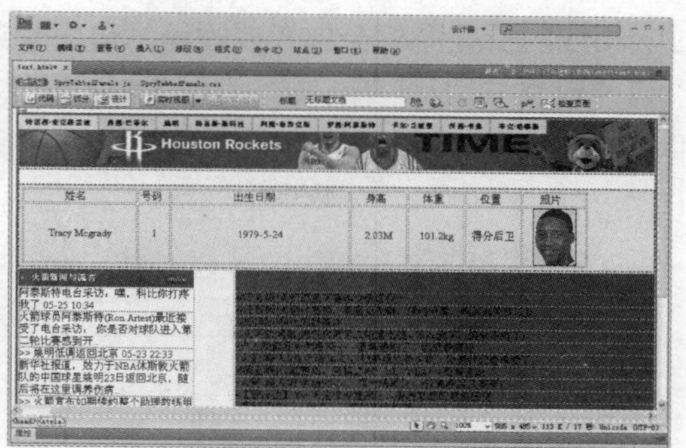

图 7-64　在其他选项卡面板中插入图像和文本

(12) 打开【CSS 样式】面板，单击【附加样式表】按钮，打开【链接外部样式表】对话框，链接到外部 rocket 样式表，如图 7-65 所示。

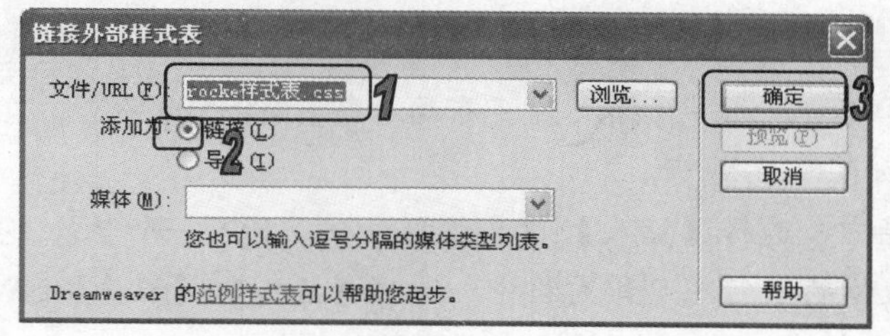

图 7-65　链接到外部 rocket 样式表

(13) 链接外部样式表后，对样式表进行适当的修改，效果如图 7-66 所示。

(14) 保存网页文档为【插入 Spry 选项卡式面板】，按下 F12 键，在浏览器中预览网页文档，如图 7-67 所示。

图 7-66　链接样式表后效果

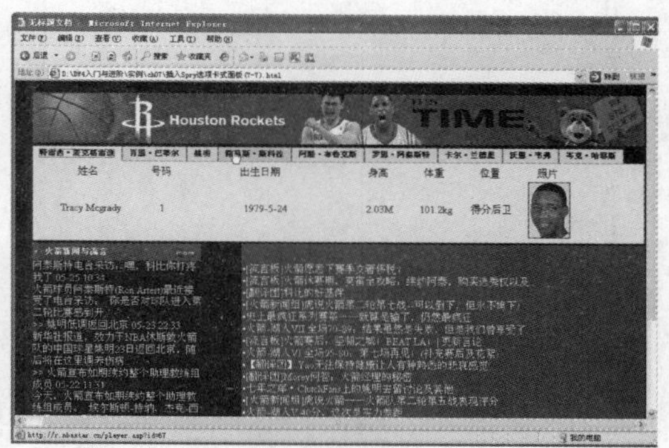

图 7-67　在浏览器中预览网页文档

7.5.3　使用 Spry 折叠面板

Spry 折叠式构件是一组可以折叠的面板，可以将大量的内容存储到紧凑的空间中。当访问站点时，可以单击该面板上的选项卡来显示或隐藏存储在折叠面板中的内容。当单击不同的选项卡时，相应的折叠面板会展开或收缩，但同时只能有一个面板处于可见状态。

要使用 Spry 折叠式面板，选择【插入】|【布局对象】|【Spry 折叠式】命令，即可在网页文档中插入 Spry 折叠式面板，如图 7-68 所示。

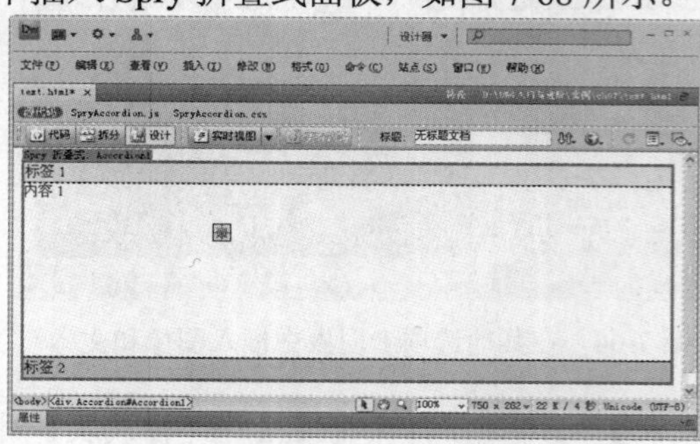

图 7-68　插入 Spry 折叠式面板

知识点

插入 Spry 折叠式面板后，选中面板，打开【属性】面板，在【属性】面板中的参数选项设置可以参考 Spry 选项卡面板【属性】面板。

【例 7-7】新建一个网页文档，插入 Spry 折叠式面板。

(1) 新建一个网页文档，选择【插入】|【布局对象】|AP Div 命令，在网页文档中插入一个层，调整层的大小，如图 7-69 所示。

(2) 将光标移至层中，选择【插入】|【表格】命令，插入一个 2 行 1 列的表格。

(3) 将光标移至表格的 1 行 1 列单元格中，选择【插入】|【媒体】|SWF 命令，打开【选择文件】对话框，选择一个 SWF 文件，单击【确定】按钮，插入 SWF，如图 7-70 所示。

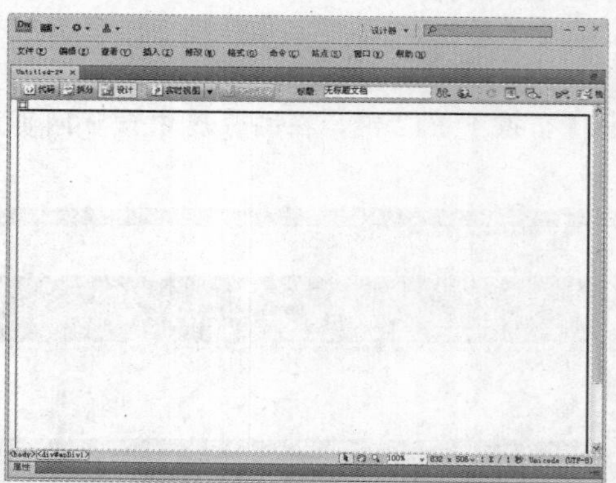

图 7-69　插入层

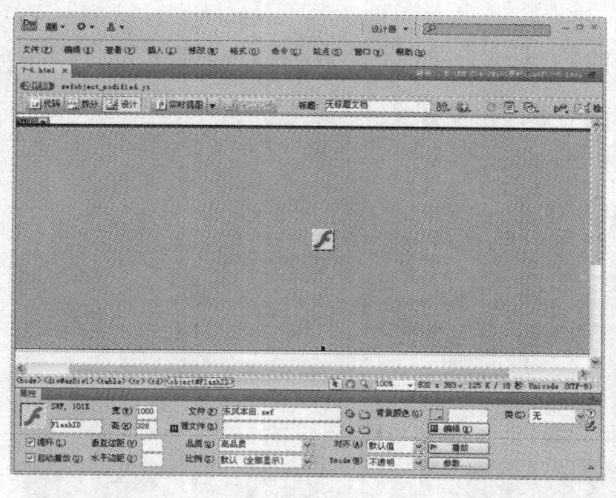

图 7-70　插入 SWF 文件

(4) 将光标移至 SWF 文件的右侧，选择【插入】|HTML|【水平线】命令，插入水平线，在【属性】面板中设置水平线宽度为 1000 像素。

(5) 将光标移至表格的 2 行 1 列单元格中，选择【插入】|Spry|【Spry 折叠式】命令，插入 Spry 折叠式面板。

(6) 删除选项卡名称【标签 1】，输入文本内容 CIVIC，设置文本内容合适属性，单击选项卡右侧的图标，展开该选项卡。

(7) 在 CIVIC 选项卡面板中插入一个 1 行 2 列的表格，在表格中插入图像和文本内容并设置合适属性，如图 7-71 所示。

(8) 在 CIVIC 选项卡面板的文本内容下方插入一个【虚线】图片文件，并根据文本内容长度调整【虚线】图片宽度，如图 7-72 所示。

图 7-71　插入图像和文本

图 7-72　插入虚线

(9) 删除选项卡名称【标签 2】，输入文本内容 CRV，设置文本内容合适属性，单击选项卡右侧的图标，展开该选项卡，如图 7-73 所示。

(10) 在 CRV 选项卡面板中插入一个 1 行 2 列的表格，在表格中插入图像和文本内容并设置合适属性。在文本内容下方插入一个【虚线】图片文件，并根据文本内容长度调整【虚线】图片宽度，如图 7-74 所示。

图 7-73　展开 CRV 选项卡

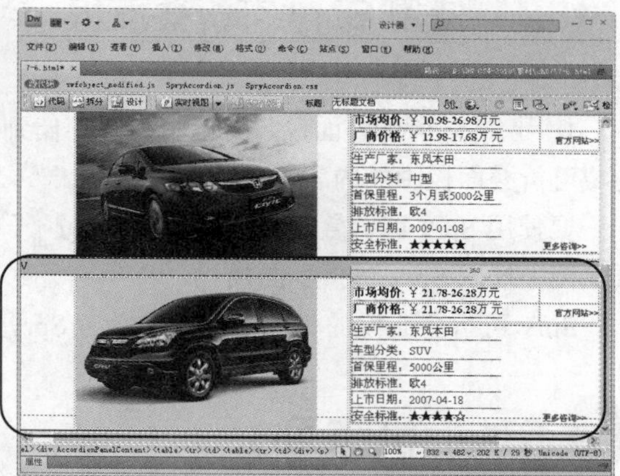

图 7-74　插入文本和图像

(11) 选中 Spry 可折叠面板，打开【属性】面板，单击【添加面板】按钮，添加一个选项卡面板，单击【在列表中向下移动面板】按钮，将添加的面板移至列表最下方，如图 7-75 所示。

图 7-75　添加并移动面板

(12) 删除选项卡名称【标签 3】，输入文本内容“思铂睿”，设置文本内容合适属性，单击选项卡右侧的图标，展开该选项卡。

(13) 在【思铂睿】选项卡面板中插入一个 1 行 2 列的表格，在表格中插入图像和文本内容并设置合适属性。在文本内容下方插入一个【虚线】图片文件，并根据文本内容长度调整【虚线】图片宽度，如图 7-76 所示。

(14) 保存网页文档，按下 F12 键，在浏览器中预览网页文档，如图 7-77 所示。

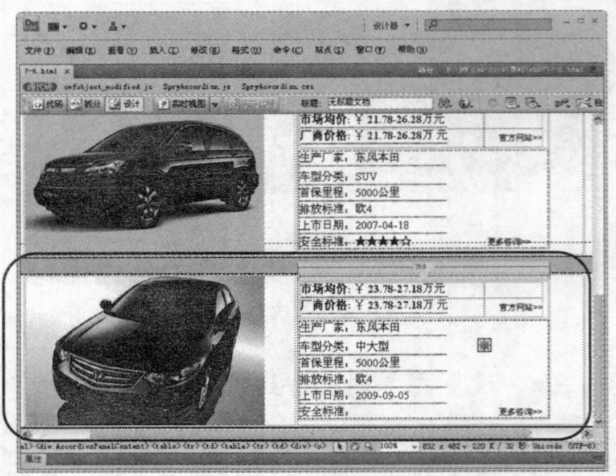

图 7-76　插入图像和文本

图 7-77　在浏览器中预览网页文档

7.5.4　使用 Spry 可折叠面板

使用 Spry 可折叠面板，可以将内容存储到紧凑的空间中，单击相应的选项卡，可以显示或隐藏可折叠面板中的内容。

要使用 Spry 可折叠面板，选择【插入】|【布局对象】|【Spry 可折叠面板】命令，即可在网页文档中插入 Spry 可折叠面板。

Spry 可折叠面板的相关操作可以参考 Spry 折叠式面板，设置 Spry 可折叠面板内容。

7.6　上机练习

本章的上机练习主要是在网页文档中创建各种超链接、使用层的方法，此外，还介绍了在网页文档中添加 Spry 布局对象。对于本章中的其他内容，可以根据相应的内容进行练习。

7.6.1　制作产品主页

【例 7-8】新建一个网页文档，使用层和表格布局网页，制作产品主页。

(1) 新建一个网页文档，选择【查看】|【跟踪图像】|【载入】命令，打开【选择图像源文件】

对话框。选中【跟踪图像 2】图片文件，单击【确定】按钮，打开【页面属性】对话框，设置跟踪图像透明度为 60%，如图 7-78 所示，单击【确定】按钮，插入跟踪图像。

(2) 选择【插入】|【表格】命令，打开【表格】对话框，插入一个 1 行 1 列的表格，根据跟踪图像大小，调整表格合适大小。

(3) 选择【插入】|【布局对象】|AP Div 命令，在表格中插入层，根据跟踪图像的布局，调整层的大小。重复操作，在表格中插入多个层，调整层合适大小，如图 7-79 所示。

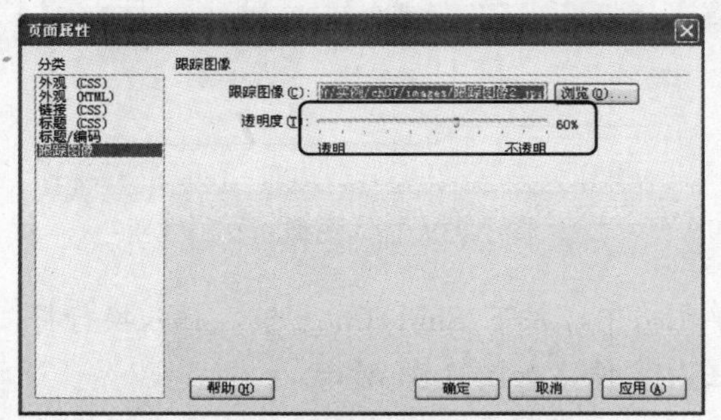

图 7-78　设置透明度

图 7-79　调整层合适大小

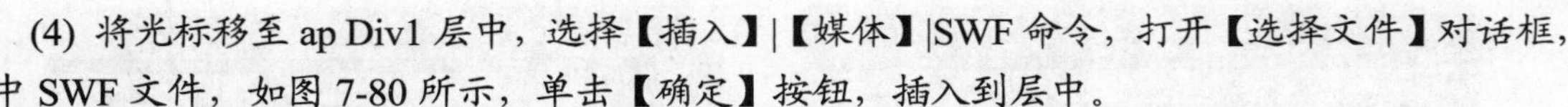

(4) 将光标移至 ap Div1 层中，选择【插入】|【媒体】|SWF 命令，打开【选择文件】对话框，选中 SWF 文件，如图 7-80 所示，单击【确定】按钮，插入到层中。

(5) 右击文档空白区域，在弹出的快捷菜单中选择【页面属性】命令，打开【页面属性】对话框，在【分类】列表框中选中【跟踪图像】选项，打开该选项对话框，删除【跟踪图像】文本框中的内容，如图 7-81 所示，单击【确定】按钮，取消显示。

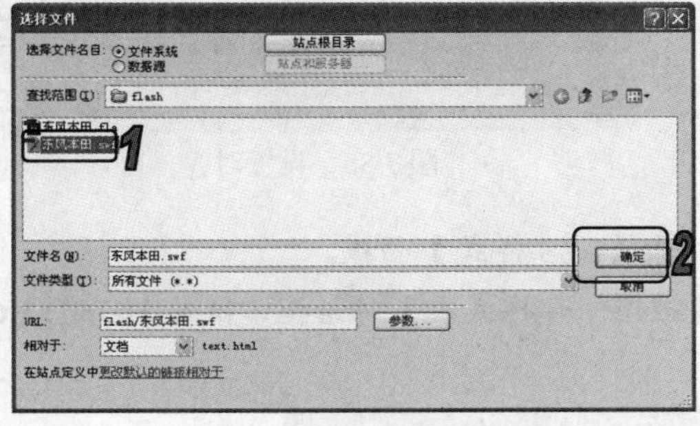

图 7-80　选择 SWF 文件

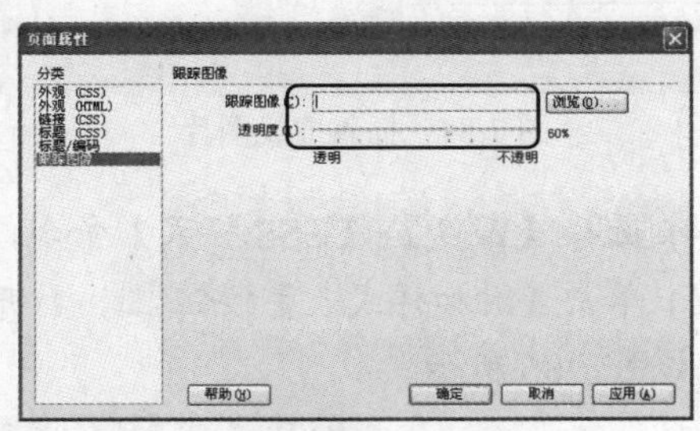

图 7-81　删除跟踪图像

(6) 将光标移至 ap Div2 层中，选择【插入】|【表格】命令，插入一个 1 行 2 列的表格，调整表格和单元格合适大小。

(7) 在表格的 1 行 1 列中插入图像，在 1 行 2 列中插入一个 6 行 1 列的嵌套表格，在嵌套表格中输入文本内容，如图 7-82 所示。

(8) 将光标移至右侧的层中，插入一个 3 行 1 列的表格。

(9) 在表格第 1 行中输入文本内容。

(10) 在表格第 2 行中插入一个 1 行 3 列的嵌套表格，在嵌套表格中插入图像。

(11) 在表格第 2 行中插入一个 1 行 4 列的嵌套表格，在嵌套表格中插入图像，如图 7-83 所示。

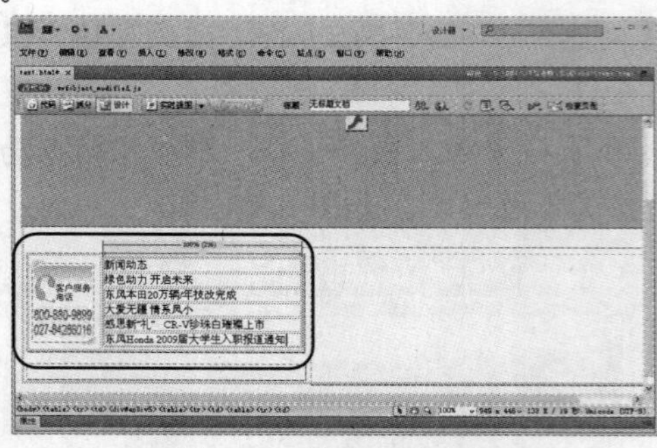

图 7-82　插入文本内容

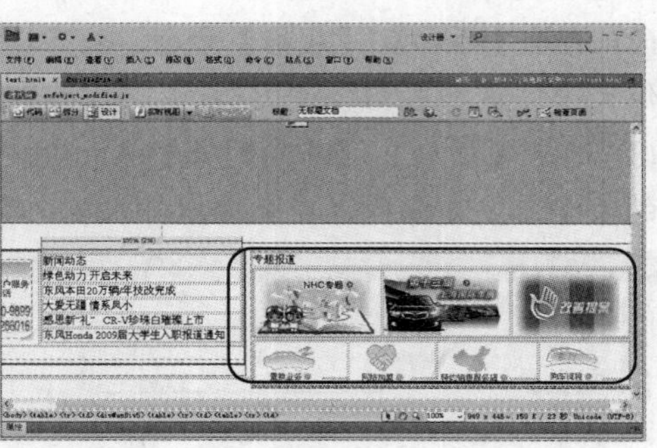

图 7-83　插入图像

(12) 将光标移至左侧层中含有文本内容的单元格中，按下 Shift+Enter 键，插入换行符，然后选择【插入】|【图像】命令，插入【虚线】图片文件，如图 7-84 所示。

(13) 同样在右侧层中的文本内容和图像下方插入虚线图像，然后设置单元格中图像的对齐方式为居中对齐，如图 7-85 所示。

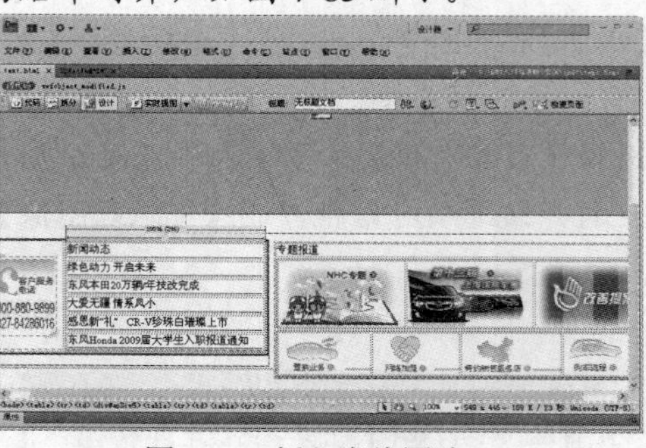

图 7-84　插入虚线图片

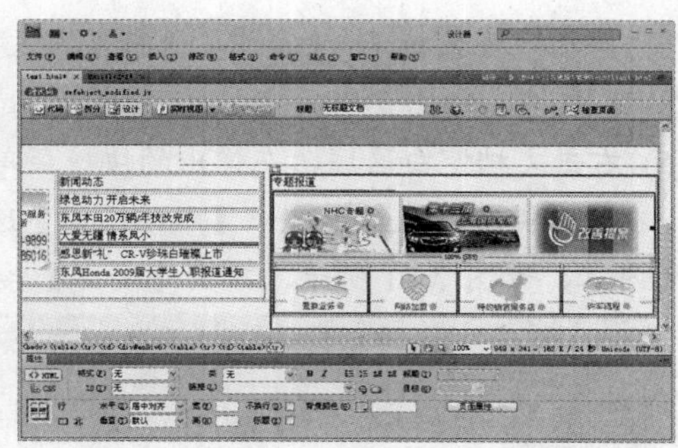

图 7-85　设置对齐

(14) 选择【窗口】|【CSS 样式】命令，打开【CSS 样式】面板。

(15) 单击【附加样式表】按钮，打开【链接外部样式表】对话框，链接 HONDA CSS 样式表，如图 7-86 所示。

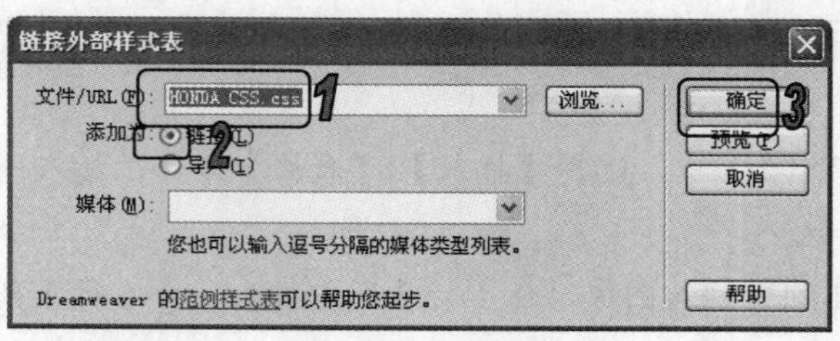

图 7-86　链接 CSS 样式

(16) 保存网页文档，按下 F12 键，在浏览器中预览网页文档，如图 7-87 所示。

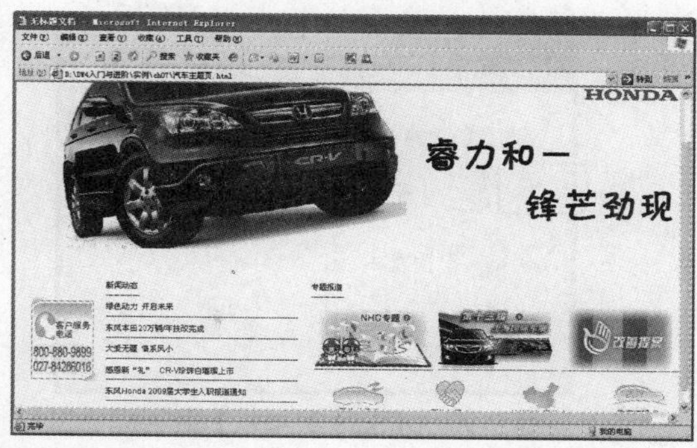

图 7-87　预览网页文档

7.6.2　插图超链接

【例 7-9】打开【例 7-8】的网页文档，创建超链接和插入 Spry 菜单栏。

(1) 打开【例 7-8】网页文档，选择【文件】|【另存为】命令，另存文档。

(2) 选中文档中的文本内容“新闻内容”，打开【属性】面板，在【链接】文本框中输入“#”号，创建虚拟链接。

(3) 重复操作，选中其他文本内容，创建虚拟链接，如图 7-88 所示。

(4) 选中左侧的图像，单击【属性】面板中的【矩形热点工具】按钮□，将光标移至图像上，拖动鼠标，框选图像热点，如图 7-89 所示。

图 7-88　创建虚拟链接

图 7-89　框选图像热点

(5) 重复操作，创建其他图像热点。

(6) 将光标移至中间的层中，选择【插入】|Spry|【Spry 菜单栏】命令，打开【Spry 菜单栏】对话框。

(7) 选中【水平】单选按钮，单击【确定】按钮，如图 7-90 所示，在网页文档中插入 Spry 菜单栏，如图 7-91 所示。

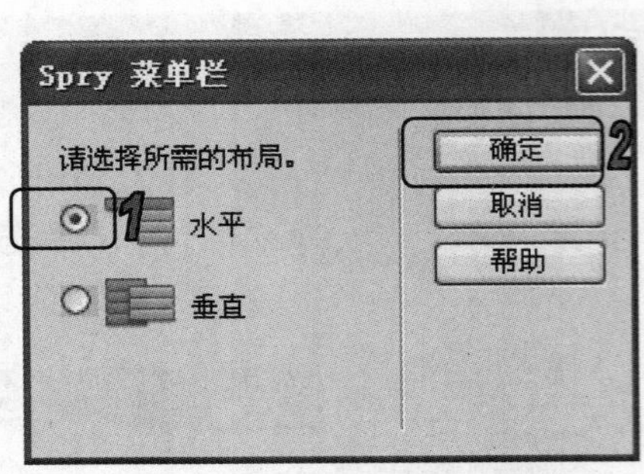

图 7-90 【Spry 菜单栏】对话框

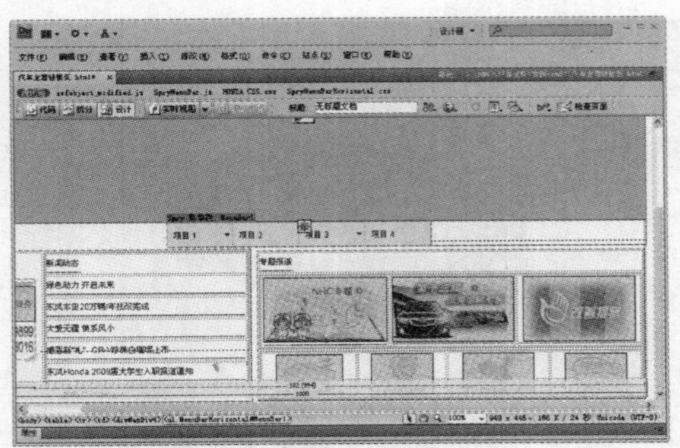

图 7-91 插入 Spry 菜单栏

(8) 选中 Spry 菜单栏，打开【属性】面板，在左侧的列表框中选中【项目 1】选项，在【文本】文本框中输入文本内容“公司概况”，如图 7-92 所示。

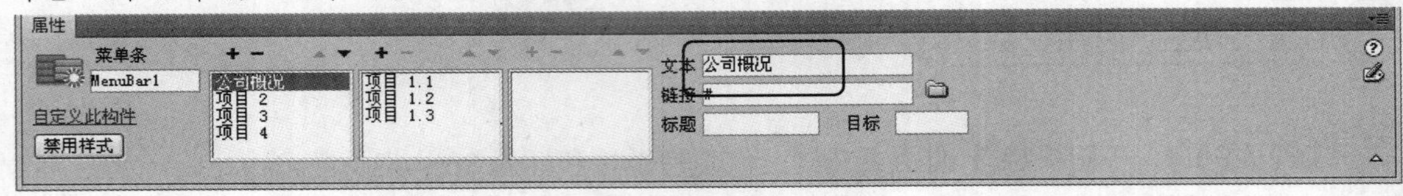

图 7-92 输入项目 1 内容

(9) 重复操作，设置其他一级菜单项目和二级菜单项名称，可以根据实际需求单击【添加菜单项】按钮+和【删除菜单项】按钮−，添加和删除菜单项，如图 7-93 所示。

(10) 选中 Spry 菜单栏所在的层，打开【属性】面板，在【左】文本框中输入数值 520px，在【宽】文本框中输入数值 480px，调整层合适位置和大小，如图 7-94 所示。

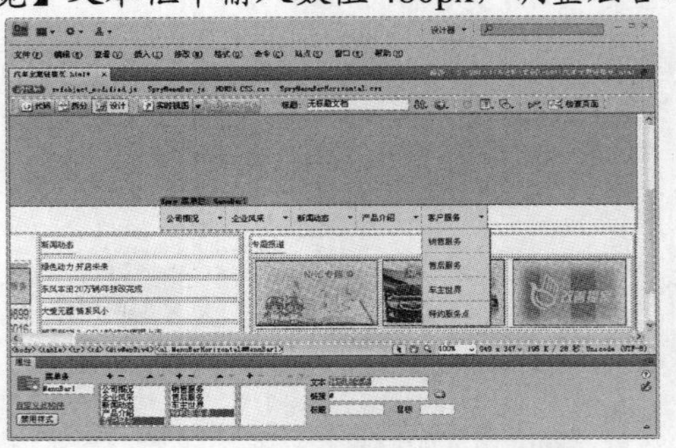

图 7-93 添加和删除菜单项

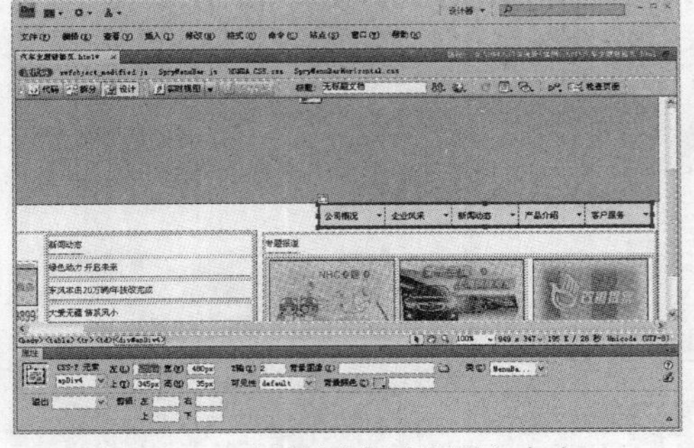

图 7-94 调整层合适位置和大小

(11) 保存网页文档。

7.7 习题

1. 在 Dreamweaver CS4 中可以创建哪几种类型的超链接？
2. 创建导航条，然后添加导航条的 E-mail 链接。
3. 熟练应用 Spry 的 4 种布局对象。

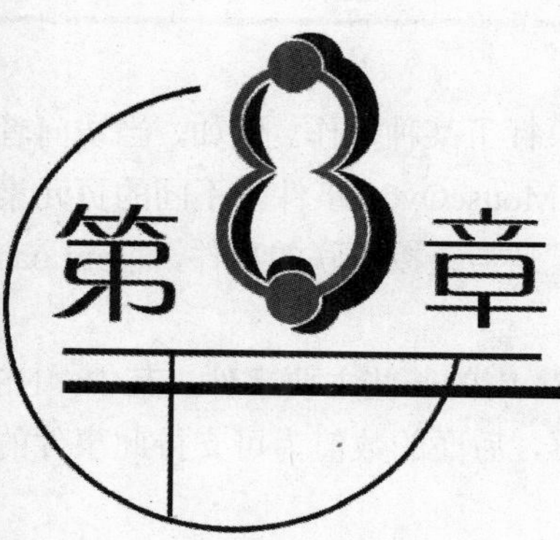

第8章 在网页中添加行为

学习目标

行为是Dreamweaver中非常有特色的功能，可以不编写JavaScript代码，即可实现多种动态页面效果，例如交换图像、弹出提示信息、设置导航栏图像等。本章主要介绍Dreamweaver CS4中内置行为的使用方法。

本章重点

- ◎ 行为的基础知识
- ◎ 【行为】面板
- ◎ 使用Dreamweaver CS4内置行为

8.1 行为的基础知识

行为是指在网页中进行的一系列动作，通过这些动作，可以实现用户同网页的交互，也可以通过动作使某个任务被执行。在Dreamweaver中，行为由事件和动作两个基本元素组成。通常动作是一段JavaScript代码，利用这些代码可以完成相应的任务；事件则由浏览器定义，事件可以被附加到各种页面元素上，也可以被附加到HTML标记中，并且一个事件总是针对页面元素或标记而言的。

8.1.1 行为的概念

行为是Dreamweaver CS4中重要的一个部分，通过行为，可以方便地制作出许多网页效果，极大地提高了工作效率。行为由两个部分组成，即事件和动作，通过事件的响应进而执行对应的动作。

在网页中，事件是浏览器生成的消息，表明该页的访问者执行了某种操作。例如，当访问者将鼠标指针移动到某个链接上时，浏览器为该链接生成一个 onMouseOver 事件。不同的页元素定义了不同的事件。在大多数浏览器中，onMouseOver 和 onClick 是与链接关联的事件，而 onLoad 是与图像和文档的 body 部分关联的事件。

事件由浏览器定义、产生与执行。以下是 Dreamweaver CS4 中的一些主要事件，其中，NS 代表 Netscape Navigator 浏览器，IE 代表 Internet Explorer 浏览器，后面的数值为可支持此事件的最低版本号。

8.1.2 事件的分类

Dreamweaver CS4 中的行为事件可以分为鼠标时间、键盘事件、表单事件和页面事件。每个事件都含有不同的触发方式。

1. 鼠标事件

鼠标事件包括以下几类。

- onClick(NS3、IE3)：单击选定元素(如超链接、图片、按钮等)将触发该事件。
- onDblClick(NS4、IE4)：双击选定元素将触发该事件。
- onMouseDown(NS4、IE4)：当按下鼠标按钮(不必释放鼠标按钮)时触发该事件。
- onMouseMove(IE3、IE4)：当鼠标指针停留在对象边界内时触发该事件。
- onMouseOut(NS3、IE4)：当鼠标指针离开对象边界时触发该事件。
- onMouseOver(NS、IE3)：当鼠标首次移动指向特定对象时触发该事件。该事件通常用于链接。
- onMouseUp(NS4、IE4)：当按下的鼠标按钮被释放时触发该事件。

2. 键盘事件

键盘事件包括以下几类。

- onKeyPress(NS4、IE4)：当按下并释放任意键时触发该事件。
- onKeyDown(NS4、IE4)：当按下任何键时即触发该事件。
- onKeyUp(NS4、IE45)：按下键后释放该键时触发该事件。

3. 表单事件

表单事件包括以下几类。

- onChange(NS3、IE3)：改变页面中数值时将触发该事件。例如，在菜单中选择了一个项目，或者修改了文本区中的数值，然后在页面任意位置单击均可触发该事件。
- onFocus(NS3、IE3)：当指定元素成为焦点时将触发该事件。例如，单击表单中的文本编辑框将触发该事件。

- onBlur(NS3、IE3)：当特定元素停止作为用户交互的焦点时触发该事件。例如，在单击文本编辑框后，在该编辑框区域以外单击，则系统将产生该事件。
- onSelect(NS3、IE3)：在文本区域选定文本时触发该事件。
- onSubmit(NS3、IE3)：确认表单时触发该事件。
- onReset(NS3、IE3)：当表单被复位到其默认值时触发该事件。

4. 页面事件

页面事件包括以下几类。

- onLoad(NS3、IE3)：当图片或页面完成装载后触发该事件。
- onUnload(NS3、IE3)：离开页面时触发该事件。
- onError(NS3、IE4)：在页面或图片发生装载错误时，将触发该事件。
- onMove(NS4、IE5)：移动窗口或框架时将触发该事件。
- onResize(NS4、IE5)：当用户调整浏览器窗口或框架尺寸时触发该事件。
- onScroll(IE4、IE5)：当用户上、下滚动时触发该事件。

行为是由预先编写的 JavaScript 代码组成的，这些代码执行特定的任务，例如打开浏览器窗口、显示或隐藏层、播放声音或停止 Macromedia Shockwave 影片。当事件发生后，浏览器就查看是否存在与该事件对应的动作，如果存在，就执行它，这就是整个行为的过程。

8.2 【行为】面板

在【行为】面板中可以将 Dreamweaver CS4 内置的行为附加到页面元素，并且可以修改以前所附加行为的参数。

选择【窗口】|【行为】命令，打开【标签检查器】面板，默认打开【行为】选项面板，如图 8-1 所示。

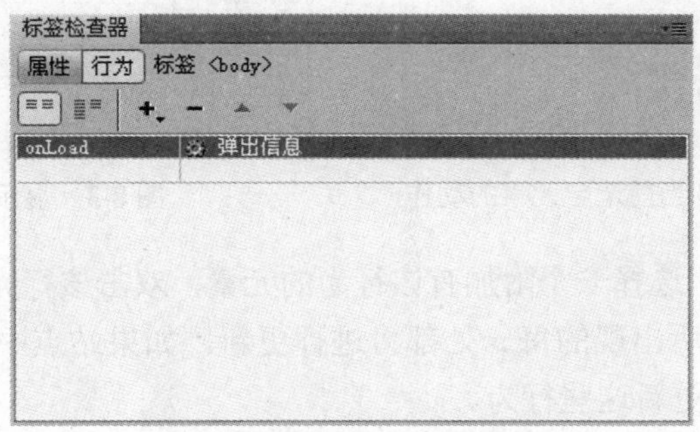

图 8-1　【行为】选项面板

在【行为】面板中显示了已经附加到当前所选页面元素的行为显示在行为列表中，并按事件以字母顺序列出。如果针对同一个事件列有多个动作，则会按在列表中出现的顺序执行这些动作。如果行为列表中没有显示任何行为，则表示没有行为附加到当前所选的页面元素。

有关【行为】面板的主要操作如下。

- 【显示设置事件】按钮：单击该按钮，显示当前元素已经附加到当前文档的事件。
- 【显示所有事件】按钮：单击该按钮，显示当前元素所有可用的事件。在显示事件菜单项里作不同的选择，可用的事件也不同。一般说来，浏览器的版本越高，可支持的事件越多。
- 添加行为：单击 + 按钮，在弹出的下拉菜单中显示了所有可以附加到当前选定元素的动作，如图 8-2 所示。当从该列表中选择一个动作时，将打开相应的对话框，可以在此对话框中指定该动作的参数。
- 删除事件：从行为列表中选中所需删除的事件和动作，单击 - 按钮，即可删除。
- 【增加事件值】按钮和【降低事件值】按钮：在行为列表中上下移动特定事件的选定动作。只能更改特定事件的动作顺序，例如，可以更改 onLoad 事件中发生的几个动作的顺序，但是所有 onLoad 动作在行为列表中都会放置在一起。对于不能在列表中上下移动的动作，箭头按钮将处于禁用状态。
- 事件：选中事件后，会显示一个下拉箭头按钮，单击该按钮，弹出一个下拉菜单，在该菜单中包含了可以触发该动作的所有事件，如图 8-3 所示。该菜单仅在选中某个事件时可见。根据所选对象的不同，显示的事件也有所不同。

计算机 基础与实训教材系列

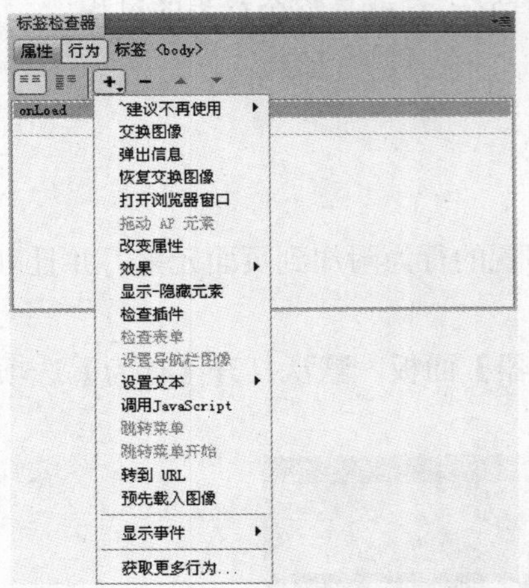

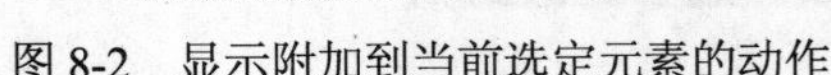
图 8-2　显示附加到当前选定元素的动作

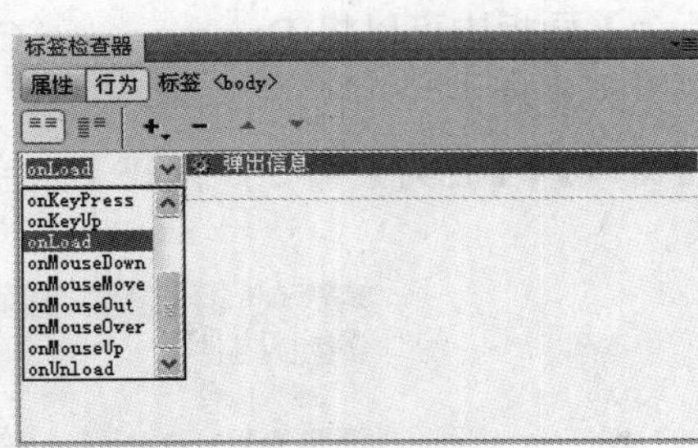

图 8-3　显示事件

- 更新(修改)行为：选择一个附加有该行为的元素，双击该行为，进行所需的更改后，该行为在此页面中所出现的每一处都将进行更新。如果站点中的其他页面上也包含该行为，则必须逐页更新这些行为。

8.3 Dreamweaver CS4 内置行为

Dreamweaver CS4 内置了许多种行为动作，基本可以满足网页设计的需要。下面将

Dreamweaver CS4 中常用内置行为进行分类，分别介绍这些行为的使用方法。

8.3.1　图像类操作行为

图像操作类行为主要是与图像元素有关的行为，包括【预先载入图像】行为、【交换图像】行为和【恢复交换图像】行为。

1. 【预先载入图像】行为

使用【预先载入图像】行为，可以使浏览器下载那些尚未在网页中显示但是可能显示的图像，并将之存储到本地缓存中，这样可以脱机浏览网页。单击【行为】选项卡面板中的+按钮，在弹出的菜单中选择【预先载入图像】命令，打开【预先载入图像】对话框，如图 8-4 所示。

图 8-4　【预先载入图像】对话框

在【预先载入图像】对话框中，单击+按钮，可在【预先载入图像】列表中添加一个空白项，在【图像源文件】文本框中输入要预载的图像路径和名称，或单击【浏览】按钮，打开【选择图像源文件】对话框，选择要预载的图像文件，单击【确定】按钮，添加图像。

如要取消对某个图像的预载设置，选中该选项，单击−按钮即可。

2. 【交换图像】行为

【交换图像】行为主要用于动态改变图像对应<img>标记的 scr 属性值，利用该动作，不仅可以创建普通的翻转图像，还可以创建图像按钮的翻转效果，甚至可以设置在同一时刻改变页面上的多幅图像。

使用【交换图像】行为，在网页文档中选中所需附加行为的图像，单击【行为】选项卡面板上的+按钮，在弹出菜单中选择【交换图像】命令，打开【交换图像】对话框，如图 8-5 所示。

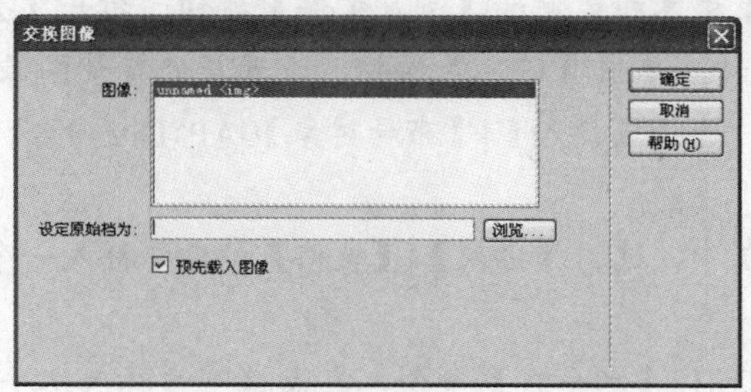

图 8-5　【交换图像】对话框

在【交换图像】对话框的【图像】列表框中，可以选择要设置替换图像的原始图像。在【设定原始档为】文本框中，可以输入替换后的图像文件的路径和名称，也可以单击【浏览】按钮，选择图像文件。

3. 恢复交换图像

与【交换图像】对应，使用【恢复交换图像】动作，可以将所有被替换显示的图像恢复为原始图像。一般来说，在设置替换图像动作时，会自动添加替换图像恢复动作，这样当光标离开对象时自动恢复原始图像。

单击【行为】面板上的+按钮，在弹出的菜单中选择【恢复交换图像】命令，打开【恢复交换图像】对话框，如图 8-6 所示。

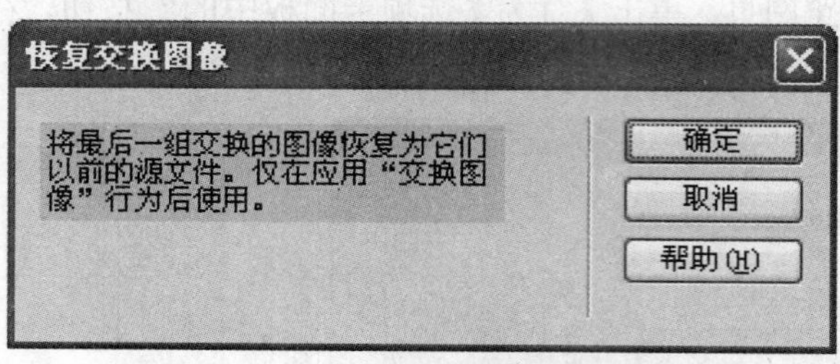

图 8-6　【恢复交换图像】对话框

提示

结合【交换图像】和【恢复交换图像】行为命令，可以创建与鼠标经过图像类似的效果，但鼠标经过图像只有当光标经过图像时才交换图像，而使用行为，可以设置不同的事件。

在【恢复交换图像】对话框中没有参数选项设置，直接单击【确定】按钮，即可为对象附加的替换图像恢复行为。

【例 8-1】新建一个网页文档，添加【交换图像】和【回复交换图像】行为。

(1) 新建一个网页文档，选择【插入】|【布局对象】|AP Div 命令，在网页文档中插入层。

(2) 选中层，打开【属性】面板，设置层的左边界距离为 20 像素，上边界距离为 10 像素，大小为 800 × 600 像素，如图 8-7 所示。

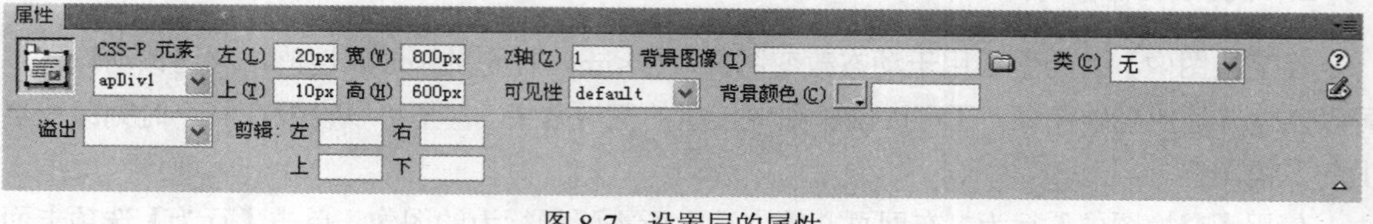

图 8-7　设置层的属性

(3) 单击【背景图像】文本框右侧的【浏览文件】按钮，打开【选择图像源文件】对话框，选中【日历背景】图片文件，单击【确定】按钮，设置层的背景图像，如图 8-8 所示。

(4) 将光标移至层中，选择【插入】|【布局对象】|AP Div 命令，插入嵌套层，设置嵌套层合适的宽和高。

(5) 将光标移至嵌套层中，选择【插入】|【表格】命令，插入一个 1 行 1 列的表格，在表格中输入文本内容。

(6) 选择【插入】|HTML|【水平线】命令，在表格下方插入水平线，如图 8-9 所示。

图 8-8　插入背景图像

图 8-9　插入水平线

(7) 将光标移至水平线下方，选择【插入】|【表格】命令，插入一个 6 行 7 列的表格。

(8) 在表格第 1 行单元格中插入文本对象，设置对齐方式为居中对齐，如图 8-10 所示。

(9) 将光标移至表格的 2 行 1 列单元格中，选择【插入】|【图像】命令，插入图片文件。

(10) 选中插入的图像，选择【窗口】|【行为】命令，打开【行为】选项卡面板。

(11) 在【行为】选项卡面板中，单击 +. 按钮，在弹出的菜单中选择【交换图像】命令，打开【交换图像】对话框。

(12) 单击【设定原始档为】文本框右边的【浏览】按钮，打开【选择图像源文件】对话框，选择交换的图片文件。

(13) 选中【预先载入图像】和【鼠标滑开时恢复图像】复选框，单击【确定】按钮，添加【交换图像】行为，如图 8-11 所示。

图 8-10　插入文本

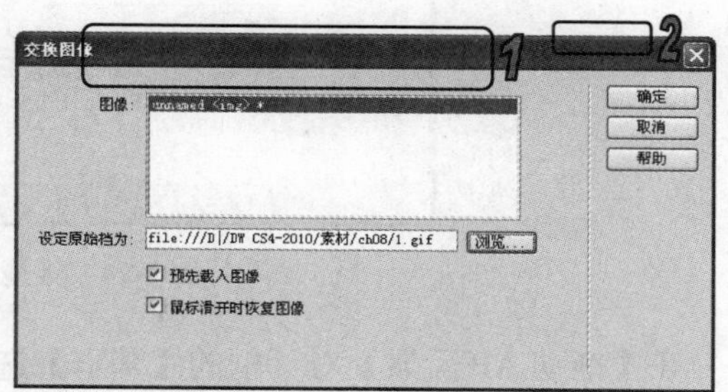

图 8-11　添加【交换图像】行为

(14) 在【行为】面板中设置行为事件，如图 8-12 所示。

(15) 重复操作，在其他单元格中插入图像，添加【交换图像】行为。

(16) 保存网页文档，按下 F12 键，在浏览器中预览网页文档。当单击图像时，显示交换图像，当光标离开图像时，恢复为初始图像，如图 8-13 所示。

图 8-12　插入行为

图 8-13　预览网页文档

8.3.2　控制类行为

控制类行为主要是与控制元素有关的行为，包括拖动层行为和显示-隐藏元素行为。

1. 【拖动层】行为

使用【拖动层】行为，可以实现在页面上对层及其中的内容进行移动，以实现某些特殊的页面效果。选中网页文档中的层，然后单击<body>标签，单击【行为】选项卡面板上的+按钮，在弹出的菜单中选择【拖动 AP 元素】命令，打开【拖动 AP 元素】对话框，如图 8-14 所示。

图 8-14　【拖动 AP 元素】对话框

在【拖动 AP 元素】对话框的【基本】选项卡中，可以设置拖动层的层、移动方式等内容，主要参数选项的具体作用如下。

- 【AP 元素】下拉列表框：选择需要控制的层名称。
- 【移动】下拉列表框：选择层被拖动时的移动方式，包括以下两个选项。选择【限制】选项，则层的移动位置是受限制的。可以在右方显示的文本框中分别输入可移动区域的上、下、左、右位置值，这些值是相对层的起始位置而言的，单位是像素；选择【不限制】选项，则可以实现层在任意位置上的移动。

- 【放下目标】选项区域：设置层被移动到的位置。可在【左】和【上】文本框中输入层移动后的起始位置；单击【取得目前位置】按钮，可获取当前层所在的位置。
- 【靠齐距离】文本框：输入层与目标位置靠齐的最小像素值。当层移动的位置同目标位置之间的像素值小于文本框中的设置时，层会自动靠齐到目标位置上。

单击【高级】标签，打开该选项卡，如图 8-15 所示，可以设置拖动层的拖曳控制点等内容。

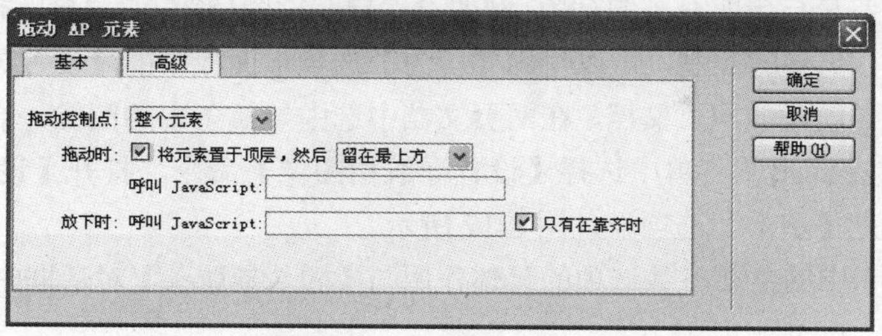

图 8-15　【高级】选项卡

在【高级】选项卡中的主要选项参数具体作用如下。

- 【拖动控制点】下拉列表框：设置在拖动层时拖曳的部位，可以选择【整个层】和【层内区域】两个选项。
- 【拖动时】选项区域：设置层被拖动时的相关设置。选中该复选框，则可以设置层被拖动时在层重叠堆栈中的位置，可选择【留在最上方】和【恢复 z 轴】两个选项。在【呼叫 JavaScript】文本框中，可设置当层被拖动时调用的 JavaScript 代码。
- 【放下时】选项区域：设置层被拖动到指定位置并释放后的相关设置。在【呼叫 JavaScript】文本框中，设置当层被释放时调用的 JavaScript 代码。

2. 【显示-隐藏元素】行为

给元素附加【显示-隐藏元素】行为，可以显示、隐藏或恢复一个或多个网页元素的默认可见性。此行为用于在进行交互时显示信息。例如，将光标移到一个植物图像上时，可以显示一个页面元素，此元素给出有关该植物的生长季节和地区、需要多少阳光、可以长到多大等详细信息。

选择一个网页元素，单击【行为】选项卡面板 + 按钮，在弹出的菜单中选择【显示-隐藏元素】命令，打开【显示-隐藏元素】对话框，如图 8-16 所示。

图 8-16　【显示-隐藏元素】对话框

在【元素】列表框中选择要显示或隐藏的元素，单击【显示】、【隐藏】或【默认】按钮，

分别显示、隐藏或恢复默认可见性。

8.3.3 导航栏行为

导航栏行为主要是与导航有关的行为，例如设置导航栏图像等。要对导航栏的图像进行编辑，或是对图像状态进行更多的控制，可以使用【行为】选项卡面板中的【设置导航栏图像】动作。

打开一个包含导航条的网页文档，在网页文档中选中导航条中的图像，单击【行为】选项卡面板上的 +. 按钮，在弹出的菜单中选择【设置导航栏图像】命令，打开【设置导航栏图像】对话框。默认打开的是【基本】选项卡，图 8-17 所示。

【基本】选项卡中的主要参数选项的具体作用与【插入导航条】对话框中相同，可以参考导航条相关内容。

单击【高级】选项卡，打开该选项卡，在该对话框同样可以设置导航条图像，如图 8-18 所示。

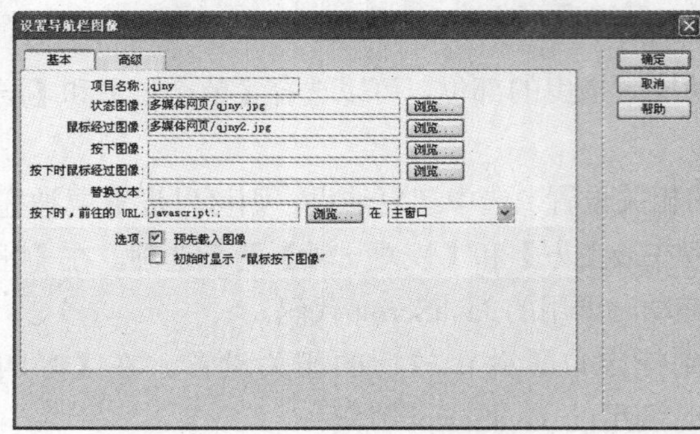

图 8-17 【基本】选项卡

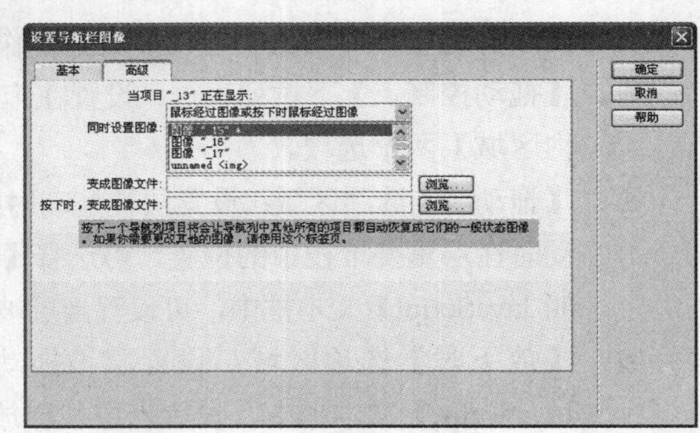

图 8-18 【高级】选项卡

8.3.4 状态栏行为

状态栏行为主要可以在浏览器窗口中的状态栏显示文本消息，用于优化网页细节。要对状态栏的文本进行编辑，或是对文本状态进行更多的控制，可以使用【行为】选项卡面板中的【设置状态栏文本】行为。

单击【行为】选项卡面板上的 +. 按钮，在弹出的菜单中选择【设置文本】|【设置状态栏文本】命令，打开【设置状态栏文本】对话框，如图 8-19 所示。

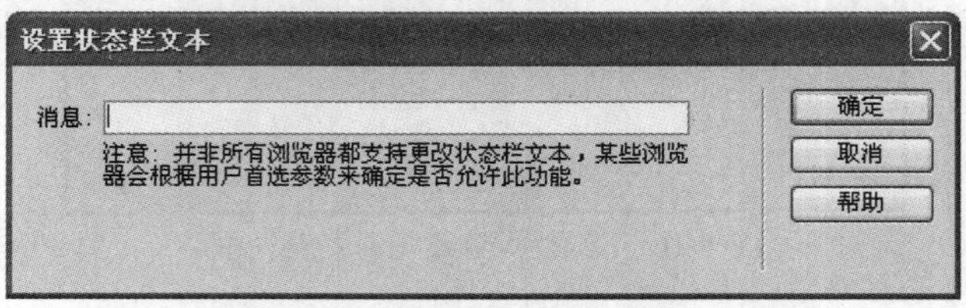

图 8-19 【设置状态栏文本】对话框

在【消息】文本框中输入状态栏文本内容，单击【确定】按钮，即可设置状态栏行为。

8.3.5　检查类行为

检查类行为主要是与检查、检测有关的行为，例如可以使用这类行为来检查浏览器、检查插件和检查表单等。

1. 【检查浏览器】行为

使用【检查浏览器】行为，可以获取浏览网页所使用的浏览器类型。通过这种检查，可以实现针对不同的浏览器，显示不同网页的功能。单击【行为】面板上的+按钮，在弹出的菜单中选择【建议不再使用】|【检查浏览器】命令，打开【检查浏览器】对话框，如图 8-20 所示。

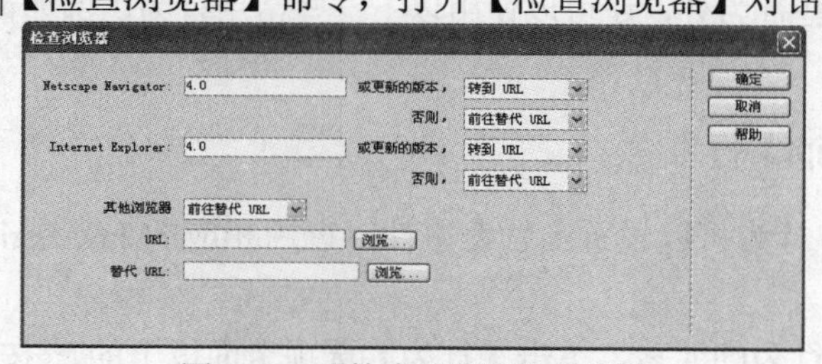

图 8-20　【检查浏览器】对话框

有关【检查浏览器】对话框中主要参数选项的具体作用如下。

- Netscape Navigator 和 Internet Explorer 文本框：输入要检查的浏览器的最低版本号。
- 【其他浏览器】下拉列表框：设置当检查到浏览器不是 Internet Explorer 也不是 Netscape Navigator 时所执行的动作。
- URL 文本框：设置当浏览器版本合适时正常跳转到的 URL 地址。
- 【替代 URL】文本框：设置当浏览器版本不合适时跳转到的 URL 地址。

2. 【检查插件】行为

使用【检查插件】行为，可以检查在访问网页时，浏览器中是否安装有指定插件，通过这种检查，可以分别为安装插件和未安装插件的用户显示不同的页面。单击【行为】选项卡面板上的+按钮，在弹出的菜单中选择【检查插件】命令，打开【检查插件】对话框，如图 8-21 所示。

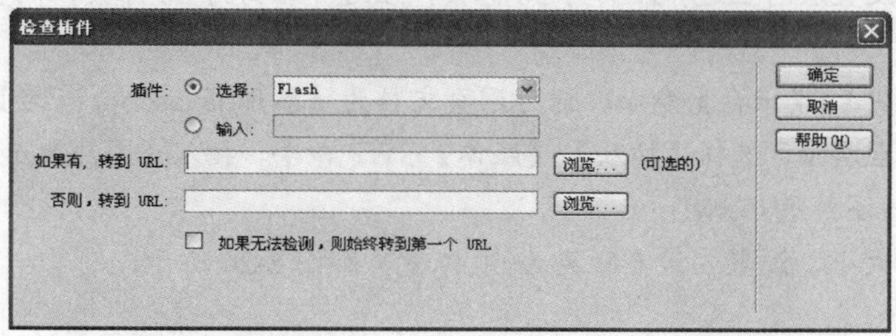

图 8-21　【检查插件】对话框

有关【检查插件】对话框中主要参数选项的具体作用如下。

- 【插件】选项区域：用于选择要检查的插件类型。在【选择】下拉列表框中可以选择插件类型；在【输入】文本框用于直接在文本框中输入要检查的插件类型。
- 【如果有，转到 URL】文本框：用于设置当检查到用户浏览器中安装了该插件时跳转到的 URL 地址。也可以单击【浏览】按钮，选择目标文档。
- 【否则，转到 URL】文本框：用于设置当检查到用户浏览器中尚未安装该插件时跳转到的 URL 地址。也可以单击【浏览】按钮，选择目标文档。

8.3.6 其他常用行为

除了前面介绍的一些行为外，还可以使用以下一些常用行为，例如调用 JavaScript 和改变属性行为等。

1. 【调用 JavaScript】行为

【调用 JavaScript】行为可以设置当触发事件时调用相应的 JavaScript 代码，以实现相应的动作。

选中网页中要附加行为的元素，单击【行为】选项卡面板上的+按钮，在弹出的菜单中选择【调用 JavaScript】命令，打开【调用 JavaScript】对话框，如图 8-22 所示。

图 8-22　【调用 JavaScript】对话框

在 JavaScript 文本框中可以输入需要执行的 JavaScript 代码，或函数的名称，单击【确定】按钮即可。例如若要创建一个具有【后退】功能的按钮，可以输入 history.back()。

【例 8-2】新建一个网页文档，添加【调用 JavaScript】行为。

(1) 新建一个网页文档，选择【插入】|【布局对象】|AP Div 命令，插入层。

(2) 选中层，设置层的上边界距离为 30 像素，左边界距离为 30 像素，调整合适大小，如图 8-23 所示。

(3) 选择【文件】|【保存】命令，保存网页文档为【调用 javascript 行为】。

(4) 将光标移至层中，选择【插入】|【媒体】|SWF 命令，插入【图片展示】SWF 影片(光盘素材\第 08 章\flash\图片展示.swf)。

(5) 设置层的大小，设置左边界距离为 50 像素，如图 8-24 所示。

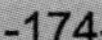

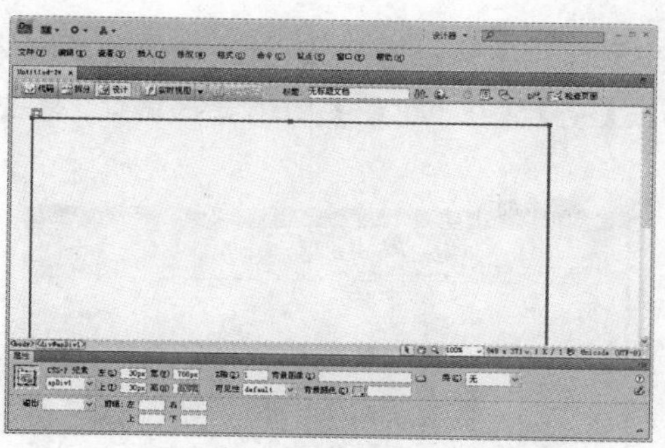

图 8-23　调整层的大小

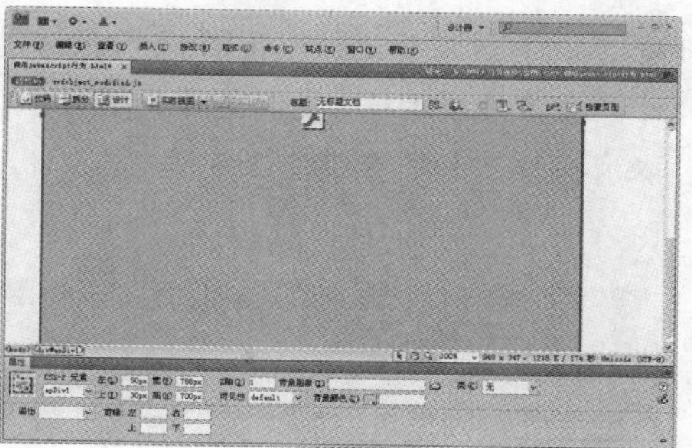

图 8-24　设置层的左边界距离

(6) 将光标移至网页文档空白位置，选择【插入】|【布局对象】|AP Div 命令，插入层。

(7) 选中层，打开【属性】面板，设置层的背景颜色为#C0C0C0。

(8) 在层中输入文本内容“Quit”，如图 8-25 所示。

(9) 选中 apDiv2 层，在【属性】面板中设置层的上边界距离为 40 像素，左边界距离为 766 像素，如图 8-26 所示。

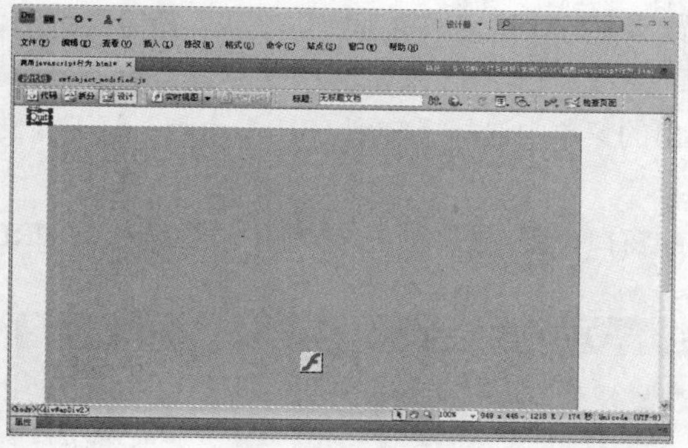

图 8-25　输入文本

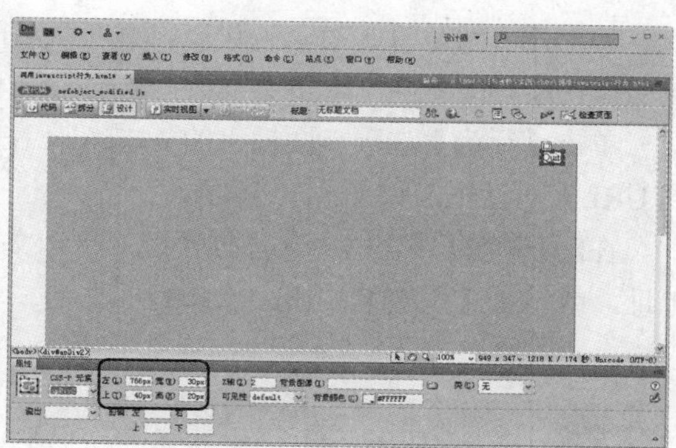

图 8-26　设置左边界距离

(10) 选中层中的文本内容，在【属性】面板的【链接】文本框中输入“javascript:”，创建虚拟链接。

(11) 选择【窗口】|【行为】命令，打开【行为】面板，单击【行为】选项卡面板上的+.按钮，在弹出的菜单中选择【调用 JavaScript】命令，打开【调用 JavaScript】对话框。

(12) 在 JavaScript 文本框中输入文本内容“window.close()”，单击【确定】按钮，添加【调用 JavaScript】行为，如图 8-27 所示。

(13) 在【行为】面板中设置【调用 JavaScript】行为事件为 onClick，如图 8-28 所示。

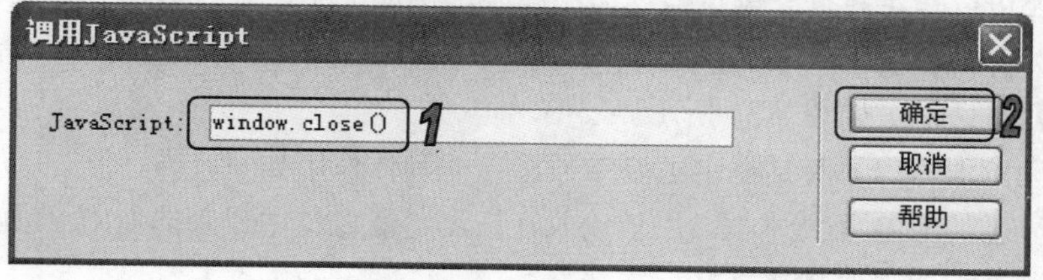

图 8-27　输入调用行为

(14) 保存网页文档，按下 F12 键，在浏览器中预览网页文档。单击 Quit 链接时，浏览器窗口将打开一个信息提示框，提示是否关闭窗口，单击【是】按钮，即可关闭浏览器窗口，单击【否】按钮，取消操作，如图 8-29 所示。

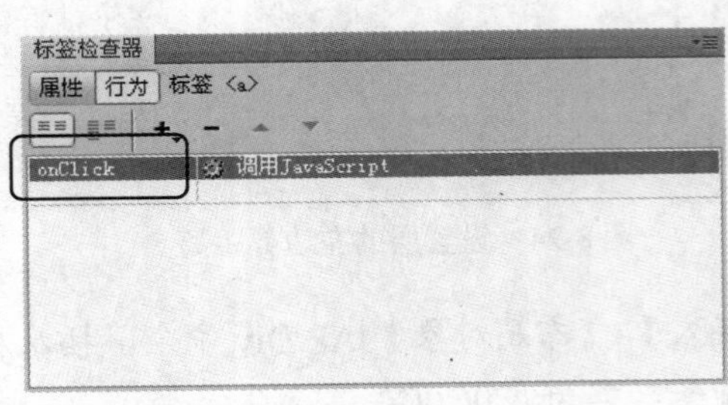

图 8-28　设置事件

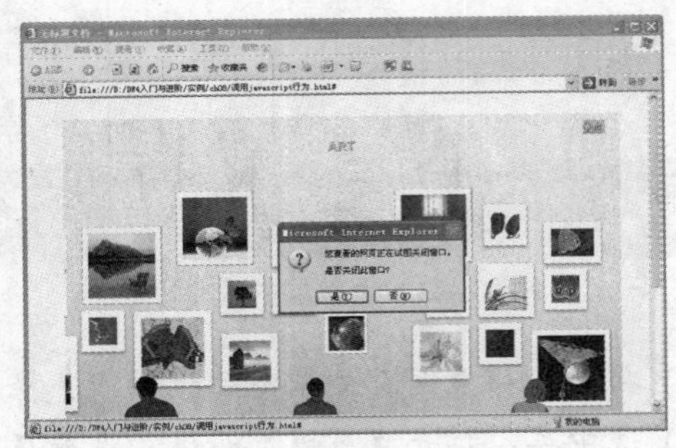

图 8-29　预览网页文档

2. 【转到 URL】行为

使用【转到 URL】行为，可以设置在当前浏览器窗口或指定的框架窗口中载入指定的页面，该动作在同时改变两个或多个框架内容时特别有用。

单击【行为】选项卡面板上的 +. 按钮，在弹出的菜单中选择【转到 URL】命令，打开【转到 URL】对话框，如图 8-30 所示。

在【打开在】列表框中选择打开链接目标文档的窗口位置；在 URL 文本框中输入链接的 URL 地址，或单击【浏览】按钮，选择目标文档。

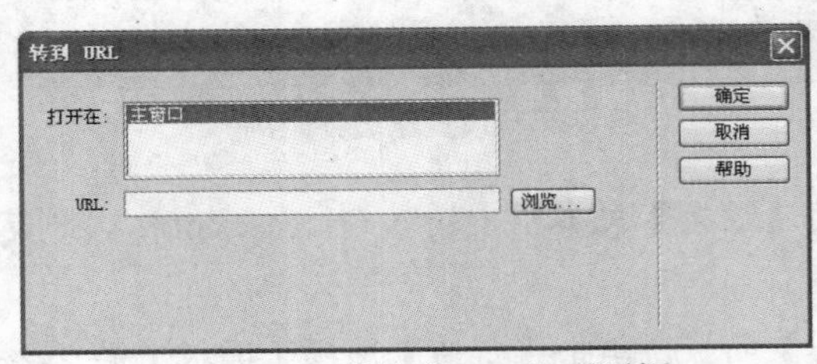

图 8-30　【转到 URL】对话框

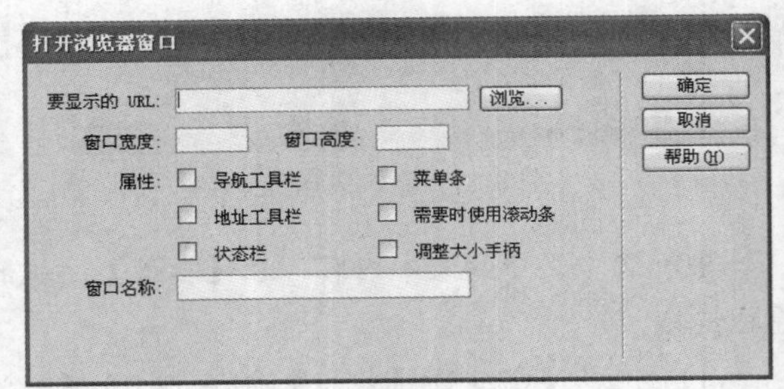

图 8-31　【打开浏览器窗口】对话框

3. 【打开浏览器窗口】行为

使用【打开浏览器窗口】行为，可以在一个新的浏览器窗口中载入位于指定 URL 位置上的文档。同时，还可以指定新打开浏览器窗口的属性，例如大小、是否显示菜单条等。

单击【行为】面板上的 +. 按钮，在弹出的菜单中选择【打开浏览器窗口】命令，打开【打开浏览器窗口】对话框，如图 8-31 所示。

在【打开浏览器窗口】对话框中主要参数选项的具体作用如下。

- 【要显示的 URL】文本框：用于输入在新浏览器窗口中载入的 URL 地址，也可以单击【浏览】按钮，选择链接目标文档。

- 【窗口宽度】和【窗口高度】文本框：用于输入新浏览器窗口的宽度和高度，单位是像素。
- 【属性】选项区域：用于设置新浏览器窗口中是否显示相应的元素，选中复选框则显示该元素，清除复选框则不显示该元素。这些元素包括导航工具栏、地址工具栏、状态栏、菜单条、需要时使用滚动条、调整大小手柄。
- 【窗口名称】文本框：用于为新打开的浏览器窗口定义名称。

4. 【播放声音】行为

使用【播放声音】行为，当光标滑过某个链接时播放声音效果，或在加载页面时播放音乐剪辑等。

单击【行为】选项卡面板上的 +. 按钮，在弹出的菜单中选择【建议不再使用】|【播放声音】命令，打开【播放声音】对话框，如图 8-32 所示。

图 8-32　【播放声音】对话框

单击对话框中的【浏览】按钮，选择一个声音文件，或在【播放声音】文本框中输入声音文件的路径。单击【确定】按钮，验证默认事件是否正确。如果不正确，请选择另一个事件或在【显示事件】子菜单中更改目标浏览器。

单击<body>标签名，选择整个网页文档。单击【行为】选项卡面板上的 +. 按钮，在弹出的菜单中选择【建议不再使用】|【播放声音】命令，打开【播放声音】对话框。插入声音文件。打开【属性】面板，单击【播放】按钮 ▶ 播放 ，即可在网页文档中播放声音文件。

5. 【弹出信息】行为

【弹出信息】行为也是常用的行为之一，在浏览网站时，经常会打开一个对话框，在对话框中显示信息内容，通过弹出信息行为，就可以实现这一效果。

单击【行为】选项卡面板中的 +. 按钮，在弹出的菜单中选择【弹出信息】命令，打开【弹出信息】对话框，如图 8-33 所示。

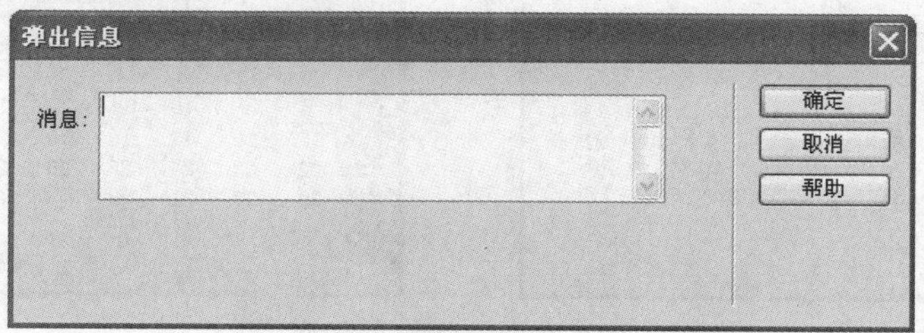

图 8-33　【弹出信息】对话框

在【消息】文本框中可以输入信息内容，单击【确定】按钮，即可添加行为。

【例 8-3】打开一个网页文档，添加【弹出信息】行为。

(1) 打开一个网页文档，选中当日日期(3 月 8 日)图像，打开【行为】面板，单击【行为】选项卡面板中的 +- 按钮，在弹出的菜单中选择【弹出信息】命令，如图 8-34 所示，打开【弹出信息】对话框。

(2) 在【消息】文本框中输入弹出信息，如图 8-35 所示，单击【确定】按钮，添加【弹出信息】行为。

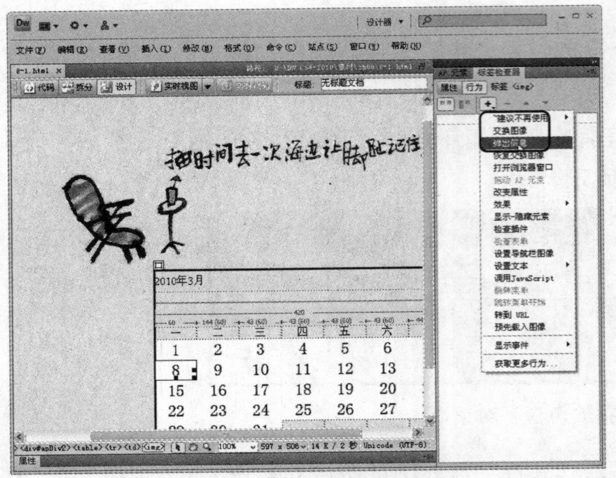

图 8-34　选择【弹出信息】命令

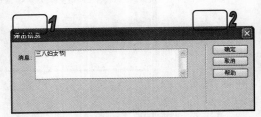

图 8-35　输入弹出信息

(3) 选中当日日期图像，打开【属性】面板，在【链接】文本框中输入“#”，创建虚拟链接。

(4) 另存网页文档，按下 F12 键，在浏览器中预览网页文档，如图 8-36 所示。

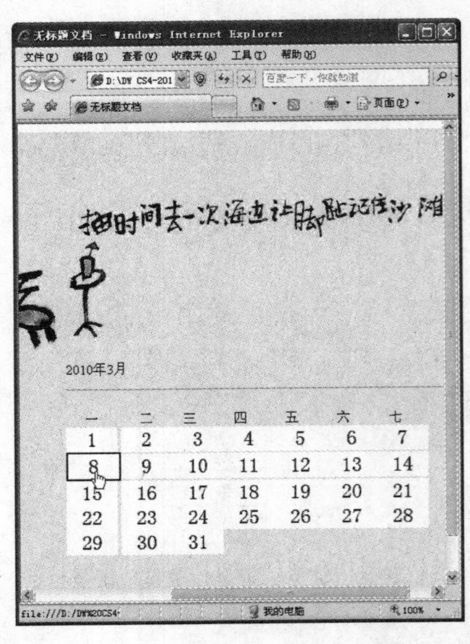

图 8-36　预览网页文档

计算机基础与实训教材系列

8.4　上机练习

本章进阶练习主要介绍了 Dreamweaver CS4 中内置行为的使用方法，结合页面主题，灵活添加行为。有关本章中的其他内容，可以参考相应章节进行练习。

【例 8-4】新建一个网页文档，添加【打开浏览器窗口】行为，弹出广告窗口。

(1) 新建一个网页文档，选择【插入】|【布局对象】|AP Div 命令，插入层。

(2) 选中层，打开【属性】面板，设置上边界距离为 50 像素，左边界距离为 100 像素，大小为 800 × 600 像素，如图 8-37 所示。

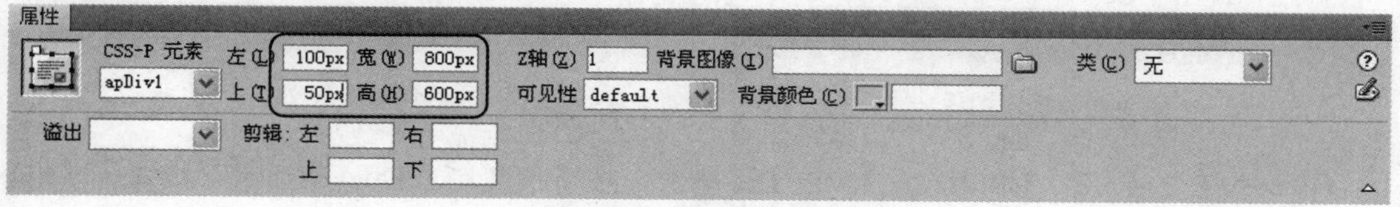

图 8-37　设置层的属性

(3) 将光标移至层中，选择【插入】|【表格】命令，插入一个 1 行 2 列的表格。

(4) 在表格 1 行 1 列单元格中插入 LOGO 图片文件。

(5) 在表格 1 行 2 列单元格中插入一个 1 行 3 列的嵌套表格，在嵌套表格各个单元格中插入图像，如图 8-38 所示。

(6) 设置单元格背景颜色为#FFA81B，如图 8-39 所示。

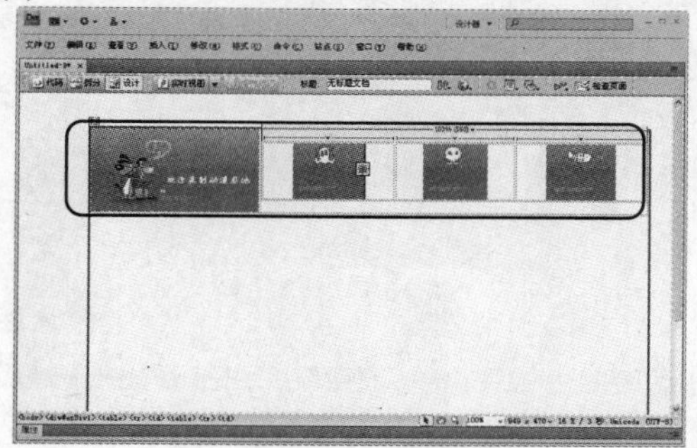

图 8-38　插入图像

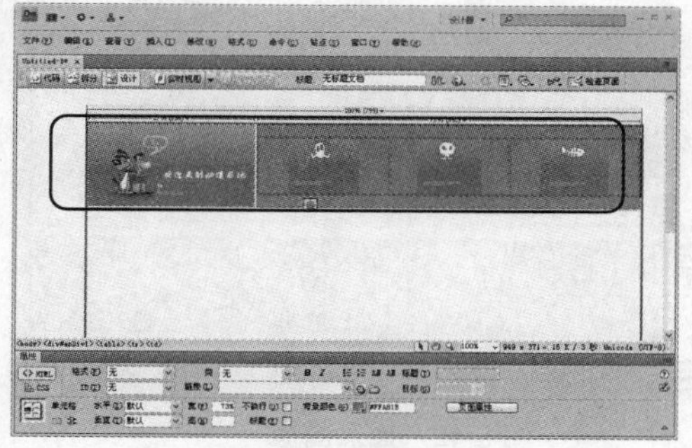

图 8-39　设置背景颜色

(7) 选择【插入】|HTML|【水平线】命令，在表格下方插入一条水平线。

(8) 将光标移至水平线下方，选择【插入】|【布局对象】|AP Div 命令，在层中插入 apDiv2 嵌套层，设置层的左边界距离为 30px，大小可以先自定。

(9) 将光标移至 apDiv2 嵌套层中，选择【插入】|【表格】命令，插入一个 4 行 4 列的表格。

(10) 在表格各单元格中插入图像和文本内容，设置图像和文本合适属性，如图 8-40 所示。

(11) 根据图像和文本内容调整 apDiv2 嵌套层的大小。

(12) 选择【插入】|【布局对象】|AP Div 命令，在层中插入 apDiv3 嵌套层。

(13) 在 apDiv3 嵌套层中插入一个 2 行 1 列的表格，在表格中插入文本内容，设置文本内容为虚拟链接，调整层合适大小，如图 8-41 所示。

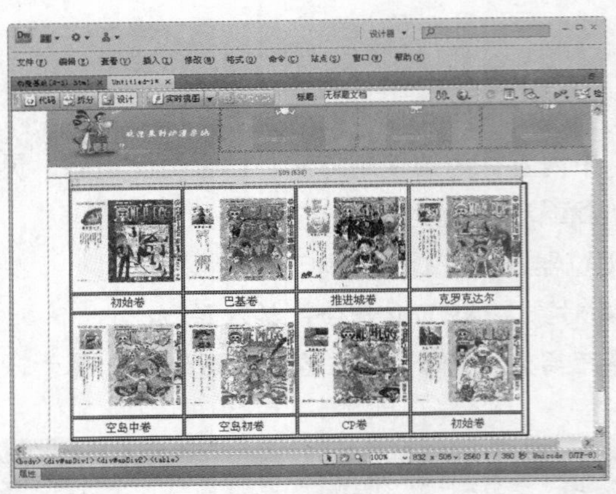

图 8-40　插入图像

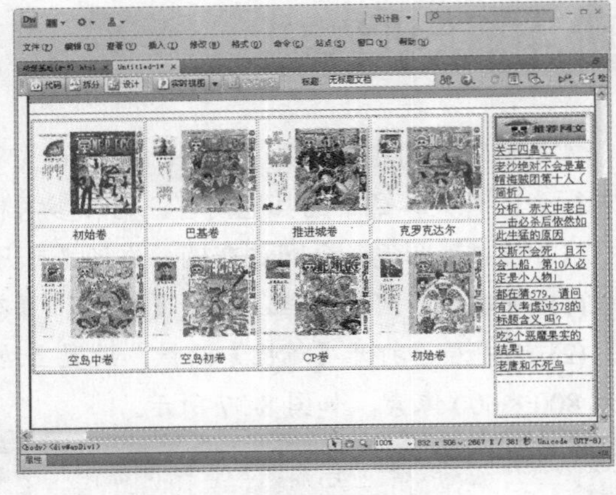

图 8-41　插入文本

(14) 选择【插入】|【布局对象】|AP Div 命令，在层中插入 apDiv4 嵌套层，在该层中插入图像，调整层合适大小，如图 8-42 所示。

(15) 右击网页文档空白区域，在弹出的快捷菜单中选中【页面属性】命令，打开【页面属性】对话框，设置【背景颜色】为#C90，如图 8-43 所示。

图 8-42　插入图像

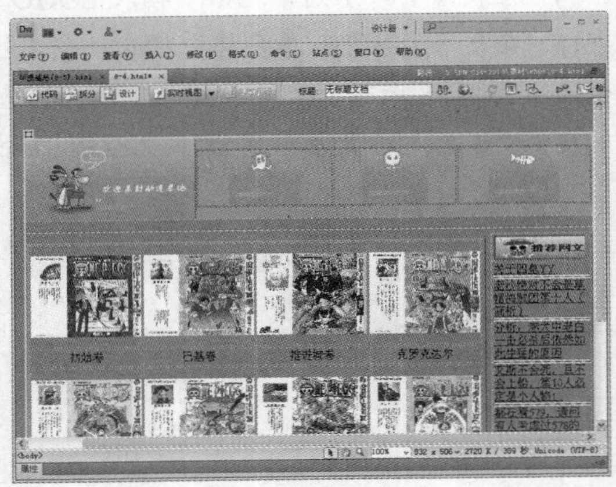

图 8-43　设置背景颜色

(16) 选中 apDiv1 层，在【属性】面板中设置背景颜色为白色，如图 8-44 所示。

(17) 保存网页文档。

(18) 新建一个网页文档。

(19) 选择【插入】|【布局对象】|AP Div 命令，插入一个层。

(20) 将光标移至层中，选择【插入】|【媒体】|SWF 命令，插入【load】SWF 影片，如图 8-45 所示。

(21) 可以单击【属性】面板中的【播放】按钮，在网页文档中播放影片。

(22) 选中层，设置层的上边界和左边界距离为 20 像素，大小为 340×260 像素。

图 8-44　设置 apDiv1 层的背景颜色

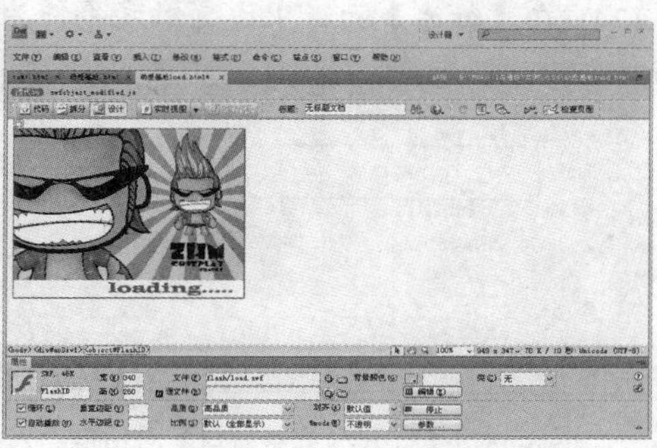

图 8-45　插入 SWF 文件

(23) 选中层，设置层的上边界和左边界距离为 20 像素，大小为 340×260 像素，如图 8-46 所示。

(24) 将光标移至层中，选择【插入】|【媒体】|SWF 命令，插入 apDiv2 嵌套层。

(25) 设置层的背景颜色为白色，上边界距离为 255 像素，左边界距离为 30 像素，大小为 120×20 像素。

(26) 在层中输入文本内容，如图 8-47 所示。

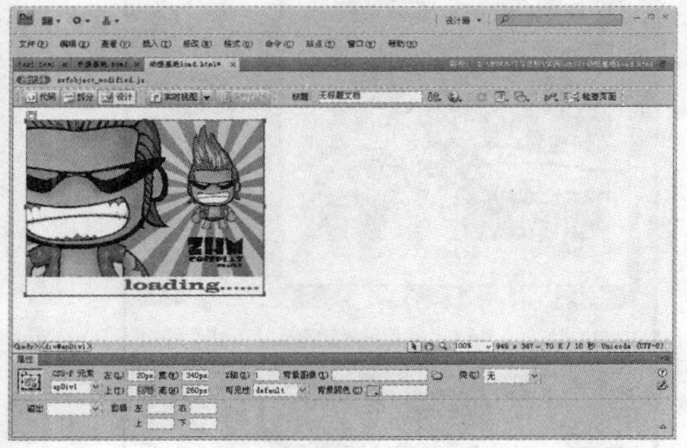

图 8-46　设置层的大小

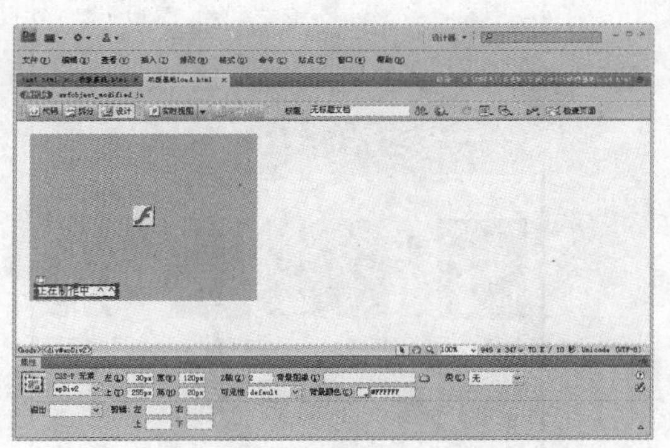

图 8-47　输入文本内容

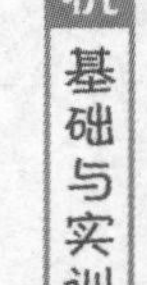

(27) 选择【窗口】|【AP 元素】命令，打开【AP 元素】面板，将 apDiv2 层拖动至 apDiv1 层上方显示。

(28) 保存网页文档为 load。

(29) 打开先前的网页文档，选择【窗口】|【行为】命令，打开【行为】面板。

(30) 选中 logo 图像右侧 3 个导航图像中的任意一个图像。

(31) 单击【行为】选项卡面板上的 +, 按钮，在弹出的快捷菜单中选中【打开浏览器窗口】命令，打开【打开浏览器窗口】对话框。

(32) 单击【要显示的 URL】文本框右侧的【浏览】按钮，打开【选择文件】对话框，选中【动漫基地 load】网页文档，单击【确定】按钮，返回【打开浏览器窗口】对话框。

(33) 在【窗口宽度】文本框中输入数值 380，在【窗口高度】文本框中输入数值 300，取消选中其他复选框选项，单击【确定】按钮，添加行为，如图 8-48 所示。

(34) 在【行为】面板中设置触发事件为 onClick，如图 8-49 所示。

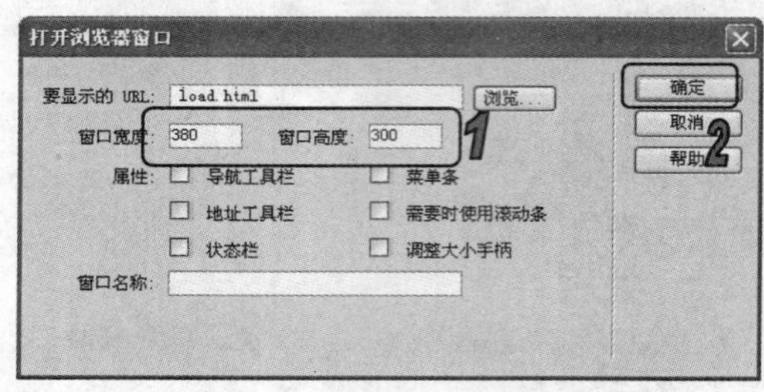

图 8-48 【打开浏览器窗口】对话框

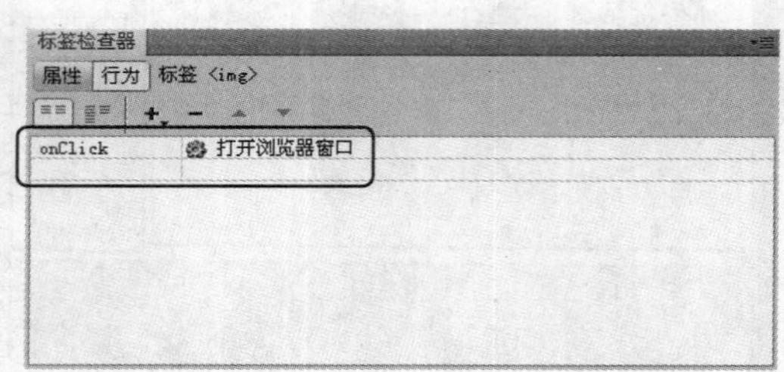

图 8-49 设置事件

(35) 重复操作，选中其他导航图像，添加【打开浏览器窗口】行为。

(36) 选中任意一个导航图像，打开【属性】面板，在【链接】文本框中输入“#”号，在【边框】文本框中输入数值 0。

(37) 保存网页文档，按下 F12 键，在浏览器中预览网页文档。当单击导航图像时，会打开一个大小为 380 × 300 像素的浏览器窗口，显示 load 网页文档内容，如图 8-50 所示。

图 8-50 预览网页文档

8.5 习题

1. 【显示-隐藏元素】行为仅显示或隐藏相关元素，在元素已隐藏的情况下，它是否会从页面流中实现删除此元素？

2. 打开【行为】选项卡面板的快捷键是什么？

3. 【改变属性】行为的作用是什么？如何添加该行为？

第9章 使用交互式表单

学习目标

表单允许服务器端的程序处理用户端输入的信息，通常包括调查的表单、提交订购的表单和搜索查询的表单等。表单要求描述表单的 HTML 源代码和在表单域中输入信息的服务器端应用程序或客户端脚本。本章主要介绍了在 Dreamweaver CS4 中使用表单的方法。

本章重点

- ◉ 表单的基础知识
- ◉ 插入文本域表单
- ◉ 插入按钮表单
- ◉ 插入列表和菜单表单
- ◉ 检查表单

9.1 表单的基础知识

表单在网页中时提供给访问者填写信息的区域，从而可以收集客户端信息，使网页更加具有交互的功能。

9.1.1 表单的概念

表单一般被设置在一个 HTML 文档中，访问者填写相关信息后提交表单，表单内容会自动从客户端的浏览器传送到服务器上，经过服务器上的 ASP 或 CGI 等程序处理后，再将访问者所需的信息传送到客户端的浏览器上。几乎所有网站都应用表单，例如搜索栏、论坛和订单等。

表单是由窗体和控件组成的，一个表单一般包含用户填写信息的输入框和提交按钮等，这些输入框和按钮叫做控件。

表单用<form></form>标记来创建，在<form></form>标记之间的部分都属于表单的内容。<form>标记具有 action、method 和 target 属性。

- action：处理程序的程序名，例如<form action="URL">，如果属性是空值，则当前文档的 URL 将被使用，当提交表单时，服务器将执行程序。
- method：定义处理程序从表单中获得信息的方式，可以选择 GET 或 POST 中的一个。GET 方式时处理程序从当前 HTML 文档中获取数据，这种方式传送的数据量是有限制的，一般再 1kB 之内。POST 方式时当前 HTML 文档把数据传送给处理程序，传送的数据量要比使用 GET 方式大得多。
- target：指定目标窗口或帧。可以选择当前窗口_self、父级窗口_parent、顶层窗口_top 和空白窗口_blank。

9.1.2 认识表单对象

在 Dreamweaver CS4 中，表单输入类型称为表单对象。可以在网页中插入表单并创建各种表单对象。

要在网页文档中插入表单对象，可以单击【插入】工具栏上的【表单】选项卡，打开【表单】插入栏，如图 9-1 所示。

单击相应的表单对象按钮，即可插入表单。

图 9-1 【表单】插入栏

在【表单】插入栏中，各表单对象的具体作用如下。

- 【表单】按钮：用于在文档中插入一个表单。访问者要提交给服务器的数据信息必须放在表单里，只有这样，数据才能被正确地处理。
- 【文本字段】按钮：用于在表单中插入文本域。文本域可接受任何类型的字母数字项，输入的文本可以显示为单行、多行或者显示为星号(用于密码保护)。
- 【隐藏域】按钮：用于在文档中插入一个可以存储用户数据的域。使用隐藏域可以实现浏览器同服务器在后台隐藏的交换信息，例如，输入的用户名、E-mail 地址或其他参数，当下次访问站点时能够使用输入的这些信息。
- 【文本区域】按钮：用于在表单中插入一个多行文本域。
- 【复选框】按钮：用于在表单中插入复选框。在实际应用中多个复选框可以共用一个名称，也可以共用一个 Name 属性值，实现多项选择的功能。

- 【单选按钮】按钮：用于在表单中插入单选按钮。单选按钮代表互相排斥的选择，选择一组中的某个按钮，同时取消选择该组中的其他按钮。
- 【单选按钮组】按钮：用于插入共享同一名称的单选按钮的集合。
- 【列表/菜单】按钮：用于在表单中插入列表或菜单。【列表】选项在滚动列表中显示选项值，并允许用户在列表中选择多个选项。【菜单】选项在弹出式菜单中显示选项值，而且只允许用户选择一个选项。
- 【跳转菜单】按钮：用于在文档中插入一个导航条或者弹出式菜单。跳转菜单可以使用户为链接文档插入一个菜单。
- 【图像域】按钮：用于在表单中插入一幅图像。可以使用图像域替换【提交】按钮，以生成图形化按钮。
- 【文件域】按钮：用于在文档中插入空白文本域和【浏览】按钮。用户使用文件域可以浏览硬盘上的文件，并将这些文件作为表单数据上传。
- 【按钮】按钮：用于在表单中插入文本按钮。按钮在单击时执行任务，如提交或重置表单，也可以为按钮添加自定义名称或标签。
- 【标签】按钮：用于在表单中插入一个标签，如用于【单选按钮】、【复选框】等。由于不用标签按钮也可以实现相同功能，所以该按钮不常用。
- 【字段级】按钮：表单对象逻辑组的容器标签。

9.2 插入文本域表单对象

文本域是非常重要的表单对象，可以输入相关信息，例如用户名、密码等。隐藏域在浏览器中是不被显示出来的文本域，主要用于实现浏览器同服务器在后台隐藏地交换信息。

9.2.1 插入文本域

在 Dreamweaver CS4 中，文本域可以通过使用【文本字段】及【文本区域】两种方法来创建。文本域包括了【单行】、【多行】和【密码】3 种类型，以适应不同情况下的需要。

1. 插入单行文本域

选择【插入】|【表单】|【文本字段】命令，或单击【表单】插入栏上的【文本字段】按钮，打开【输入标签辅助功能属性】对话框，如图 9-2 所示。

单击【输入标签辅助功能属性】对话框中的【确定】按钮，即可在文档中创建一个单行文本字段，如图 9-3 所示。

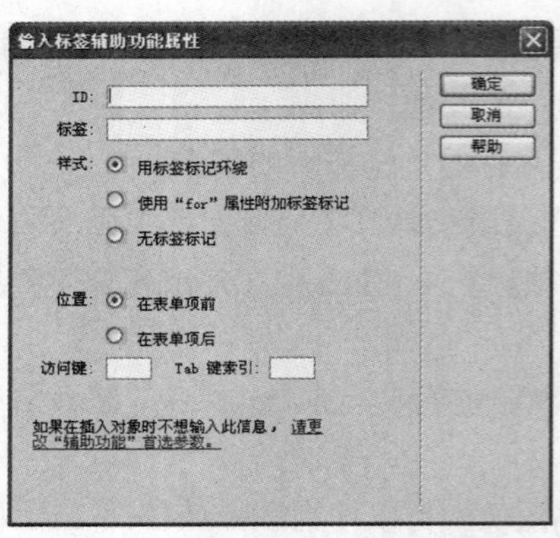

图 9-2 【输入标签辅助功能属性】对话框

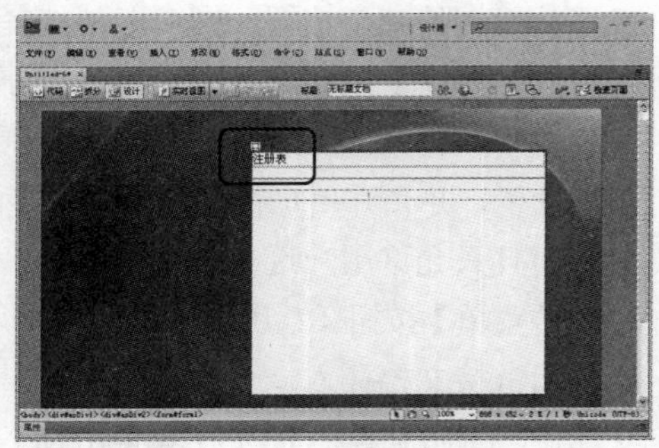

图 9-3 插入文本域

选中插入的单行文本字段，打开【属性】面板，如图 9-4 所示。

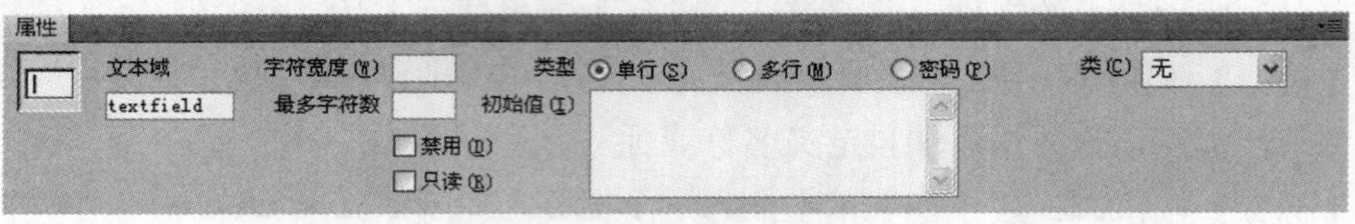

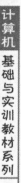

图 9-4 单行文本字段的【属性】面板

在文本字段【属性】面板中主要参数选项的具体作用如下。

- 【文本域】文本框：可以输入文本域的名称。
- 【字符宽度】文本框：可以输入文本域中允许显示的字符数目。
- 【最多字符数】文本框：用于输入文本域中允许输入的最大字符数目，这个值将定义文本域的大小限制，并用于验证表单。如果在【类型】中选择了【多行】，则该文本框将变成【行数】文本框，用于输入【多行区域】的具体行数。
- 【初始值】文本框：用于输入文本域中默认状态下显示的文本。
- 【类】下拉列表框：指定用于该表单的 CSS 样式。

2. 插入多行文本域

在插入单行文本域后，选中【属性】面板中的【多行】单选按钮，即可插入多行文本域。

插入多行文本域后，可以在【属性】面板的【字符宽度】文本框中输入文本框字符宽度大小数值；在【行数】文本框中可以输入多行文本框行数，在【初始值】文本框中可以输入文本框初始文本内容，如图 9-5 所示。

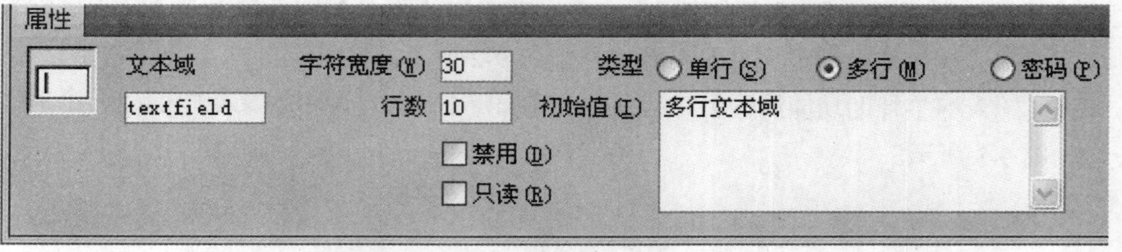

图 9-5 多行文本域的【属性】面板

3. 插入密码文本域

在插入单行文本域后，选中【属性】面板中的【密码】单选按钮，即可插入密码文本域。有关密码文本域的【属性】面板中的设置与多行文本域相同，如图 9-6 所示。

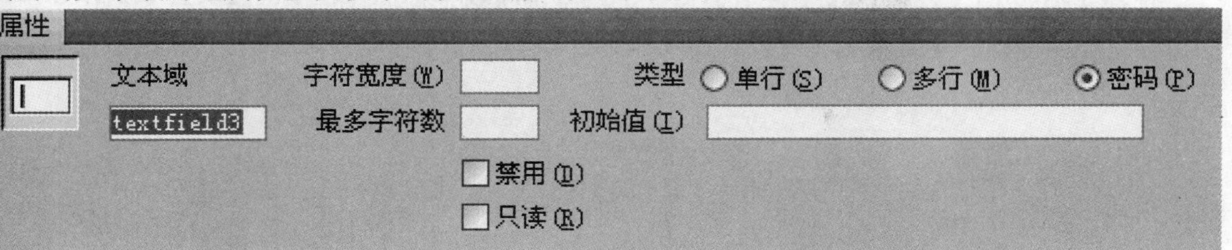

图 9-6　密码文本域的【属性】面板

插入密码文本域后，在浏览器中预览网页文档时，输入的文本以“*”号代替，如图 9-7 所示。

图 9-7　输入密码

9.2.2　插入隐藏域

单击【表单】插入栏上的【隐藏域】按钮，即可在文档中创建一个隐藏域。

选中隐藏域，打开【属性】面板。在隐藏域【属性】面板中，可输入隐藏域的名称。在【值】文本框中，可输入隐藏域的初始值，如图 9-8 所示。

属性
隐藏区域
hiddenField
值(V)

图 9-8　隐藏域的【属性】面板

9.2.3　插入文件域

选择【插入】|【表单】|【文件域】命令，或单击【表单】插入栏中的【文件域】按钮，即可在文档中创建一个文件上传域，如图 9-9 所示。

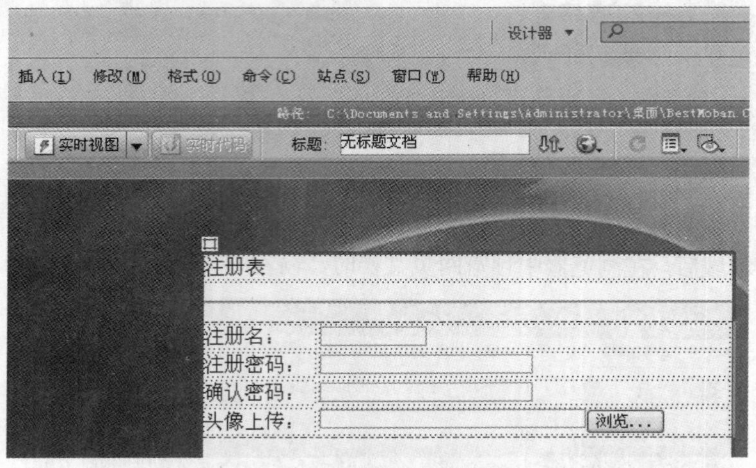

图 9-9　创建一个文件上传域

选中插件文本上传域，打开【属性】面板，如图 9-10 所示。

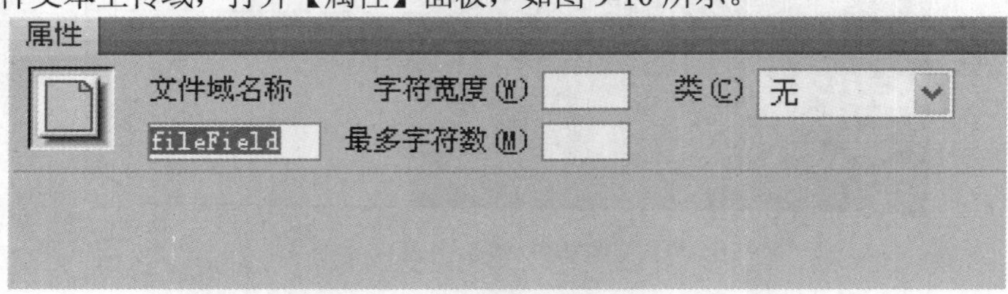

图 9-10　文本上传域的【属性】面板

在插件文本上传域【属性】面板中的主要参数选项具体作用如下。

- 【文件域名称】文本框：用于输入文件域的名称。
- 【最多字符数】文本框：用于输入文件域的文本框中允许输入的最大字符数。
- 【类】下拉列表框：用于指定用于该表单的 CSS 样式。

插入文本域后，在浏览器中预览网页文档，单击【浏览】按钮，即可打开【文件上载】对话框，选中要上传的文件。

9.3　插入按钮表单对象

按钮表单对象包括按钮、单选按钮、单选按钮组、复选框和复选框组。按钮表单对象主要用于控制对表单的操作。

9.3.1 按钮表单对象的作用

在预览网页文档时，当输入完表单数据后，可以单击表单按钮，提交服务器处理；如果对输入的数据不满意，需要重新设置时，可以单击表单按钮，重新输入；还可以通过表单按钮来完成其他任务。复选框和单选按钮是预定义选择对象的表单对象。可以在一组复选框中选择多个选项；单选按钮也可以组成一个组使用，提供互相排斥的选项值，在单选按钮组内只能选择一个选项。

9.3.2 插入表单按钮

表单按钮是标准的浏览器默认按钮样式，它包含需要显示的文本，它包括【提交】和【重置】按钮。

选择【插入】|【表单】|【按钮】命令，打开【输入标签辅助功能属性】对话框，单击【确定】按钮，即可在文档中创建一个表单按钮，如图 9-11 所示。

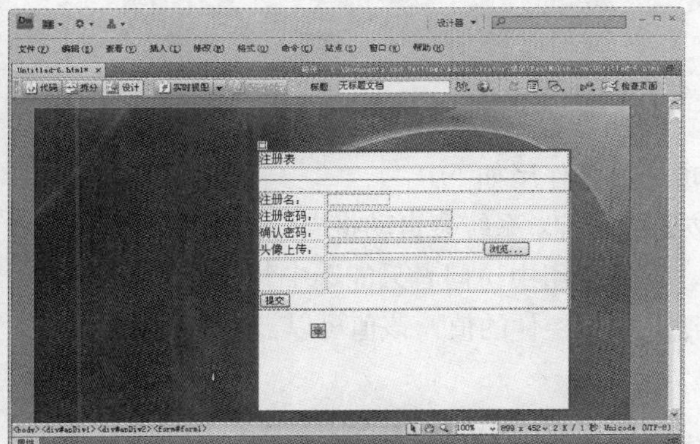

图 9-11 创建表单按钮

提示

插入的按钮表单对象，默认的是【提交】按钮，可以在【属性】面板中修改。此外，选中按钮，可以拖动缩放按钮大小。

选中一个按钮表单，打开【属性】面板，如图 9-12 所示。

图 9-12 按钮表单的【属性】面板

在按钮表单的【属性】面板中，主要参数选项具体作用如下。

- 【按钮名称】文本框：用于输入按钮的名称。
- 【值】文本框：用于输入需要显示在按钮上的文本。
- 【动作】选项区域：用于选择按钮的行为，即按钮的类型，包含 3 个选项。其中【提交表单】单选按钮用于将当前按钮设置为一个提交类型的按钮，单击该按钮，可以将表单内容提交给服务器进行处理；【重设表单】单选按钮用于将当前按钮设置为一个复位类型的按钮，单击该按钮，可以将表单中的所有内容都恢复为默认的初始值；【无】单选按钮用于不对当前按钮设置行为，可以将按钮同一个脚本或应用程序相关联，单击按钮时，自动执行相应的脚本或程序。

9.3.3 插入单选按钮

单选按钮提供相互排斥的选项值，在单选按钮组内只能选择一个选项。

选择【插入】|【表单】|【单选按钮】命令，即可在文档中创建一个单选按钮。

选中单选按钮，打开单选按钮的【属性】面板，如图 9-13 所示。

图 9-13　单选按钮的【属性】面板

在单选按钮的【属性】面板中主要参数选项的具体作用如下。

- 【单选按钮】文本框：用于输入单选按钮的名称。系统会自动将同一段落或同一表格中的所有名称相同的按钮定义为一个组，在这个组中访问者只能选中其中的一个。
- 【选定值】文本框：用于输入单选按钮选中后控件的值，该值可以被提交到服务器上，以便应用程序处理。
- 【初始状态】选项区域：用于设置单选按钮在文档中的初始选中状态，包括【已勾选】和【未选中】两项。

9.3.4 插入单选按钮组

使用单选按钮组表单对象可以添加一个单选按钮组，选择【插入】|【表单】|【单选按钮组】命令，打开【单选按钮组】对话框，如图 9-14 所示。

在【单选按钮组】对话框中主要参数选项的具体作用如下。

- 【名称】文本框用于指定单选按钮组的名称。
- 【单选按钮】列表框中显示的是该单选按钮组中所有的按钮，左边列为按钮的【标签】，右边是按钮的【值】，相当于单选按钮【属性】面板中的【选定值】。
- 【布局，使用】选项区域用于指定单选按钮间的组织方式，有【换行符】和【表格】两种选择。

设置好相应的选项后，单击【确定】按钮，即可插入单选按钮组，如图 9-15 所示。

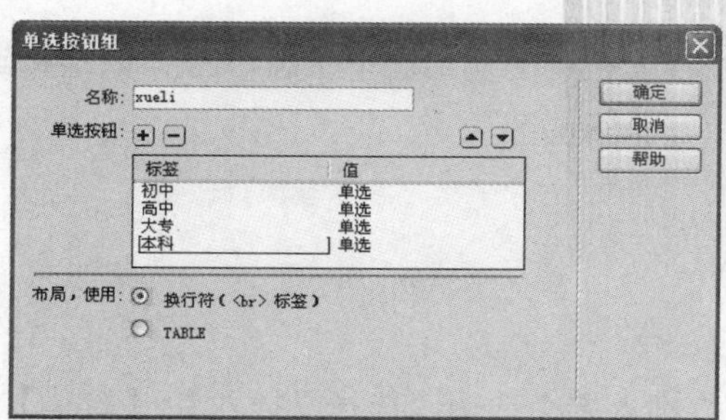

图 9-14　【单选按钮组】对话框

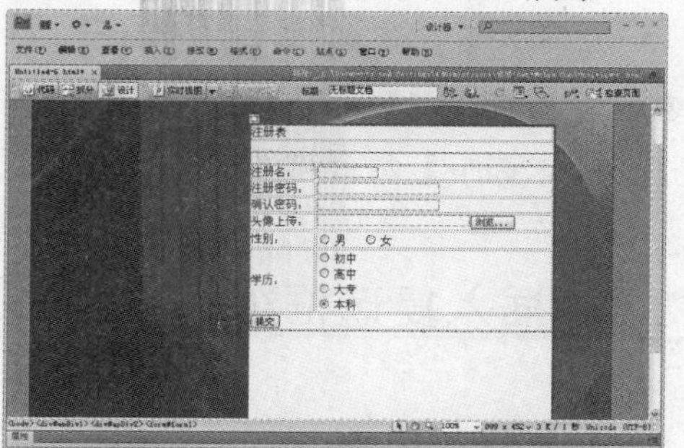

图 9-15　插入单选按钮组

9.3.5　插入复选框

复选框表单对象，可以限制访问者填写的内容。使收集的信息更加规范，更有利于信息的统计。

选择【插入】|【表单】|【复选框】命令，即可在网页文档中创建复选框，如图 9-16 所示。

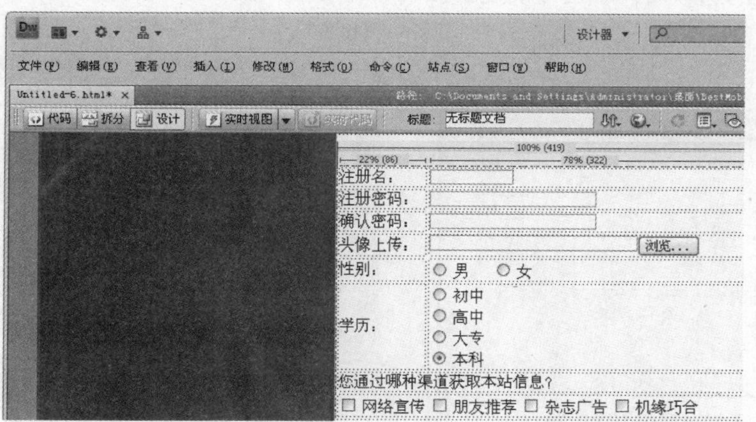

图 9-16　创建复选框

选中复选框，打开复选框的【属性】面板，如图 9-17 所示。

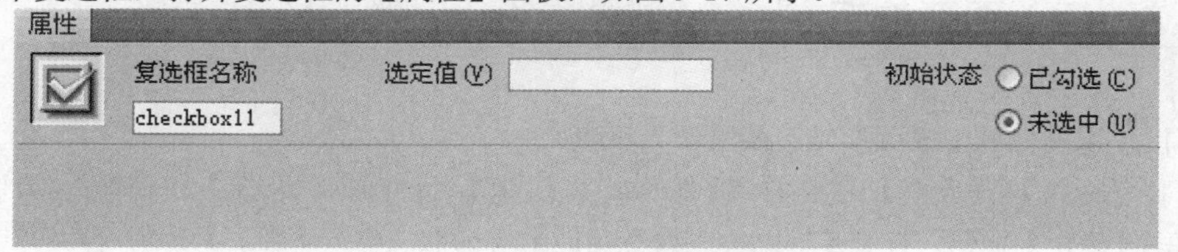

图 9-17　复选框的【属性】面板

在复选框【属性】面板中主要参数选项的具体作用如下。

◎　【复选框名称】文本框：用于输入复选框的名称。

◎ 【选定值】文本框：用于输入复选框选中后控件的值，该值可以被提交到服务器上，以便应用程序处理。

◎ 【初始状态】选项区域：用于设置复选框在文档中的初始选中状态，包括【已勾选】和【未选中】两个选项。

9.3.6 插入复选框组

复选框组和按钮和单选按钮组相似，可以一次插入多个选项。选择【插入】|【表单】|【复选框组】命令，打开【复选框组】对话框，如图 9-18 所示。

在【复选框组】对话框中主要参数选项的具体作用如下。

◎ 【名称】文本框：输入指定单选按钮组的名称。

◎ 【复选框】列表框：显示的是该复选框组中所有的按钮，左边列为按钮的【标签】，右边是按钮的【值】，相当于复选框【属性】面板中的【选定值】。

◎ 【布局，使用】选项区域用于指定复选框间的组织方式，有【换行符】和【表格】两种选择。

设置好相应的选项后，单击【确定】按钮，即可插入复选框组，如图 9-19 所示。

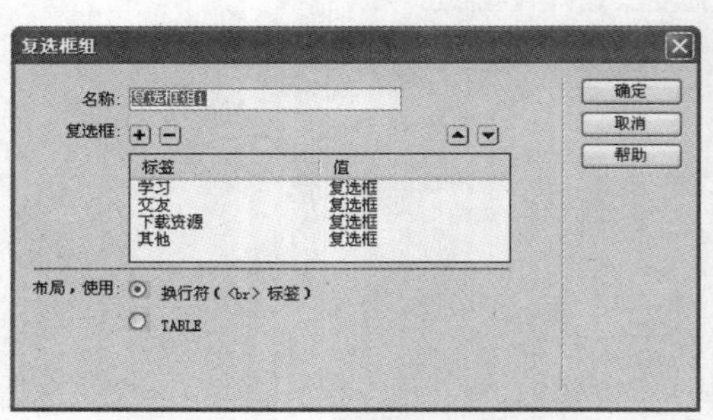

图 9-18 【复选框组】对话框

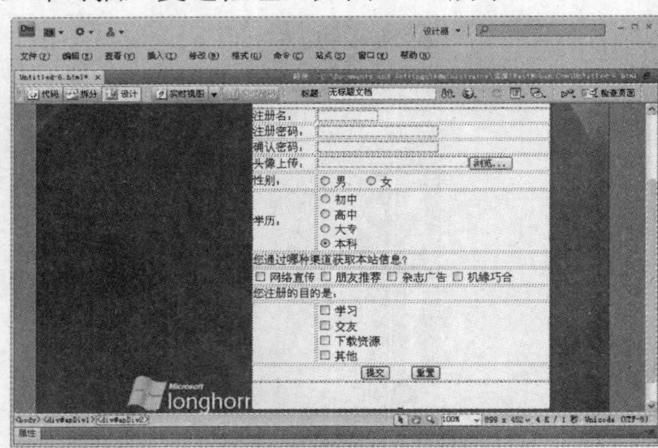

图 9-19 插入复选框组

9.3.7 插入图形按钮

可以使用图像域生成图形化的按钮来美观网页。

选择【插入】|【表单】|【图像域】命令，将打开【选择图像源文件】对话框，选择一幅图像并单击【确定】按钮，打开【辅助标签属性功能】对话框，单击【确定】按钮，即可在网页文档中插入一个图形按钮。

选中图形按钮，打开【属性】面板，如图 9-20 所示。

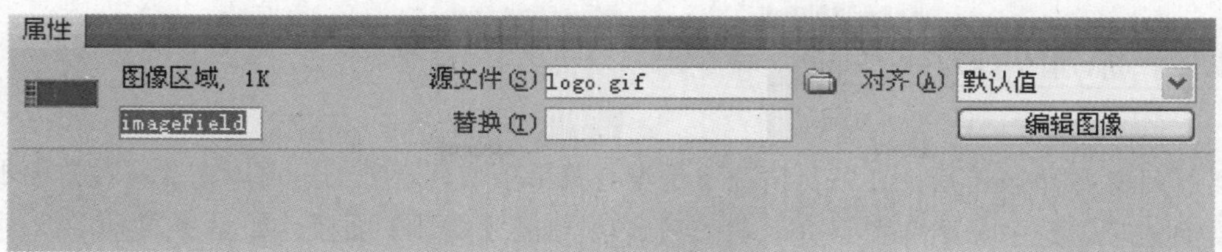

图 9-20　图形按钮的【属性】面板

在图像区域的【属性】面板中主要参数选项的具体作用如下。

- 【图像区域】文本框：输入图像域的名称。
- 【源文件】文本框：输入图像的 URL 地址，或单击其后的文件夹按钮，可选择图像文件。
- 【替换】文本框：输入图像替换文字，当浏览器不显示图像时，将显示该替换的文字。
- 【对齐】下拉列表框：选择图像的对齐方式。

9.4　插入列表和菜单表单对象

列表和菜单也是预定义选择对象的表单对象，使用它们可以在有限的空间内提供多个选项。列表也称为【滚动列表】，提供一个滚动条，允许访问者浏览多个选项，并进行多重选择。菜单也称为【下拉列表框】，仅显示一个选项，该项也是活动选项，访问者只能从菜单中选择一项。

9.4.1　插入列表/菜单表单对象

选择【插入】|【表单】|【列表/菜单】命令，即可在网页文档中插入列表/菜单表单，如图 9-21 所示。

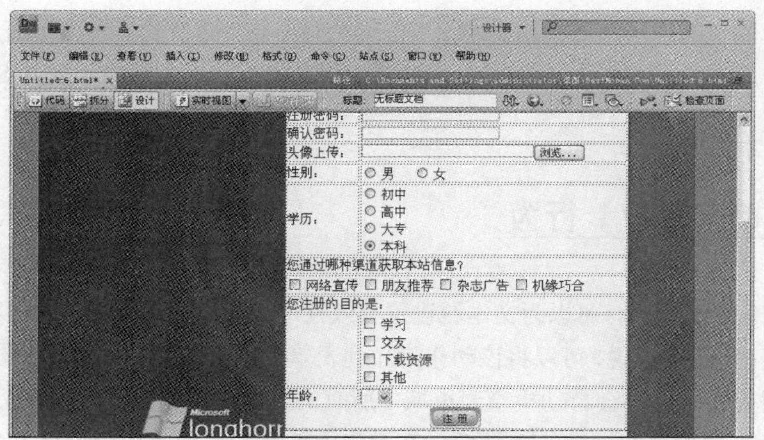

图 9-21　插入列表/菜单表单

9.4.2 添加列表/菜单项

插入列表/菜单表单后，在默认情况下是没有菜单项或列表项的，可以在【属性】面板中添加菜单/列表项。选中一个列表/菜单，打开列表/菜单的【属性】面板，如图 9-22 所示。

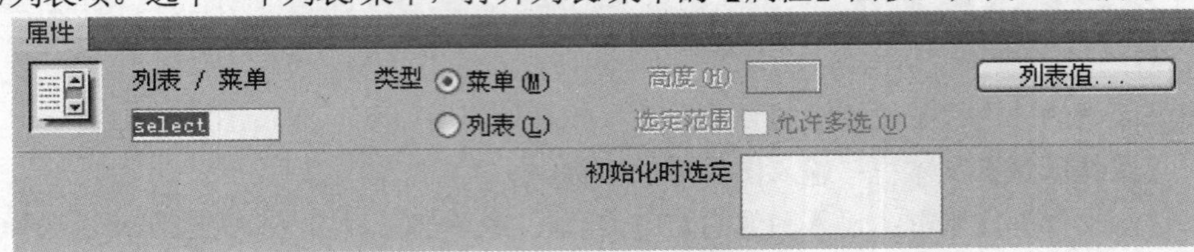

图 9-22 列表/菜单的【属性】面板

在列表/菜单【属性】面板中主要参数选项的具体作用如下。

- 【列表/菜单】文本框：输入【列表/菜单】的名称。
- 【类型】选项区域：选择【列表/菜单】的显示方式，包括【菜单】和【列表】两项。
- 【高度】文本框：输入列表框的高度，单位为字符。该项只有当选中了【列表】单选按钮后才可用。
- 【选定范围】复选框：设置列表中是否允许一次选中多个选项。该项只有当选中了【列表】单选按钮后才可用。
- 【初始化时选定】列表框：设置列表或菜单初始值。
- 【列表值】按钮：单击后打开【列表值】对话框，其中左边列为列表和菜单的项目标签，也就是显示在列表中的名称；右边是该项的值，也就是该项要传送到服务器的值。

9.5 检查表单

在包含表单的页面中填写相关信息时，当信息填写出错，会自动显示出错信息，这是通过检查表单来实现的。在 Dreamweaver CS4 中，可以使用【检查表单】行为和插入 Spry 验证对象检查表单。

9.5.1 【检查表单】行为

使用【检查表单】动作，可以为文本域设置有效性规则，检查文本域中的内容是否有效，以确保输入数据正确。一般来说，可以将该动作附加到表单对象上，并将触发事件设置为 onSubmit。当单击提交按钮提交数据时会自动检查表单域中所有的文本域内容是否有效。

单击【行为】选项卡面板上的 + 按钮，在弹出的菜单中选择【检查表单】命令，打开【检查表单】对话框，如图 9-23 所示。

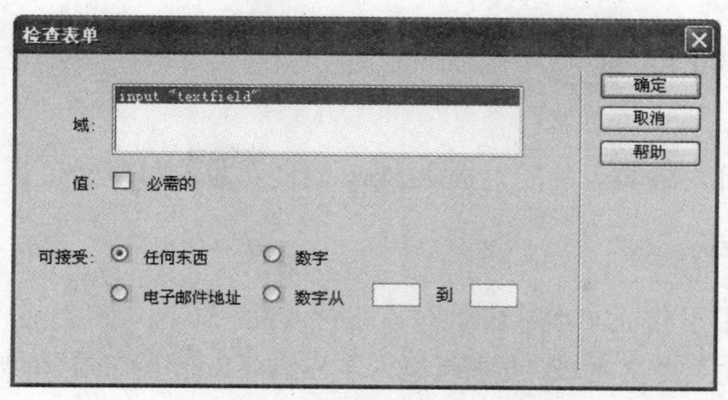

图 9-23　【检查表单】对话框

在【检查表单】对话框中主要参数选项的具体作用如下。

- 【域】列表框：用于选择要检查数据有效性的表单对象。
- 【值】复选框：用于设置该文本域中是否使用必填文本域。
- 【可接受】选项区域：用于设置文本域中可填数据的类型，可以选择 4 种类型。选择【任何东西】选项表明文本域中可以输入任意类型的数据；选择【数字】选项表明文本域中只能输入数字数据；选择【电子邮件地址】选项表明文本域中只能输入电子邮件地址；【数字从】选项可以设置可输入数字值的范围。这时可在右边的文本框中从左至右分别输入最小数值和最大数值。

【例 9-1】打开一个网页文档，添加【检查表单】行为。

(1) 打开一个网页文档。

(2) 选择【窗口】|【行为】命令，打开【行为】面板，单击【行为】选项卡面板上的+.按钮，在弹出的菜单中选择【检查表单】命令，打开【检查表单】对话框。

(3) 在【检查表单】对话框中的【域】列表框中显示了文档中插入的 3 个文本域。

(4) 选中 textfield 文本域，选中【必需的】复选框，选中【任何东西】单选按钮，设置该文本域是必需填写项，可以输入任何文本内容，如图 9-24 所示。

(5) 设置 textfield2 和 textfield3 文本域为必需填写项，可接受类型为数字，单击【确定】按钮，添加【检查表单】行为，如图 9-25 所示。

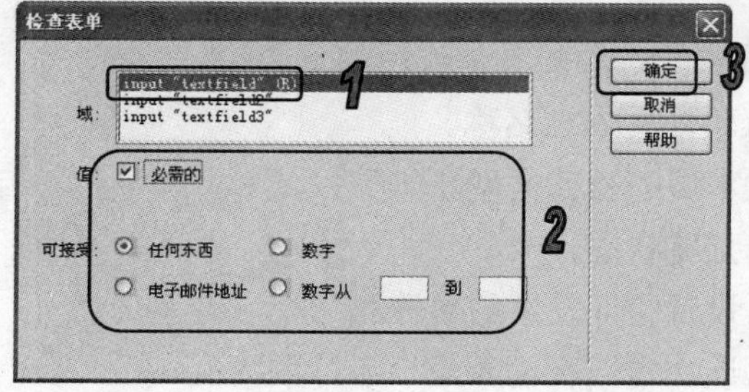

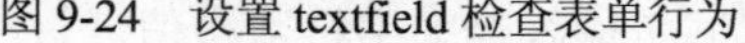

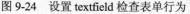

图 9-24　设置 textfield 检查表单行为

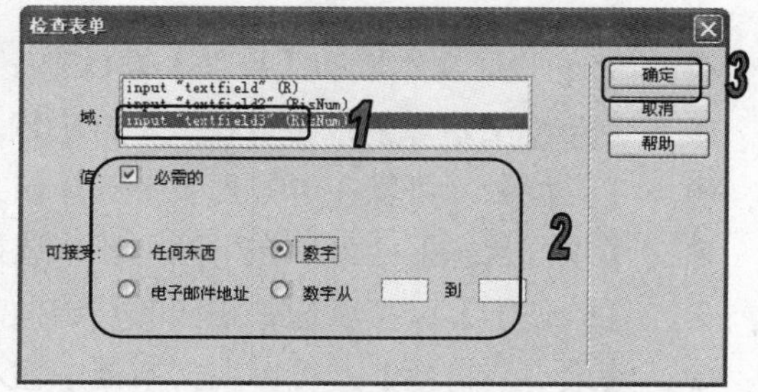

图 9-25　设置 textfield2 和 textfield3 检查表单行为

(6) 保存网页文档，按下 F12 键，在浏览器中预览网页文档。当未填写或填写有误时，会打开一个信息提示框，提示出错信息，如图 9-26 所示。

9.5.2 Spry 验证对象

Spry 验证对象是针对各类表单的，插入 Spry 验证对象，可以验证表单的有效性。

1. Spry 验证文本域

Spry 验证文本域用于验证文本域表单对象的有效性。

选中网页文档中的某个文本域，选择【插入】|Spry|【Spry 验证文本域】命令，即可添加 Spry 验证文本域，如图 9-27 所示。

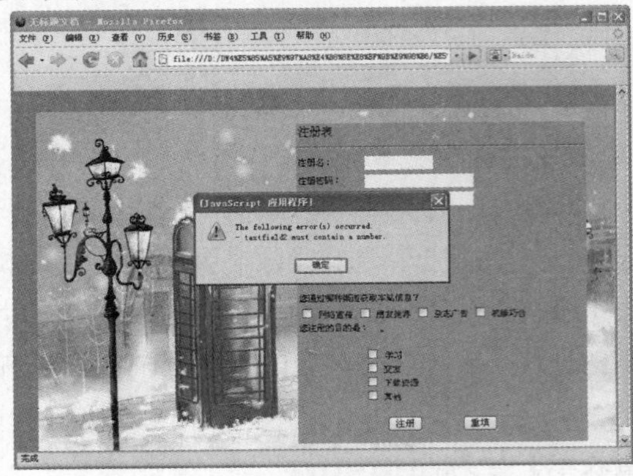

图 9-26　预览网页文档

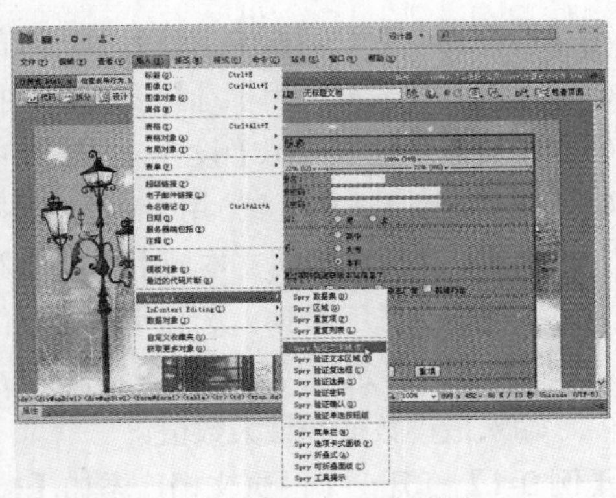

图 9-27　插入 Spry 验证对象

选中插入的 Spry 验证文本域，打开【属性】面板，如图 9-28 所示。

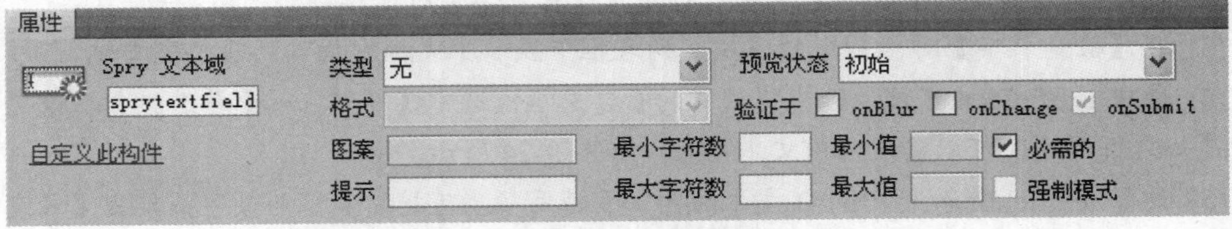

图 9-28　Spry 验证文本域的【属性】面板

有关 Spry 验证文本域的【属性】面板中主要参数选项的具体作用如下。

- 【Spry 文本域】：可以在文本框中输入验证文本域名称。
- 【类型】：可以在下拉列表中选择该文本域的验证类型。
- 【预览状态】：可以在下拉列表中选择预览状态。
- 【验证于】：可以选中相应的复选框，设置验证发生的事件。
- 【最小字符数】：可以在文本框中输入该文本域所输入最少字符数数值。
- 【最大字符数】：可以在文本框中输入该文本域所输入最多字符数数值。
- 【最小值】：设置当输入的字符数多于文本域所允许的最大字符数时的状态。
- 【最大值】：设置当输入的值大于文本域所允许的最大值时的状态。
- 【强制模式】：禁止在验证文本域中输入无效字符。

【例 9-2】打开一个网页文档，插入 Spry 验证文本域。

(1) 打开一个网页文档。

(2) 选中文档中的 textfield 文本域，选择【插入】|Spry|【Spry 验证文本域】命令，插入 Spry 验证文本域。

(3) 选中 Spry 验证文本域，打开【属性】面板，在【类型】下拉列表中选中【电子邮件地址】选项，在【预览状态】下拉列表中选中【必填】选项，在【提示】文本框中输入文本内容“输入正确 E-mail”，如图 9-29 所示。

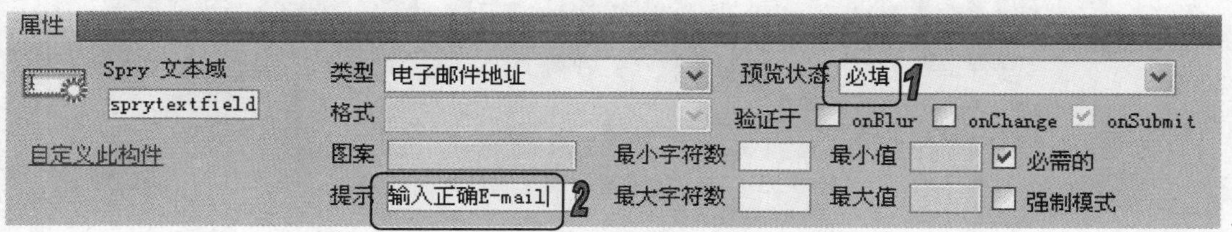

图 9-29　设置 Spry 验证文本域的属性

(4) 双击 Spry 验证文本域右侧的文本内容“必填”，进入编辑状态，输入文本内容“注册名未填写或有误”，如图 9-30 所示。

(5) 保存网页文档，按下 F12 键，在浏览器中预览网页文档。当未输入或输入错误的注册名时显示提示信息，如图 9-31 所示。

图 9-30　输入 Spry 验证文本域内容

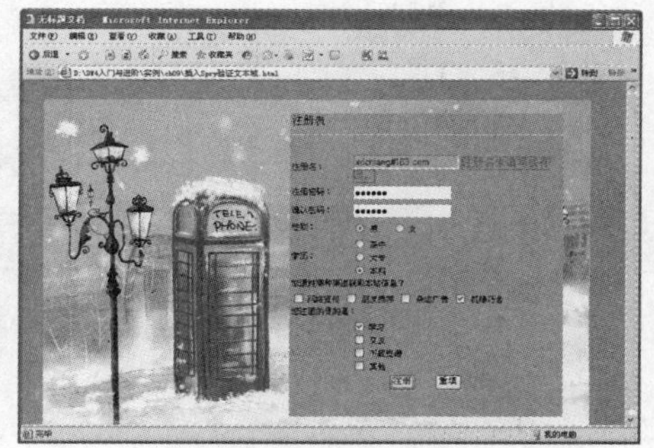

图 9-31　预览网页文档

2. Spry 验证复选框

Spry 验证复选框是 HTML 表单中的一个或一组复选框，用于验证复选框的有效性。

选中网页文档中的某个复选框，选择【插入】|Spry|【Spry 验证复选框】命令，即可添加 Spry 验证复选框。

选中插入的 Spry 验证复选框，打开【属性】面板，如图 9-32 所示。

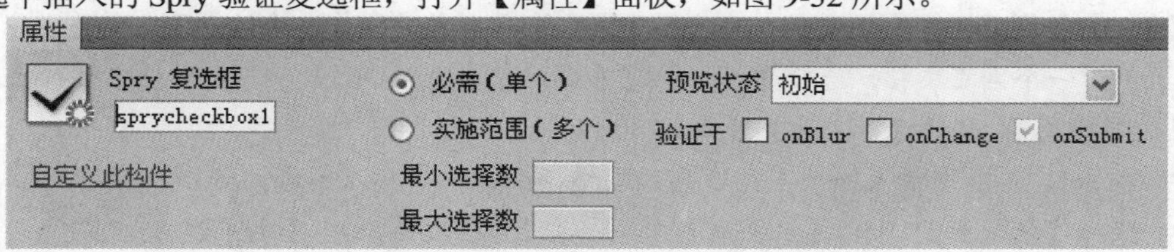

图 9-32　Spry 验证复选框的【属性】面板

在 Spry 验证复选框的【属性】面板中选中【实施范围】单选按钮，然后在【最小选择数】和【最大选择数】文本框中可以输入复选框最大和最小选中数。

3. Spry 验证密码

Spry 验证密码用于密码类型文本域。选中网页文档中的某个复选框，选择【插入】|Spry|【Spry 验证密码】命令，即可添加 Spry 验证密码。

选中插入的 Spry 验证密码，打开【属性】面板，如图 9-33 所示。

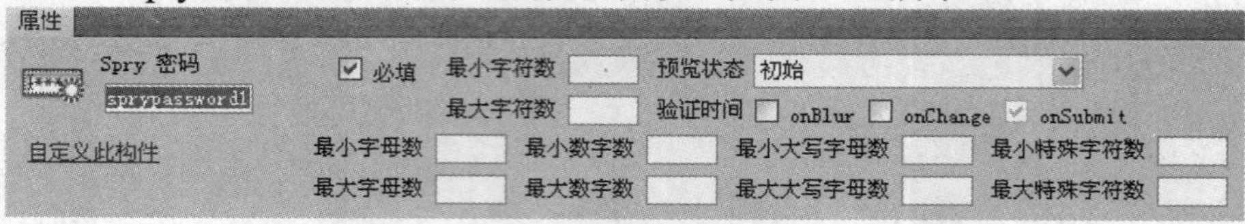

图 9-33　Spry 验证密码的【属性】面板

在 Spry 验证密码的【属性】面板中，主要参数选项的具体作用如下。

- 【最小字符数】：设置密码文本域输入的最小字符数。
- 【最大字符数】：设置密码文本域输入的最大字符数。
- 【最小字母数】：设置密码文本域输入的最小起始字母。
- 【最大字母数】：设置密码文本域输入的最大结束字母。

知识点

Spry 验证密码的【属性】面板中【最小数字数】、【最大数字数】、【最小大写字母数】、【最大大写字母数】、【最小特殊字符数】和【最大特殊字符数】都是用于设置密码文本域输入的不同类型范围。

9.6　上机练习

本章上机练习主要介绍了在网页文档中插入各类表单对象的方法，插入表单后，根据不同的表单对象，插入 Spry 验证对象验证表单。用户通过练习从而巩固本章所学知识。

9.6.1　制作注册表页面

【例 9-3】新建一个网页文档，在文档中插入表单对象，制作一个注册表。

(1) 新建一个网页文档，选择【插入】|【布局对象】|AP Div 命令，在文档中插入层。设置层的左边界距离为 50 像素，上边界距离为 30 像素。

(2) 在 apDiv1 层中插入一个 1 行 1 列的表格，在表格中插入图像，如图 9-34 所示。

(3) 选择【插入】|HTML|【水平线】命令，在表格下方插入一条水平线。

(4) 选择【插入】|【表单】|【表单】命令，插入一个表单域。

(5) 选择【插入】|【布局对象】|AP Div 命令，在 apDiv1 层中插入一个 apDiv2 嵌套层，在该嵌套层中插入一个 9 行 1 列的表格，在表格单元格中输入文本内容，如图 9-35 所示。

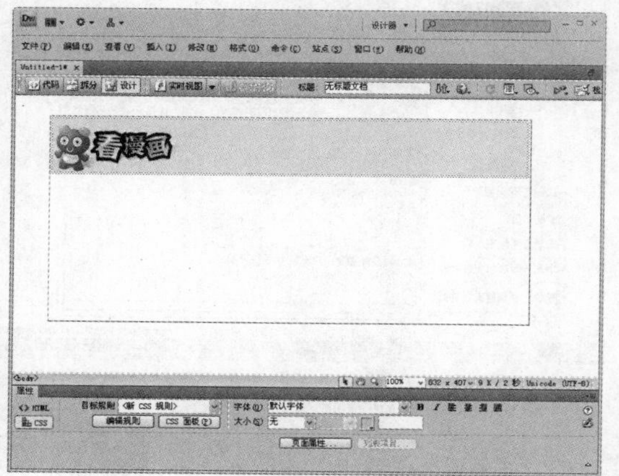

图 9-34　插入图像

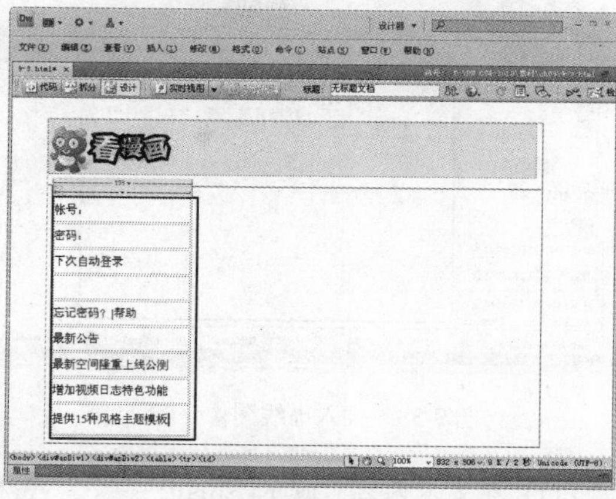

图 9-35　插入文本

(6) 在文本内容“帐号：”和“密码：”右侧分别插入一个单行文本域；在文本内容“下次自动登录”左侧插入一个复选框，在表格的 4 行 1 列单元格中插入一个图像域表单，如图 9-36 所示。

(7) 设置 textfield 文本域的字符宽度为 12；textfield2 文本域的类型为密码，字符宽度为 12；checkbox 复选框的初始状态为已勾选；最后设置文本内容对齐方式，如图 9-37 所示。

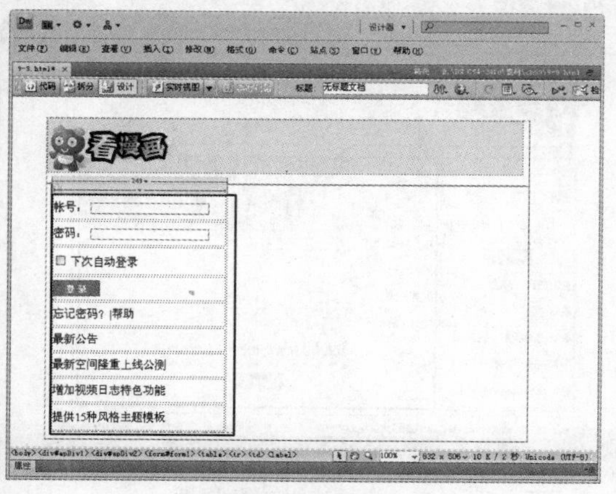

图 9-36　插入表单对象

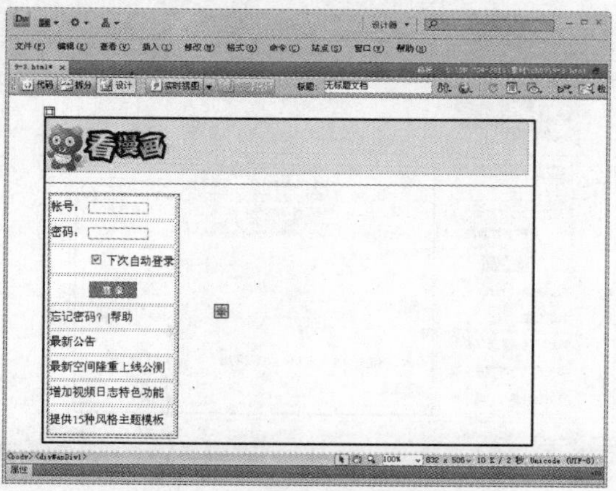

图 9-37　设置表单和文本属性

(8) 选择【插入】|【布局对象】|AP Div 命令，在 apDiv1 层中插入一个 apDiv3 嵌套层，在层中插入一个 1 行 2 列的表格，在表格中插入文本和图像，然后在表格下方插入一个虚线图像，如图 9-38 所示。

(9) 选择【插入】|【表单】|【表单】命令，插入一个表单域。

(10) 在表单域中插入一个 6 行 1 列的表格，在表格中输入文本内容，如图 9-39 所示。

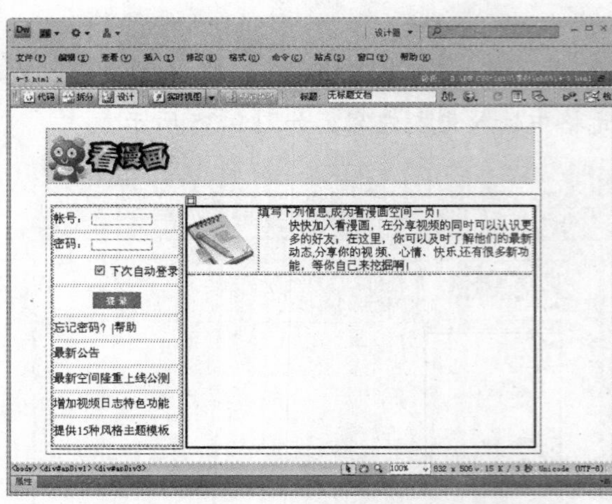

图 9-38　插入虚线图像

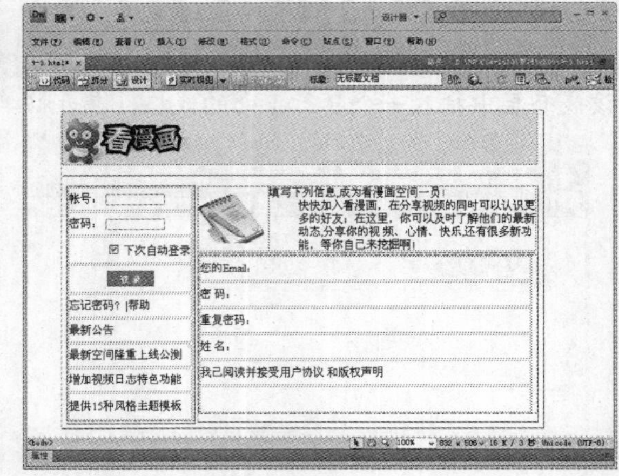

图 9-39　输入文本内容

(11) 在文本内容“您的 Email: ”、“密码: ”、“重复密码”、“姓名: ”右侧插入文本域；在文本内容“我已阅读并接受用户协议 和版权声明”左侧插入复选框；在表格的 6 行 1 列单元格中插入一个图像域，如图 9-40 所示。

(12) 设置 textfield3 文本域的字符宽度为 20，其余文本域的字符宽度都为 12，其中 textfield4 和 textfield5 文本域设置类型为密码；设置 checkbox2 复选框的初始状态为未选中，最后设置表单对象和文本内容对齐方式，如图 9-41 所示。

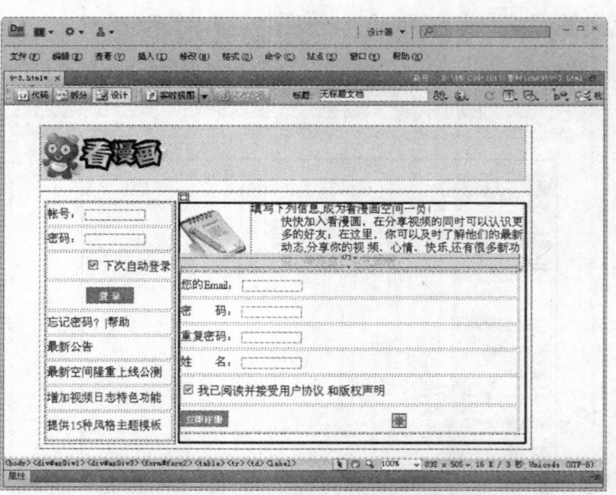

图 9-40　插入表单对象

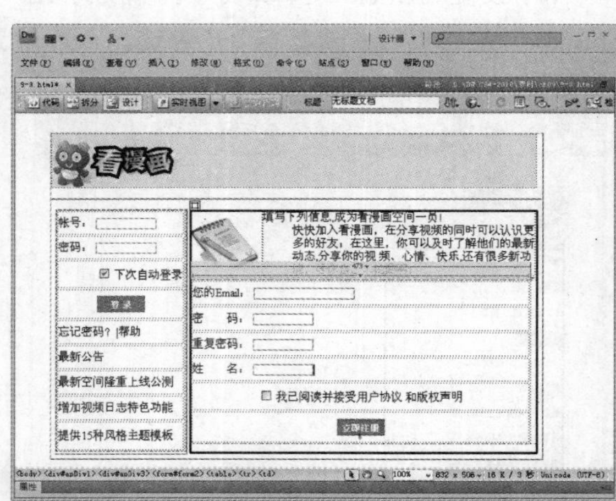

图 9-41　设置表单对象属性

(13) 选择【窗口】|【CSS 样式】命令，打开【CSS 样式】面板，右击面板，在弹出的快捷菜单中选择【附加样式表】命令，打开【链接外部样式表】对话框，选择一个外部样式表，单击【确定】按钮，应用外部样式表，如图 9-42 所示。

(14) 最后的注册页面如图 9-43 所示。

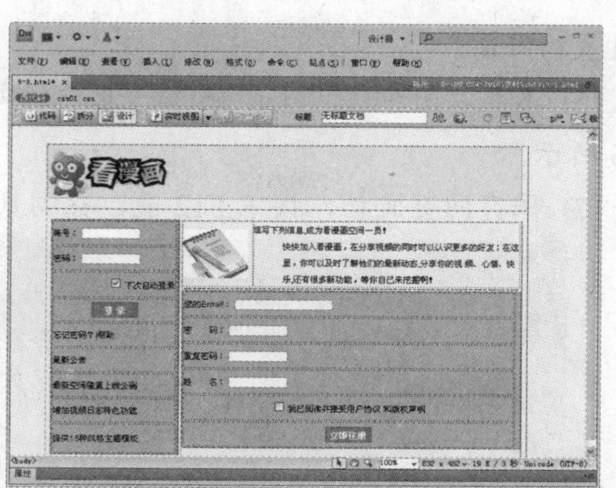

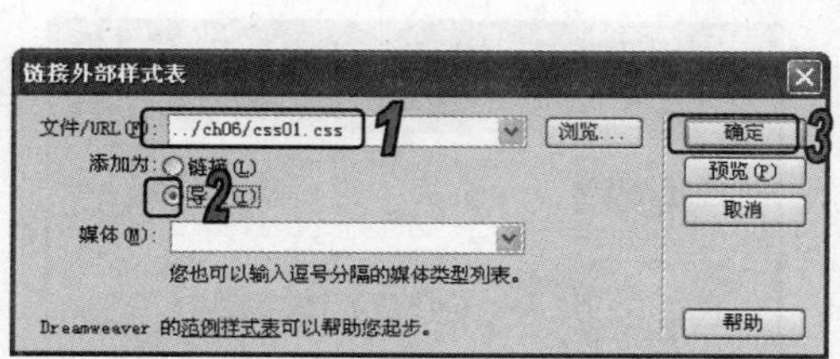

图 9-42　应用外部样式表　　　　图 9-43　注册页面效果

9.6.2　验证表单

【例 9-4】打开【例 9-3】的网页文档，插入 Spry 验证对象，验证网页文档中的表单对象。

(1) 打开【例 9-3】的网页文档，另存网页文档。

(2) 选中 textfield 文本域表单(文本内容“帐号”右侧单元格中的文本域表单)，选择【插入】|Spry|【Spry 验证文本域】命令，插入 Spry 验证文本域。

(3) 选中 Spry 验证文本域，打开【属性】面板，在【最小字符数】文本框中输入数值 4，在【最大字符数】文本框中输入数值 12，选中【必需的】复选框，如图 9-44 所示。

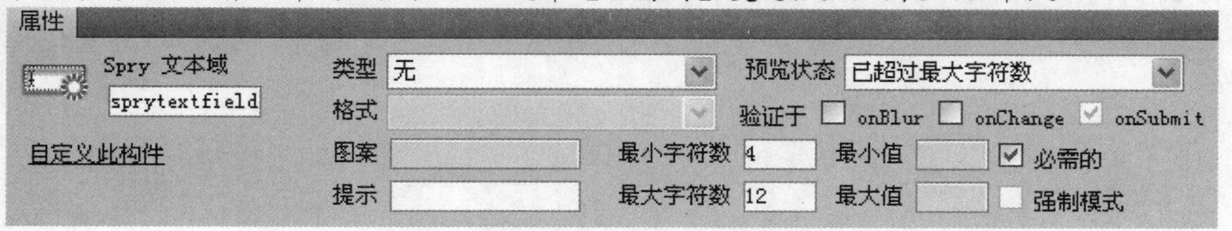

图 9-44　设置 Spry 验证文本域属性

(4) 选中 textfield2 文本域，选择【插入】|Spry|【Spry 验证密码】命令，插入 Spry 验证密码，打开【属性】面板，设置最多字符数为 12，类型为密码，如图 9-45 所示。

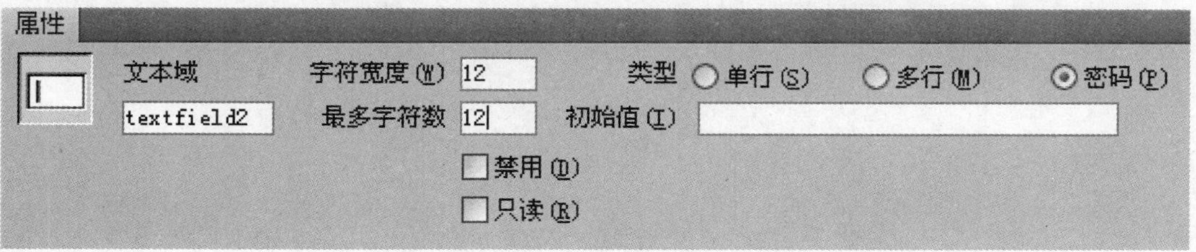

图 9-45　设置 textfield2 文本域属性

(5) 选中 checkbox 复选框，选择【插入】|Spry|【Spry 复选框】命令，插入 Spry 复选框，属

性设置为必需。

(6) 参照以上方法，设置 apDiv3 层中的文本域、密码域和复选框 Spry 验证表单对象，如图 9-46 所示。

(7) 保存网页文档，按下 F12 键，在浏览器中预览网页文档，如图 9-47 所示。

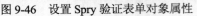

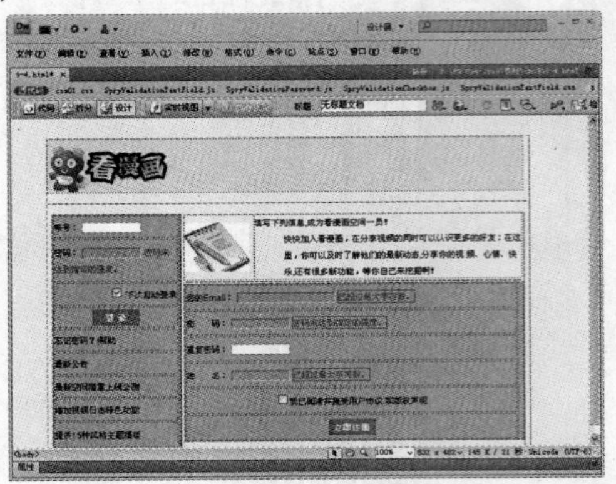

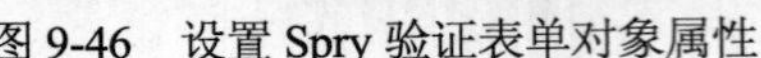

图 9-46　设置 Spry 验证表单对象属性

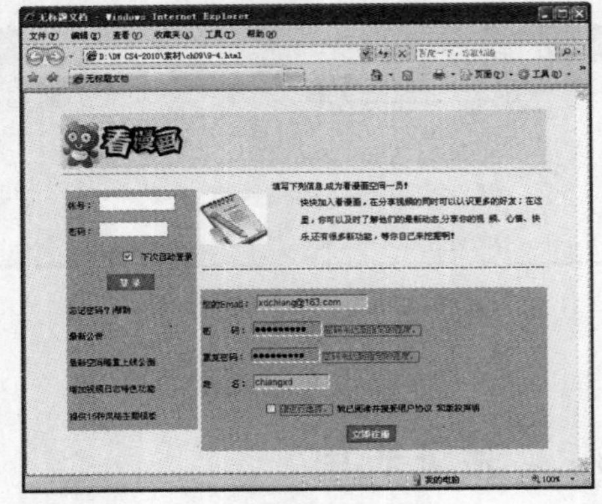

图 9-47　预览网页文档

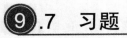

9.7　习题

1. 练习在文档中插入各个表单对象，制作一个问卷调查表。
2. 针对插入的各个表单对象进行 Spry 验证。

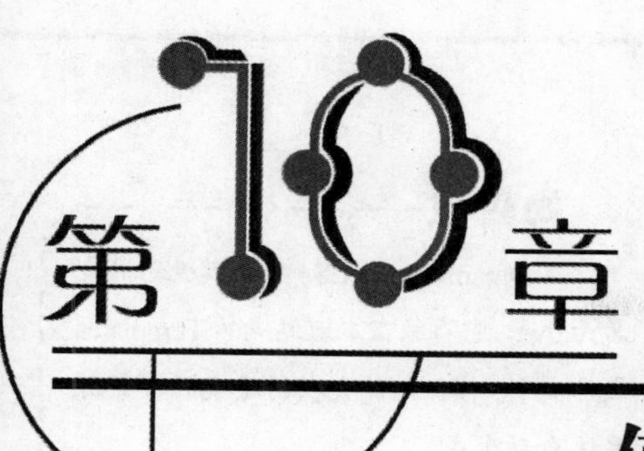

第10章 使用模板和库项目

学习目标

模板是统一站点网页风格的工具，在进行批量网页制作的过程中，为了站点的统一性，许多页面的布局都是相同的，可以将具有相同布局结构的页面制作成模板，将相同的元素制作成库项目，可以随时调用模板和库项目，减少重复操作，提高制作速度。本章主要介绍了有关模板和库项目的操作方法。

本章重点

- 使用模板
- 应用模板
- 使用库项目

10.1 使用模板

在 Dreamweaver CS4 中有多种创建模板的方法，可以创建空白模板，也可以创建基于现存文档的模板，除此之外，还可以将现有的 HTML 文档另存为模板，然后根据需要加以修改。

10.1.1 创建模板

模板其实就是一个 HTML 文档，只是在 HTML 文档中增加了模板标记。创建模板，也就是将一个网页文档另存为模板。打开一个网页文档。选择【文件】|【另存为模板】命令，打开【另存模板】对话框，如图 10-1 所示。在对话框的【站点】下拉列表中选择保存的模板站点，在【另存为】文本框中输入模板另存为名称，然后单击【保存】按钮，即可保存模板。保存的模板可以在站点中的 Templates 文件夹中找到。

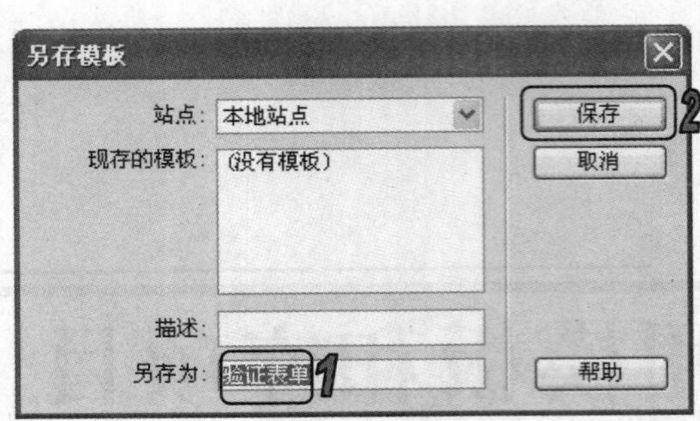

图 10-1 【另存模板】对话框

知识点

在 Dreamweaver CS4 中，模板的扩展名为.dwt，它存放在本地站点的 Templates 文件夹中。模板文件夹在创建模板时会由系统自动生成。

10.1.2 管理模板

创建好模板后，模板会在【资源】面板中显示。可以在【资源】面板中对模板进行管理，主要包括删除、修改、重命名模板等。

选择【窗口】|【资源】命令，打开【资源】面板，单击面板上的【模板】按钮，在模板列表框中会显示现有的模板，如图 10-2 所示。

1. 修改模板

双击【资源】面板中的模板名称，或者选中模板后，单击面板右下方的【编辑】按钮，打开该模板，然后进行编辑和修改，保存模板文档即可。

2. 删除模板

如果要删除模板，在模板列表中选中该模板，然后单击面板右下方的【删除】按钮，系统会打开一个信息提示框，如图 10-3 所示，要求选择是否删除模板，单击【是】按钮，即可删除模板。

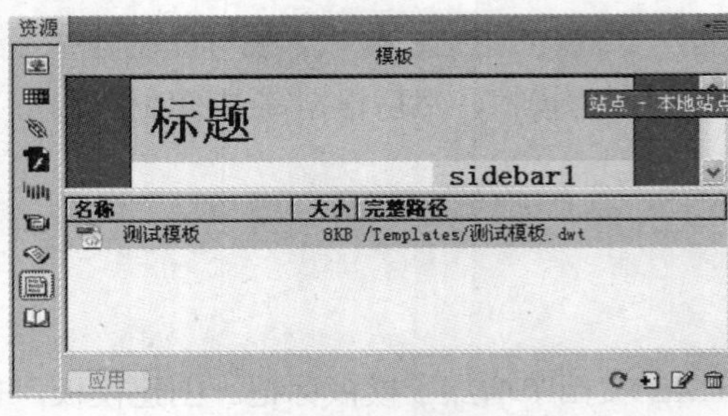

图 10-2 显示模板

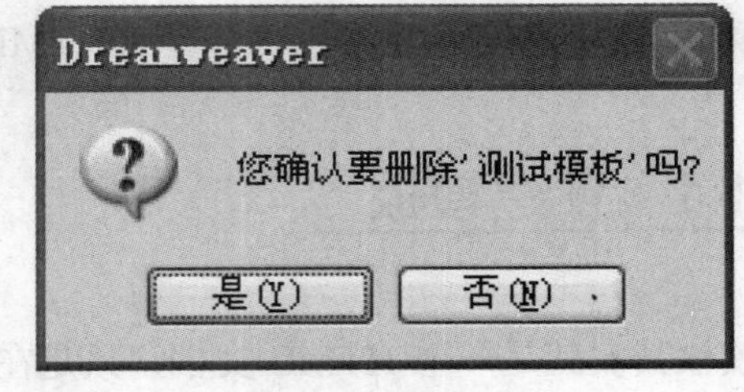

图 10-3 信息提示框

删除模板操作是不可以撤销的，删除后需要重新创建模板。

3. 重命名模板

右击所需重命名的模板，在弹出的快捷菜单中选择【重命名】命令，然后输入新的模板名称

即可。

10.1.3　创建嵌套模板

嵌套模板对于控制共享许多设计元素的站点页面中的内容很有用，但在各页之间有些差异。基本模板中的可编辑区域被传递到嵌套模板，并在根据嵌套模板创建的页面中保持可编辑，除非在这些区域中插入了新的模板区域。对基本模板所做的更改在基于基本模板的模板中自动更新，并在所有基于主模板和嵌套模板的文档中自动更新。

要创建嵌套模板，选择【文件】|【新建】命令。打开【新建文档】对话框，在左侧的列表框中选择【模板中的页】选项，在【站点】列表框中选择包含要使用的模板的站点，在【模板】列表框中选择要使用的模板来创建新文档，如图 10-4 所示，单击【创建】按钮。

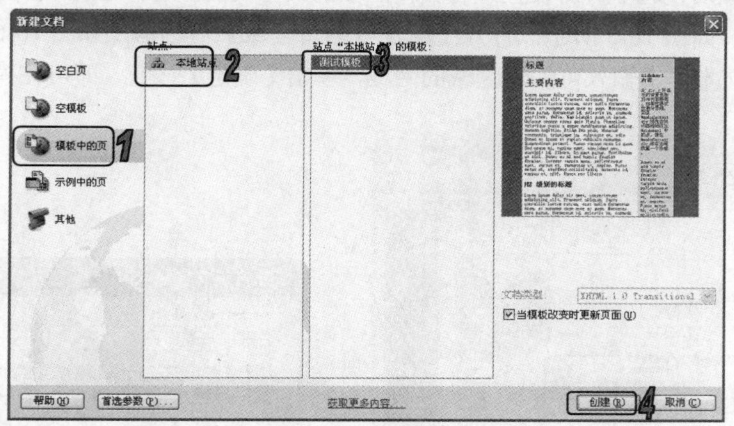

图 10-4　【新建文档】对话框

再次选择【文件】|【另存为模板】命令，即可创建嵌套模板。

10.1.4　定义模板区域

模板定义了文档的布局结构和大致框架，在使用模板时，一定要了解模板的两个区域，即非编辑区域和可编辑区域。

模板中创建的元素在基于模板的页面中通常是锁定区域，或称为非编辑区域，要编辑模板，必须在模板中定义可编辑区域。在使用模板创建文档时只能够改变可编辑区域中的内容，锁定区域在文档编辑过程中始终保持不变。

1. 模板区域的类型

前面对模板的非编辑区域和可编辑区域进行了简单介绍，此外，模板还有重复区域和可选区域。下面详细说明这 4 种类型区域的作用。

- 可编辑区域：基于模板的文档中未锁定的区域，也就是可以编辑的部分。可以将模板的任何区域指定为可编辑的。要使模板生效，其中至少应该包含一个可编辑区域；否则基于该模板的页面是不可编辑的。
- 重复区域：文档布局的一部分，设置该部分可以在基于模板的文档中添加或删除重复区域的副本。例如，可以设置重复一个表格行。
- 可选区域：模板中放置内容(如文本或图像)的部分，该部分在文档中可以出现也可以不出现。在基于模板的页面上，可以控制是否显示内容。
- 可编辑标签属性：用于对模板中的标签属性解除锁定，可以在基于模板的页面中编辑相应的属性。

2. 定义可编辑区域

打开一个模板后，选中所需设置为可编辑区域的文本内容，选择【插入】|【模板对象】|【可编辑区域】命令，如图 10-5 所示，打开【新建可编辑区域】对话框，如图 10-6 所示。

在【名称】文本框中输入可编辑区域的名称，单击【确定】按钮，即可在模板文档中创建一个可编辑区域。

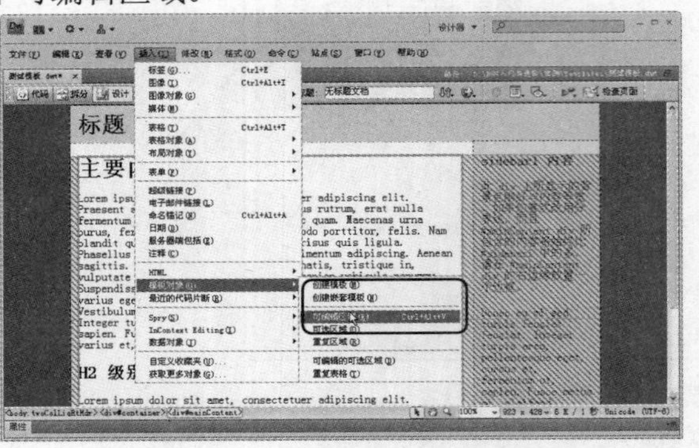

图 10-5　选择【插入】|【模板对象】|【可编辑区域】命令

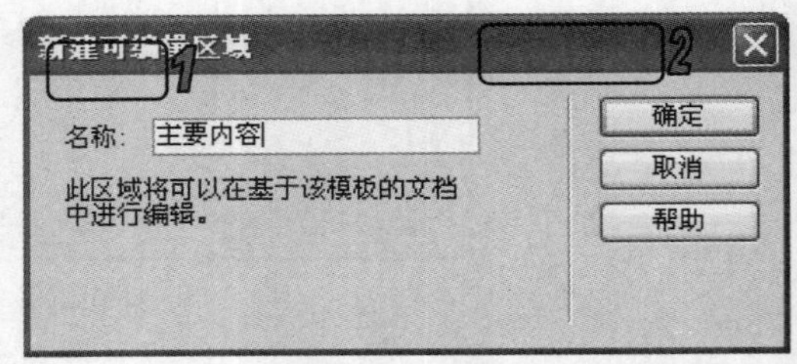

图 10-6　【新建可编辑区域】对话框

【例 10-1】新建一个网页，定义可编辑区域，另存为网页模板。

(1) 新建一个网页文档，选择【插入】|【布局对象】|AP Div 命令，插入一个层。

(2) 选中层，打开【属性】面板，设置左边界距离为 50 像素、上边界距离为 50 像素，大小为 600 × 800 像素，如图 10-7 所示。

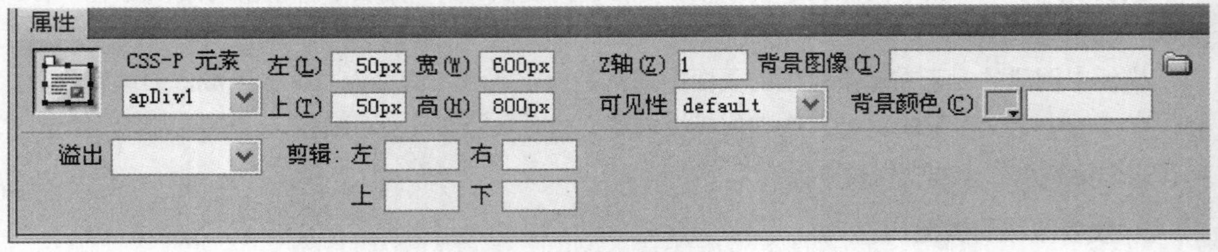

图 10-7　设置层的属性

(3) 将光标移至层中，选择【插入】|【表格】命令，插入一个 1 行 1 列的表格。

(4) 在表格中输入文本内容，选择【插入】|HTML|【水平线】命令，在表格下方插入一条水平线，如图 10-8 所示。

(5) 在水平线下方插入一个 1 行 1 列的表格，在表格中插入文本和图像元素。

(6) 选中图像，打开【属性】面板，设置对齐方式为左对齐，边框为 1。

(7) 创建 CSS 样式，设置文本元素属性。

(8) 右击文档空白区域，在弹出的快捷菜单中选择【页面属性】命令，打开【页面属性】对话框，设置背景颜色为灰色。返回文档，设置层背景颜色为白色。

(9) 选中网页文档中的标题文本内容，选中【插入】|【模板对象】|【可编辑区域】命令，打开【新建可编辑区域】对话框，在【名称】文本框中输入【标题】，单击【确定】按钮，即可创建【标题】可编辑区域，如图 10-9 所示。

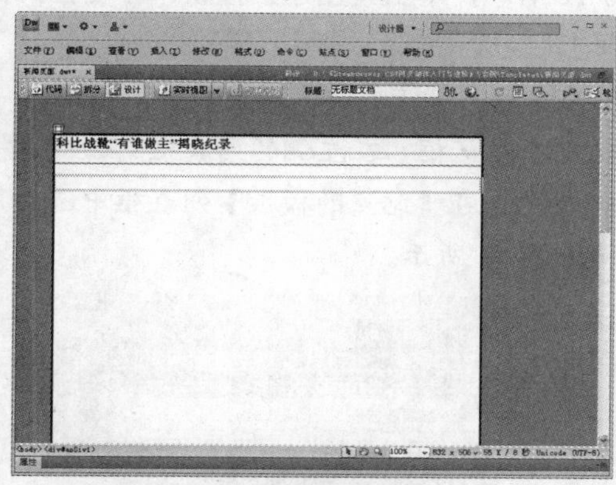

图 10-8　插入文本和水平线

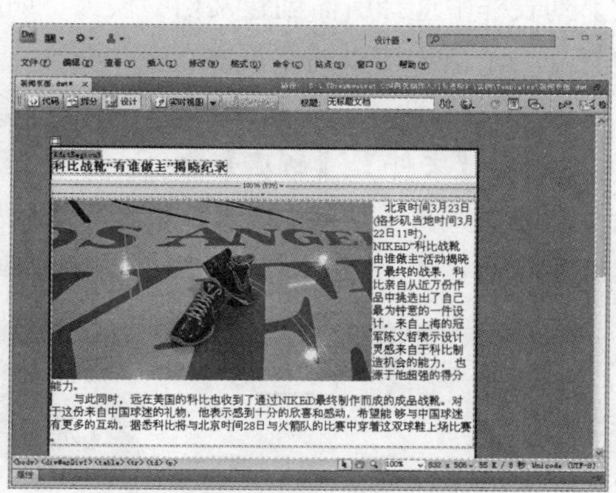

图 10-9　创建可编辑区域

(10) 重复操作，选中图像和正文文本内容，创建为【内容】可编辑区域，如图 10-10 所示。

(11) 选择【文件】|【另存为模板】命令，打开【另存模板】对话框，在【另存为】文本框中输入模板名称“新闻页面”，如图 10-11 所示，单击【保存】按钮，保存为模板。

图 10-10　创建可编辑区域

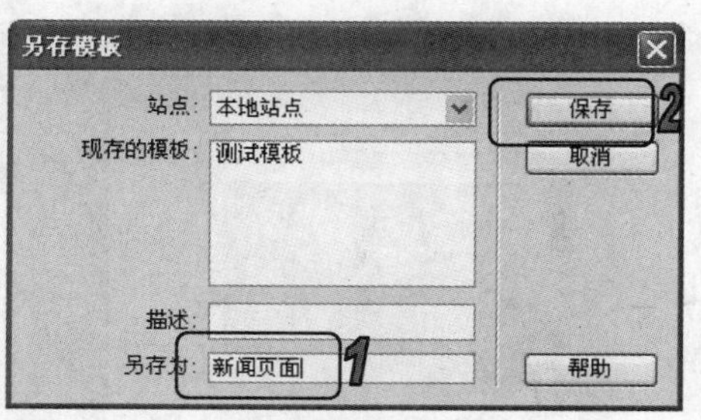

图 10-11　【另存模板】对话框

10.2 使用模板创建网页文档

在 Dreamweaver CS4 中，可以以模板为基础创建新的文档，或将一个模板应用于已有的文档。使用这样的方法创建网页文档，可以保持整个网站风格的统一性，并且大大提高制作效率。

10.2.1 创建基于模板的文档

要创建基于模板的新文档，选择【文件】|【新建】命令，打开【新建文档】对话框。在左侧的列表框中选择【模板中的页】选项，在【站点】列表框中选择模板所在的站点，在【站点的模板】列表框中选择所需创建文档的模板，如图 10-12 所示，单击【创建】按钮，即可在文档窗口中打开一个基于模板的新页面，在该页面中可以创建新的文档。

【例 10-2】新建一个模板网页，修改可编辑区域内容，制作另一个网页。

(1) 选择【文件】|【新建】命令，打开【新建文档】对话框。在左侧的列表框中选择【模板中的页】选项，在【站点】列表框中选择模板所在的站点，在【站点的模板】列表框中选择【新闻网页】模板，单击【创建】按钮，创建文档，如图 10-13 所示。

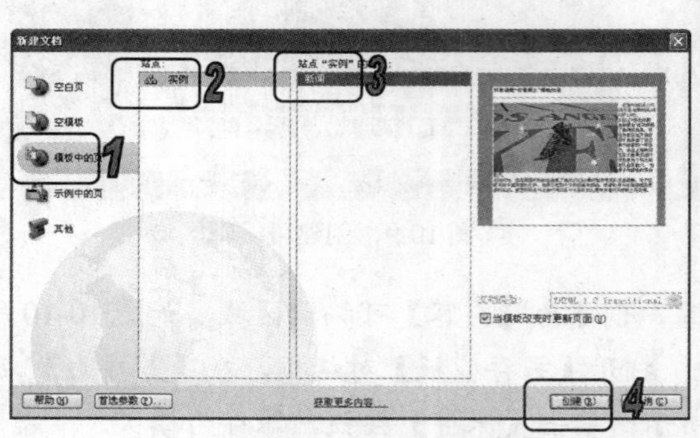

图 10-12 【新建文档】对话框

图 10-13 创建模板页面

(2) 将光标移至【标题】可编辑区域，修改标题内容，如图 10-14 所示。

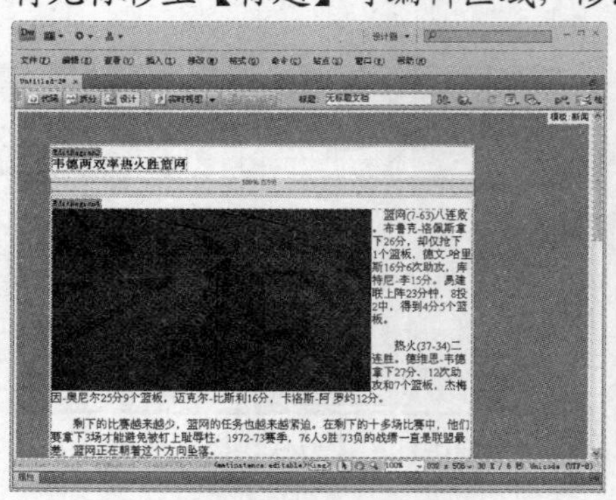

图 10-14 修改标题内容

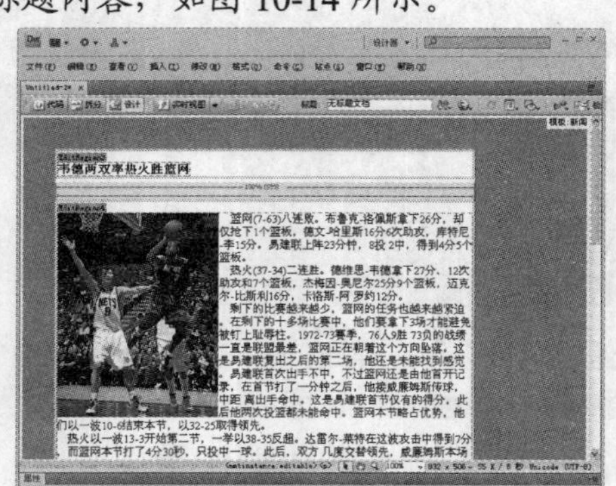

图 10-15 修改【内容】可编辑区域中的内容

(3) 重复操作，修改【内容】可编辑区域中的内容，如图 10-15 所示。

10.2.2 应用现有的模板

在 Dreamweaver CS4 中，可以在现有文档上应用已创建好的模板。要在现有文档上应用模板，首先在文档窗口中打开需要应用模板的文档，然后选择【窗口】|【资源】命令，打开【资源】面板，在模板列表中选中需要应用的模板，单击面板下方的【应用】按钮，此时会出现以下两种情况。

如果现有文档是从某个模板中派生出来的，则 Dreamweaver CS4 会对两个模板的可编辑区域进行比较，然后在应用新模板之后，将原先文档中的内容放入到匹配的可编辑区域中。

如果现有文档是一个尚未应用过模板的文档，将没有可编辑区域同模板进行比较，于是会出现不匹配情况，此时将打开【不一致的区域名称】对话框，如图 10-16 所示，这时可以选择删除或保留不匹配的内容，决定是否将文档应用于新模板。可以选择未解析的内容，然后在【将内容移到新区域】下拉列表框中选择要应用到的区域内容。

选择【修改】|【模板】|【应用模板到页】命令，打开【选择模板】对话框，如图 10-17 所示，选择模板所在的站点，以及要应用的模板名称，单击【选定】按钮，此时也将会出现上述两种情况。

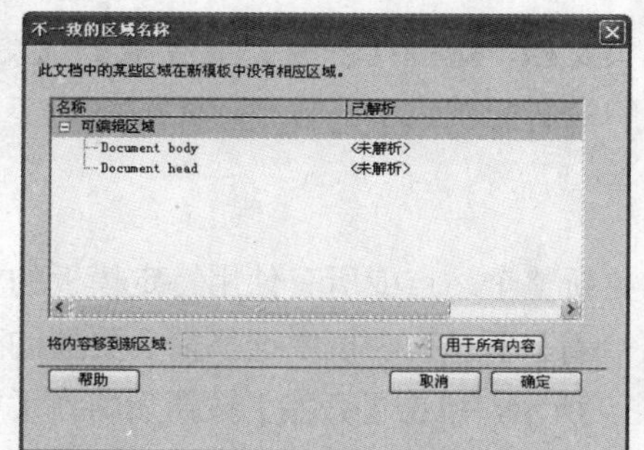

图 10-16 【不一致的区域名称】对话框

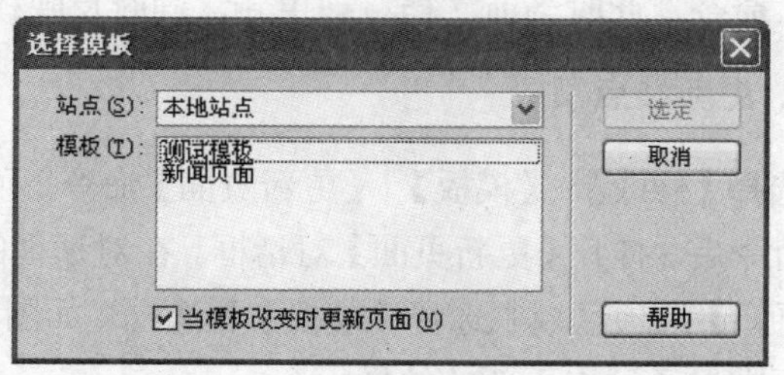

图 10-17 【选择模板】对话框

10.2.3 分离模板

用模板设计网页时，模板有很多的锁定区域(即不可编辑区域)。为了能够修改基于模板的页面中的锁定区域和可编辑区域内容，必须将页面从模板中分离出来。当页面被分离后，它将成为一个普通的文档，不再具有可编辑区域或锁定区域，也不再与任何模板相关联。因此，当文档模板被更新时，文档页面也不会随之更新。

要从模板中分离文档，可以选择【修改】|【模板】|【从模板中分离】命令，如图 10-18 所示。模板中的锁定区域将全部删除。

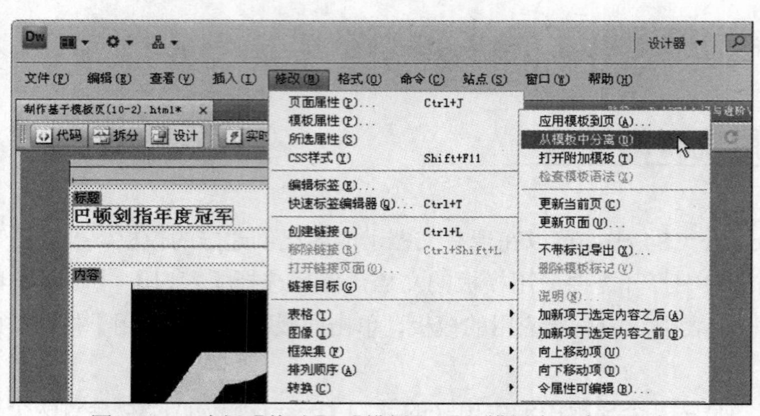

图 10-18 选择【修改】|【模板】|【从模板中分离】命令

10.2.4 更新模板页面

变更网页文档模板时，系统会提示是否更新基于该模板的文档，同时也可以使用更新命令来更新当前页面或整个站点。

1. 更新基于模板的文档

要更新基于模板的页面，打开一个基于模板的网页文档，选择【修改】|【模板】|【更新当前页】命令，此时当前文档将被更新，同时反映模板的最新面貌。

2. 更新站点模板

选择【修改】|【模板】|【更新页面】命令，可以更新整个站点或所有使用特定模板的文档。选择命令后，打开【更新页面】对话框。在对话框的【查看】下拉列表框中选择需要更新的范围，在【更新】选项区域中选择【模板】复选框，如图 10-19 所示，单击【开始】按钮后将在【状态】文本框中显示站点更新的结果。

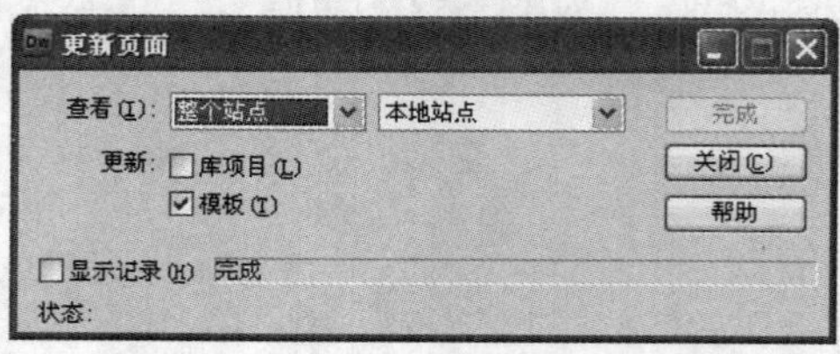

图 10-19 【更新页面】对话框

知识点

选择【窗口】|【资源】命令，打开【资源】面板，在模板列表中选中要更新的模板，右击并在弹出的菜单中选择【更新站点】命令，也可以更新基于模板的文档。

10.3 使用库项目

库用来存放文档中的页面元素，如图像、文本、Flash 动画等。这些页面元素通常被广泛使

用于整个站点，并且能被重复使用或经常更新，因此它们被称为库项目。

10.3.1　库项目的概念

库是一种特殊的文件，它包含可添加到网页文档中的一组单个资源或资源副本。库中的这些资源称为库项目。库项目可以是图像、表格或 SWF 文件等元素。当编辑某个库项目时，可以自动更新应用该库项目的所有网页文档。

在 Dreamweaver CS4 中，库项目存储在每个站点的本地根文件夹下的 Library 文件夹中。可以从网页文档中选中任意元素来创建库项目。对于链接项，库只存储对该项的引用。原始文件必须保留在指定的位置，这样才能使库项目正确工作。

使用库项目时，在网页文档中会插入该项目的链接，而不是项目原始文件。如果创建的库项目附加行为的元素时，系统会将该元素及事件处理程序复制到库项目文件。但不会将关联的 JavaScript 代码复制到库项目中，不过将库项目插入文档时，会自动将相应的 JavaScript 函数插入该文档的 head 部分。

提示

如果手动输入 JavaScript 代码，则在使用【调用 JavaScript】行为执行代码可以将代码包含在库项目中。如果不使用 Dreamweaver 行为来执行代码，代码将不会保留在库项目中。此外，库项目不能包含样式表，因为这些元素的代码包含在 head 部分。

10.3.2　创建库项目

在 Dreamweaver CS4 文档中，可以将网页文档中的任何元素创建为库项目，这些元素包括文本、图像、表格、表单、插件、ActiveX 控件以及 Java 程序等。

要将元素保存为库项目，选中要保存为库项目的元素，选择【修改】|【库】|【增加对象到库】命令，即可将对象添加到库中。选择【窗口】|【资源】命令，打开【资源】面板，单击【库】按钮，在该面板中显示添加到库中的对象，如图 10-20 所示。

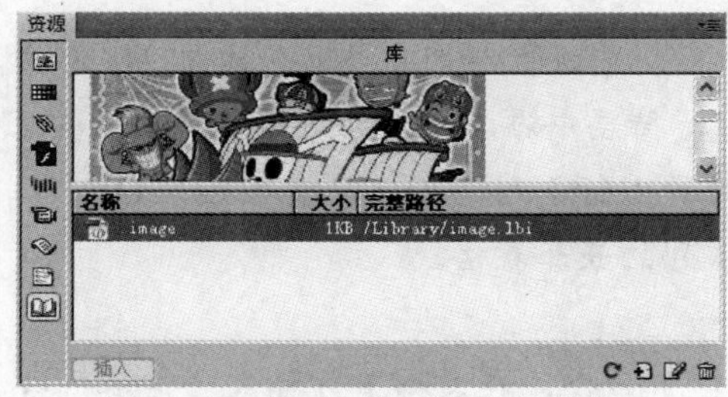

图 10-20　显示添加到库中的对象

提示

在文档中选中元素，直接拖动元素到【资源】面板中，也可以将该元素添加到库中。

10.3.3 编辑库项目

在 Dreamweaver CS4 中，可以方便地编辑库项目。在【资源】面板中选择创建的库项目后，可以直接拖动到网页文档中。

选中网页文档中插入的库项目，打开【属性】面板，如图 10-21 所示。

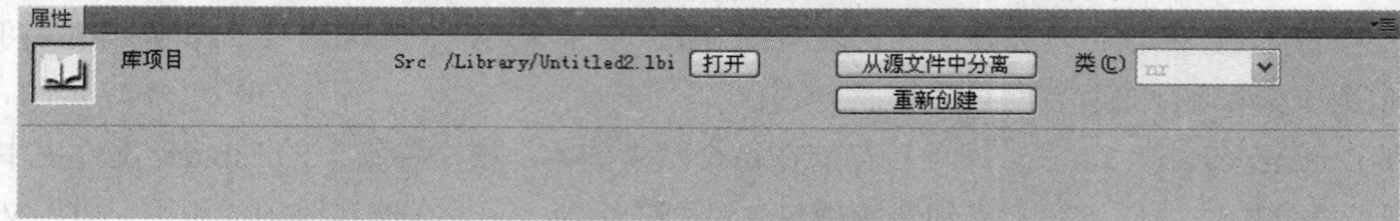

图 10-21 库项目的【属性】面板

在库项目的【属性】面板中主要参数选项的具体作用如下。

- 【打开】按钮：单击该按钮，打开一个新文档窗口，可以对库项目进行各种编辑操作。
- 【从源文件中分离】按钮：用于断开所选库项目与其源文件之间的链接，使库项目成为文档中的普通对象。当分离一个库项目后，该对象不再随源文件的修改而自动更新。
- 【重新创建】按钮：用于选定当前的内容并改写原始库项目，使用该功能可以在丢失或意外删除原始库项目时重新创建库项目。

10.4 上机练习

本章上机练习主要介绍了添加库项目，创建网页模板，创建基于模板的网页，应用库项目。用户通过练习从而巩固本章所学知识。

10.4.1 制作模板网页

【例 10-3】新建一个网页文档，插入元素，定义可编辑区域，制作模板网页。

(1) 新建一个网页文档，选择【插入】|【布局对象】|AP Div 命令，在网页文档中插入一个 apDiv1 层。

(2) 选中层，打开【属性】面板，在【属性】面板中设置层的左边界距离为 50 像素，上边界距离为 30 像素，宽度为 800 像素，高度先自定，待层中添加元素后最后设置。

(3) 在层中插入一个 1 行 2 列的表格，在表格的 1 行 1 列单元格中插入 LOGO 图像。

(4) 在表格 1 行 2 列单元格中插入一个 1 行 4 列的嵌套表格。

(5) 在嵌套表格中插入图像对象。

(6) 选中表格，选择【插入】|HTML|【水平线】命令，在表格下方插入一条水平线，如图 10-22 所示。

(7) 在层中插入一个嵌套层，在嵌套层中插入一个 11 行 1 列的表格。

(8) 在表格 1 行 1 列中插入一个 1 行 2 列的嵌套表格，在嵌套表格单元格中插入图像和文本元素。

(9) 在表格其他单元格中插入文本元素，如图 10-23 所示。

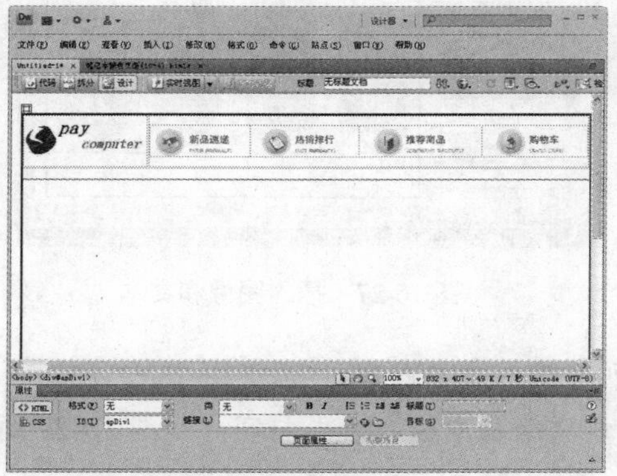

图 10-22　插入图像

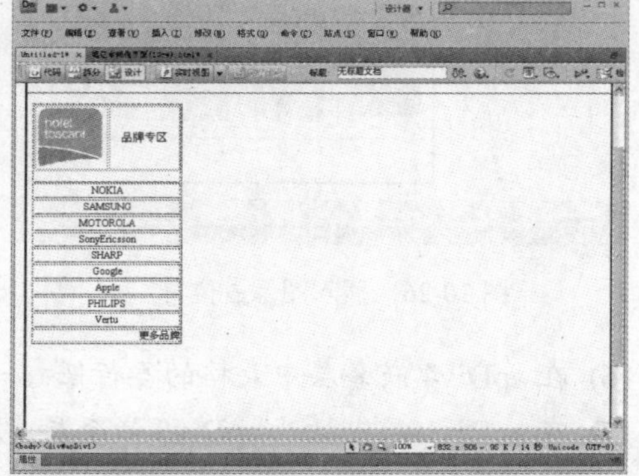

图 10-23　插入文本

(10) 继续在层中插入一个 apDiv3 嵌套层，设置层合适属性。

(11) 在 apDiv2 嵌套层中插入一个 1 行 1 列的表格，在表格中插入图像元素。选中表格，选择【插入】|HTML|【水平线】命令，在表格下方插入水平线，如图 10-24 所示。

(12) 在水平线下方插入一个 3 行 4 列的表格，将光标移至表格 1 行 1 列中，选择【插入】|【图像对象】|【图像占位符】命令，打开【图像占位符】对话框。

(13) 在【宽度】和【高度】文本框中分别输入数值 100 和 75，如图 10-25 所示，单击【确定】按钮，插入一个 100×75 像素大小的图像占位符。

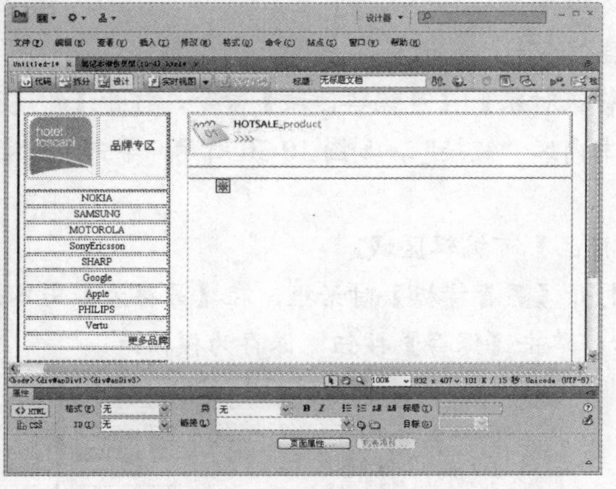

图 10-24　插入水平

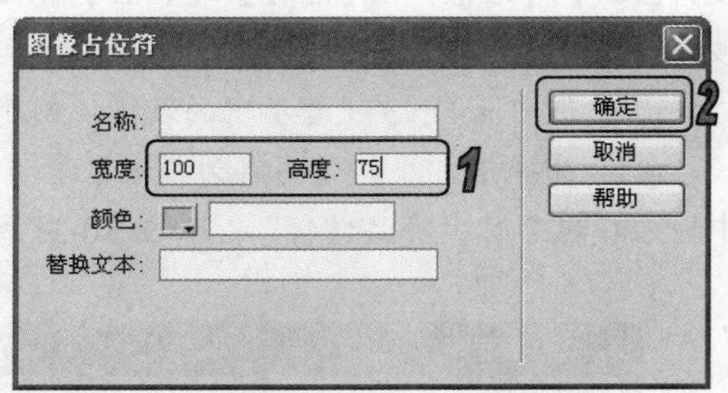

图 10-25　【图像占位符】对话框

(14) 重复操作，在表格其他单元格中插入图像占位符，如图 10-26 所示。

(15) 在 apDiv1 层中插入 apDiv4 嵌套层，在嵌套层中插入 3 行 1 列的表格，在表格各单元格中插入图像和文本内容，如图 10-27 所示。

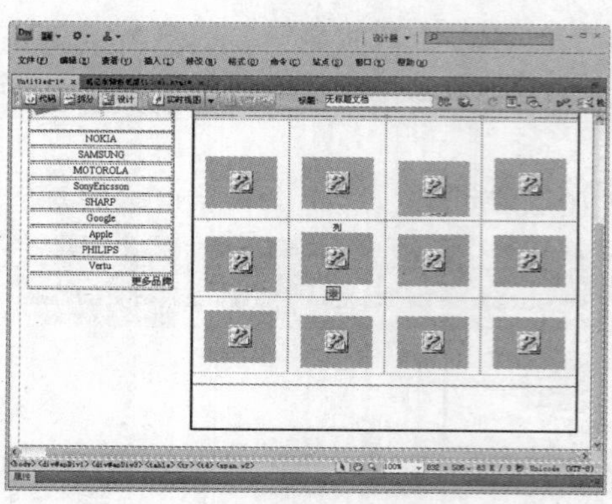

图 10-26　插入图像占位符

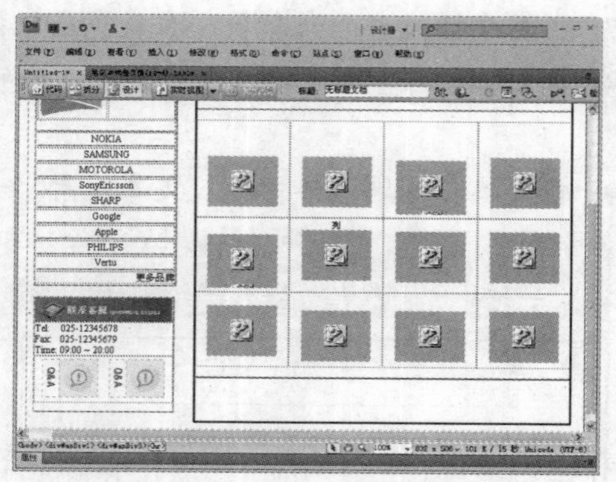

图 10-27　插入图像和文本

(16) 在 apDiv4 嵌套层中表格的各行任意一列中输入文本内容，如图 10-28 所示。

(17) 在 apDiv1 层中插入 apDiv5 嵌套层，在该嵌套层中输入文本内容，如图 10-29 所示。

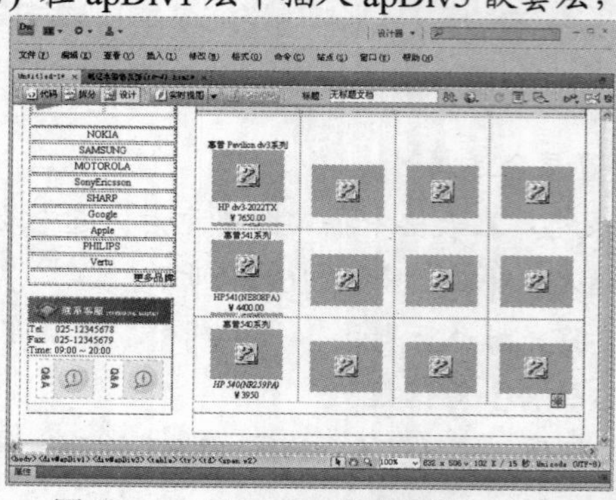

图 10-28　在 apDiv4 嵌套层输入文本

图 10-29　在 apDiv5 嵌套层输入文本

(18) 设置文档中文本元素合适属性，调整层合适大小和位置。

(19) 选中 apDiv2 嵌套层，选择【插入】|【模板对象】|【可编辑区域】命令，打开【新建可编辑区域】对话框。在【名称】文本框中输入文本内容“链接”，如图 10-30 所示，单击【确定】按钮，创建【链接】可编辑区域。

(20) 选中 apDiv3 嵌套层中的表格，创建【产品】可编辑区域。

(21) 选择【文件】|【另存为模板】命令，打开【另存模板】对话框，在【另存为】文本框中输入模板名称“产品销售”，如图 10-31 所示，单击【保存】按钮，保存为模板。

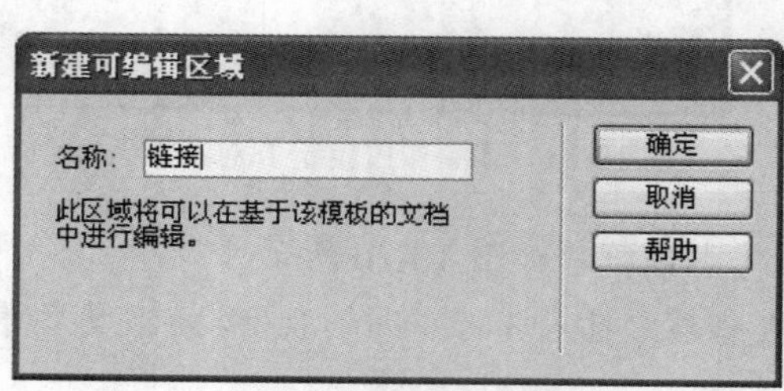

图 10-30　创建可编辑区域

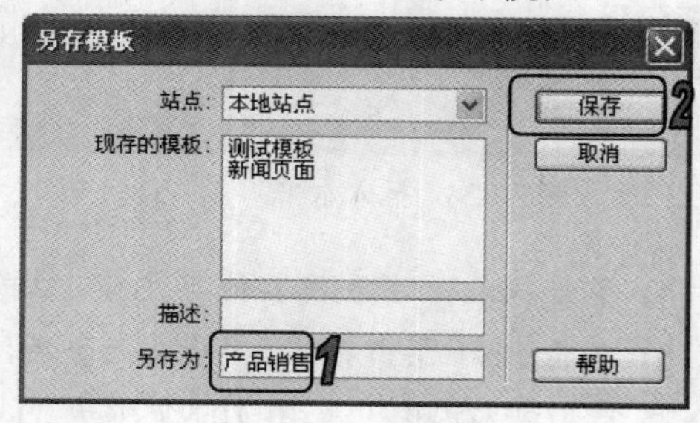

图 10-31　保存网页模板

10.4.2　添加库项目

【例 10-4】新建一个网页文档，添加库项目，然后将库项目应用于创建的基于模板的网页文档。

(1) 新建一个网页文档，在网页文档中插入一个 4 行 3 列的表格。

(2) 在表格 1 行 1 列单元格中插入图像，如图 10-32 所示。

(3) 在图像上方和下方输入文本内容，设置文本内容合适属性，如图 10-33 所示。

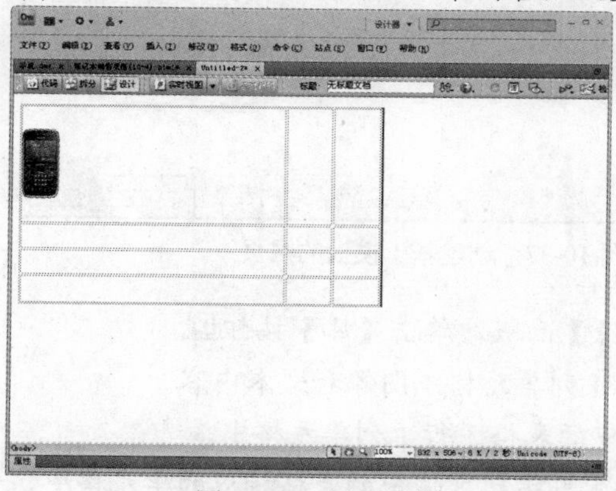

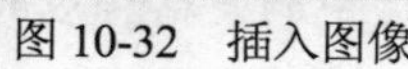

图 10-32　插入图像

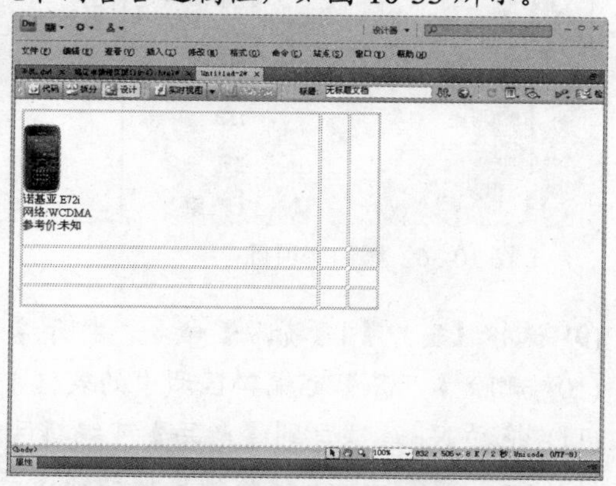

图 10-33　设置文本合适属性

(4) 在表格其他单元格中插入图像和文本元素，设置水平对齐方式为居中对齐，如图 10-34 所示。

(5) 选中表格 1 行 1 列中的图像和文本内容，选择【修改】|【库】|【增加对象到库】命令，打开【资源】面板，输入添加的库项目名称 N1，如图 10-35 所示。

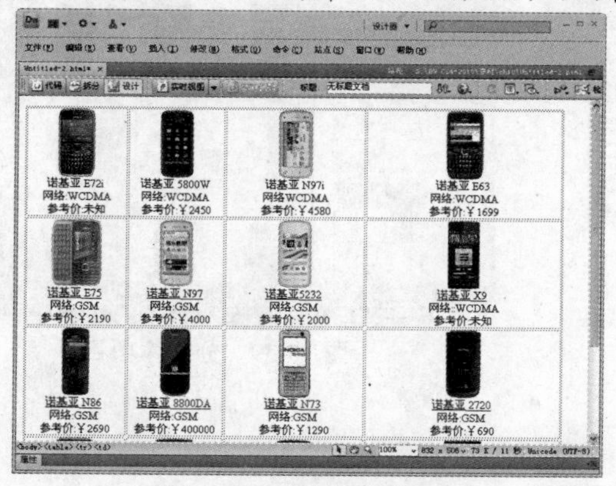

图 10-34　对齐元素

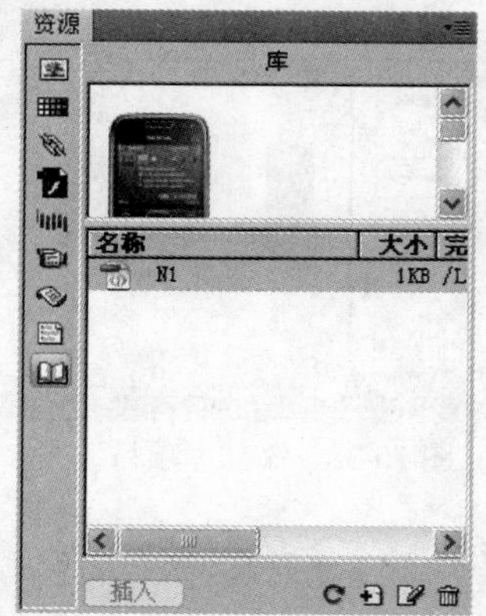

图 10-35　输入库项目名称

(6) 重复操作，将表格其他单元格中的图像和文本内容添加为库项目，如图 10-36 所示。

(7) 选择【文件】|【新建】命令，打开【新建】对话框。

(8) 在左侧的列表框中选中【模板中的页】选项，在【站点】列表框中选中【本地站点】选项，在【站点的模板】列表框中选中【手机】选项，单击【创建】按钮，创建基于【手机】模板

的网页文档，如图 10-37 所示。

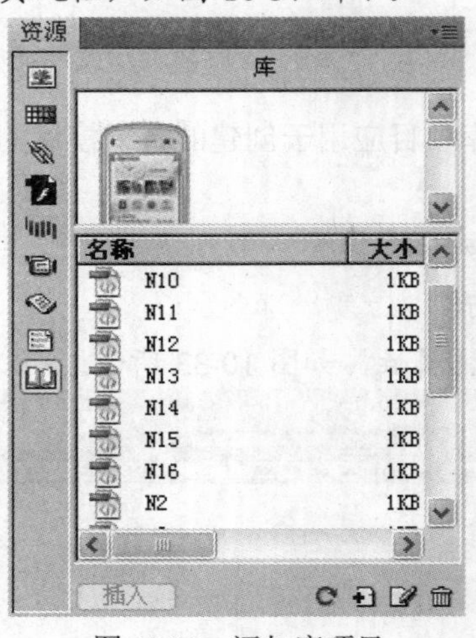

图 10-36　添加库项目

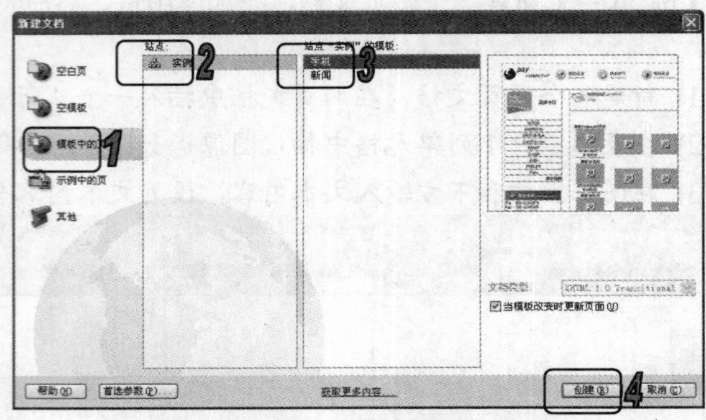

图 10-37　创建基于模板的网页

(9) 选择【窗口】|【资源】命令，打开【资源】面板，单击【库】按钮。

(10) 删除【产品】可编辑区域中的表格 1 行 1 列单元格中图像和文本内容。

(11) 拖动 N1 库项目到【产品】可编辑区域中的表格 1 行 1 列单元格中。

(12) 重复操作，将其他库项目拖动到【产品】可编辑区域中的表格相应的单元格中，如图 10-38 所示。右击任意一个库项目，打开【属性】面板，单击【从源文件中分离】按钮，分离库项目，如图 10-39 所示。

图 10-38　添加库项目

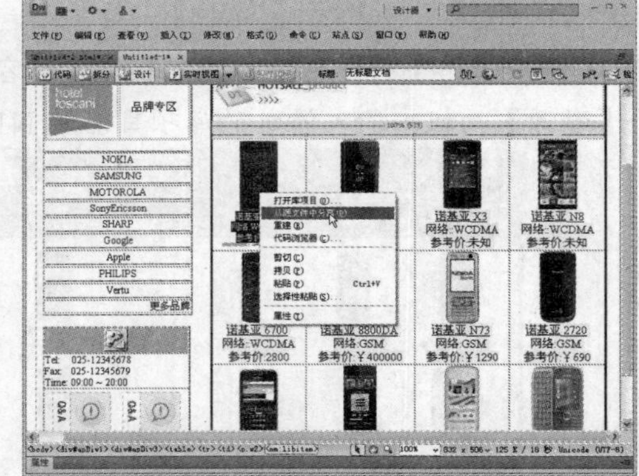

图 10-39　分类库项目

(13) 保存网页文档。

10.5　习题

1. 模板有哪 4 种类型的模板区域？

2. 创建一个网页，保存为模板，创建可编辑区域，将该模板应用到一个新建网页。

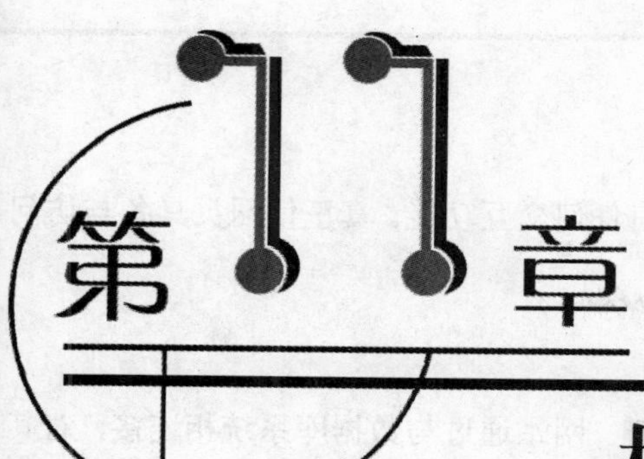

第11章 构建动态网页环境

学习目标

动态网页是建立在B/S(浏览器/服务器)架构上的服务器端脚本程序。动态页面是结合后台数据库，自动更新的Web页面。本章主要介绍了动态网页的一些基础知识，构建ASP网页开发环境，连接数据库，定义记录集和绑定动态数据的方法。为深入学习动态网页的制作打下坚实的基础。

本章重点

- ◎ 动态网页基础知识
- ◎ 搭建本地服务器平台
- ◎ 创建Access数据库
- ◎ 连接Access数据库
- ◎ 定义记录集
- ◎ 绑定动态数据

11.1 动态网页基础知识

动态网页称为Web应用程序，主要用于网站与访问者之间的交互。动态网页通常都会与数据库结合起来，数据库可以看作是动态网页的内容源，在将数据显示在网页中之前，动态站点需要从该内容源中提取数据。

网页的处理技术经历了两个重要阶段：客户端网页和服务器端网页。其中，客户端网页又称为静态网页，服务器端网页又称为动态交互式网页。

1. 客户端网页

早期的网页采用的都是客户端网页技术，这种网页不具备与访问者进行交互的功能，只能被动地向读者传递信息。

2. 服务端网页

客户端动态网页除了使页面变得花哨一些以外，没有任何交互功能。真正使网页具备与访问者进行交互能力的是服务器端网页。

3. 数据库网页

数据库系统的导入，是服务器端网页技术发展的关键。网站通过与数据库系统相连接，对其中数据进行存取，创建和设置以数据展示为基础的交互式网页。需要注意的是：应用程序服务器本身不能直接与数据库进行通信，必须借助数据库驱动程序。

数据库驱动程序是在应用程序服务器和数据库之间充当解释器的软件。驱动程序建立通信后，通过指令对数据库执行查询并创建一个记录集，并将该记录集返回给应用程序服务器，应用程序服务器通过该数据完成页面的展示。例如指令“SELECT name，gender，fitpoints FROM employees”的作用是创建一个 3 列的记录集，并且包含所有员工的姓名、性别和积分。

数据库网页的工作原理是用户端浏览器请求动态页；网站服务器查找到该页面并将其传递给应用程序服务器；应用程序服务器查找该页中指令；应用程序服务器将查询发送到数据库驱动程序；数据库驱动程序对数据库进行查询；记录被返回给数据库驱动程序；数据库驱动程序将记录集返回给应用程序服务器；应用程序服务器将数据插入到网页文档中，然后将该页传递给网站服务器；网站服务器将完成的页面发送到用户浏览器，有关数据库网页工作原理如图 11-1 所示。

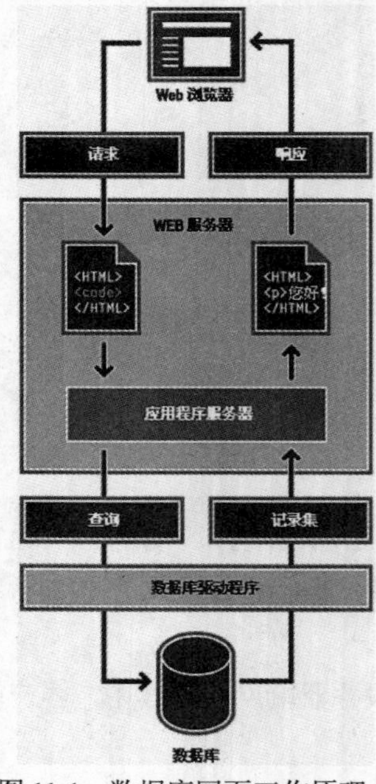

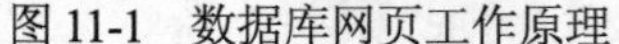
图 11-1 数据库网页工作原理

知识点

对于中小型网站，使用基于文件的数据库系统 Access 即可；对于大型的企业网站，可以使用基于服务器的数据库系统 Microsoft SQL Server 2005 和 Oracle Database10g 等等。

Dreamweaver CS4 在原有基础上，对服务器端网页技术提供了更强的支持，可以开发出各种类型的静态网页和交互式动态网页。只要服务器上安装有相应的数据库驱动程序，几乎可以将任何数据库应用到 Web 应用程序中。

11.2 搭建本地服务器平台

在利用 Dreamweaver CS4 开发动态网页之前，首先必须在本地计算机构建和配置 ASP 动态网页所需的服务器平台，离开了平台，动态网站就不能正常浏览。搭建服务器平台包括配置本地计算机 IP 地址，安装和配置测试服务器。

11.2.1 配置 IP 地址

所谓 IP(Internet Protocol)地址，实际上就是一种用于标记网络节点和指定路由选择信息的方式。一个 IP 地址被用来标识网络中的一个通信实体，比如一台主机，或者是路由器的某一个端口。而在基于 IP 协议网络中传输的数据包，也都必须使用 IP 地址来进行标识。因此对于连入网络的计算机而言，必须给它们分配唯一的 IP 地址以保证其在网络中的唯一性。

通常，IP 地址由网络标识符与网络管理员分配的唯一主机标识符组成。IP 地址的表示方法是带小数点的十进制记数法，其中每 8 位字节的十进制值用“.”号分隔，例如 192.168.0.1 或者 61.23.07.1 等等。

为本地计算机配置 IP 地址的前提是计算机上必须安装有网络适配器(网卡)。

以 Windows XP 操作系统为例，配置本地计算机 IP 地址，选择【开始】|【设置】|【控制面板】命令，打开【控制面板】窗口，单击【网络和 Internet 连接】图标。打开【网络和 Internet 连接】窗口，单击【网络连接】选项。打开【网络连接】窗口，右击【本地连接】图标，在弹出的菜单中选择【属性】命令，打开【本地连接属性】对话框，如图 11-2 所示。

在【本地连接属性】对话框的【此连接使用下列项目】列表框中选择【Internet 协议(TCP/IP)】选项。单击【属性】按钮，打开【Internet 协议(TCP/IP)属性】对话框，如图 11-3 所示。

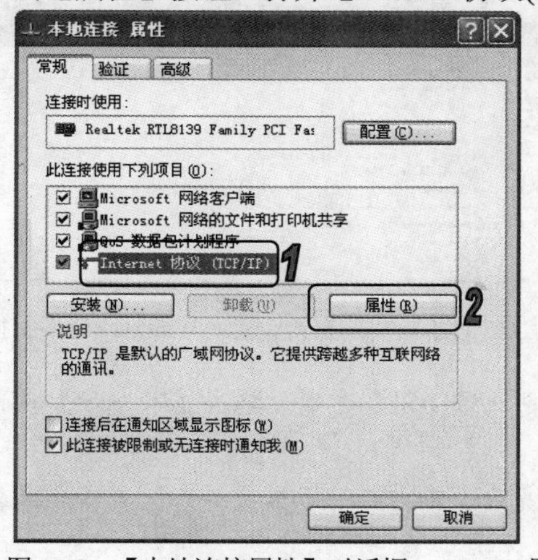

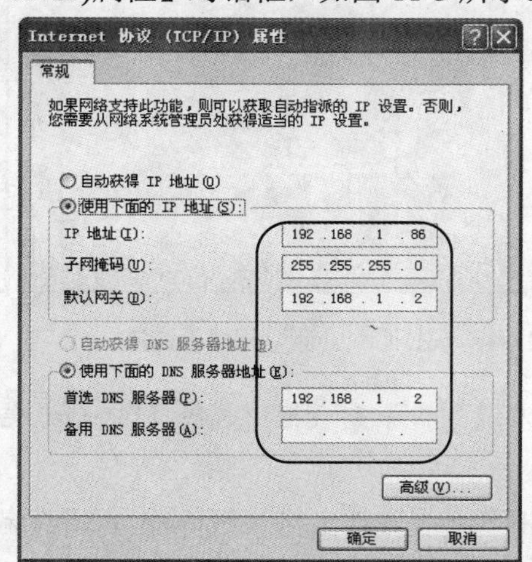

图 11-2 【本地连接属性】对话框　　图 11-3 【Internet 协议(TCP/IP)属性】对话框

在【Internet 协议(TCP/IP)属性】对话框中，在【IP 地址】、【子网掩码】和【默认网关】

文本框中输入相应的地址，单击【确定】按钮，即可保存设置。

11.2.2 配置测试服务器

Dreamweaver CS4 需要站点测试服务器内所提供的服务来生成和显示网站中动态页面的相关内容。

1. 设置本地测试服务器

测试服务器是一台安装了 Web 服务器软件的计算机(或服务器)，它可以是本地计算机、Web 服务器、中间服务器或生产服务器，具体形态取决于用户所构建的网站开发环境。

如果测试服务器运行在本地计算机上，用户只需要在本地计算机中安装相应的 Web 服务器软件，然后在浏览器中使用 localhost 代替域名，即可显示网站中动态页面的内容。

2. 安装 IIS 测试服务器

IIS 测试服务器的安装是通过安装 Windows 组件来实现的，下面通过实例来介绍安装 IIS 测试服务器的方法。

【例 11-1】安装 IIS 测试服务器。

(1) 选择【开始】|【设置】|【控制面板】命令，打开【控制面板】窗口。

(2) 单击【添加/删除程序】链接，如图 11-4 所示，打开【添加/删除程序】对话框。

(3) 在【添加/删除程序】对话框中单击【添加/删除 Windows 组件】按钮，如图 11-5 所示，打开【Windows 组件向导】对话框。

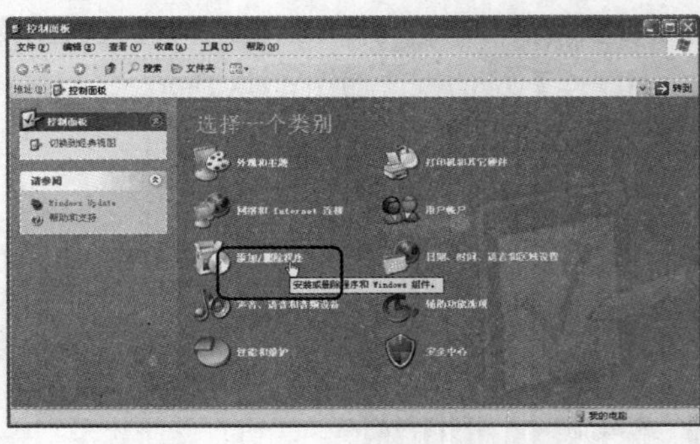

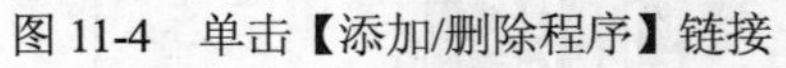
图 11-4　单击【添加/删除程序】链接

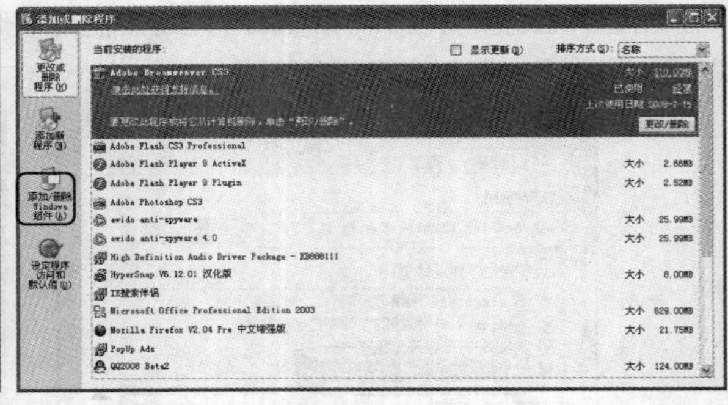

图 11-5　单击【添加/删除 Windows 组件】按钮

(4) 在【组件】列表框中选择【Internet 信息服务(IIS)】选项。单击【下一步】按钮，如图 11-6 所示。

(5) 在光盘驱动器中放入 Windows XP 安装光盘，即可开始安装文件和配置系统参数，如图 11-7 所示。

(6) 完成 IIS 组件的安装后，单击【完成】按钮，然后重新启动系统即可。

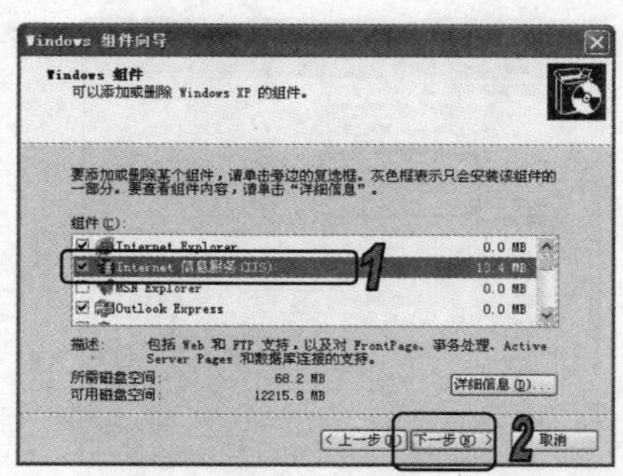

图 11-6　选择【Internet 信息服务(IIS)】选项

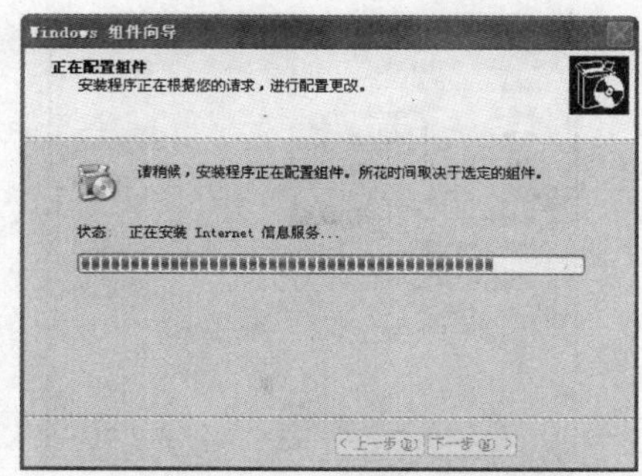

图 11-7　安装文件和配置系统参数

3. 设置服务器属性

完成 IIS 的安装工作后，还需要来设置服务器属性。

打开【控制面板】窗口，【性能和维护】图标，打开【性能和维护】窗口。双击【性能和维护】窗口中的【管理工具】图标，打开【管理工具】窗口。在【管理工具】窗口中，双击【Internet 信息服务】图标，打开【Internet 信息服务】窗口(IIS 管理界面)。

在【Internet 信息服务】窗口中右击控制台树中的【+】号展开本地计算机，然后在本地计算机树下右击【默认网站】选项，并在弹出的菜单中选择【启动】命令，启动 IIS(在 IIS 启动时，在该菜单中选择【停止】或【暂停】命令，可以控制 IIS 的运行状态，如图 11-8 所示)。

在右侧的列表框中显示了安装 IIS 服务器后默认显示的页面，这些页面的后缀名都为.asp，可以右击一个 ASP 页面，在弹出的快捷菜单中选择【浏览】按钮，可以在浏览器中浏览该 ASP 动态页，如图 11-9 所示。

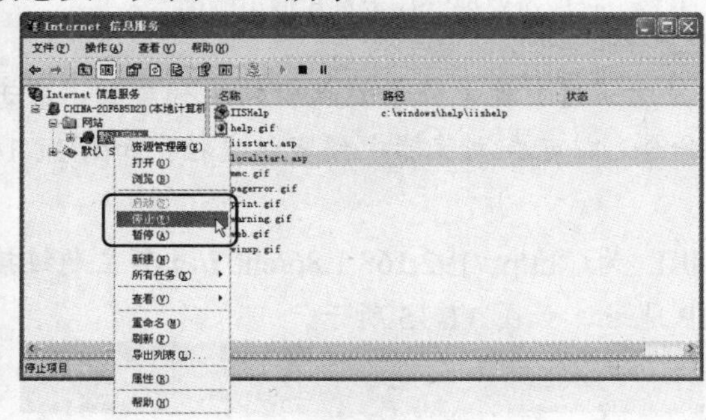

图 11-8　控制 IIS 的运行状态

图 11-9　浏览 ASP 动态页

【例 11-2】设置服务器属性。

(1) 打开【Internet 信息服务】窗口，右击【默认网站】选项，在弹出的快捷菜单中选中【属性】命令，打开【默认网站属性】对话框，如图 11-10 所示。

(2) 在【IP 地址】下拉列表中选中本地 IP 地址选项，即本例中的 192.168.1.86。

(3) 单击【主目录】标签，打开该选项卡，单击【本地路径】文本框右侧的【浏览】按钮，如图 11-11 所示，打开【浏览文件夹】对话框。

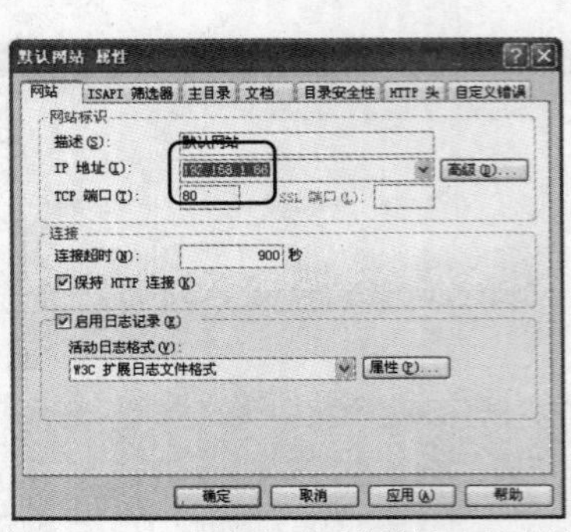

图 11-10 【默认网站属性】对话框

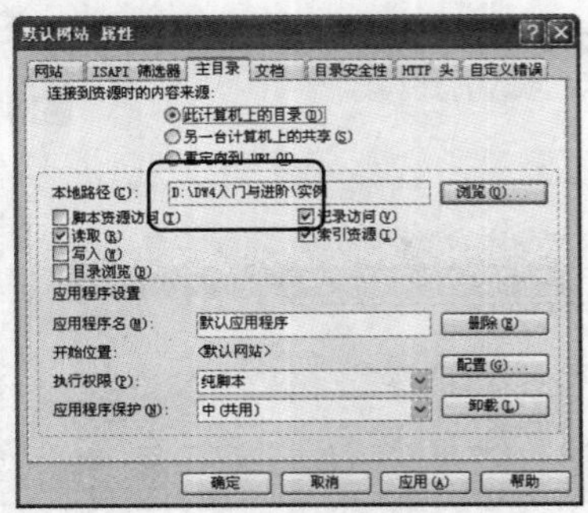

图 11-11 【主目录】选项卡

(4) 选中本地站点所在的文件夹，即【实例】文件夹，如图 11-12 所示，单击【确定】按钮，返回【主目录】选项卡。

(5) 单击【文档】标签，打开该选项卡，设置浏览器默认主页和调用顺序，如图 11-13 所示，然后单击【确定】按钮，完成设置。

图 11-12 选中本地站点所在的文件夹

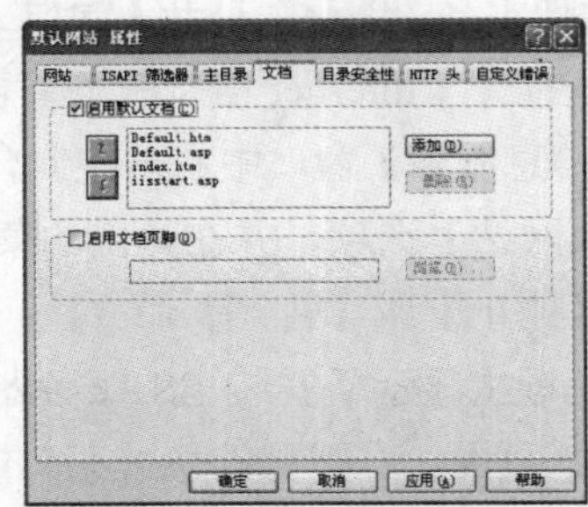

图 11-13 设置浏览器默认主页和调用顺序

(6) 设置服务器属性后，可以展开默认网站，显示了【本地站点】站点中的所有页面，右击任意一个页面，在弹出的快捷菜单中选择【浏览】命令，即可在浏览器中预览该文档，如图 11-14 所示。

(7) 此时在 IE 浏览器的地址栏中显示了的 URL 为“http://192.168.1.86/ch07/汽车主题链接页.html”，其中 192.168.1.86 就是设置的服务器 IP 地址，如图 11-15 所示。

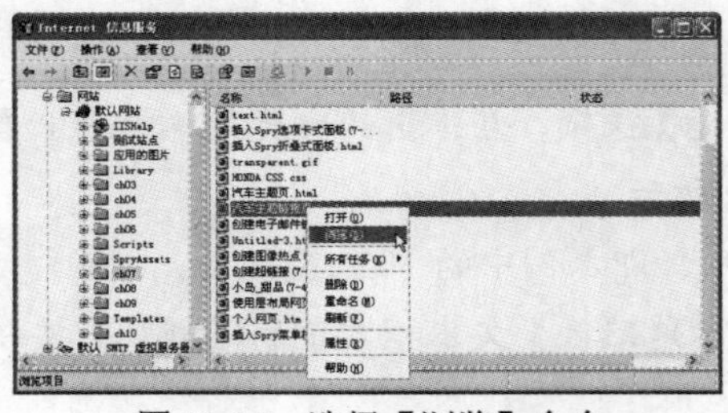

图 11-14 选择【浏览】命令

图 11-15 预览文档

11.2.3 测试服务器

配置好服务器后，可以在本地站点中新建一个 ASP 动态页，测试该页面是否能显示来判断服务器的配置是否成功。

【例 11-3】新建 ASP 动态页，测试服务器。

(1) 选择【文件】|【新建】命令，打开【新建】对话框。

(2) 在【页面类型】列表框中选中 ASP VBScript 选项，单击【创建】按钮，创建一个 ASP 动态页，如图 11-16 所示。

(3) 选择【查看】|【代码】命令，切换到【代码】视图，在代码视图中的<body>标识符下方输入如下代码。

```
<p>该页面创建于<b>
<%= Time %>
</b></p>
```

该代码显示了当前的系统时间。

(4) 保存文件，打开浏览器，在【地址栏】中输入访问地址"http://192.168.1.86/ch11/text"，按下 Enter 键，查看是否可以在浏览器中预览网页来测试服务器，如图 11-17 所示。

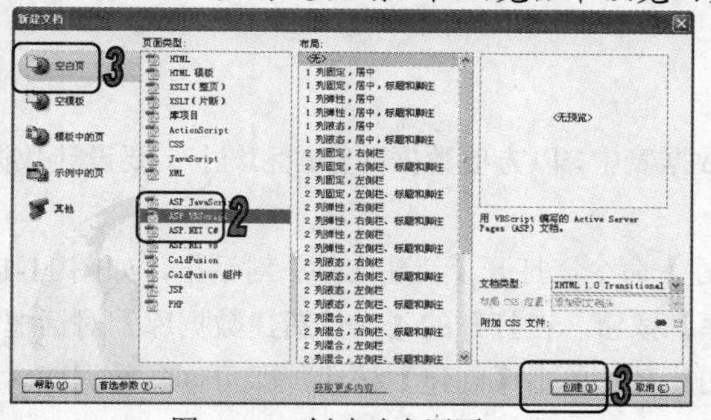

图 11-16 创建动态网页

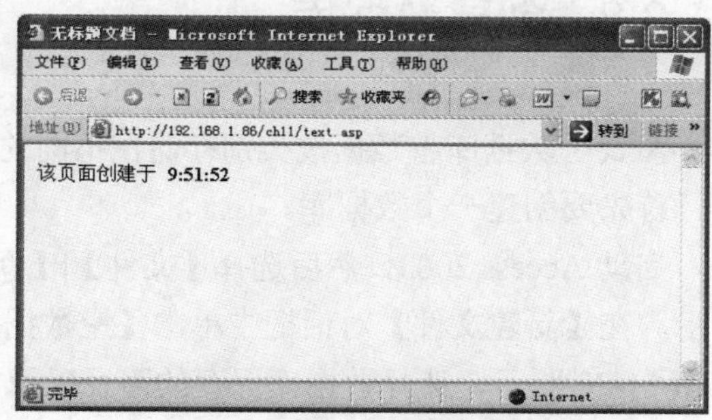

图 11-17 测试服务器

11.3 创建 Access 数据库

数据库可以看作是动态网页的载体，交互式的 ASP 动态页面离不开数据库的支持。Access 是目前比较流行的桌面型数据库管理系统，也是 Office 的组件之一。下面将围绕与创建 Access 数据库相关的几个问题进行介绍，为用户在使用 Access 数据库时提供帮助。

11.3.1 Access 数据库基础知识

Access 是 Microsoft Office 自带的数据库，是 Office 里面的一个组件。它用来制作简单的数据库。

选择【开始】|【程序】| Microsoft Office| Access 2003 命令，启动 Access 2003。在启动 Microsoft Access 2003 后，首先看到的是版权信息，选择【文件】|【新建】命令创建一个数据库文件后，就可以进入工作界面，如图 11-18 所示。Access 2003 的工作界面由菜单栏、工具栏、工作区和状态栏等几个部分组成。

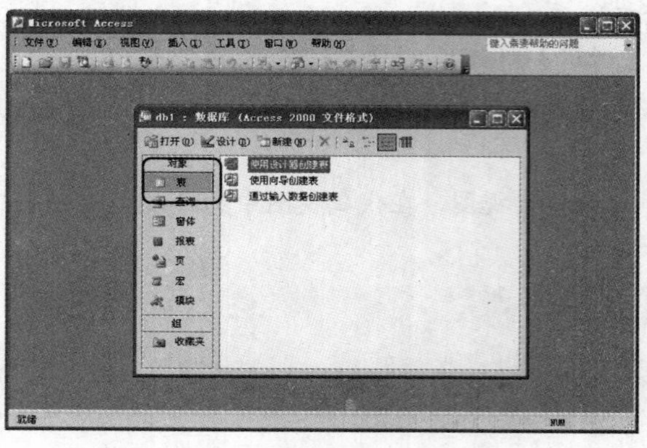

图 11-18　Access 工作界面

知识点

Web 服务器也称为 Web 站点，如果用户要建立一个能与外界多个用户连接的 Web 站点，就必须在 Web 服务器上安装 Windows 2000/NT/XP 的服务器版本。

11.3.2　创建数据库

Access 数据库将数据按类别存储在不同的数据表中，以方便数据的管理和维护。要设计数据表，首先要创建一个数据库。

启动 Access 2003，然后选择【文件】|【新建】命令，打开【新建文件】对话框，如图 11-19 所示。在【新建文件】对话框中单击【空数据库】按钮，在打开的【文件新建数据库】对话框，如图 11-20 所示，选择数据库保存的路径以及文件名，单击【创建】按钮，即可创建数据库。

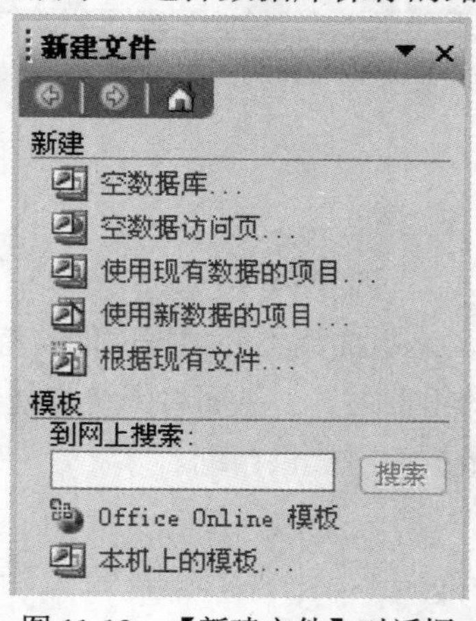

图 11-19　【新建文件】对话框

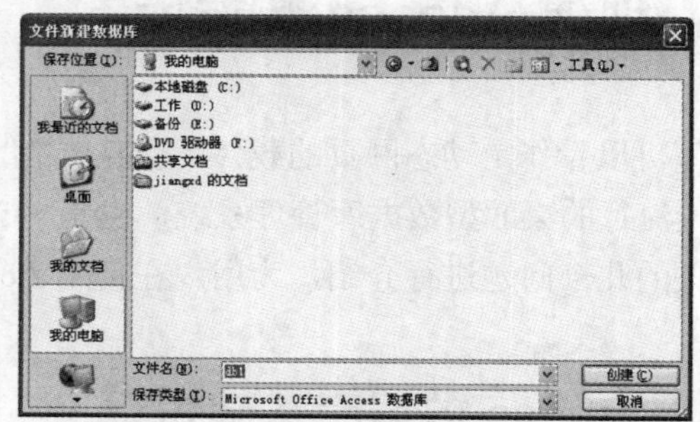

图 11-20　【文件新建数据库】对话框

【例 11-4】创建一个包含 name、password、email 等字段的数据库。

(1) 启动 Access 2003，选择【文件】|【新建】命令，打开【新建文件】对话框。

(2) 在【新建文件】对话框中，单击【空数据库】按钮，打开【文件新建数据库】对话框。设置保存路径为本地站点根目录下的 DB 文件夹中，在【文件名】文本框中输入 db1，然后单击【创建】按钮，新建一个数据库。

(3) 在打开的 Access 2003 的工作界面的工作区域中，单击【对象】列表框中的【表】选项，如图 11-21 所示，打开该选项卡。

(4) 双击【表】选项卡【使用设计器创建表】选项，打开【表 1】的设计视图窗口。

(5) 在【表 1】的设计视图窗口的【字段名称】列的第一个单元格中输入 C-Id。

(6) 选中 C-Id 字段，在【数据类型】下拉列表中选择【文本】选项，如图 11-22 所示，在【说明】列的第一个单元格中输入对表格字段的描述文本。

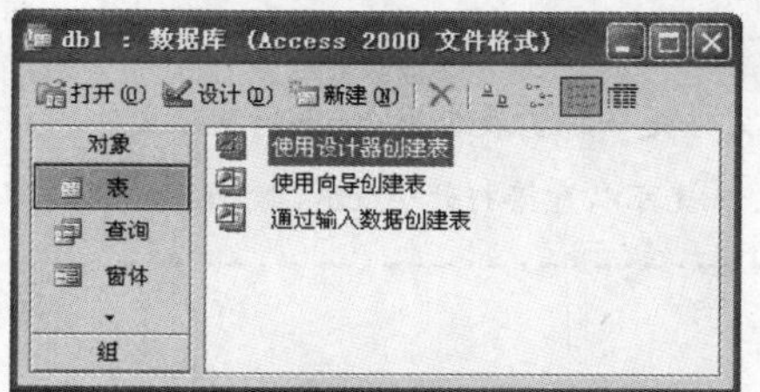

图 11-21　单击【表】选项卡

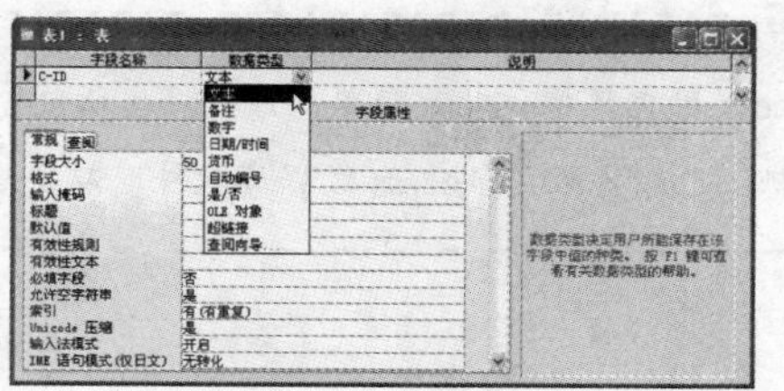

图 11-22　选择【文本】选项

(7) 右击 C-Id 字段，在弹出的菜单中选择【主键】命令，为 C-Id 字段前添加 标志，将该字段设置为主键，如图 11-23 所示。

(8) 在【表 1】的设计检视窗口的第 2 行的【字段名称】中输入 C-PW。

(9) 选中 C-PW 字段，在【数据类型】下拉列表中选择【文本】选项，在【说明】中输入对表格字段的描述文本。

(10) 在第 3 行的【字段名称】中输入 E-Mail，在【数据类型】下拉列表中选择【文本】选项，在【说明】中输入对表格字段的描述文本，如图 11-24 所示。

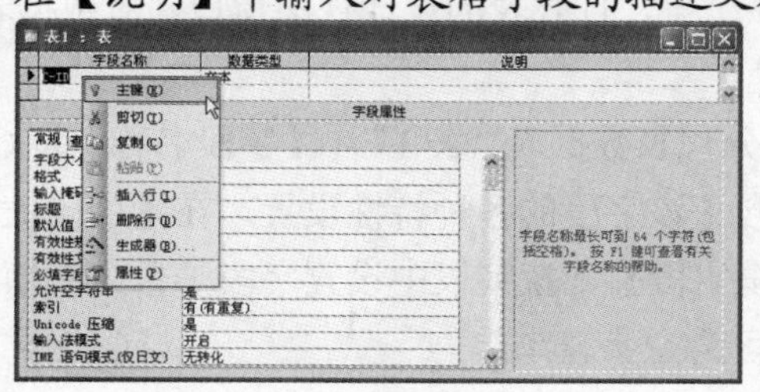

图 11-23　设置主键

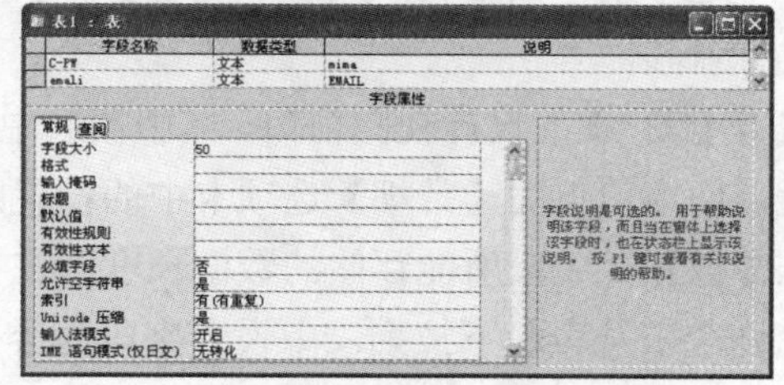

图 11-24　输入表格字段的描述文本

(11) 选中 C-Id 字段，在对话框下面的【字段属性】选项区域中单击【常规】选项卡，打开该选项卡对话框。

(12) 在【常规】选项卡中的【字段大小】文本框中输入 10，在【必填字段】下拉列表中选择【是】选项，在【允许空字符串】下拉列表中选择【否】选项，如图 11-25 所示。

(13) 重复操作，选中 C-PW 字段，设置【字段大小】为 12，必填字段，不允许空字符串。

(14) 选中 E-mail 字段属性，设置【字段大小】为 40，不允许空字符串。

(15) 选择【文件】|【保存】命令，打开【另存为】对话框，单击【确定】按钮，保存数据表。在工作区域中将会看到数据表【表 1】已经被自动添加到列表框中，如图 11-26 所示。

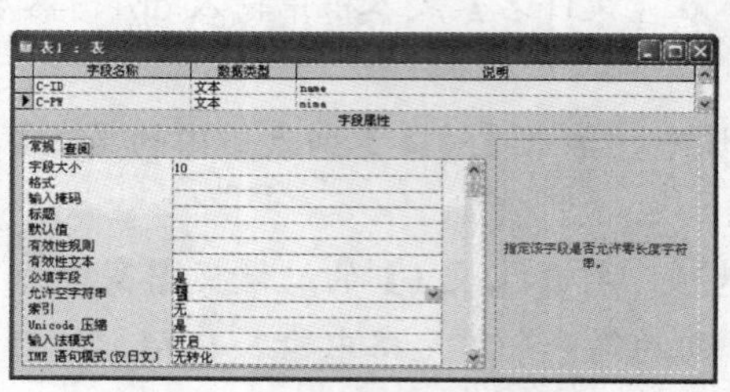

图 11-25　设置【常规】选项卡

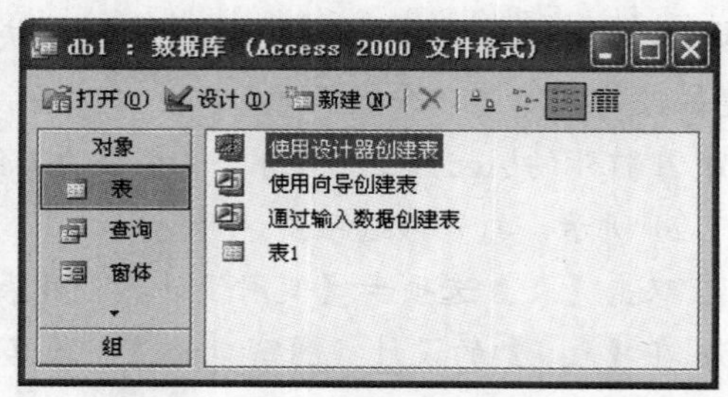

图 11-26　添加数据表

提示

Access 数据库操作非常简单，该数据库所创建的库文件是一种扩展名为 mbd 的特殊文件，如果用户的计算机上已经安装了 Access 数据库软件，双击这种文件就可以直接打开 Access 数据库的编辑窗口。

11.3.3　添加数据表数据

创建好 Access 数据库后，可以向数据表添加数据内容。

1. 数据表结构

数据表包含两个重要的属性：字段名称和数据类型。字段名的作用是在数据表中识别字段；而数据类型则是该字段所能存储的数据类型，例如文字、数字和日期时间等。用户可以在数据库工作区中选中某个数据表，然后单击【设计】按钮设计(D)，打开表的设计视图窗口，对数据表的属性进行调整。

打开【表 1】的设计视图窗口，其中被选中的部分代表数据表“表 1”中【字段名称】为 C-ID 的字段，而窗口下面【常规】选项卡中的设置则包含了该字段的各种特性设置，在【字段大小】文本框中设置 3 字段所能存储的数据长度；在【必填字段】下拉列表中设置字段是否为必填值；在【允许空字符串】下拉列表中设置字段内容是否可为空字符串等。

此外，在数据表的设计视图窗口中，单击【数据类型】列单元格中的下拉列表按钮，在弹出的下拉列表中还可以为字段设置数据类型限制，C-ID 字段的数据类型为【文本】。在【数据类型】下拉列表中可以选择其他数据类型，如图 11-27 所示。

2. 添加数据

数据库中的数据内容存储于数据表中，在数据库工作区中双击数据表名称即可打开数据表。

从外观上看，数据表类似 Excel 表格，每一行代表一个记录，每一列代表一个字段，并且每个字段都有其特定的字段名称和字段数据类型。

可以在数据表的相应字段中输入数据内容，完成客户数据内容填充，如图 11-28 所示。

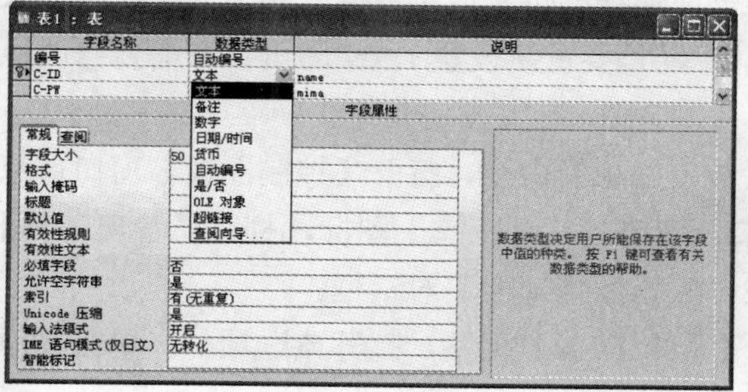

图 11-27 选择数据类型

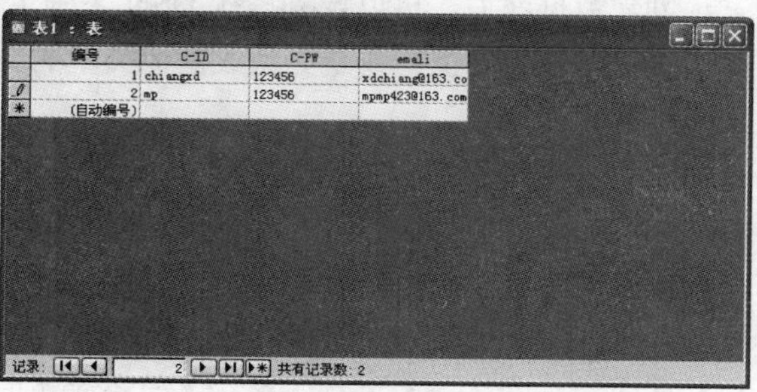

图 11-28 输入数据内容

11.4 连接数据库

要在动态网页中使用数据库，就需要创建一个指向该数据库的连接。在 Windows 系统中，ODBC 的连接主要是通过 ODBC 数据库资源管理器来完成的。

11.4.1 DSN 简介

DSN(Data Source Name)是将动态网页与某个数据库建立连接的信息集合。ODBC 数据源管理器使用该信息来创建指向数据库的连接，通常 DSN 可以保存在文件或注册表中。

在 DSN 中主要包括以下信息。

- 数据库名称，在 ODBC 数据源资源管理器中，DSN 的名称不能出现重名。
- 关于数据库驱动程序的信息。
- 数据库的存放位置。对于文件型数据库，例如 Access，数据库存放的位置是数据库文件的路径。但对于非文件型的数据库，例如 SQL Sever，数据库的存放位置是服务器的名称。

ODBC 数据源管理器中显示用户 DSN、系统 DSN 和文件 DSN，表示通过 ODBC 数据源管理器，定义 3 种类型的 DSN。

- 用户 DSN：是特定用户使用的 DSN 类型。
- 系统 DSN：是系统进程所使用的 DSN，系统 DSN 信息同用户 DSN 一样被储存在注册表中，Dreamweaver 只能使用系统 DSN。
- 文件 DSN：与系统 DSN 相似，但该类型 DSN 保存在文件中，而不是注册表中。

11.4.2 定义系统 DSN

创建数据库后，可以设置系统 DSN 来确定数据库所在的位置以及数据库相关的属性。如果移动数据库文件的位置或是更换成其他类型的数据库，只要重新设置 DSN 即可，不需要修改原来使用的程序。

要定义系统 DSN，选择【开始】|【设置】|【控制面板】命令，打开【控制面板】窗口，双击【性能和维护】图标，打开【性能和维护】窗口，双击【管理工具】图标，打开【管理工具】窗口，双击【数据源(ODBC)】图标，打开【ODBC 数据源管理器】对话框。

在【ODBC 数据源管理器】对话框中，单击【系统 DSN】标签，打开该选项卡。单击【添加】按钮，如图 11-29 所示，打开【创建新数据源】对话框。

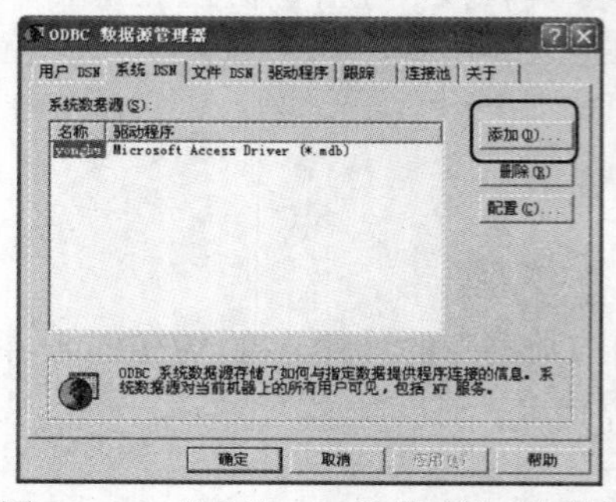

图 11-29　【系统 DSN】选项卡对话框

图 11-30　选择【Microsoft Access Driver(*.mdb)】选项

在【名称】列表框中选择 Microsoft Access Driver(*.mdb)选项，如图 11-30 所示，单击【完成】按钮，打开【ODBC Microsoft Access 安装】对话框。

在【ODBC Microsoft Access 安装】对话框中的【数据源名】文本框中输入数据源的名称 ConnectLook，如图 11-31 所示。

单击【选择】按钮，打开【选择数据库】对话框，选择创建的数据库目录，如图 11-32 所示，单击【确定】按钮返回对话框。

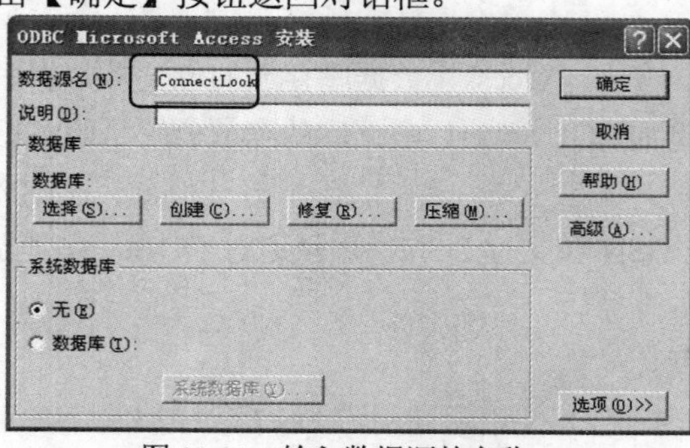

图 11-31　输入数据源的名称

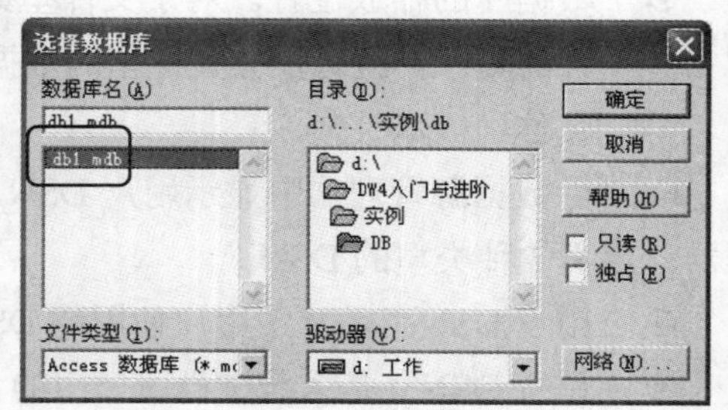

图 11-32　选择创建的数据库目录

在【ODBC Microsoft Access 安装】对话框中单击【确定】按钮，返回【ODBC 数据源管理器】对话框。此时，在该对话框的【系统数据源】列表框中将新增 1 个名称为 ConnectLook 的系

统 DSN，单击【确定】按钮即可。

11.4.3　建立系统 DSN 连接

Dreamweaver CS4 具有内置数据库功能。通过提供的可视化拖动方式即可完成数据库的操作，例如数据库连接的创建，数据变动和数据查询等。此外，Dreamweaver CS4 还会在设置数据库操作的过程中自动产生 ADO 程序代码。

要创建 DSN 数据库连接的设置方法，在 Dreamweaver CS4 中打开一个网页文档，选择【文件】|【另存为】命令，将网页文档另存为 ASP 网页 text.asp。

【例 11-5】连接创建的数据库。

(1) 启动 Dreamweaver CS4，选择【窗口】|【数据库】命令，打开【数据库】面板。

(2) 单击【数据库】面板上的+按钮，在弹出的下拉菜单中选择【数据源名称(DSN)】选项，如图 11-33 所示，打开【数据源名称(DSN)】对话框。

(3) 在【数据源名称(DSN)】对话框的【连接名称】文本框中输入 zcbiao，在【数据源名称】下拉列表中选择 ConnectLook 选项。

(4) 单击【测试】按钮，若打开的对话框中显示【成功创建连接脚本】，如图 11-34 所示，则说明该连接已经成功建立。单击【确定】按钮即可。

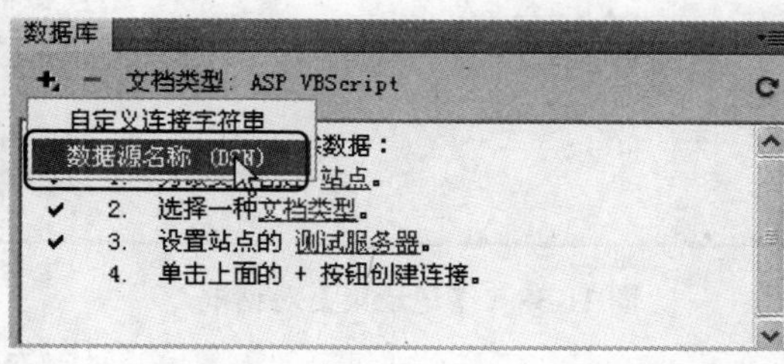

图 11-33　选择【数据源名称(DSN)】选项

图 11-34　显示【成功创建连接脚本】信息

(5) 完成 DSN 数据库连接的建立后，在【数据库】选项卡面板中会添加一个名为 zcbiao 的数据库项目，如图 11-35 所示。

(6) 展开数据库项目，会显示该项目中所有数据库内容，如图 11-36 所示。

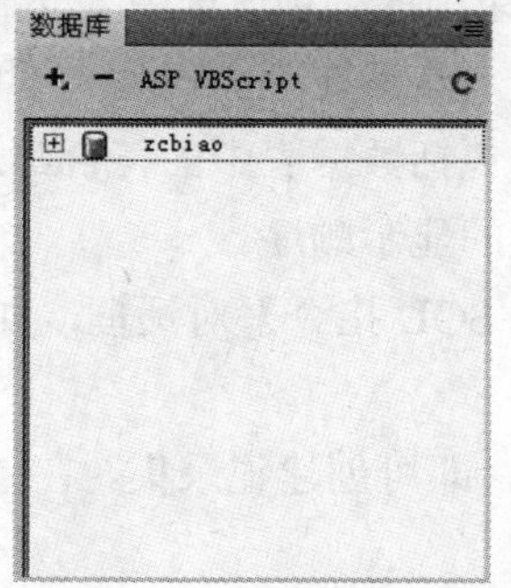

图 11-35　显示数据库项目

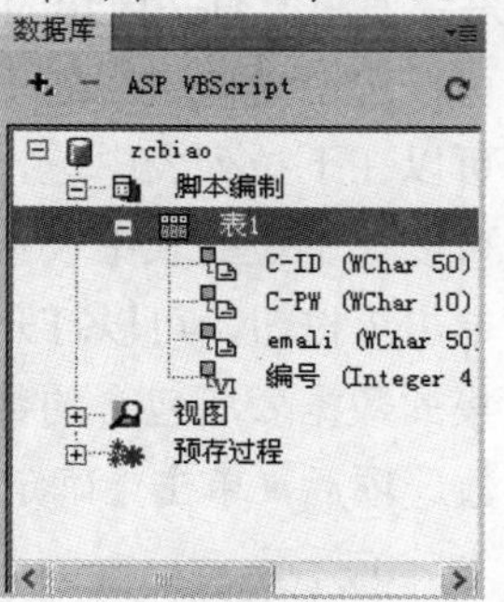

图 11-36　显示数据库内容

11.5 定义记录集

记录集是根据查询关键字在数据库中查询得到的数据库中记录的子集。查询根据搜索准则，这些准则决定了包含在记录集中的内容。查询可以产生一个只包含特定域或特定记录的记录集。

11.5.1 定义简单记录集

在 Dreamweaver CS4 中，简单记录集用于简单的查询操作。要定义简单记录集，展开连接的数据库。将数据表拖动到网页文档中，如图 11-37 所示，系统会打开【记录集】对话框，如图 11-38 所示。

在【记录集】对话框中，可以定义记录集。相关的参数选项的具体作用如下。

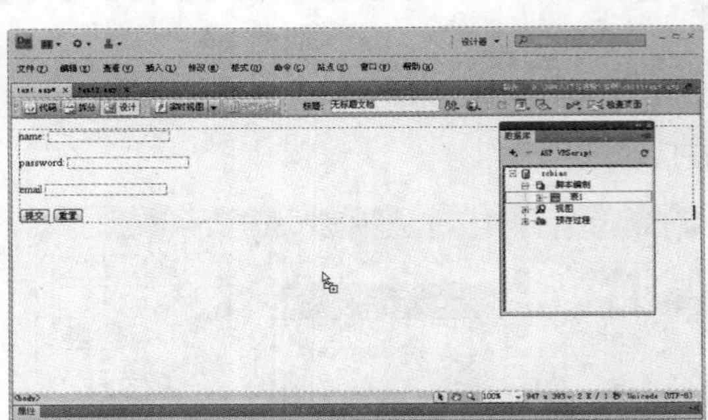

图 11-37 拖动记录集

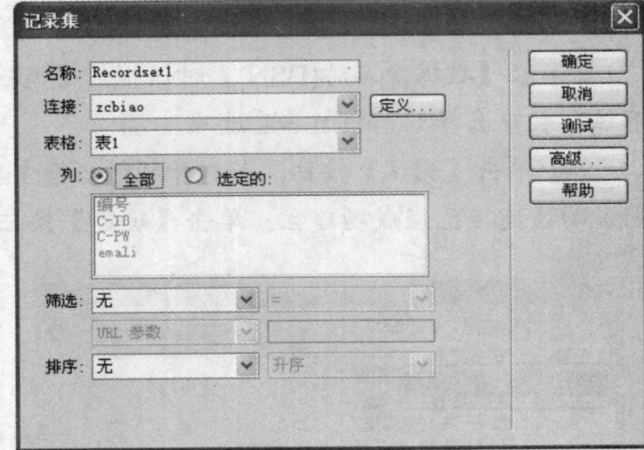

图 11-38 【记录集】对话框

- 【名称】：可以在文本框中年输入新建记录集的名称。
- 【连接】：可以在下拉列表中选择已经建立好的数据库连接。如果没有可用的连接出现，可以单击【定义】按钮，建立连接。
- 【表格】：可以在下拉列表中选择连接到数据库中的表。
- 【列】：如果要使用所有字段作为一条记录中的列项，选中【全部】单选按钮；如果要选中字段，可以选中【选定的】单选按钮，然后在下面的列表框中选择字段。
- 【筛选】：可以在下拉列表中选择记录集包括数据表中的符合筛选条件的记录。
- 【排序】：可以在下拉列表中设置记录集的显示顺序。
- 【测试】：单击该按钮，可以打开【测试 SQL 指令】对话框，如图 11-39 所示，显示了定义记录集的数据表所包含的数据。

设置好相关的参数选项后，单击【确定】按钮，即可创建记录集。在【绑定】面板中显示了定义的记录集，如图 11-40 所示。

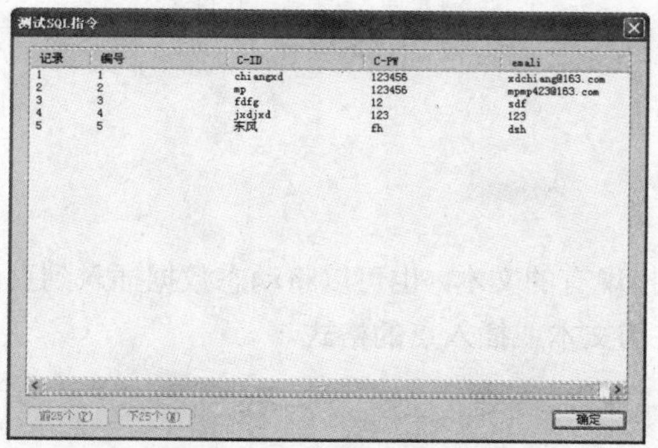

图 11-39　【测试 SQL 指令】对话框

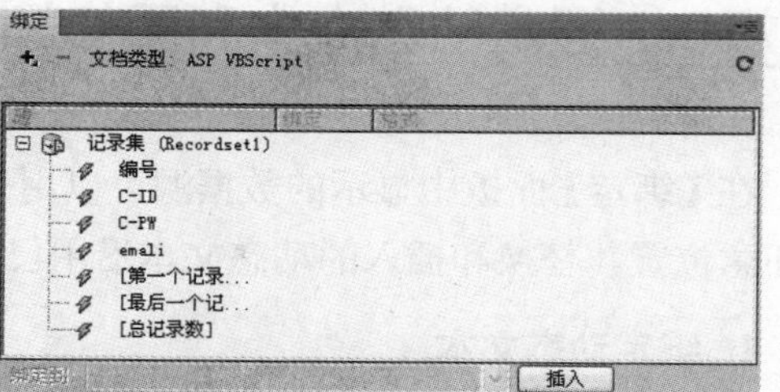

图 11-40　显示定义的记录集

11.5.2　定义高级记录集

在实际应用中，常常会遇到多个数据表进行综合查询的情况，这时就需要定义高级记录集。单击【记录集】对话框中的【高级】按钮，打开高级【记录集】对话框，如图 11-41 所示。

在高级【记录集】对话框中，主要参数选项的具体作用如下。

- SQL：可以在列表框中输入 SQL 语句。可以使用对话框底部的数据库项对象树来减少输入的字符数量。
- 【参数】：如果在 SQL 语句中使用了参数，可以单击⊞按钮，打开【添加参数】对话框，如图 11-42 所示，可以设置参数的名称、类型、值和默认值。

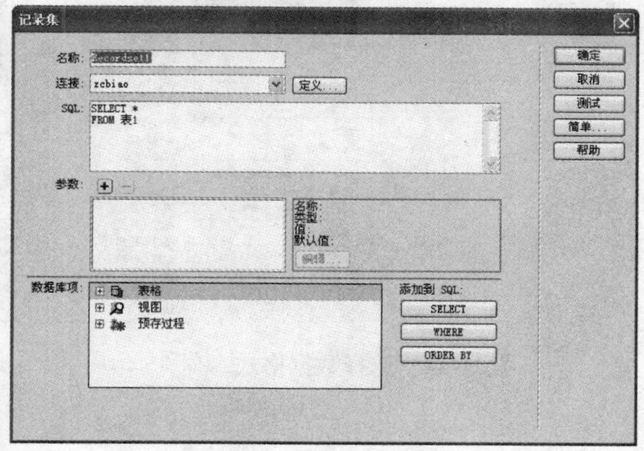

图 11-41　高级【记录集】对话框

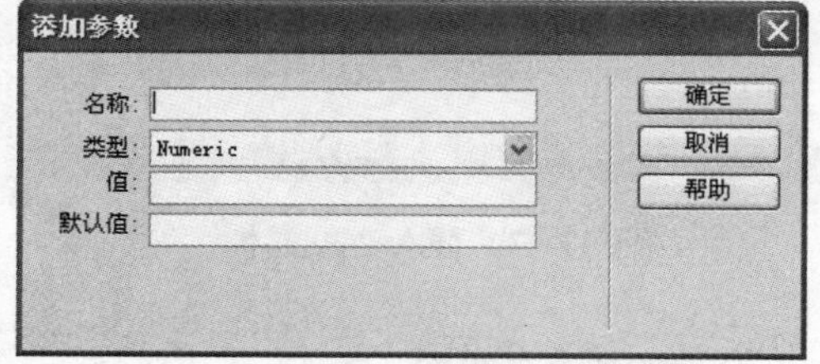

图 11-42　【添加参数】对话框

设置好相应的参数选项后，单击【确定】按钮，即可定义高级记录集。

11.6　绑定动态数据

定义的数据源都会在【绑定】面板中显示，绑定动态数据，就是将定义好的数据源绑定到页

面上，可以将动态数据源绑定到页面中的任何位置。

11.6.1 绑定动态文本和图像

在【绑定】面板中显示的数据源可以用来替换现有的文本，也可以将动态数据插入到页面上的任意位置。替换和插入的动态文本沿用已存在的文本或插入点的格式。

1. 绑定动态文本

要绑定动态文本，只需将光标移至要替换或插入动态文本的位置，然后选择【窗口】|【绑定】命令，打开【绑定】面板，展开记录集。

选择要绑定的动态数据，单击【插入】按钮，即可绑定动态文本。拖动动态数据到网页文档中，可以插入动态文本，如图 11-43 所示。

2. 设置动态文本数据格式

设置动态文本数据格式，首先在网页文档中插入动态文本，打开【绑定】面板，选中插入的动态文本，在【绑定】面板中的该动态数据右侧会显示一个下拉箭头按钮，在弹出的下拉菜单中可以选择数据格式，如图 11-44 所示。

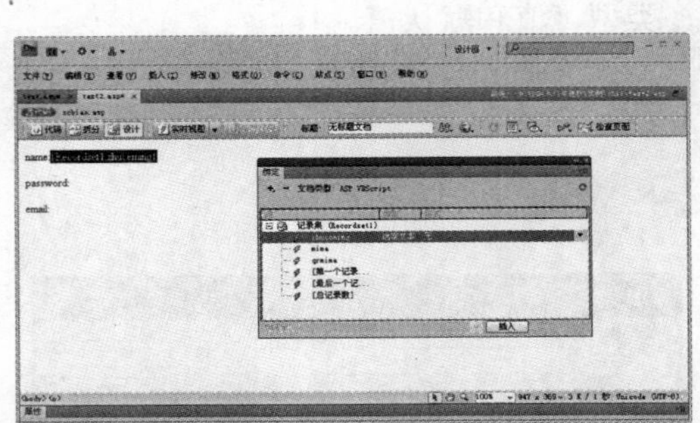

图 11-43 插入动态文本

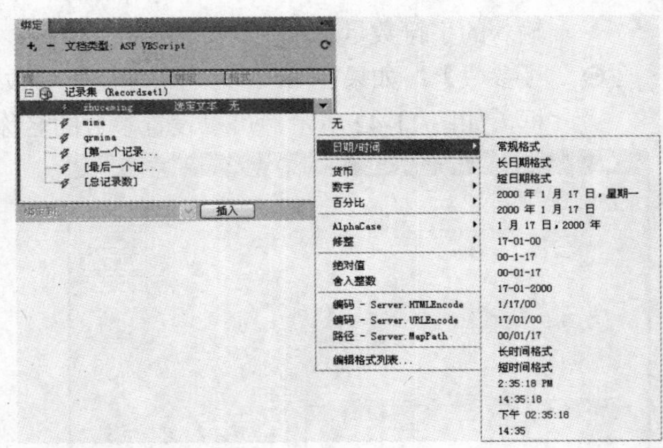

图 11-44 选择数据格式

3. 绑定动态图像

绑定动态图像的方法很简单，首先将光标移至要插入图像的位置，选择【插入】|【图像】命令，打开【选择图像源文件】对话框，如图 11-45 所示。

在该对话框中选中【数据源】单选按钮，在打开的对话框中可以选中包含图像路径的字段，单击【确定】按钮，返回【选择图像源文件】对话框，然后单击【确定】按钮即可。插入的动态图像会显示一个插入图像图标。

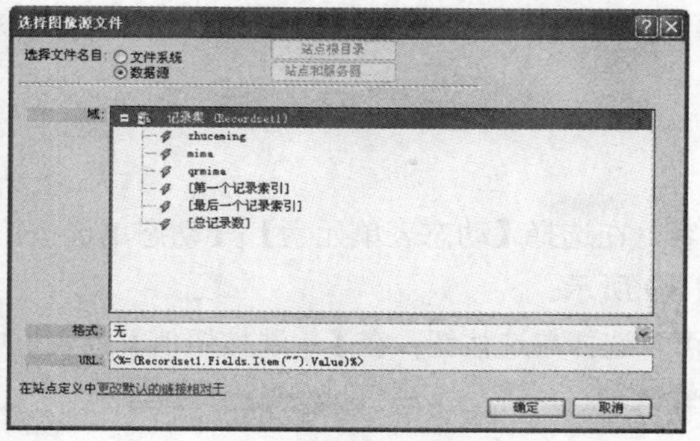

图 11-45　【选择图像源文件】对话框

图 11-46　【动态文本字段】对话框

11.6.2　向表单绑定动态数据

在网页文档中，经常将动态数据绑定到表单对象中，下面将分别介绍将动态数据绑定到文本字段、复选框、单选按钮等表单对象中。

1. 绑定文本字段动态数据

要绑定文本字段动态数据，先要选择【插入】|【表单】|【文本字段】命令，在网页文档中插入文本字段。然后选择【窗口】|【服务器行为】命令，打开【服务器行为】面板。单击+按钮，在弹出的下拉菜单中选择【动态表单元素】|【动态文本字段】命令，打开【动态文本字段】对话框，如图 11-46 所示。在【动态文本字段】对话框中的【文本域】下拉列表中选择文本域，单击【将值设置为】文本框右侧的按钮，打开【动态数据】对话框，在该对话框中选择动态数据，单击【确定】按钮，即可绑定动态数据到文本字段，如图 11-47 所示。

2. 绑定复选框动态数据

绑定复选框动态数据的方法与绑定文本字段动态数据方法类似。

在网页文档中插入复选框表单对象，单击【服务器行为】面板中的+按钮，在弹出的菜单中选择【动态表单元素】|【动态复选框】命令，打开【动态复选框】对话框，如图 11-48 所示。

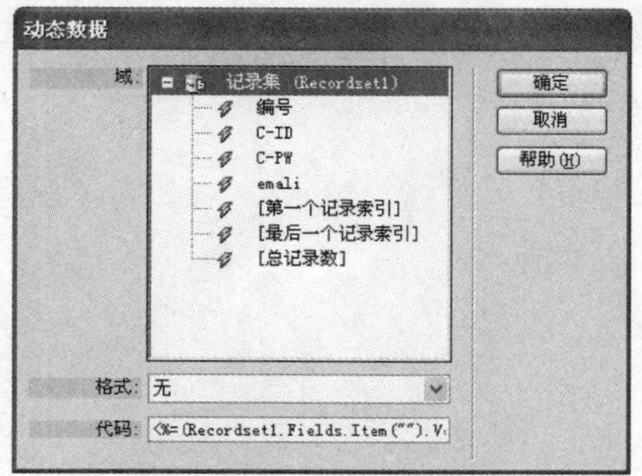

图 11-47　【动态数据】对话框

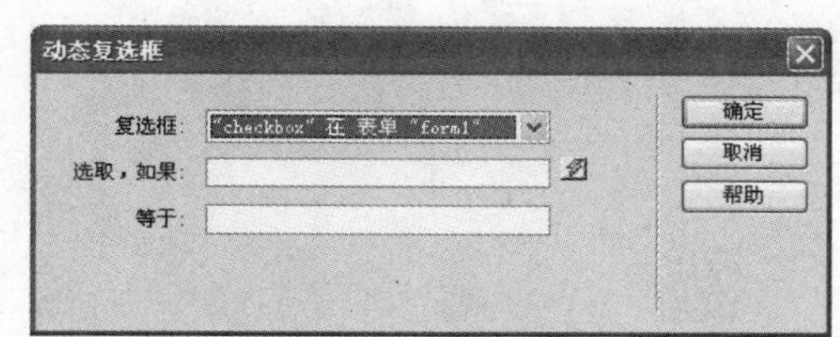

图 11-48　【动态复选框】对话框

选择绑定的复选框对象，单击【选取，如果】文本框右侧的按钮，打开【动态数据】对话框。选择绑定的动态数据即可。

3. 绑定单选按钮动态数据

绑定单选按钮动态数据方法可以参考前文内容，在选择【动态表单元素】|【动态单选按钮】命令后，打开【动态单选按钮】对话框，如图 11-49 所示。

在该对话框中的【单选按钮组】下拉列表中可以选择单选按钮；在【单选按钮值】列表框中选择一个单选按钮对象，然后在【值】文本框中输入值。

4. 绑定列表/菜单动态数据

绑定列表/菜单动态数据的方法可以参考前文内容，在选择【动态表单元素】|【列表/菜单】命令后，打开【动态列表/菜单】对话框，如图 11-50 所示。

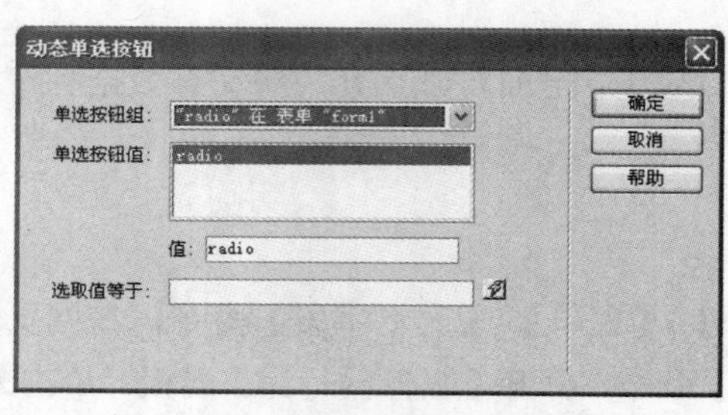

图 11-49 【动态单选按钮】对话框

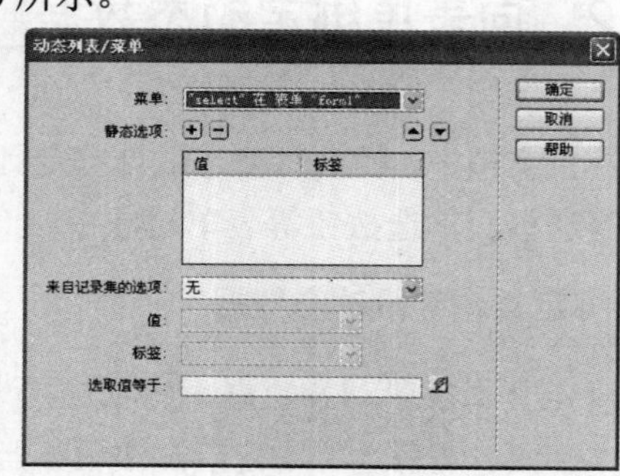

图 11-50 【动态列表/菜单】对话框

在【动态列表/菜单】对话框中的【来自记录集的选项】下拉列表中可以选择各个条目的信息的记录集；在【值】下拉列表中可以选择包含菜单项的值的域；在【标签】下拉列表中可以选择包含菜单标签的域。

11.7 习题

1. 设置本机 IP 地址为 192.168.1.20。
2. 创建一个 Access 数据库，要求数据表中包括 name、e-mail、qq 3 个字段。
3. 在 Dreamweaver CS4 中绑定一个外部 Access 数据表。
4. 练习定义记录集。

第12章 制作动态网页

学习目标

本书前面学习了有关动态网页的一些基础知识，例如搭建服务器、建立数据库连接和定义记录集等。本章在这些知识的基础上，进一步学习制作动态网页的一些常用操作，例如添加服务器行为、使用内建对象等。

本章重点

- 制作留言系统
- 添加服务器行为
- 使用 ASP 内建对象

12.1 制作留言系统

创建 Access 数据库，然后连接数据库、定义记录集、向数据库中添加记录，最后绑定记录，即可制作一个留言系统。

12.1.1 创建数据库

【例 12-1】新建一个包括 xingming、liuyan、lianxi 和 shijian 字段的 Access 数据表。

(1) 启动 Microsoft Office Access 2003，选择【文件】|【新建】命令，打开【新建文件】面板，单击【空数据库】链接，如图 12-1 所示，新建一个空数据库。

(2) 将创建的空数据库保存在本地站点的 DB 文件夹中，命名为 liuyanban。

(3) 单击【数据库】窗口中的【新建】按钮，打开【新建表】对话框。

(4) 选中【设计视图】选项，单击【确定】按钮，新建一个数据表，如图 12-2 所示。

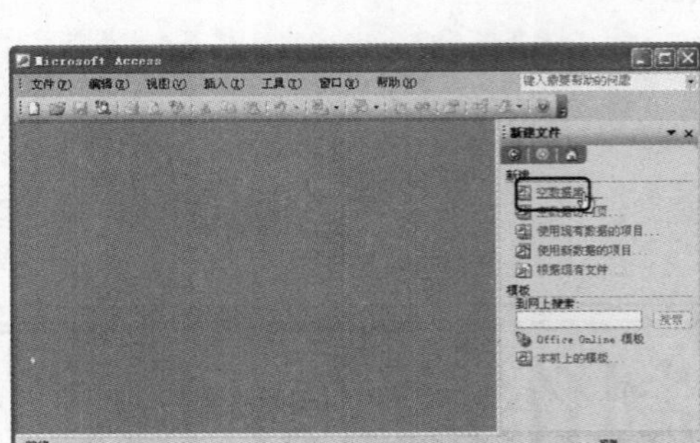

图 12-1 单击【空数据库】链接

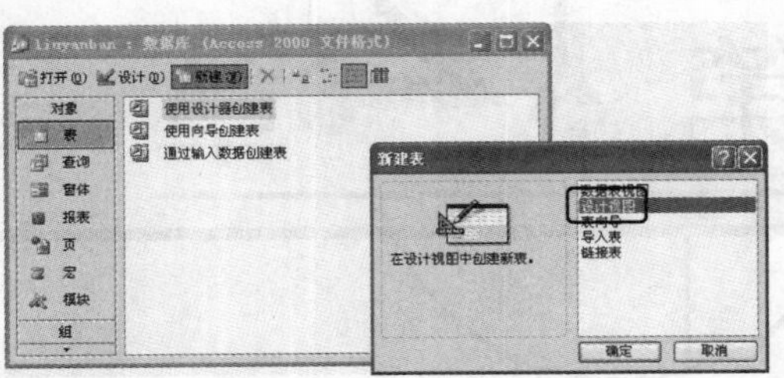

图 12-2 选择【设计视图】选项

(5) 在数据表中添加 xingming、liuyan、lianxi 和 shijian 字段，设置字段的数据类型，如图 12-3 所示。

(6) 右击 xingming 字段，在弹出的快捷菜单中选择【主键】命令，设置主键。

(7) 选择【文件】|【保存】命令，打开【另存为】对话框，保存数据表为 lydata，如图 12-4 所示。

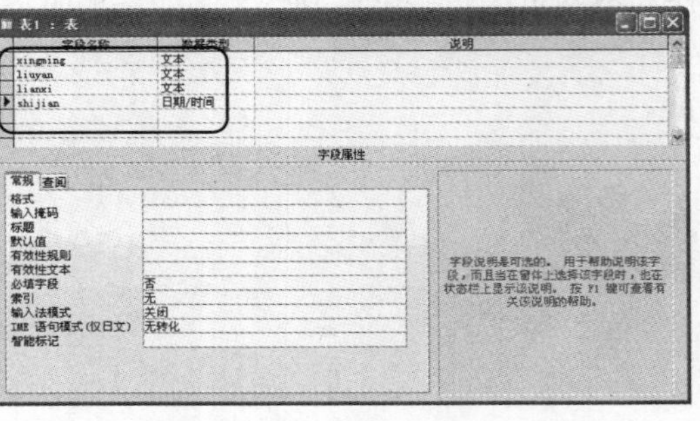

图 12-3 添加字段

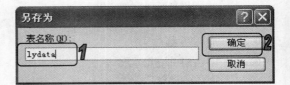

图 12-4 保存数据表

(8) 关闭 Microsoft Office Access 2003。

(9) 打开【控制面板】窗口，打开【管理工具】窗口，单击【数据源(ODBC)】图标，打开【ODBC 数据源管理器】对话框，如图 12-5 所示。

(10) 单击【系统 DSN】标签，打开该选项卡，单击【添加】按钮，打开【创建新数据源】对话框。选中 Microsoft Access Driver(*.mdb)选项，如图 12-6 所示，单击【确定】按钮，打开【ODBC Microsoft Access 安装】对话框。

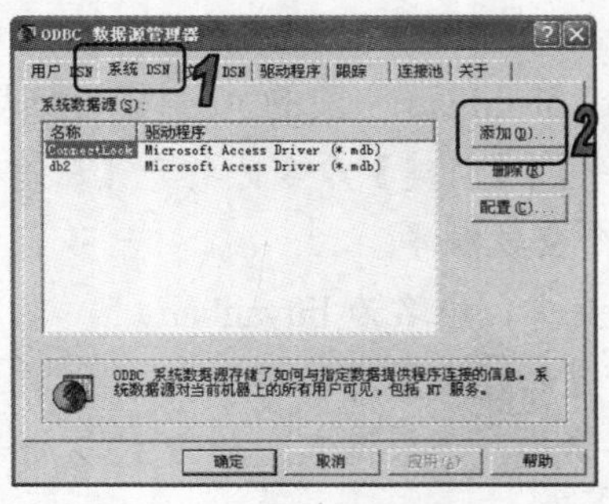

图 12-5 【ODBC 数据源管理器】对话框

图 12-6 选中 Microsoft Access Driver(*.mdb)选项

(11) 单击【选择】按钮，打开【选择数据库】对话框。

(12) 选中本地站点 DB 文件中的 liuyanban.mdb 数据库，如图 12-7 所示，单击【确定】按钮，返回【ODBC Microsoft Access 安装】对话框。

(13) 在【数据源名】文本框中输入数据源名称 lyban，单击【确定】按钮，添加数据库。

(14) 打开 liuyan.asp 网页文档，选择【窗口】|【数据库】命令，打开【数据库】面板。

(15) 单击+按钮，在弹出的下拉菜单中选中【数据源名称(DSN)】命令，打开【数据源名称(DSN)】对话框。

(16) 在【连接名称】文本框中输入数据库连接名称 lyban，在【数据源名称】下拉列表中选中 lyban 数据库，单击【测试】按钮，测试是否成功连接数据库，如图 12-8 所示。成功连接后，单击【确定】按钮，返回文档，完成数据库连接。

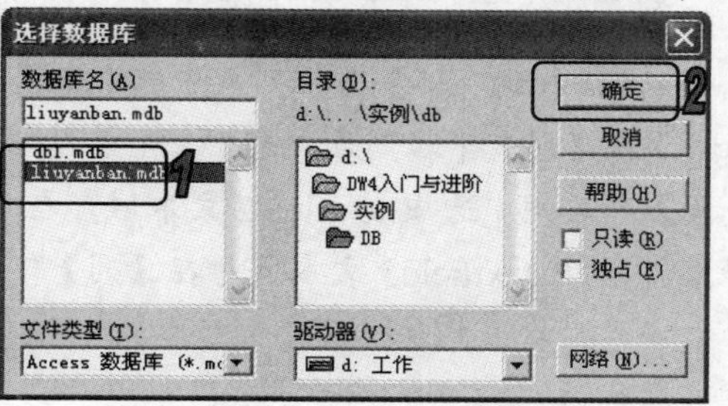

图 12-7　选择数据表

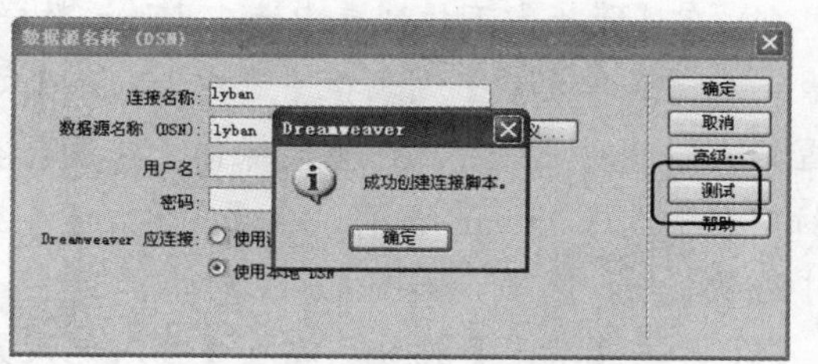

图 12-8　测试连接

12.1.2　制作留言板

【例 12-2】打开一个网页文档，绑定并定义记录集，制作留言板。

(1) 打开制作好的 liuyanban.asp 和 xsliuyan.asp 网页文档，如图 12-9 所示。

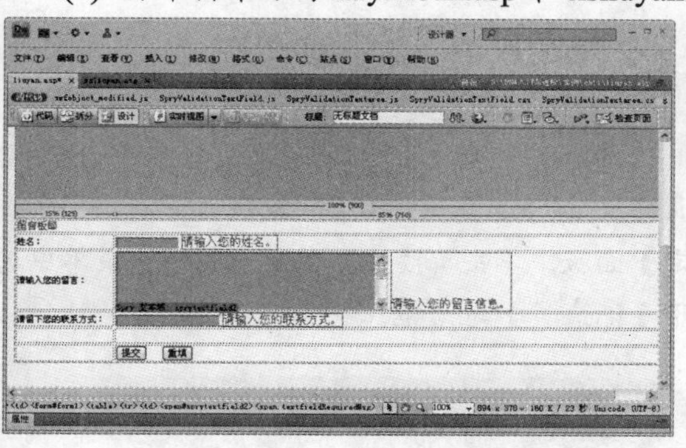

图 12-9　liuyanban.asp 和 xsliuyan.asp 网页文档

(2) 选择【窗口】|【服务器行为】命令，打开【服务器行为】面板。单击 liuyanban.asp 文档中的 form 标记，选中表单，单击【服务器行为】面板中的+按钮，在弹出的下拉菜单中选择【插入记录】命令(有关服务器行为会在本章详细介绍)，如图 12-10 所示，打开【插入记录】对话框。

(3) 单击【插入后，转到】文本框右侧的【浏览】按钮，打开【选择文件】对话框，选中 xsliuyan.asp 网页文档，如图 12-11 所示，单击【确定】按钮，返回【插入记录】对话框。

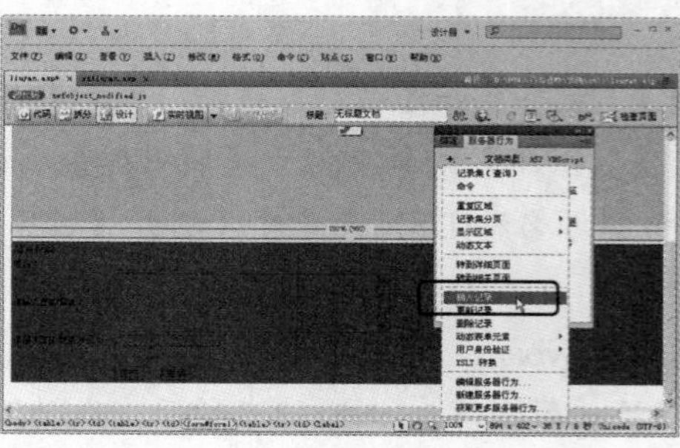

图 12-10　选择【插入记录】命令

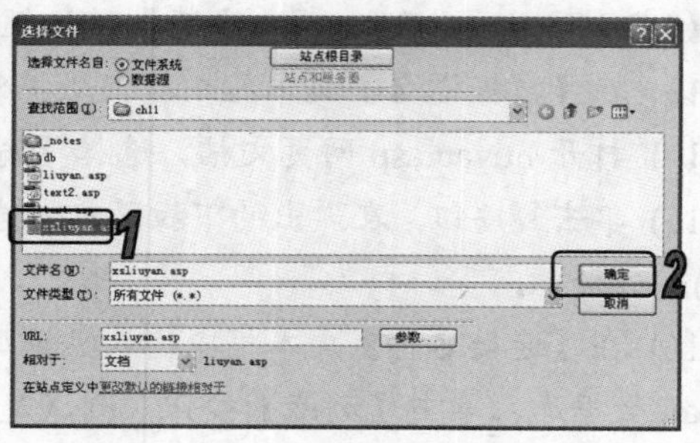

图 12-11　选择 xsliuyan.asp 网页文档

(4) 在【连接】下拉列表中选中 lyban 数据库，在【插入到表格】下拉列表中选中 lydata 数据表；在【表单元素】列表框中选中 textfield 文本域，在【列】下拉列表中选中 xingming 选项，设置该文本域对应的字段；重复操作，在【表单元素】列表框中选中 textfield2 文本域，在【列】下拉列表中选中 liuyan 选项；在【表单元素】列表框中选中 textfield3 文本域，在【列】下拉列表中选中 lianxi 选项，如图 12-12 所示。

(5) 单击【确定】按钮，添加【插入记录】服务器行为。

(6) 在文档每行的文本、图像或表单对象下方插入【虚线】图像，保存 liuyan.asp 文档。

(7) 打开 xsliuyan.asp 页面，选择【插入】|【表格】命令，插入一个 6 行 2 列的嵌套表格。合并嵌套表格第 1 行中所有单元格，然后插入文本和图像元素，如图 12-13 所示。

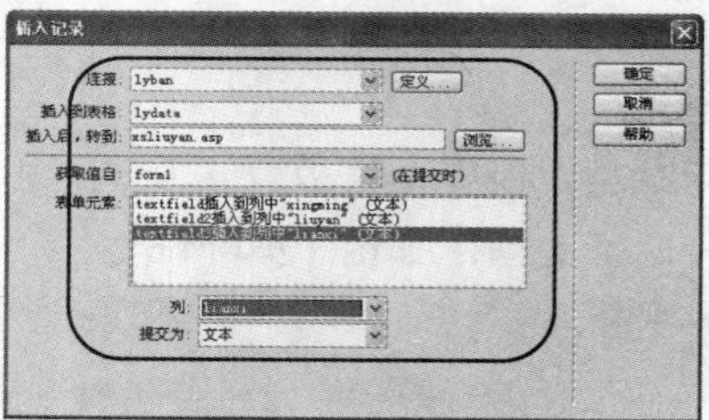

图 12-12　设置插入记录

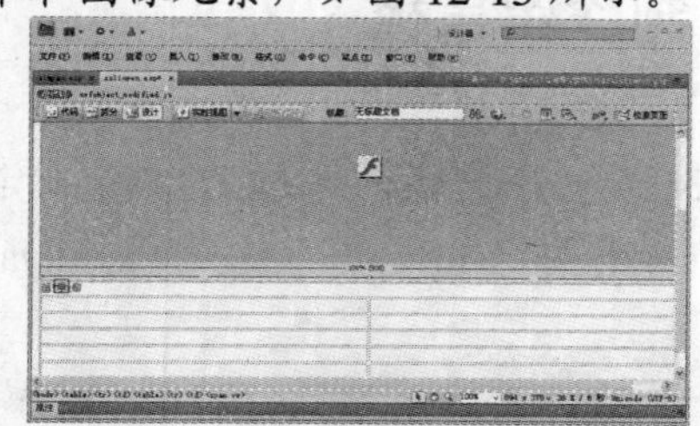

图 12-13　插入文本和图像

(8) 在表格第 1 列单元格中插入文本元素，设置文本合适属性，如图 12-14 所示。

(9) 选择【窗口】|【绑定】命令，打开【绑定】面板。单击 + 按钮，在弹出的下拉菜单中选择【记录集(查询)】命令，如图 12-15 所示，打开【记录集】对话框。

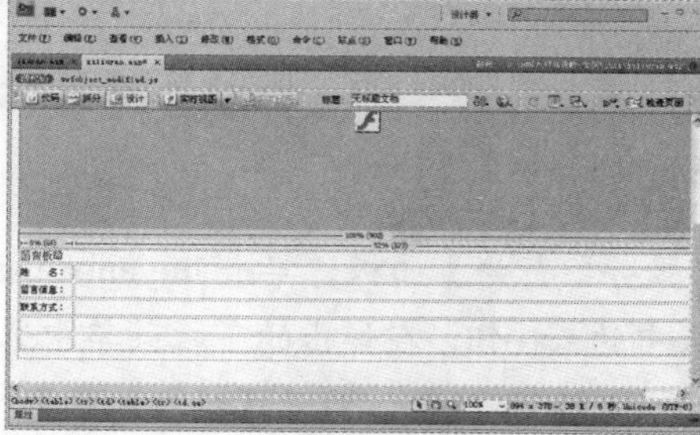

图 12-14　设置文本合适属性

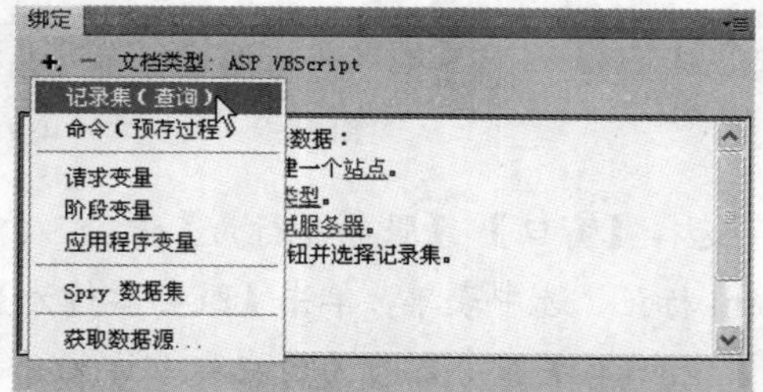

图 12-15　选择【记录集(查询)】命令

计算机 基础与实训教材系列

(10) 在【名称】文本框中输入 R1，在【连接】下拉列表中选中 lyban 数据库，在【表格】下拉列表中选中 lydata。

(11) 选中【全部】单选按钮，选中数据表所有字段。在【排序】下拉列表中选中 shijian 字段，在右侧下拉列表中选择【降序】选项，单击【确定】按钮定义记录集，如图 12-16 所示。

(12) 将光标移至嵌套表格 2 行 2 列中，选中【绑定】面板中的 xingming 字段，单击【插入】按钮，绑定字段，如图 12-17 所示。

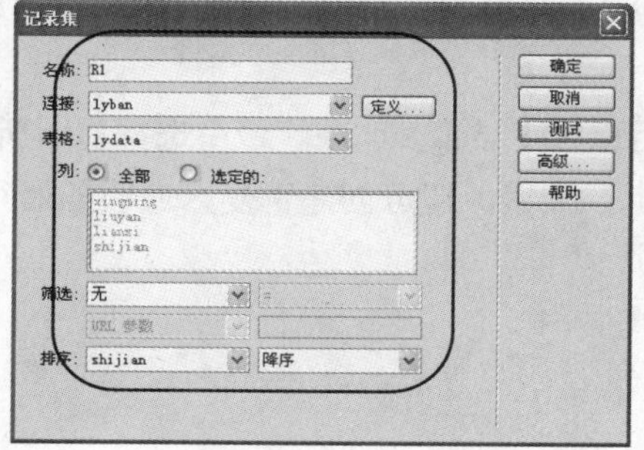

图 12-16　定义记录集

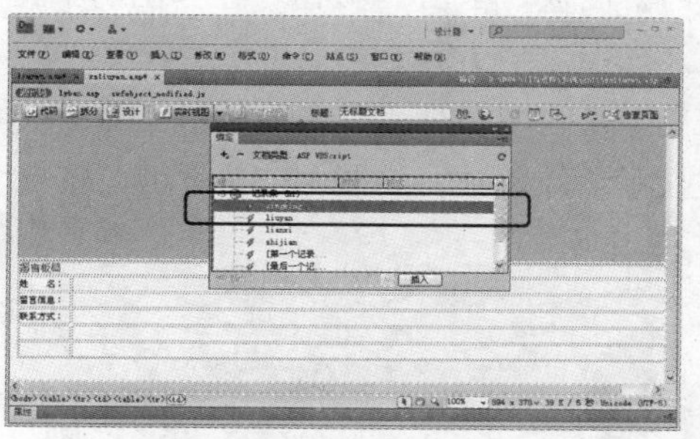

图 12-17　绑定字段

(13) 重复操作，分别将 liuyan 和 lianxi 字段绑定到嵌套表格的 2 行 3 列和 2 行 4 列中。

(14) 保存 xsliuyan.asp 网页文档。

(15) 启动 IE 浏览器，在地址栏中输入 http://192.168.1.86/ch12/liuyan.asp，按下 Enter 键，打开 liuyan.asp 网页文档。

(16) 在 liuyan.asp 网页文档的表单中输入相关的内容，然后单击【提交】按钮，跳转到 xsliuyan.asp 网页文档，在该文档中显示了留言信息，如图 12-18 所示。

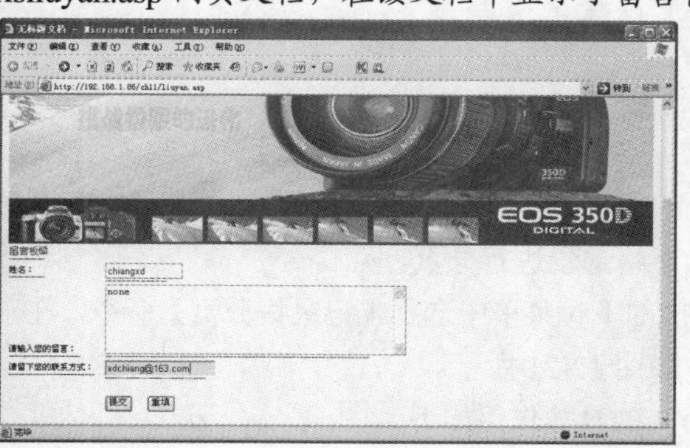

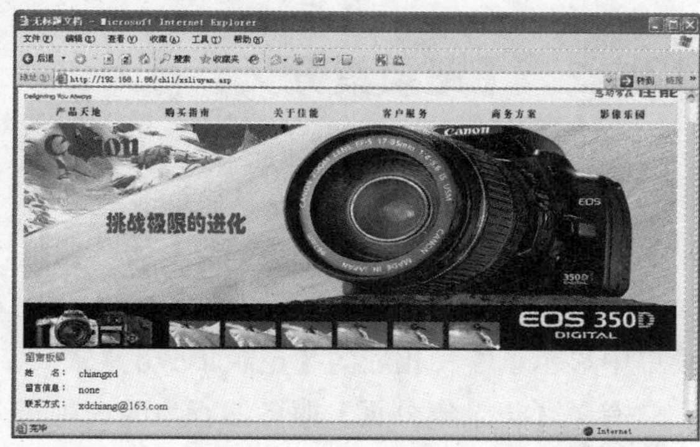

图 12-18　浏览网页

12.2　添加服务器行为

服务器行为是一些常用的可定制的 Web 应用代码模块。下面将对 Dreamweaver CS4 中的服务器行为作详细介绍。

12.2.1 【重复区域】行为

【重复区域】服务器行为是可以显示多条记录的服务器行为，用于显示多条或者所有绑定到页面中的动态数据。

在网页文档中选择要添加服务器行为的记录，选择【窗口】|【服务器行为】命令，打开【服务器行为】面板。单击 按钮，在弹出的下拉菜单中选择【重复区域】命令，打开【重复区域】对话框，如图 12-19 所示。

在【重复区域】对话框中选择相应的记录集，可以在【显示】选项区域中选择显示所有记录或指定显示记录条数，如图 12-20 所示。单击【确定】按钮，即可创建重复区域服务器行为。

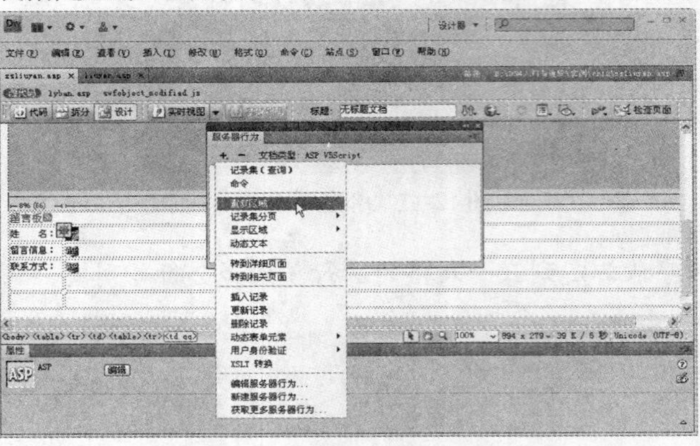
图 12-19 【重复区域】对话框

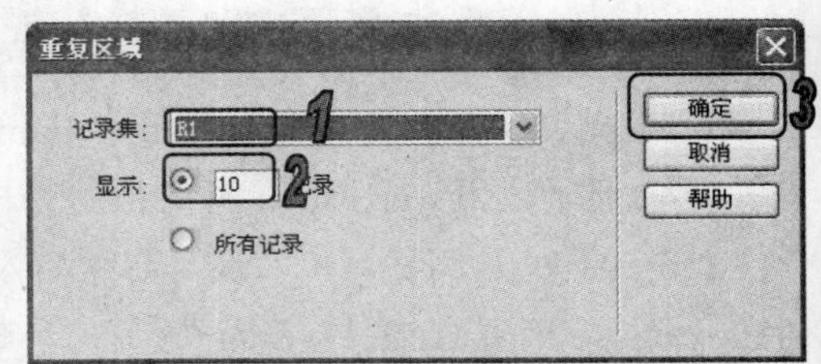

图 12-20 指定显示记录条数

12.2.2 【记录集分页】行为

添加【重复区域】行为可以显示多条记录，但同时也存在一个问题，所有记录都是在同时显示的，此时可以添加【记录集分页】服务器行为，将记录进行分页。

单击【服务器行为】面板中的 按钮，在弹出的下拉菜单中选择【记录集分页】命令，在子菜单中显示了 5 种相应的【记录集分页】命令，如图 12-21 所示。

有关【记录集分页】服务器行为的 5 种子命令的具体作用如下。

- 【移至第一条记录】：可以移动到记录集的第 1 条记录。
- 【移至前一条记录】：可以移动到当前记录的前一条记录。
- 【移至下一条记录】：可以移动到当前记录的下一条记录。
- 【移至最后一条记录】：可以移动到当前记录集中的最后一条记录。
- 【移至特定记录】：可以移动到记录集中指定的记录。

在选择相应的命令后，会打开该命令对话框，例如【移至最后一条记录】对话框，如图 12-22 所示，其他 4 条命令的对话框设置都相同，指定移动的记录集，单击【确定】按钮即可。

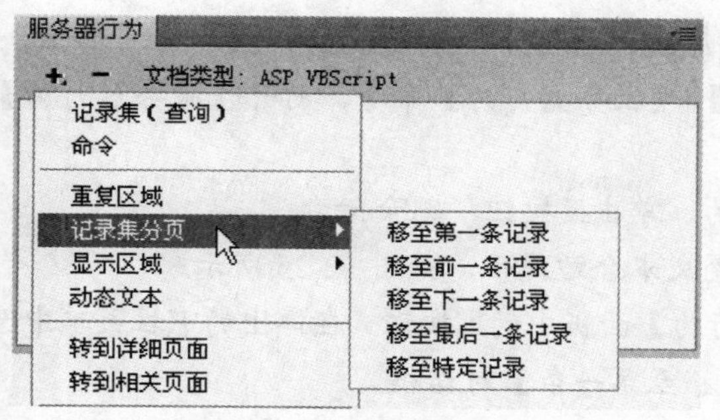

图 12-21　显示【记录集分页】命令　　图 12-22　【移至最后一条记录】对话框

12.2.3　【显示区域】行为

【显示区域】服务器行为主要用于显示和隐藏记录。

单击【服务器行为】面板中的 + 按钮，在弹出的下拉菜单中选择【显示区域】命令，在子菜单中显示了 6 种相应的【显示区域】命令，如图 12-23 所示。

有关【显示区域】服务器行为的 6 种命令的具体作用如下。

- 【如果记录集为空则显示区域】：当记录集为空时，才显示所选区域。
- 【如果记录集不为空则显示区域】：当记录集不为空时，显示所选区域。
- 【如果为第一条记录则显示区域】：当处于记录集中的第 1 条记录时，显示选中区域。
- 【如果不是第一条记录则显示区域】：当前页中不包括记录集中第 1 条记录时，显示所选区域。
- 【如果为最后一条记录则显示区域】：当前页中包括记录集最后一条记录时，显示所选区域。
- 【如果不是最后一条记录则显示区域】：当前页中不包括记录集中最后一条记录时，显示所选区域。

这 6 种【显示区域】命令对应打开的对话框设置都相同，如图 12-24 所示的是【如果记录集为空则显示区域】对话框。

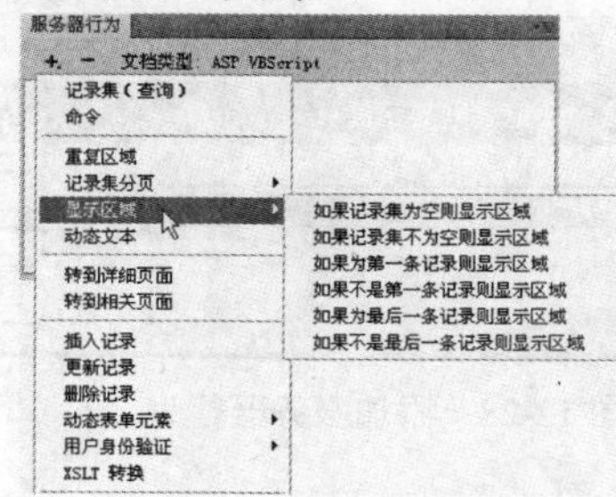

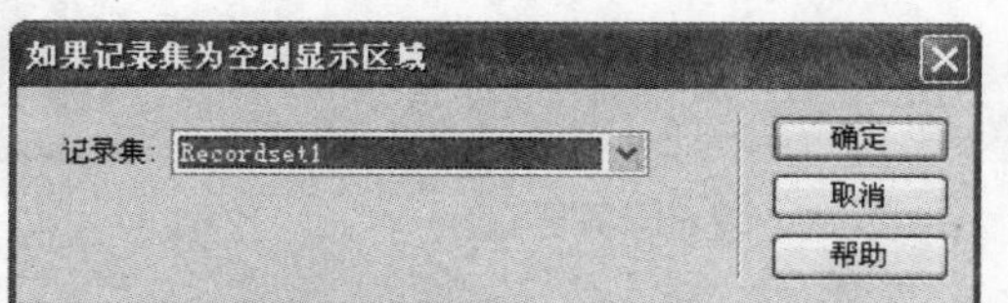

图 12-23　6 种【显示区域】命令　　图 12-24　【如果记录集为空则显示区域】对话框

指定显示的记录集，单击【确定】按钮即可添加行为。

【例 12-3】打开【例 12-2】的网页文档，添加【记录集分页】服务器行为。

(1) 打开【例 12-2】网页文档，选择【窗口】|【服务器行为】命令，打开【服务器行为】面板。

(2) 选中添加的 3 个【重复区域】服务器行为，单击 - 按钮，删除行为。

(3) 在表格的 6 行 2 列中插入文本元素，设置文本合适属性，如图 12-25 所示。

(4) 选中文本内容“首页”，单击【服务器行为】面板中的 + 按钮，在弹出的下拉菜单中选择【记录集分页】|【移至第一条】命令，打开【移至第一条】对话框。

(5) 在【记录集】下拉列表中选中 R1，单击【确定】按钮，创建服务器行为，如图 12-26 所示。

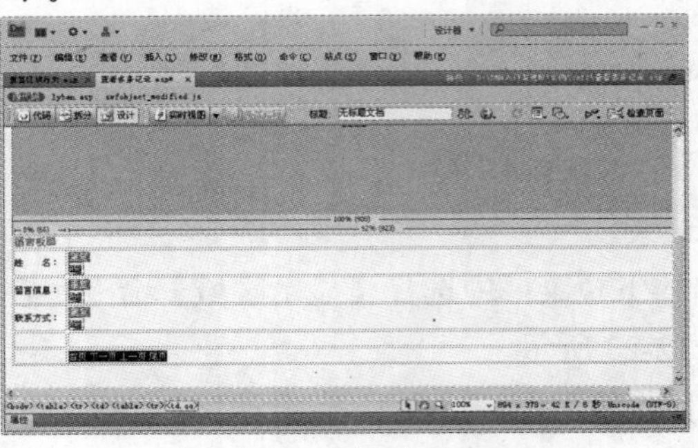

图 12-25 插入文本

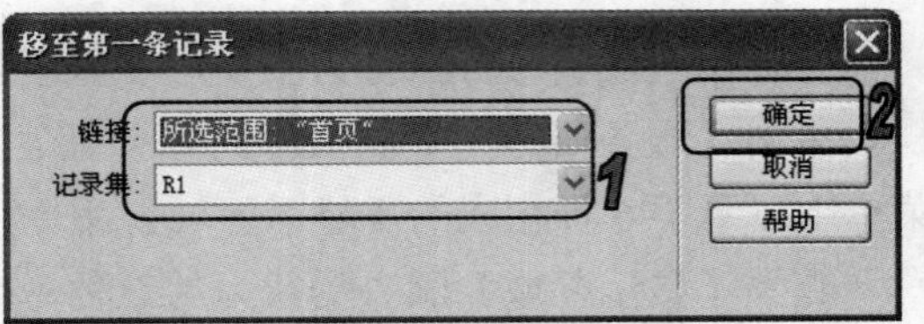

图 12-26 创建服务器行为

(6) 重复操作，分别为文本内容“下一页”、“上一页”和“尾页”添加【移至下一条记录】、【移至前一条记录】和【移至最后一条记录】服务器行为，如图 12-27 所示。

(7) 选中文本内容“首页”，单击【服务器行为】面板中的 + 按钮，在弹出的下拉菜单中选择【显示区域】|【如果不是第一条记录则显示区域】命令，打开【如果不是第一条记录则显示区域】对话框。

(8) 在【记录集】下拉列表中选中 R1 记录集，单击【确定】按钮，添加服务器行为，如图 12-28 所示。

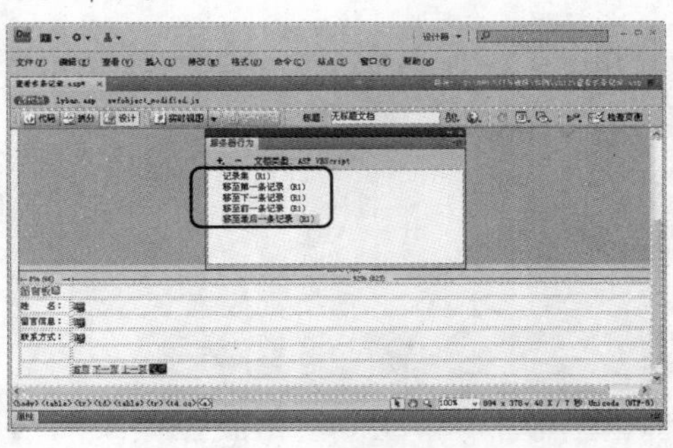

图 12-27 添加服务器行为

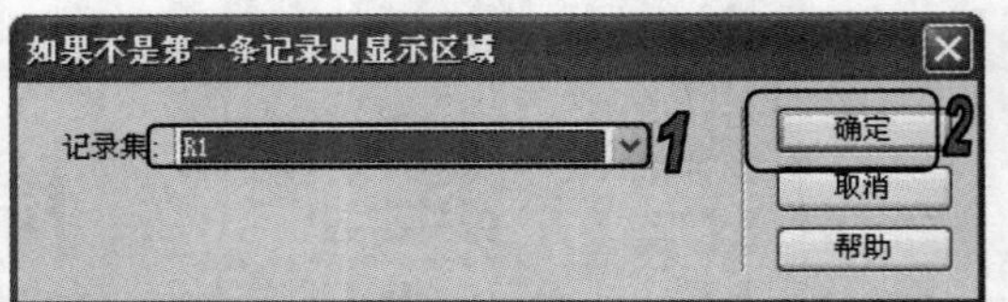

图 12-28 添加服务器行为

(9) 重复操作，分别为文本内容“下一页”、“上一页”和“尾页”添加【如果为第一条记录则显示区域】、【如果为最后一条记录则显示区域】和【如果不是最后一条记录则显示区域】服务器行为。

(10) 另存网页文档，按下 F12 键，在浏览器中预览网页文档，单击文本链接可以显示记录，如图 12-29 所示。

图 12-29　预览网页文档

12.2.4　传递页面信息

传递页面信息也就是将某页面的信息或参数传递到另一个页面中，可以转到详细的页面中，也可以转到相关的页面中。在 Dreamweaver CS4 中，可以添加【转到详细页】和【转到相关页】服务器行为来传递页面信息。

1. 【转到详细页面】行为

【转到详细页面】服务器行为可以建立一个特殊的链接，来显示指定的记录。单击【服务器行为】面板中的+按钮，在弹出的下拉菜单中选择【转到详细页面】命令，打开【转到详细页面】对话框，如图 12-30 所示。

在转到详细页面对话框中的主要参数选项的具体作用如下。

- 【链接】：可以在下拉列表中选择应用行为的链接，如果是动态内容，则自动选择该内容。
- 【详细信息页】：可以在文本框中输入转到详细页面的 URL 地址。
- 【传递 URL 参数】：可以在文本框中输入通过 URL 转到详细页面的参数名称。
- 【URL 参数】：选中该复选框，可以将结果页中的 URL 参数传递到详细页面中。
- 【表单参数】：选中该复选框，可以将结果页中的表单值以 URL 参数方式传递到详细页面服务器中。

2. 【转到相关页面】行为

【转到相关页面】服务器行为可以通过参数跳转到相关的页面中。单击【服务器行为】面板中的+按钮，在弹出的下拉菜单中选择【转到相关页面】命令，打开【转到相关页面】对话框，如图 12-31 所示。

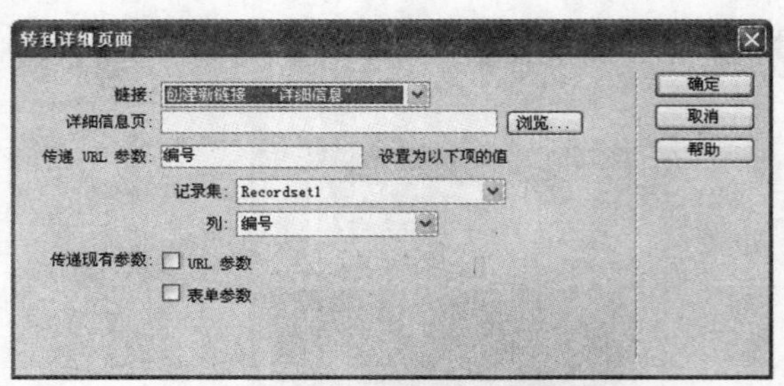

图 12-30 【转到详细页面】对话框

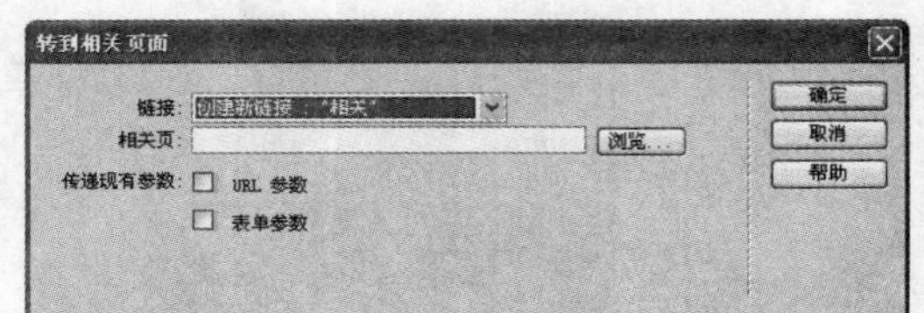

图 12-31 【转到相关页面】对话框

在【转到相关页面】对话框中主要参数选项的具体作用如下。

- 【链接】：可以在下拉列表中选择应用行为的链接。
- 【相关页】：可以在文本框中输入相关页的名称。

12.2.5 记录相关服务器行为

与数据库记录相关的服务器行为包括【插入记录】、【更新记录】和【删除记录】3 种。

1. 【插入记录】行为

【插入记录】服务器行为可以将记录插入到数据库中。

要添加【插入记录】服务器行为，首先需要在网页文档中选中包含【提交】类型按钮的表单，然后单击【服务器行为】面板中的 + 按钮，在弹出的下拉菜单中选择【插入记录】命令，打开【插入记录】对话框，如图 12-32 所示。

在【插入记录】对话框中主要参数选项的具体作用如下。

- 【连接】：可以在下拉列表中选择连接的数据库。
- 【插入到表格】：可以在下拉列表中选择要插入的数据表名称。
- 【插入后，转到】：可以在文本框中输入插入记录后跳转的文件路径。
- 【获取值自】：可以在下拉列表中选择用于输入数据的表单。
- 【表单元素】：可以在下拉列表中选择数据库中所需更新的表单元素。
- 【列】：可以在下拉列表中选择字段。
- 【提交为】：可以在下拉列表中选择提交元素的类型。

设置好相应的参数选项后，单击【确定】按钮，即可创建【插入记录】服务器行为。

2. 【更新记录】行为

【更新记录】服务器行为可以更新连接的数据表中的记录。

要添加【更新记录】服务器行为，首先要在网页文档中创建一个记录集，然后单击【服务器行为】面板中的 + 按钮，在弹出的下拉菜单中选择【更新记录】命令，打开【更新记录】对话框，如图 12-33 所示。

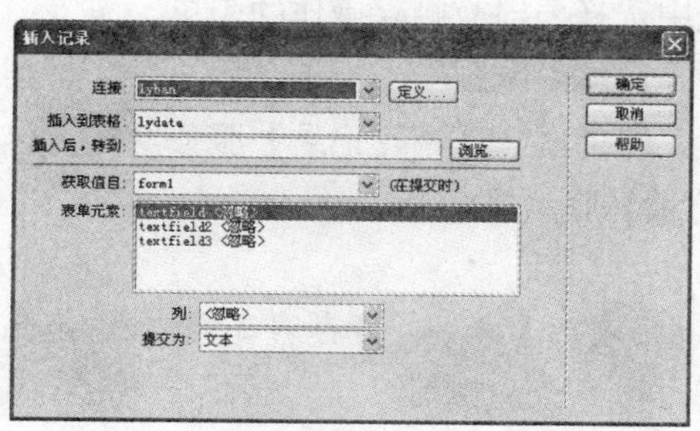

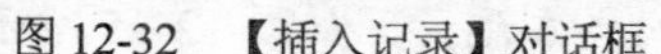
图 12-32　【插入记录】对话框

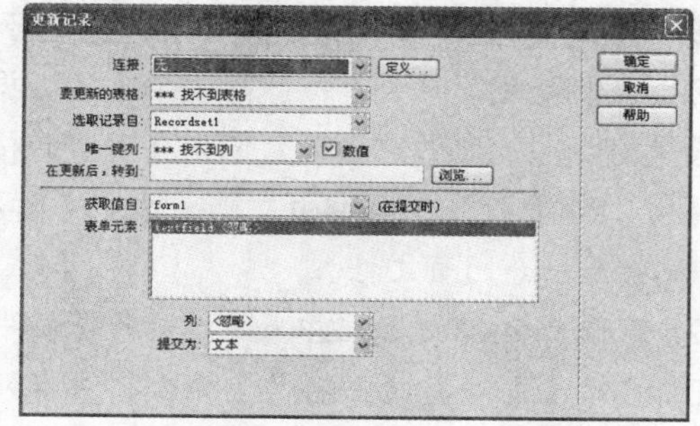

图 12-33　【更新记录】对话框

在【更新记录】对话框中，主要参数选项的具体作用如下。

- 【连接】：可以在下拉列表中选择要更新的数据库。
- 【要更新的表格】：可以在下拉列表中选择要更新的表的名称。
- 【选取记录自】：可以在下拉列表中选择页面中绑定的记录集。
- 【唯一键列】：可以在下拉列表中选择关键列，用以识别在数据库表单上的记录。如果值是数字，需要选中下拉列表右侧的【数值】复选框。
- 【在更新后，转到】：指定更新表单中的数据后指向的 URL。
- 【获取值自】：可以在下拉列表中选中用于编辑记录数据的表单。
- 【列】：可以在下拉列表中选中与表单域对应的字段列名称。
- 【提交为】：可以在下拉列表中选择字段的类型。

设置好相应的参数选项后，单击【确定】按钮，即可创建【更新记录】服务器行为。

3. 【删除记录】行为

【删除记录】服务器行为用来删除连接的数据库中的记录。

要添加【删除记录】服务器行为，同样需要先在文档中创建一个记录集，然后单击【服务器行为】面板中的+按钮，在弹出的下拉菜单中选择【删除记录】命令，打开【删除记录】对话框，如图 12-34 所示。

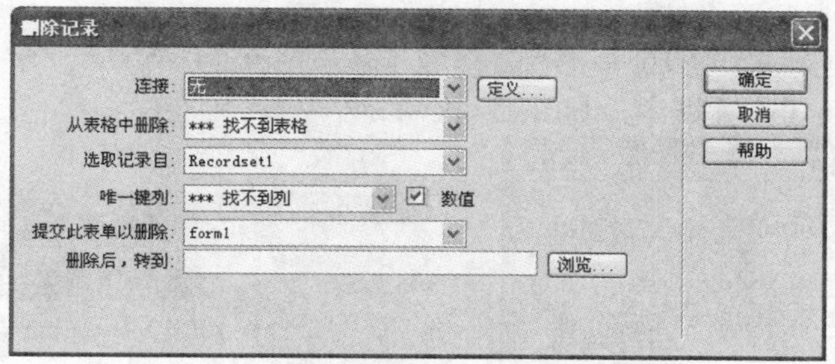

图 12-34　【删除记录】对话框

在【删除记录】对话框中部分选项的作用与【插入记录】和【更新记录】对话框中相同。以下是关于该对话框中其他主要参数选项的具体作用介绍。

- 【从表格中删除】：可以在下拉列表中选择要删除记录的表格。

◎ 【提交此表单以删除】：可以在下拉列表中选择要提交删除操作的表单。

◎ 【删除后，转到】：删除表单中的数据后指向的 URL。

设置好相应的参数选项后，单击【确定】按钮，即可创建【删除记录】服务器行为。

【例 12-4】打开一个网页文档，添加【插入记录】服务器行为。

(1) 打开一个网页文档。

(2) 删除 apDiv2 嵌套层中表单，选择【文件】|【另存为】命令，另存网页文档为 zcbiao.asp。

(3) 选择【文件】|【另存为】命令，另存网页文档为 zccg.asp。

(4) 打开 zccg.asp 网页文档，在 apDiv2 嵌套层中插入文本元素，如图 12-35 所示。

(5) 打开 zcbiao.asp 网页文档，选择【插入】|【表单】|【表单】命令，在 a pDiv2 嵌套层中插入表单。

(6) 在表单中插入文本元素。

(7) 在表单中插入两个文本域，设置第 2 个文本域类型为【密码】；在表单中插入一个【注册】按钮，按钮类型为【提交】，如图 12-36 所示。

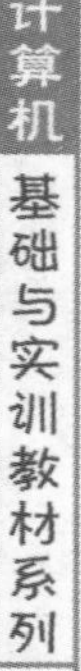

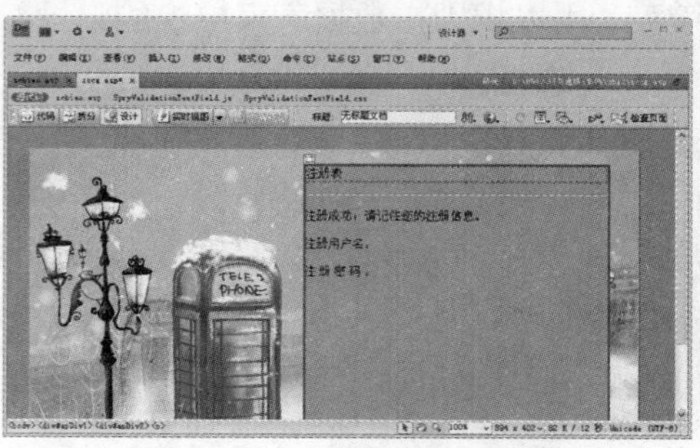

图 12-35 插入文本元素

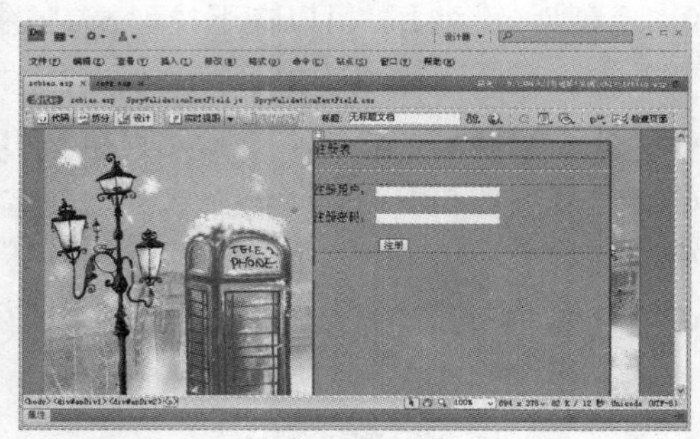

图 12-36 插入文本域和按钮

(8) 启动 Access 2003，在 db1 数据库中新建一个 zcbiao 数据表，设计数据表，如图 12-37 所示。

(9) 关闭 Access 2003，返回 zcbiao.asp 网页文档，选择【窗口】|【数据库】命令，打开【数据库】面板。

(10) 单击 按钮，在弹出的下拉菜单中选择【数据源名称(DSN)】命令，打开【数据源名称(DSN)】对话框，连接 db1 数据库，如图 12-38 所示。

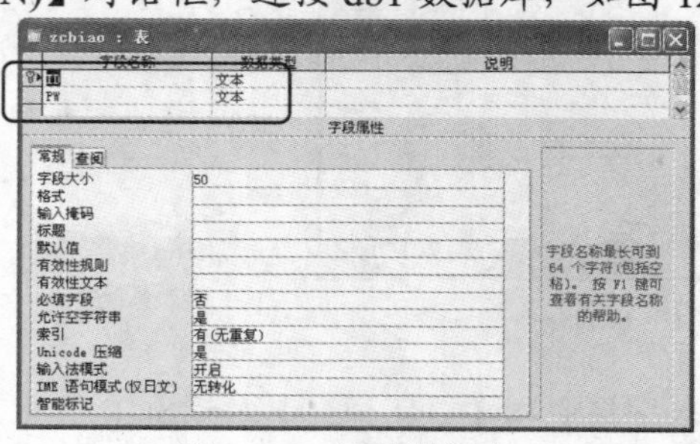

图 12-37 设计数据表

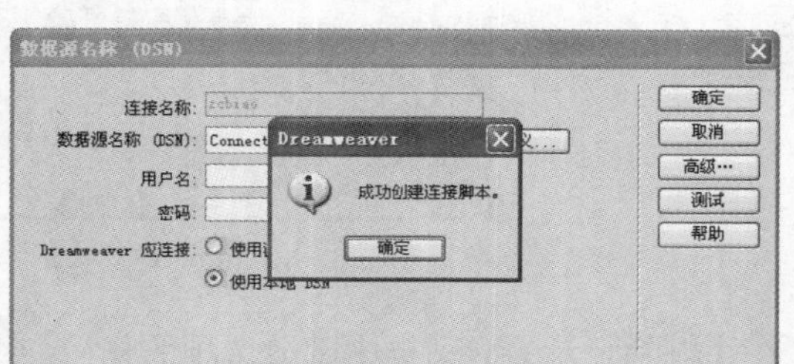

图 12-38 连接 db1 数据库

(11) 选择【窗口】|【服务器行为】命令，打开【服务器行为】面板。

(12) 单击+按钮，在弹出的下拉菜单中选择【记录集(查询)】命令，打开【记录集】对话框。定义 R2 记录集，如图 12-39 所示。

(13) 选中表单，单击【服务器行为】面板中的+按钮，在弹出的下拉菜单中选择【插入记录】命令，打开【插入记录】对话框。

(14) 在【插入记录】对话框中的参数选项设置如图 12-40 所示，单击【确定】按钮，添加【插入记录】服务器行为。

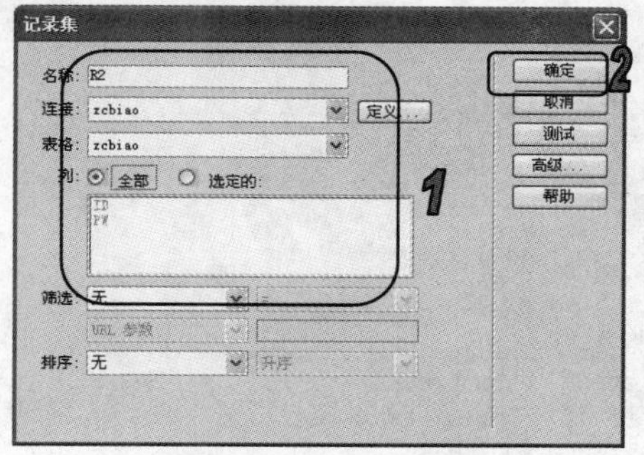

图 12-39　定义 R2 记录集

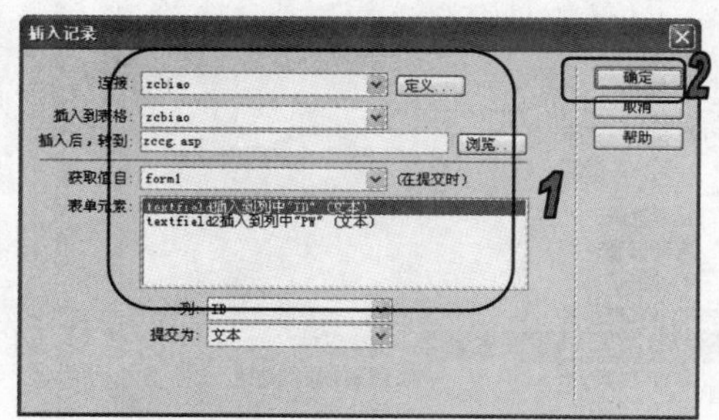

图 12-40　设置【插入记录】对话框选项参数

(15) 打开 zccg.asp 网页文档，选择【插入】|【绑定】命令，打开【绑定】面板，绑定 ID 和 PW 字段记录，如图 12-41 所示。

(16) 打开 zcbiao.asp 网页文档，选择【文件】|【保存全部】命令，保存所有文档。按下 F12 键，在浏览器中预览网页文档，如图 12-42 所示。

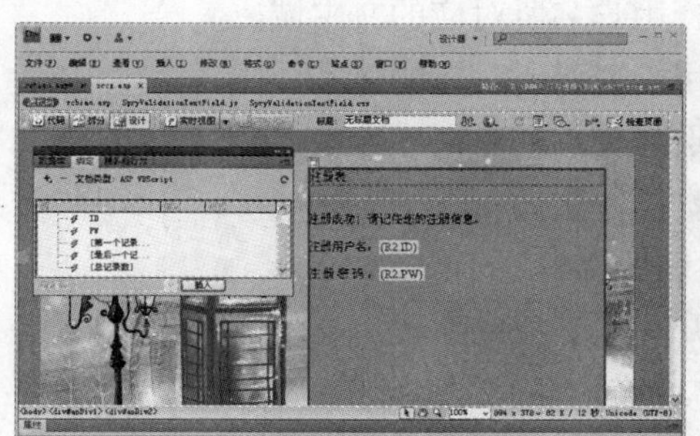

图 12-41　绑定 ID 和 PW 字段

图 12-42　预览网页文档

12.2.6　用户身份验证

用户身份验证服务器行为主要是用来执行在注册、登录、注销等操作的服务器行为，使用该行为能有效地管理共享资源的用户，规范化访问共享资源。

单击【服务器行为】面板中的+按钮，在弹出的下拉菜单中选择【用户身份验证】命令，在级联菜单中显示了【登录用户】、【限制对页的访问】、【注销用户】和【检查新用户名】4 个服务器行为，如图 12-43 所示。

1.【登录用户】行为

单击【服务器行为】面板中的+按钮，在弹出的下拉菜单中选择【用户身份验证】|【登录用户】命令，打开【登录用户】对话框，如图 12-44 所示。

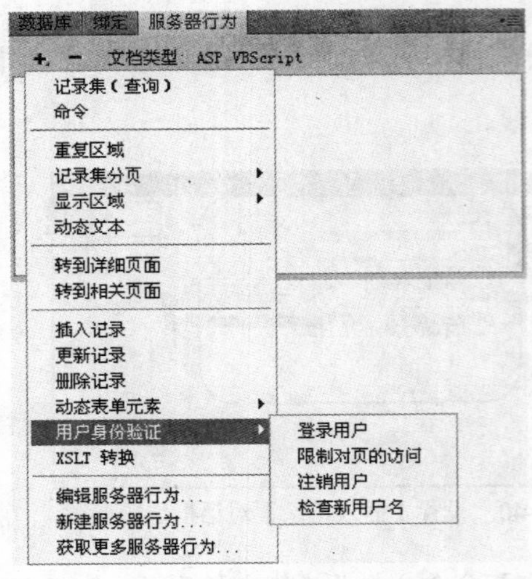

图 12-43　显示服务器行为

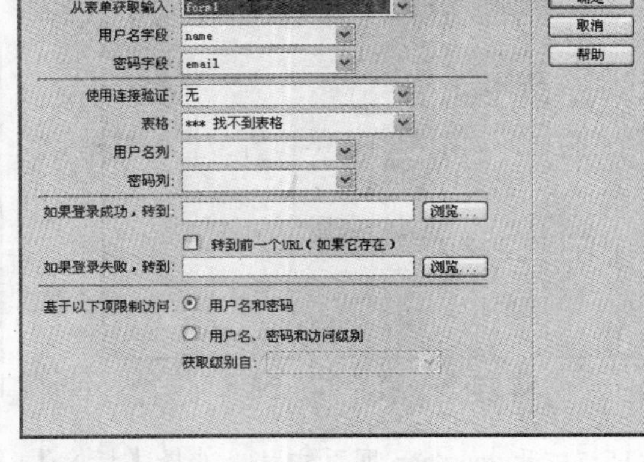

图 12-44　【登录用户】对话框

在【登录用户】对话框中主要参数选项的具体作用如下。

- 【从表单获取输入】：可以在下拉列表中选择获取值的表单。
- 【用户名字段】：可以在下拉列表中选择用户名所对应的文本域。
- 【密码字段】：可以在下拉列表中选择用户密码所对应的文本域。
- 【使用连接验证】：可以在下拉列表中选择使用的数据库连接。
- 【表格】：可以在下拉列表中选择使用数据库中的哪一个表格。
- 【用户名列】：可以在下拉列表中选择用户名对应的字段。
- 【密码列】：可以在下拉列表中选择用户密码对象的字段。
- 【如果登录成功，转到】：指定登录成功后转到的页面。
- 【转到前一个 URL】：如果存在一个需要通过当前登录行为验证才能访问的页面，选中该复选框。
- 【如果登录失败，转到】：指定如果登录不成功转到的页面。
- 【基于以下项限制访问】：可以在该选项区域中限制是否包含级别验证。

2.【限制对页的访问】行为

【限制对页的访问】服务器行为主要用于显示用户访问的页面。单击【服务器行为】面板中的+按钮，在弹出的下拉菜单中选择【用户身份验证】|【显示对页的访问】命令，打开【显示对页的访问】对话框，如图 12-45 所示。

在【显示对页的访问】对话框中主要参数选项的具体作用如下。

- 【基于以下内容进行限制】：可以选中相应的单选按钮，选中是否包含级别验证。可以

单击【定义】按钮，打开【定义访问级别】对话框，如图 12-46 所示，在该对话框中指定级别名称。

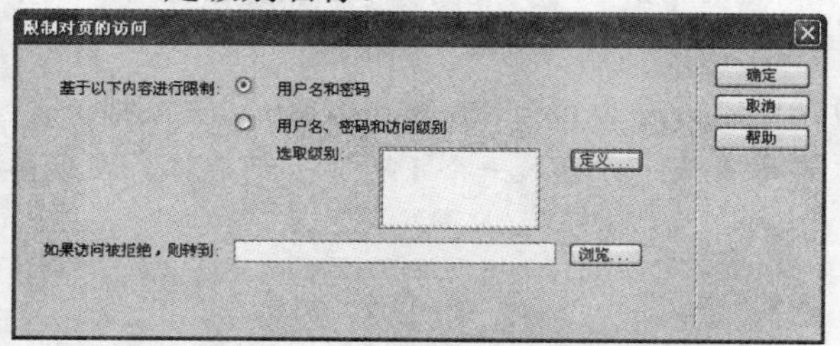

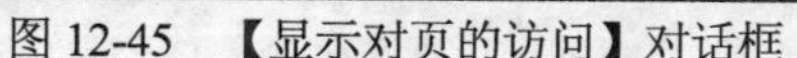
图 12-45　【显示对页的访问】对话框

图 12-46　【定义访问级别】对话框

- 【如果访问被拒绝，则转到】：可以指定如果没有经过验证转到的页面。

3. 【注销用户】行为

【注销用户】服务器行为是用来注销用户的。单击【服务器行为】面板中的+按钮，在弹出的下拉菜单中选择【用户身份验证】|【注销用户】命令，打开【注销用户】对话框，如图 12-47 所示。

图 12-47　【注销用户】对话框

在【注销用户】对话框中主要参数选项的具体作用如下。

- 【单击链接】：选中该单选按钮，当单击指定的链接时注销用户。
- 【页面载入】：选中该单选按钮，在加载本页面时运行。
- 【在完成后，转到】：指定注销用户后转到的页面。

4. 【检查新用户名】服务器行为

单击【服务器行为】面板中的+按钮，在弹出的下拉菜单中选择【用户身份验证】|【检查新用户名】命令，打开【检查新用户名】对话框，如图 12-48 所示。

图 12-48　【检查新用户名】对话框

在【检查新用户名】对话框中主要参数选项的具体作用如下。

- 【用户名字段】：可以在下拉列表中选中所需验证的记录字段。

◉ 【如果已存在，则转到】：如果字段已经存在，可以指定转到的页面。

【例 12-5】预先制作 denglu.asp、dlcg.asp 和 dlsb.asp 3 个网页文档，添加服务器行为，制作登录系统。

(1) 打开 denglu.asp 网页文档，如图 12-49 所示，另存为 dlcg.asp 和 dlsb.asp 网页文档。

(2) 打开 dlcg.asp 网页文档，删除所有层，在水平线下方插入一个 1 行 1 列的表格，在表格中插入文本元素，如图 12-50 所示。

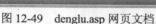

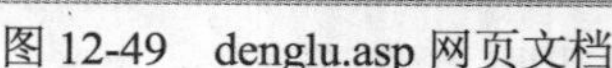
图 12-49 denglu.asp 网页文档

图 12-50 在 dlcg.asp 文档中插入文本

(3) 打开 dlsb.asp 网页文档，同样删除所有层，插入 1 行 1 列的表格，然后在表格中插入文本元素。选中文本内容“返回”，在【属性】面板【链接】文本框中创建超链接，链接目标为 denglu.asp 网页文档，如图 12-51 所示。

(4) 选择【文件】|【保存全部】命令，保存所有网页文档。

(5) 创建一个 denglu 数据库，新建 dldata 数据表，在数据表中添加数据，作为用户登录帐号和密码，如图 12-52 所示。

图 12-51 创建超链接

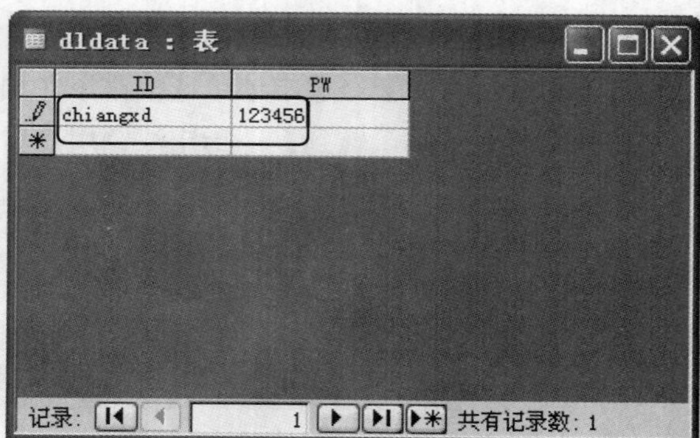

图 12-52 创建数据表

(6) 打开 denglu.asp 网页文档，打开【数据库】面板，单击+按钮，在弹出的下拉菜单中选择【数据源名称(DSN)】命令，打开【数据源名称(DSN)】对话框。

(7) 单击【定义】按钮，打开【ODBC 数据源管理器】对话框，定义 denlgu 数据库，选中 denglu 数据库，单击【确定】按钮定义该数据库，如图 12-53 所示。

(8) 创建 dldata 数据表连接，如图 12-54 所示。

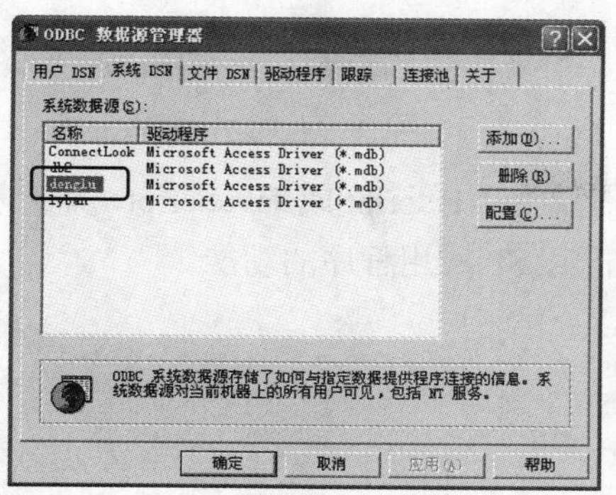

图 12-53　定义 denlgu 数据库

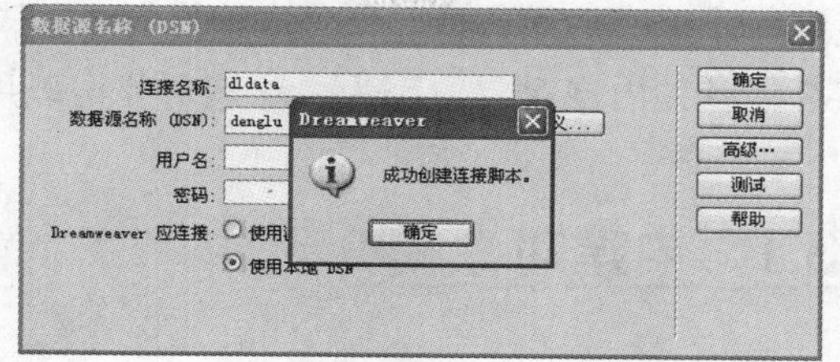

图 12-54　创建 dldata 数据表连接

(9) 打开【服务器行为】面板，单击+按钮，在弹出的下拉菜单中选择【记录集(查询)】命令，打开【记录集】对话框。

(10) 定义 R6 记录集，可以单击【测试】按钮，在测试 SQL 指令对话框中测试数据表是否连接正确，如图 12-55 所示。

(11) 单击<form>标记，选中表单，单击【服务器行为】面板中的+按钮，在弹出的下拉菜单中选择【用户身份验证】|【登录用户】命令，打开【登录用户】对话框。

(12) 在【登录用户】对话框中的设置如图 12-56 所示。

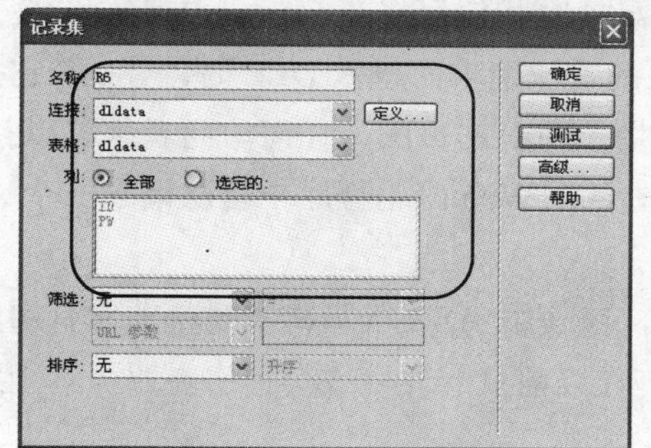

图 12-55　定义 R6 记录集

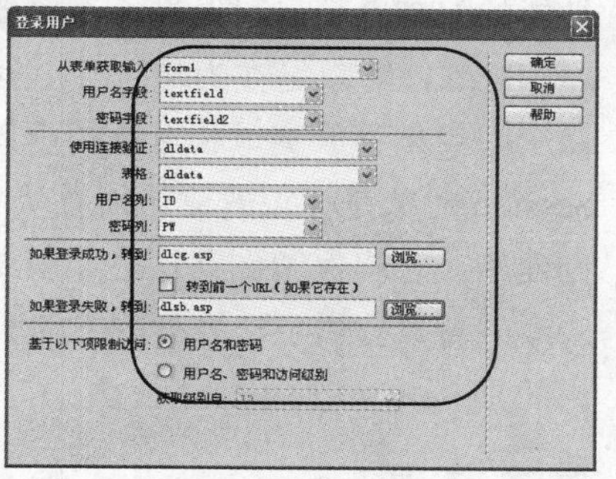

图 12-56　设置【登录用户】对话框

(13) 单击【确定】按钮，添加【登录用户】服务器行为。

(14) 保存网页文档，按下 F12 键，在浏览器中预览网页文档，如图 12-57 所示。

图 12-57　预览网页文档

12.3 使用 ASP 内建对象

要编写 ASP 应用程序，首先应该掌握一种脚本语言，如 VBScript 或 JavaScript，并且熟练掌握 ASP 的各种内嵌对象。因为，这些对象可以用来拓展 ASP 应用程序的功能。

12.3.1 内建对象简介

一个对象具有方法、属性或者集合，其中对象的方法决定了可以用这个对象做什么事情；对象的属性可以读取，它描述对象状态或者设置对象状态；对象的集合包含了很多和对象有关系的键与值的配对。

下面是一些 ASP 常用内建对象的介绍。

- Request 对象为脚本提供客户端在请求一个页面或传送一个窗体时提供的所有信息，包括能够标识浏览器和用户的 HTTP 变量，存储浏览器对应于这个域的 cookie，以及附在 URL 后面的值。
- Response 对象用来访问所创建的并返回客户端的响应。它为脚本提供了标识服务器和性能的 HTTP 变量，发送给浏览器的信息内容和任何将在 Cookie 中存储的信息。
- Application 对象是在为响应一个 ASP 页的首次请求而载入 DLL 时创建的，它提供了存储空间用来存放变量和对象的引用，可用于所有的页面，任何访问者都可以打开。
- Session 对象是在每一位访问者从 Web 站点或 Web 应用程序中首次请求一个 ASP 页时创建的，它将保留到默认的期限结束。
- Server 对象提供了一系列的方法和属性，在使用 ASP 编写脚本时是非常有用的。最常用的是 Server.CreateObject 方法，它允许在当前页的环境或会话中在服务器上实例化其他 COM 对象。
- ASPError 对象通过 Server 对象的 GetLastError 方法使用。提供了发生在 ASP 中的上一次错误的详细信息。
- ObjectContext 对象可以用来控制 ASP 的执行。

12.3.2 Request 对象

表单的作用是向服务器端传递客户端数据，Requeset 对象就是用来从客户端接受数据的，对于表单数据只要使用 Request 针对 form 数据集合的获取方法，就可以轻松地实现从客户端表单中获得数据。

Request 对象并不仅能从表单中获取数据，还可以从 URL 地址、客户端 cookie 信息中获取数据，因此 Request 功能是非常强大的。下面重点介绍了 Request 对象的属性、方法和数据集合。

1. Request 对象的数据集合

Request 对象提供了 5 个集合，可以用来访问客户端对 Web 服务器请求的各类信息，如表 12-1 所示。

表 12-1

集合名称	说　明
ClientCertificate	用来向服务器表明身份的客户证书的所有字段或条目的数值集合
Cookies	系统发出的所有 cookie 的值的集合，这些 Cookie 仅对相应的域有效
Form	METHOD 的属性值为 POST 时，所有作为请求提交的<FORM>段中的 HTML 控件单元的值的集合
QueryString	依附于用户请求的 URL 后面的名称/数值或者作为请求提交的且 METHOD 属性值为 GET，或表单中所有 HTML 控件单元的值
ServerVariables	客户端请求发出的 HTTP 报头值和 Web 服务器的环境变量的值集合

2. Request 对象的属性

TotaBytes 属性是 Request 对象唯一的属性，该属性可以返回由客户端发出的请求的整个字节数量，提供关于用户请求的字节数量的信息，但很少被用于 ASP 页。

3. Request 对象的方法

BinaryRead(count)方法是 Request 对象唯一的方法，它允许访问从一个<FORM>段中传递给服务器的用户请求部分的完整内容。当数据作为 POST 请求的一部分发往服务器时，从客户请求中获得 count 字节的数据，返回一个 Variant 数组(或者 SafeArray)。如果 ASP 代码已经引用了 Request.Form 集合，该方法就不能用。

同样，如果用了 BinaryRead 方法，就不能访问 Request.Form 集合。

【例 12-6】使用 Requeset 对象。

(1) 打开一个含有表单的网页文档，选中表单，打开【属性】面板，单击【动作】文本框右边的【浏览文件】按钮，打开【选择文件】对话框。在【选择文件】对话框中选中 text02.asp 网页文档，单击【确定】按钮，添加到【动作】文本框中。

(2) 新建 texe02.asp 网页文档，切换到【代码】视图。在【<%】和【%>】间定义变量：v1 和 v2，如图 12-58 所示。将 request.form("Name")的值赋予 v1，将 request.form("Code")的值赋予 v2。

(3) 分别使用 response.write 语句将 v1 到 v2 的值进行显示，如图 12-59 所示。

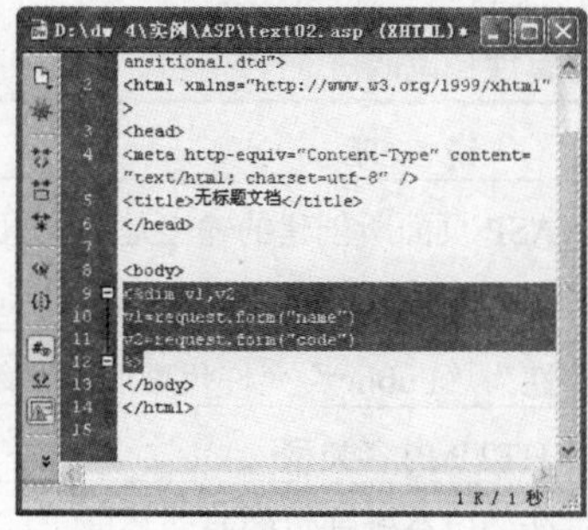

图 12-58　定义 v1 和 v2 变量

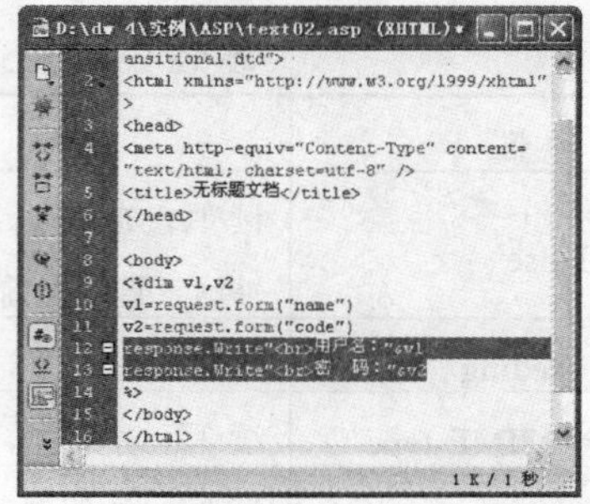

图 12-59　显示 v1 到 v2 变量的值

计算机基础与实训教材系列

(4) 保存所有文件，按下 F12 键，在浏览器中预览网页文档。在表单中输入内容后，单击【提交】按钮，跳转到 text02.asp 网页文档中显示提交的表单内容，如图 12-60 所示。

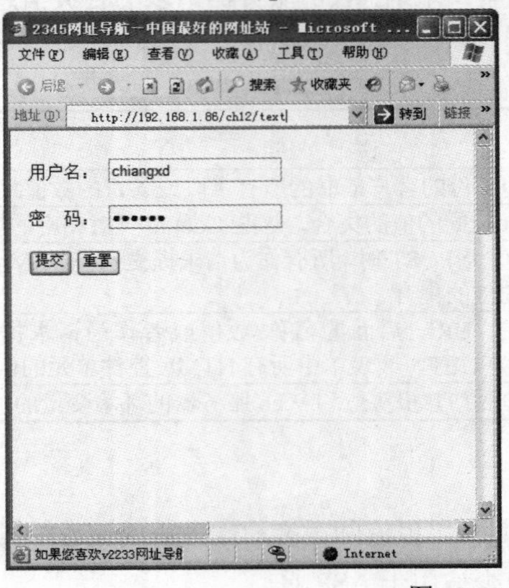

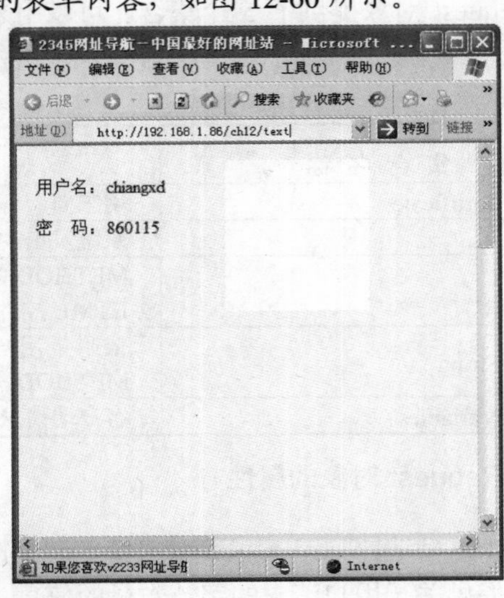

图 12-60 预览网页文档

12.3.3 Response 对象

Response 对象用于控制发送给用户的信息，包括直接发送信息给客户端浏览器、重定向浏览器到另外一个 URL 以及 Cookie 值。

1. Response 对象的集合

Cookies 是 Response 对象的唯一集合，该集合设置希望放置在客户系统上的 cookie 的值，在当前响应中，发回客户端的所有 cookie 的值，但这个集合为只写的，等同于 Request.Cookies 集合。

2. Response 对象的属性

Response 对象提供一系列的属性，可以用于读取和修改，使响应能够适应请求。当设置某些属性时，使用的语法可能与通常所使用的有一定差异。具体的属性以及说明如表 12-2 所示。

表 12-2 Response 对象的属性和说明

属 性	说 明
Buffer =True/False	读/写，布尔型，表明由一个 ASP 页面所创建的输出是否一直存放在 IIS 缓冲区，直到当前页面的所有服务器脚本处理完毕或 Flush、End 方法被调用
CacheControl "setting"	读/写，字符型，设置这个属性为“Public”允许代理服务器缓存页面
Content Type="MIME-type"	读/写，字符型，指明响应的 HTTP 内容类型
Expires minutes	读/写，数值型，指明页面有效的以分钟计算的时间长度

(续表)

属　性	说　明
Expires Absolute #date[time]#	读/写，日期 / 时间型，指明当某页面过期和不再有效时的绝对日期和时间
IsClientConnected	只读，布尔型，返回客户是否仍然连接和下载页面的状态标志
PICS "PICS-Label-string"	只写，字符型，创建一个 PICS 报头并将之加到响应中的 HTTP 报头中，PICS 报头定义页面内容中的词汇等级
Status="Code message"	读/写，字符型，指明发回客户的响应的 HTTP 报头中表明错误或页面处理是否成功的状态值和信息

3. Response 对象的方法

Response 对象提供了一系列的方法，它允许直接处理为返给客户端而创建的页面内容。有关 Response 对象的方法及说明如表 12-3 所示。

表 12-3　Response 对象的方法及说明

方　法	说　明
AddHeader ("name","content")	通过使用 name 和 content 值，创建一个定制的 HTTP 报头，并增加到响应之中
AppendToLog ("string")	当使用“W3C Extended Log File Format”文件格式时，对于用户请求的 Web 服务器的日志文件增加一个条目
BinaryWrite (SafeArray)	在当前的 HTTP 输出流中写入 Variant 类型的 SafeArray，而不经过任何字符转换
Clear()	当 Response.Buffer 为 True 时，从 IIS 响应缓冲中删除现存的缓冲页面内容
End()	让 ASP 结束处理页面的脚本，并返回当前已创建的内容，然后放弃页面的任何进一步处理
Flush()	发送 IIS 缓冲中所有当前缓冲页面给客户端
Redirect ("url")	通过在响应中发送一个“302 Object Moved”HTTP 报头，指示浏览器根据字符串 url 下载相应地址的页面
Write ("string")	在当前的 HTTP 响应信息流和 IIS 缓冲区写入指定的字符，使之成为返回页面的一部分

【例 12-7】使用 Response 对象。

(1) 新建 response01.asp 网页文档。选择【查看】|【代码】命令，切换到【代码】视图中。将光标移至<body>标记下方，输入代码定义 customername 和 firsttime 变量的 cookies 值，如图 12-61 所示。

(2) 使用 response 的 redirect 方法，从当前页面转到 response02.asp 网页文档，如图 12-62 所示。

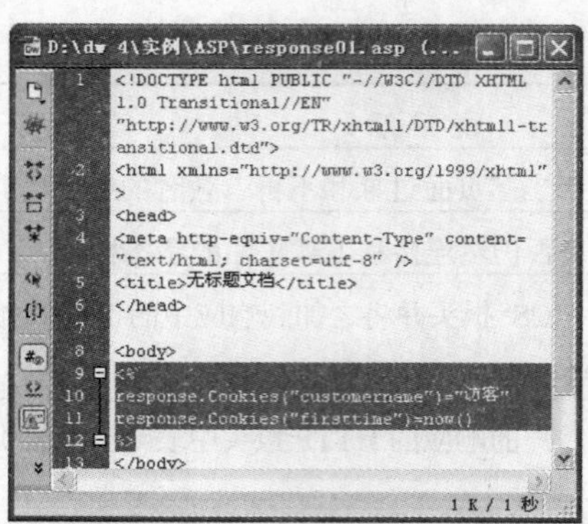

图 12-61　定义变量的 cookies 值

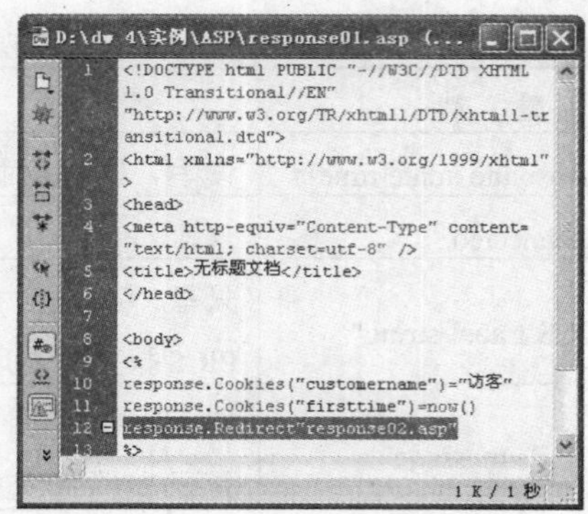

图 12-62　使用 redirect 方法

(3) 保存网页文档。

(4) 新建 response02.asp 网页文档，切换到【代码】视图中。将光标移至<body>标记下方，定义 c1 和 c2 变量。使用 request.cookies 获取 response01.asp 文档中输入的 cookies 值，并将值赋予 c1 和 c2 变量。

(5) 分别使用 response.write 语句对 c1 和 c2 值进行显示，输入相应的文字描述，如图 12-63 所示。

(6) 保存文档，按下 F12 键，在浏览器中预览网页文档，如图 12-64 所示。

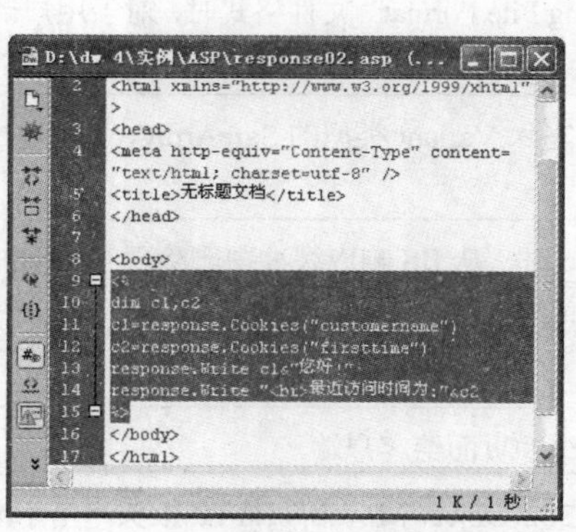

图 12-63　对 C1 和 C2 值进行描述

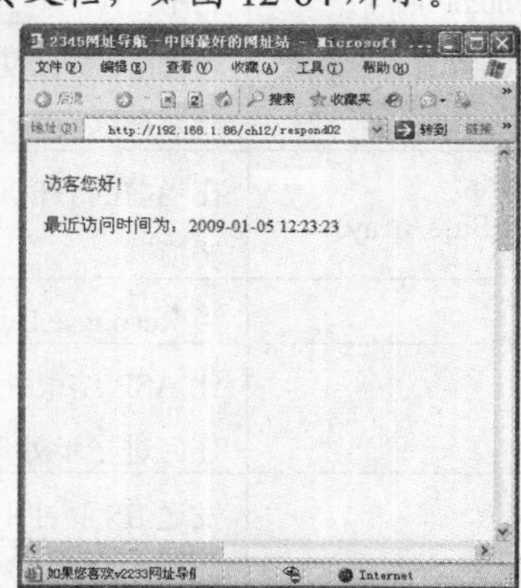

图 12-64　预览网页文档

12.3.4　Session 对象

Session 对象的作用是填补 HTTP 协议的局限。在应用过程中，可以使用 Session 对象存储用户会话所需的信息。这样，当用户在应用程序的 Web 页之间跳转时，存储在 Session 对象中的变量将不会丢失，而是在整个用户会话中一直存在下去。当用户请求来自应用程序的 Web 页时，如果该用户还没有会话，则 Web 服务器将自动创建一个 Session 对象。当会话过期或被放弃后，服务器将终止该会话。

1. Session 对象的集合

Session 对象提供了两个集合，可以用来访问存储于用户的局部会话空间中的变量和对象。具体说明如表 12-4 所示。

表 12-4　Session 对象集合

集合名称	说　明
Contents	存储于这个特定 Session 对象中的所有变量和其值的一个集合，并且这些变量和值没有使用<OBJECT>元素进行定义。包括 Variant 数组和 Variant 类型对象实例的引用
StaticObjects	通过使用<OBJECT>元素定义的、存储于这个 Session 对象中的所有变量的一个集合

2. Session 对象的属性

Session 对象包括 CodePage、LCID、SessionID 和 Timeout 4 个属性，这些属性的具体说明如表 12-5 所示。

表 12-5　Session 对象的属性

属　性	说　明
CodePage	读/写，整型。定义用于在浏览器中显示页面内容的代码页(Code Page)。代码页是字符集的数字值，不同的语言和场所可能使用不同的代码页
LCID	读/写，整型。定义发送给浏览器的页面地区标识(LCID)。LCID 是唯一地标识地区的一个国际标准缩写
SessionID	只读，长整型。返回这个会话的会话标识符，创建会话时，该标识符由服务器产生。只在父 Application 对象的生存期内是唯一的，因此当一个新的应用程序启动时可重新使用
Timeout	读/写，整型。为这个会话定义以分钟为单位的超时周期。如果用户在超时周期内没有进行刷新或请求一个网页，该会话结束。在各网页中根据需要可以修改。默认值是 10min，在使用率高的站点上该时间应更短

3. Session 对象的方法

Session 对象允许从用户级的会话空间删除指定值，并根据需要终止会话。具体说明如表 12-6 所示。

表 12-6　Session 对象的方法

集合名称	说　明
Contents.Remove ("variable_name")	Session.Content 集合中删除一个名为 variable_name 的变量
Contents.RemoveAll()	Session.Content 集合中删除所有变量
Abandon()	当网页的执行完成时，结束当前用户会话并撤销当前 Session 对象

4. Session 对象的事件

Session 对象提供了在启动和结束时触发的两个事件。两种事件的具体说明如表 12-7 所示。

表 12-7　Session 对象的事件

方　法	说　明
OnStart	当 ASP 用户会话启动时触发，在执行用户请求网页之前。用于初始化变量、创建对象或运行其他代码
OnEnd	当 ASP 用户会话结束时触发。从用户对应用程序的最后一个页面请求开始，如果已经超出预定的会话超时周期则触发该事件。当会话结束时，取消该会话中的所有变量。在代码中使用 Abandon 方法结束 ASP 用户会话时，也触发该事件

12.3.5　Application 对象

Application 对象代表整个 ASP 网页所构成的 Web 应用程序，广泛应用于网页之间共享数据的存取与运算。最主要的应用就是设计网站计数器。

1. Application 对象的集合

Application 对象提供了两个集合，用于访问存储于全局应用程序空间中的变量和对象。这两种集合的说明如表 12-8 所示。

表 12-8　Application 对象的集合

集合名称	说　明
Contents	未使用<OBJECT>元素定义的存储于 Application 对象中的所有变量(及它们的值)的一个集合。包括 Variant 数组和 Variant 类型对象实例的引用
StaticObjects	使用<OBJECT>元素定义的存储于 Application 对象中的所有变量(及它们的值)的一个集合

2. Application 对象的方法

Application 对象的方法允许删除全局应用程序空间中的值，控制在该空间内对变量的并发访问。该对象的方法及说明如表 12-9 所示。

表 12-9　Application 对象的方法

集合名称	说　明
Contents.Remove ("variable_name")	从 Application.Content 集合中删除一个名为 variable_name 的变量
Contents.RemoveAll()	从 Application.Content 集合中删除所有变量

(续表)

集合名称	说　明
Lock()	锁定 Application 对象，使得只有当前的 ASP 页面对内容能够进行访问。确保通过允许两个用户同时地读取和修改该值的方法而进行的并发操作不会破坏内容
Unlock()	解除对在 Application 对象上的 ASP 网页的锁定

3. Application 对象的事件

Application 对象提供了在启动和结束时触发的两种事件，这两种事件说明如表 12-10 所示。

表 12-10　Application 对象的事件

方　法	说　明
OnStart	当 ASP 启动时触发，在请求执行之前和任何用户创建 Session 对象之前。用于初始化变量、创建对象或运行其他代码
OnEnd	当 ASP 应用程序结束时触发。在最后一个用户会话已经结束并且该会话的 OnEnd 事件中的所有代码已经执行之后发生。其结束时，应用程序中存在的所有变量被取消

【例 12-8】使用 Application 对象制作网站计数器。

(1) 新建一个 ASP 网页文档，选择【查看】|【代码】命令，切换到【代码】视图。

(2) 将光标移至<body>标签下方，输入如下代码。

```
<% Application.Lock()
Application ("Num")=Application ("Num") + 1
Application.UnLock()
Response.Write"累计访问次数" &Application("Num") %>
```

(3) 保存网页文档为 jishuqi.asp。按下 F12 键，在浏览器中预览网页文档。单击浏览器中的【刷新】按钮，计数器会累计访问次数，如图 12-65 所示。

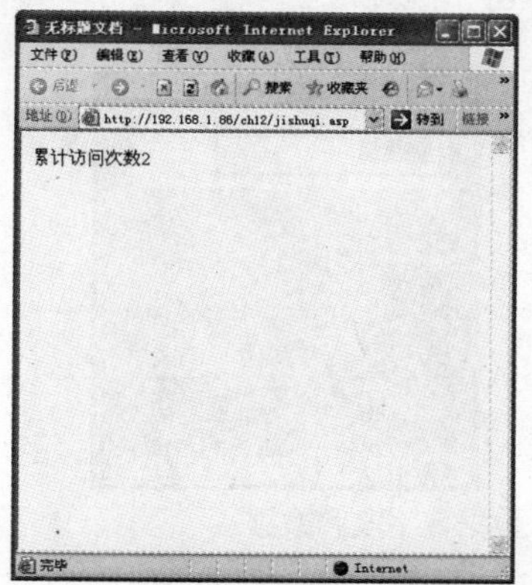

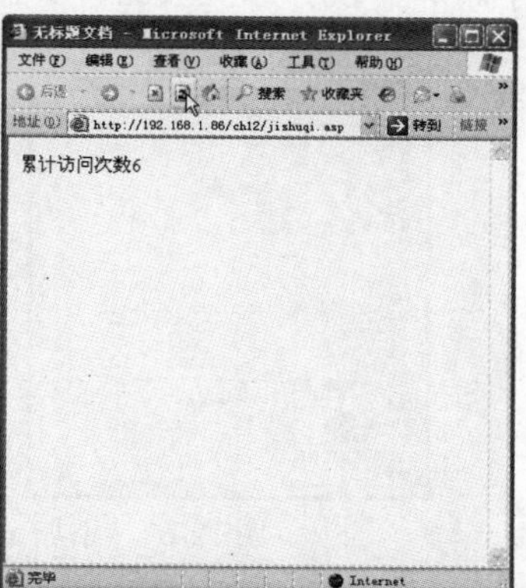

图 12-65　预览网页文档

12.4 上机练习

本章上机练习主要介绍了制作一个系统的后台管理系统，包括注册系统、留言板、登录系统和管理员系统，通过管理员系统可以对留言内容进行管理。用户通过练习从而巩固本章知识。

12.4.1 制作页面

(1) 新建一个 ASP 网页文档，保存为 zhuye.asp，制作如图 12-66 所示的网页。

(2) 选择【文件】|【另存为】命令，分别另存网页文档为 denglu.asp(登录)、dlsb.asp(登录失败)、dlcg.asp(登录成功)、zhuce.asp(注册)、zcsb.asp(注册失败)、zccg.asp(注册成功)、gl.asp(管理)、liuyan.asp(留言)、ckliuyan.asp(查看留言)、glliuyan.asp(管理留言)文档。

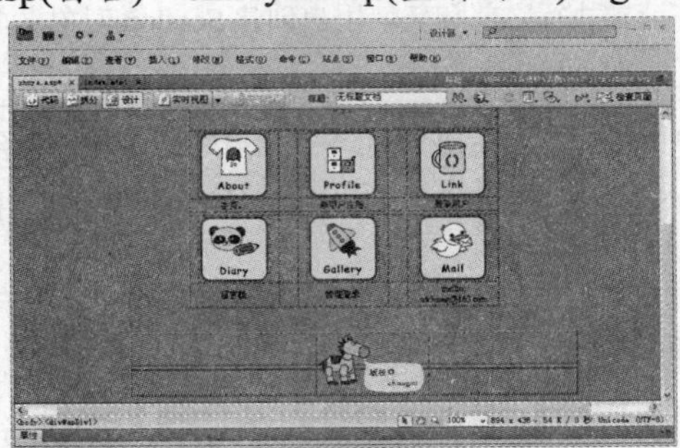

图 12-66　制作网页文档

知识点

在 admin 数据表中的数据是在管理系统中使用的数据，只有输入正确的管理员帐号和密码，才能登录管理系统。

12.4.2 制作注册系统

(1) 启动 Access 2003，新建 dbtext 数据库，在数据库中新建 admin、liuyan、zhuce 数据表。在 admin 数据表中添加字段并添加数据，如图 12-67 所示。

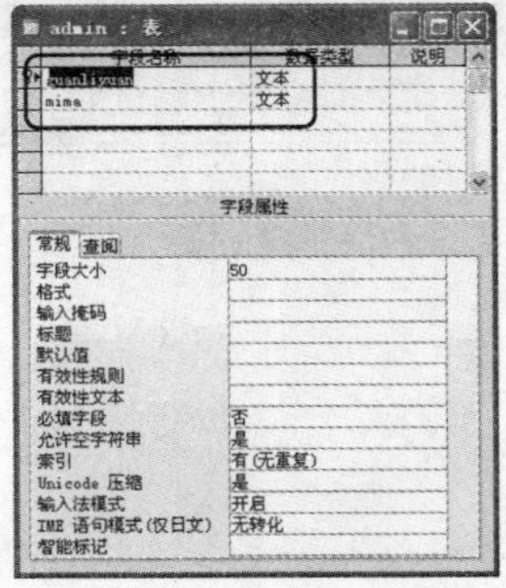

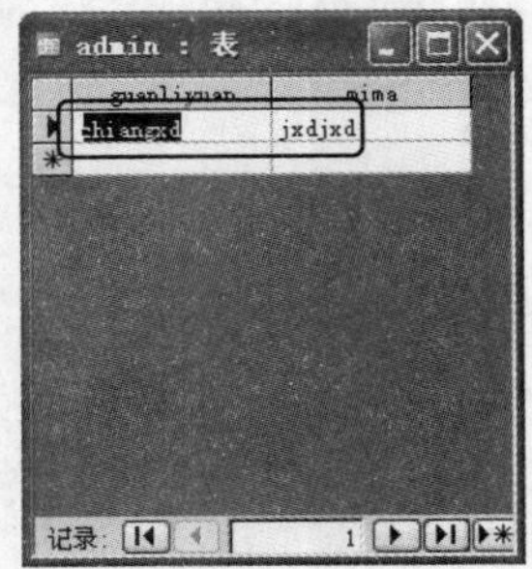

图 12-67　添加 admin 数据表字段和数据

(2) 在 liuyan 和 zhuce 数据表中添加字段，如图 12-68 所示。

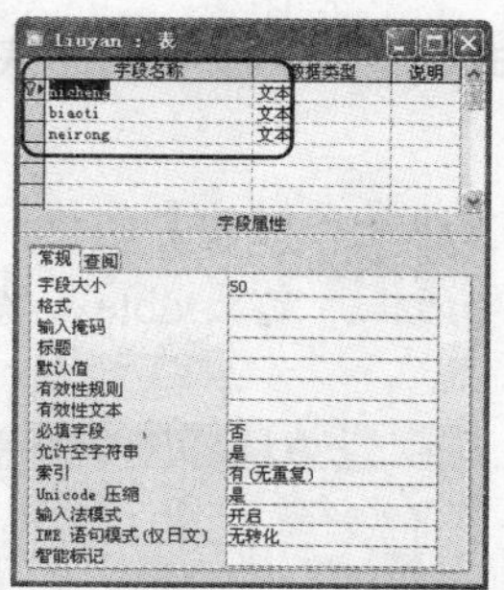

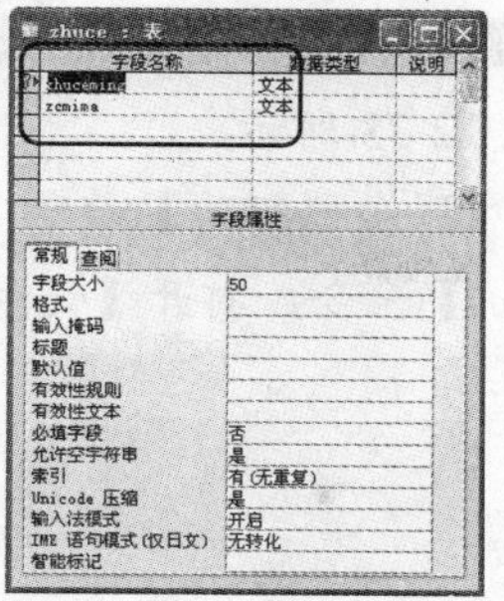

图 12-68　添加 liuyan 和 zhuce 数据表字段

(3) 打开 zhuce.asp 网页文档，删除 apDiv2 嵌套层中相应的图像和文本元素。选择【插入】|【表单】|【表单】命令，插入一个表单，然后在表单中插入一个 3 行 3 列的表格。

(4) 在表格中插入文本和图像元素，然后插入两个文本域表单、【注册】提交按钮、【重填】重置按钮。调整 apDiv2 嵌套层合适位置，如图 12-69 所示。

(5) 打开 dlcg.asp 文档，设计该文档，选中文本内容“登录”，链接到 denglu.asp 网页文档，如图 12-70 所示。

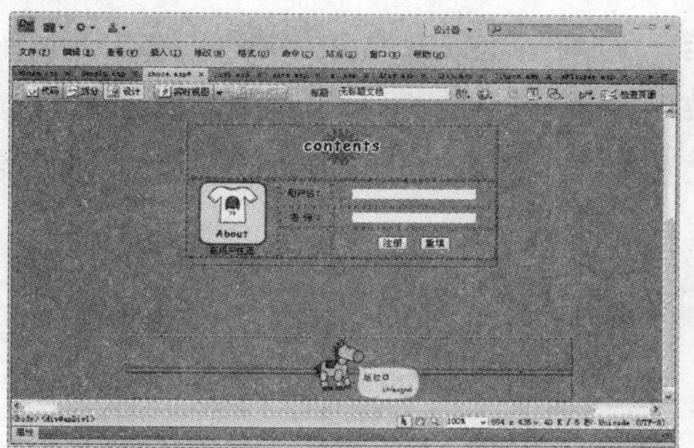

图 12-69　修改 zhuce.asp 文档

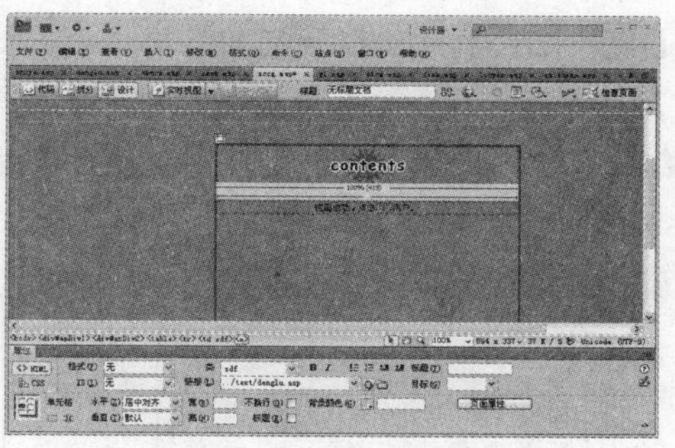

图 12-70　创建文本链接

(6) 打开 dlsb.asp 文档，设计该文档，选中文本内容“注册”，链接到 zhuce.asp 网页文档，如图 12-71 所示。

(7) 打开 zhuce.asp 文档，选择【窗口】|【数据库】命令，打开【数据库】面板。单击 + 按钮，在下拉菜单中选择【数据源名称(DSN)】命令，打开【数据源名称(DSN)】对话框。单击【定义】按钮，在【ODBC 数据源管理器】对话框中定义 dbtext 数据库，如图 12-72 所示。

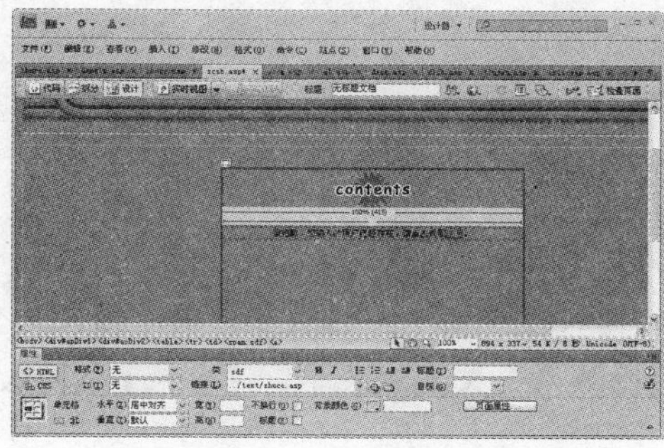

图 12-71　创建文本连接

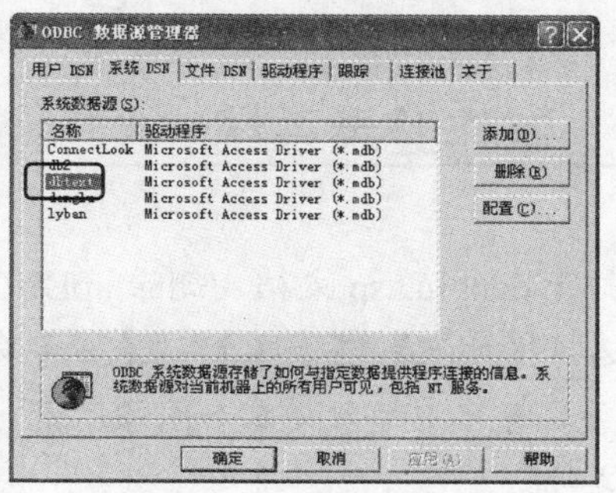

图 12-72　定义数据库

(8) 在【链接名称】文本框中输入 dbtext，单击【测试】按钮，测试连接，单击【确定】按钮，连接数据库，如图 12-73 所示。

(9) 选择【窗口】|【服务器行为】命令，打开【服务器行为】面板。单击+按钮，在下拉菜单中选择【记录集(查询)】命令，打开【记录集】对话框，定义 dbtext 数据库中的 zhuce 数据表记录集，如图 12-74 所示。

图 12-73 连接数据库

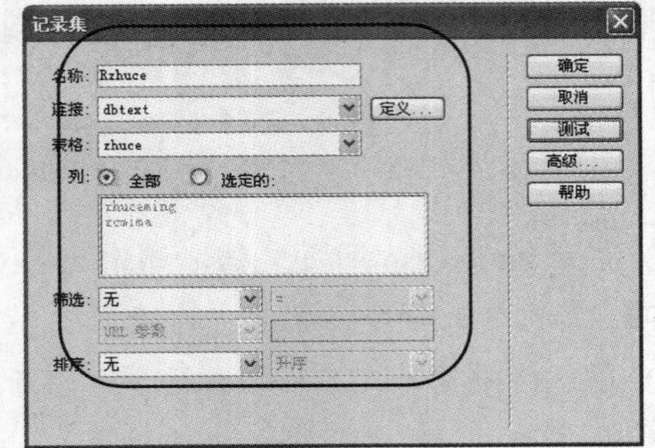

图 12-74 定义记录集

(10) 选中表单，单击【服务器行为】窗口中的+按钮，在下拉菜单中选择【插入记录】命令，打开【插入记录】对话框。插入表单记录，插入后，转到 zccg.asp 文档，如图 12-75 所示。

(11) 单击【服务器行为】窗口中的+按钮，在下拉菜单中选择【用户身份验证】|【检查新用户名】命令，打开【检查新用户名】对话框。设置用户名字段为 textfield，已存在用户名跳转到 zcsb.asp 文档，如图 12-76 所示。

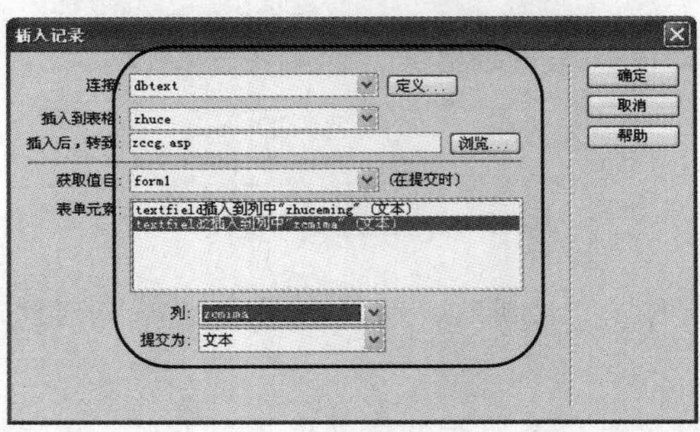

图 12-75 添加【插入记录】服务器行为

图 12-76 添加【检查新用户名】服务器行为

(12) 保存全部文档。

12.4.3 制作登录系统

(1) 打开 denglu.asp 文档，删除 apDiv2 嵌套层中相应的图像和文本元素。

(2) 选择【插入】|【表单】|【表单】命令，插入一个表单，然后在表单中插入一个 3 行 3 列的表格。在表格中插入文本和图像元素，然后插入两个文本域表单、【登录】提交按钮和【重填】重置按钮。

(3) 调整 apDiv2 嵌套层合适位置，如图 12-77 所示。

(4) 打开 dlcg.asp 文档，设计该文档，选中文本内容“留言板”，链接到 liuyanban.asp 网页文档，如图 12-78 所示。

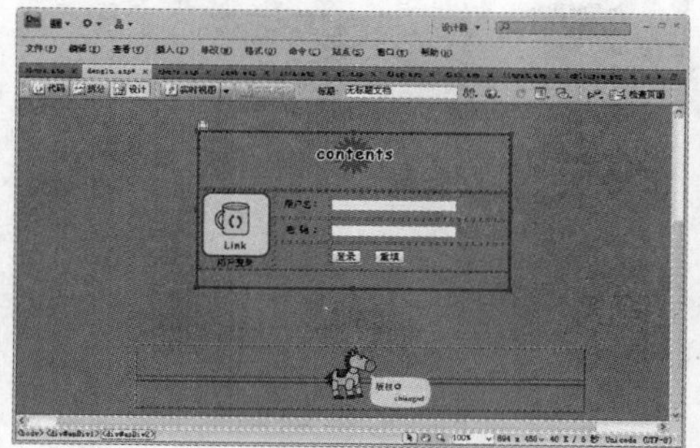

图 12-77　修改 denglu.asp 文档

图 12-78　创建文本链接

(5) 打开 dlsb.asp 文档，设计该文档，选中文本内容“登录”，链接到 denglu.asp 网页文档，如图 12-79 所示。

(6) 打开【服务器行为】面板，单击+按钮，在下拉菜单中选择【用户身份验证】|【登录用户】命令，打开【登录用户】对话框。

(7) 设置用户名和文本字段，登录成功跳转到 dlcg.asp 文档，登录失败跳转到 dlsb.asp 文档，如图 12-80 所示，单击【确定】按钮，添加服务器行为。

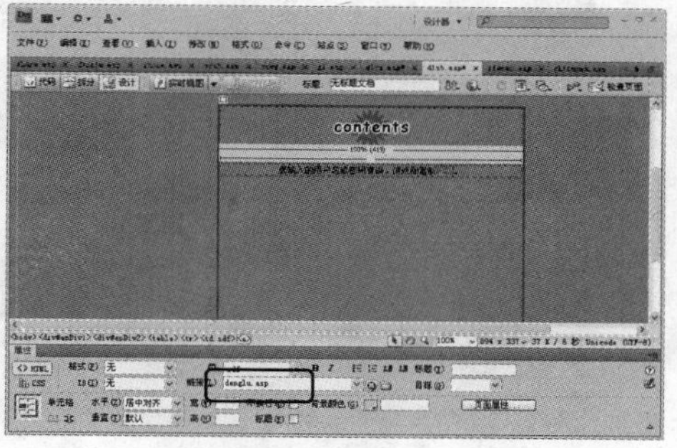

图 12-79　创建文本链接

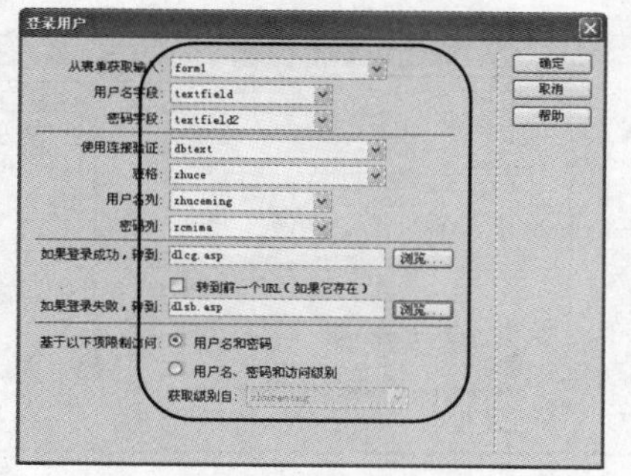

图 12-80　添加【登录用户】服务器行为

(8) 保存所有网页文档。

12.4.4　制作留言系统

(1) 打开 liuyanban.asp 文档，删除 apDiv2 嵌套层中相应的图像和文本元素。选择【插入】|【表单】|【表单】命令，插入一个表单，然后在表单中插入一个 4 行 3 列的表格。

(2) 在表格中插入文本和图像元素，然后插入两个文本域表单、【提交】提交按钮和【重填】重置按钮。调整 apDiv2 嵌套层合适位置，如图 12-81 所示。

(3) 打开【服务器行为】面板，单击+按钮，在下拉菜单中选择【记录集(查询)】命令，打开【记录集】对话框，定义 liuyan 记录集，如图 12-82 所示。

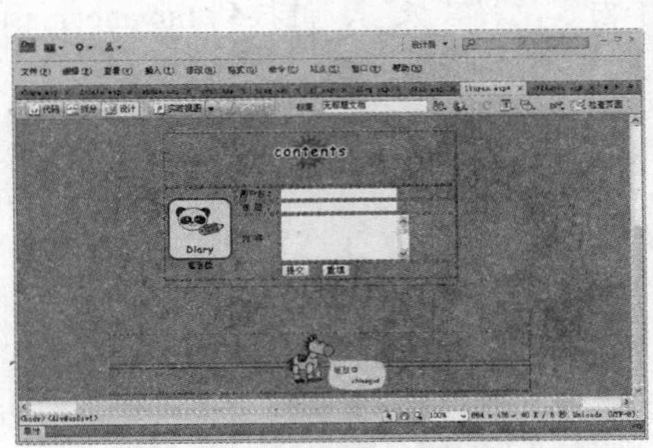
图 12-81　修改 liuyanban.asp 文档

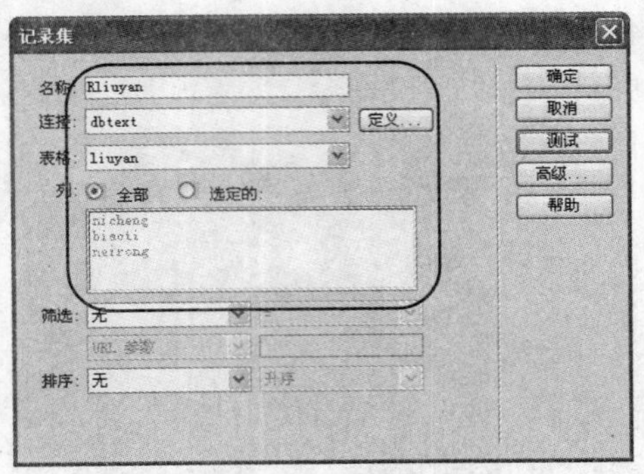

图 12-82　定义 liuyan 记录集

(4) 选中表单，单击【服务器行为】+按钮，在下拉菜单中选择【插入记录】命令，打开【插入记录】对话框，设置连接到 dbtext 数据库，分别获取 nicheng、biaoti 和 neirong 字段，如图 12-83 所示，单击【确定】按钮，添加行为。

(5) 打开 ckliuyan.asp 文档，删除 apDiv2 嵌套层中相应的图像和文本元素，插入一个 3 行 2 列的表格。

(6) 在表格中插入文本元素，打开【绑定】面板，绑定 liuyan 数据表。在表格合适单元格中绑定 nicheng、biaoti 和 neirong 字段，如图 12-84 所示。

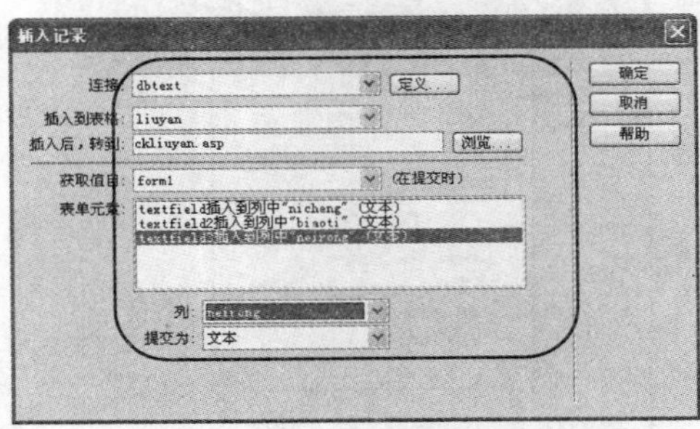

图 12-83　添加【插入记录】服务器行为

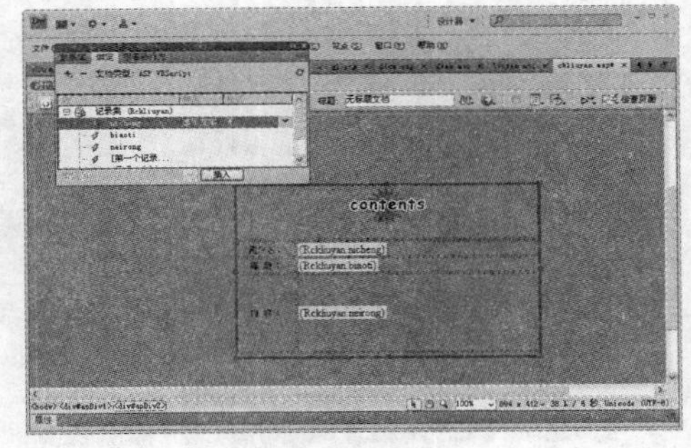
图 12-84　绑定字段

(7) 选中文本内容“首页”，单击【服务器行为】+按钮，在下拉菜单中选择【记录集分页】|【移至第一条记录】命令，打开【移至第一条记录】对话框，如图 12-85 所示，单击【确定】按钮，添加服务器行为。

图 12-85　【移至第一条记录】对话框

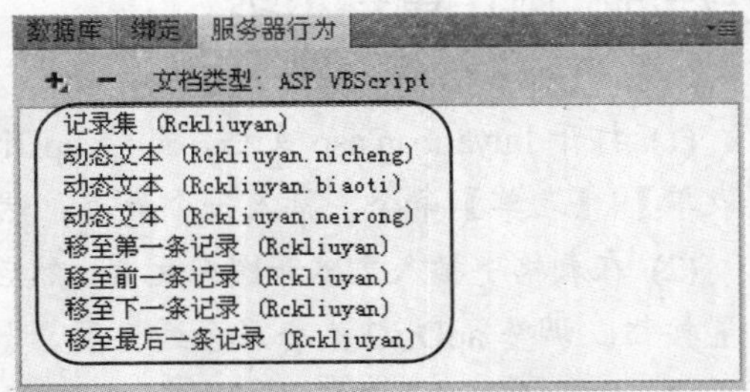

图 12-86　添加其他服务器行为

(8) 为文本内容“上一条”、“下一条”和“尾页”分别添加【移至前一条记录】、【移至下一条记录】以及【移至最后一条记录】服务器行为，如图 12-86 所示。

(9) 保存全部文档。

12.4.5 制作管理系统

(1) 打开 gl.asp 文档，删除 apDiv2 嵌套层中相应的图像和文本元素。选择【插入】|【表单】|【表单】命令，插入一个表单，然后在表单中插入一个 3 行 3 列的表格。

(2) 在表格中插入文本和图像元素，然后插入两个文本域表单、【登录】提交按钮和【重填】重置按钮。调整 apDiv2 嵌套层合适位置，如图 12-87 所示。

(3) 打开 ckliuyan.asp 文档，另存为 glliuyan.asp 文档。

(4) 剪切 apDiv2 嵌套层中的表格，选择【插入】|【表单】|【表单】命令，插入表单。将光标移至表单中，选择【编辑】|【粘贴】命令，粘贴剪切内容。在表单中合适位置插入一个【删除该留言】提交按钮。

(5) 单击【服务器行为】+按钮，在下拉菜单中选择【删除记录】命令，打开【删除记录】对话框。删除 liuyan 记录，删除后，跳转到 glliuyan.asp 文档，如图 12-88 所示。

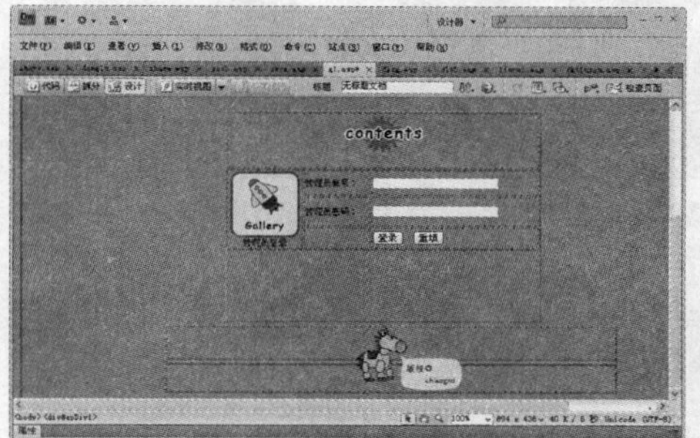

图 12-87 修改 gl.asp 文档

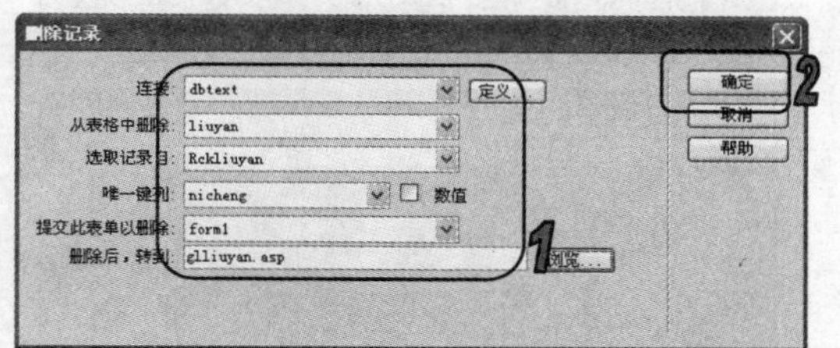

图 12-88 添加【删除记录】服务器行为

(6) 打开 gl.asp 文档，单击【服务器行为】+按钮，在下拉菜单中选择【记录集(查询)】命令，打开【记录集】对话框。

(7) 定义 admin 记录集，如图 12-89 所示。

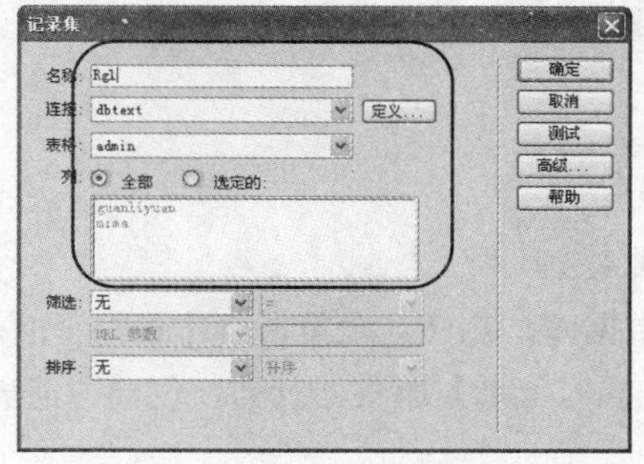

图 12-89 定义记录集

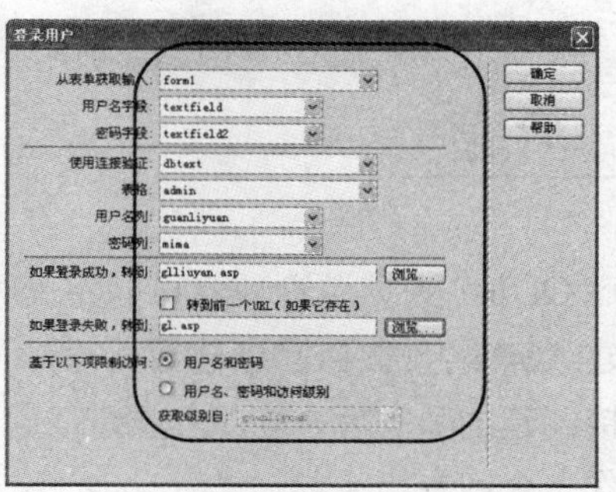

图 12-90 添加【登录用户】服务器行为

(8) 单击【服务器行为】+按钮，在下拉菜单中选择【用户身份验证】|【登录用户】命令，打开【登录用户】对话框。

(9) 设置用户名和密码字段，连接 admin 数据表，登录成功，转到 glliuyan.asp 文档，登录失败，转到 gl.asp 文档，如图 12-90 所示，单击【确定】按钮，添加服务器行为。

(10) 保存全部文档。按下 F12 键，预览网页文档，如图 12-91 所示。

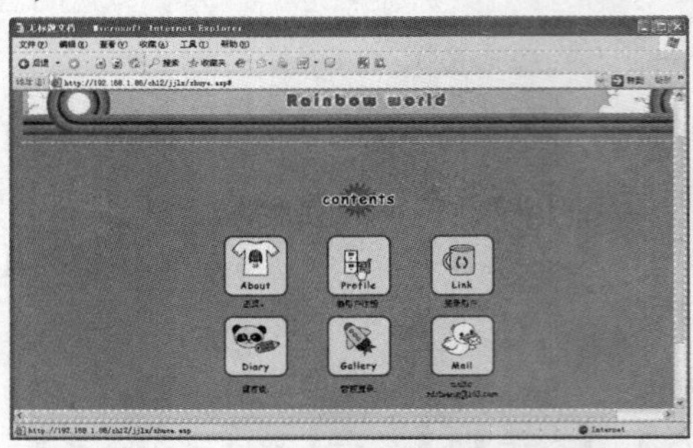
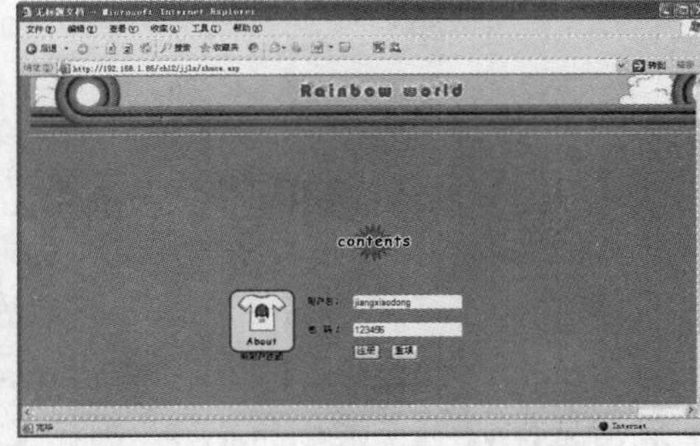
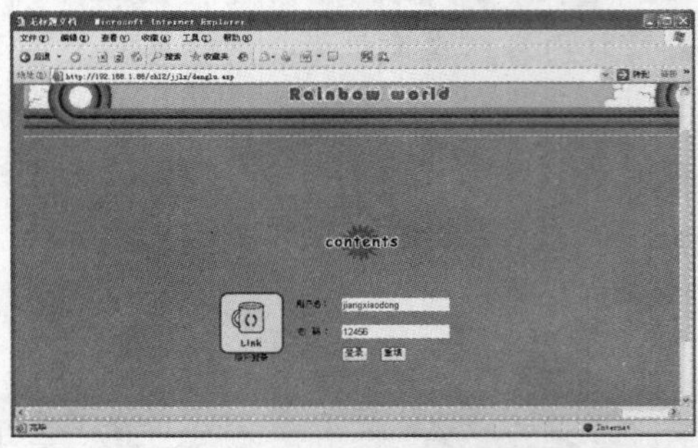
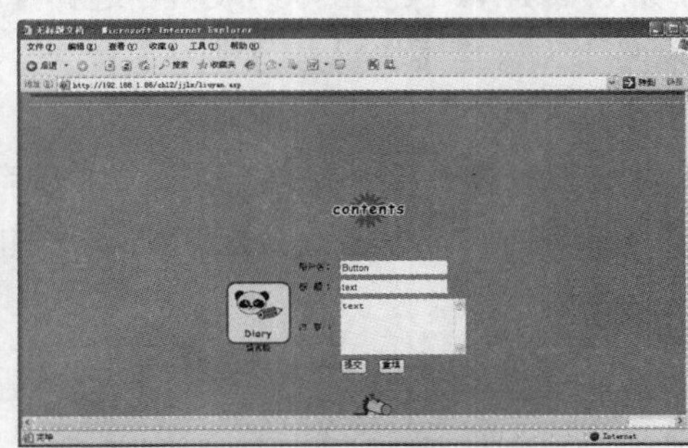
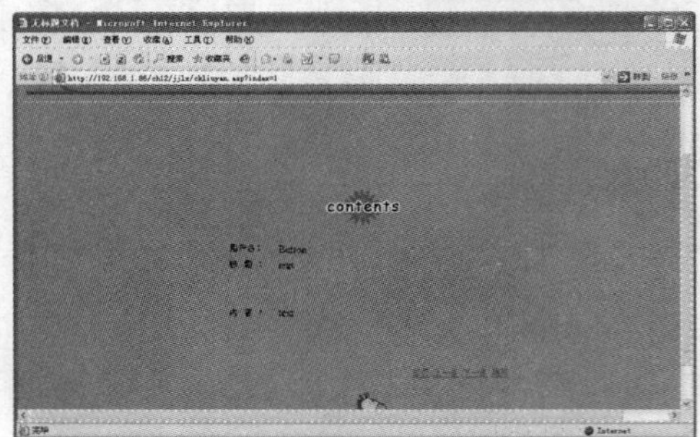
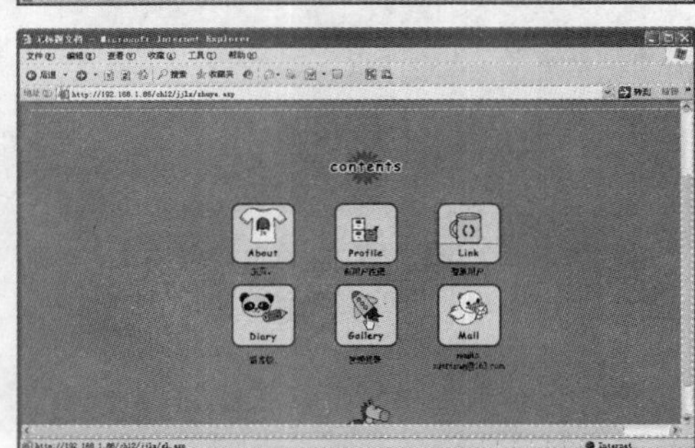

图 12-91　预览网页文档

12.5　习题

1. 通过 ODBC 数据源管理器可以定义哪 3 类 DSN？
2. 创建 ASP 网页文档，创建数据库，连接数据库，定义记录集，制作查询页面。
3. 连接创建的数据库，定义记录集，添加【插入记录】服务器行为，创建注册表。
4. 制作一个留言板系统。

第13章 测试和发布站点

学习目标

本章介绍网站的测试、调试和上传方法，如何利用站点地图、设计备注等工具来管理站点，以及站点的维护方法和技巧。Dreamweaver CS4 包含大量管理站点的功能，还具有与远程服务器进行文件传输的功能。可以使用站点窗口来组织本地站点和远程站点上的文件，将本地站点结构复制到远程站点上，也可以将远程站点结构复制到本地系统中。

本章重点

- ⊙ 测试站点
- ⊙ 管理站点
- ⊙ 发布站点

13.1 测试站点

网站设计完成后，如果希望网络上的计算机能够访问到自己的网站，就必须将网站发布到Web服务器上，当在发布站点之前，必须对站点进行测试。

13.1.1 测试站点的步骤

站点设计完成后，在上传到服务器之前，进行本地测试和调试是十分必要的，以保证页面的外观和效果，网页链接和页面下载时间与设计要求相吻合，同时也可以避免网站上传后出现这样或那样的错误，给网站的管理和维护带来不便。

站点的测试主要包括以下几个步骤。

- 确保页面在目标浏览器中正常浏览：页面在不支持样式、层或 JavaScript 的浏览器中应清晰可读且功能正常。对于在较早版本的浏览器中根本无法运行的页面，可以检查浏览器，自动将访问者重定向到其他页面。
- 测试浏览器兼容性：可以在不同的浏览器中测试页面，查看布局、颜色、字体大小和默认浏览器窗口大小等方面的区别。
- 检查和修复断开链接：由于其他站点也在重新设计、重新组织，所以链接的页面可能已被移动或删除，可以进行检查和修复链接操作。
- 测试页面的文件大小以及下载这些页面所占用的时间：对于由大型表格组成的页面，在某些浏览器中，在整张表完全加载之前，是浏览不到页面的。可以测试文件大小和所需的下载时间，将大型表格分为几部分或将少量内容放在表格以外的页面顶部，这样可以在下载表格的同时查看这些内容。
- 使用站点报告来测试站点：可以检查整个站点是否存在问题，例如无标题文档、空标签以及冗余的嵌套标签。
- 验证代码：定位标签或语法错误。
- 对发布后的站点进行更新和维护：站点的发布可以通过多种方式完成，而且是一个持续的过程。这一过程的一个重要部分是定义并实现一个版本控制系统，既可以使用 Dreamweaver 中所包含的工具，也可以使用外部的版本控制应用程序。

13.1.2 检查和修复超链接

在 Dreamweaver CS4 的编辑平台下，可以查看整个网站页面间的链接关系，根据需要添加、修改或删除链接，然后通过链接检查、修复工具对网站中某个文档或整个站点进行测试，修复错误链接，并在站点地图中观察网站结构变化。

选择【窗口】|【结果】|【链接检查器】命令，打开【链接检查器】选项卡面板，如图 13-1 所示。可通过该选项卡检查并修复站点的链接。

1. 修复站点链接

在【链接检查器】选项卡面板中，在【显示】下拉列表中选择【断掉的链接】选项，单击对话框左上角的按钮，在弹出菜单中如果选择【检查当前文档中的链接】命令，如图 13-2 所示。

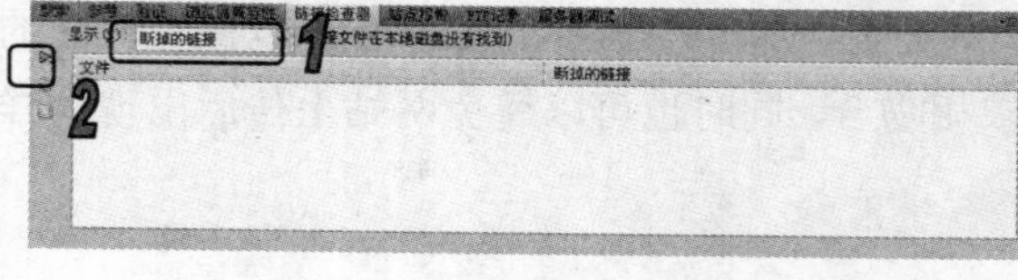

图 13-1 【链接检查器】选项卡面板

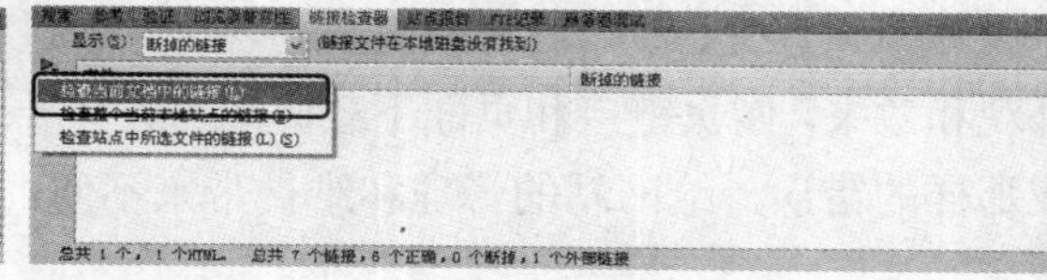
图 13-2 选择【检查当前文档中的链接】命令

选择【检查当前文档中的链接】命令后，系统将对当前网页的所有链接进行检查，并显示检

查结果；如果选择【检查整个当前本地站点的链接】，系统将对整个站点进行检查，并在下部的列表框中显示检查结果。【链接检查器】面板中显示了站点中所有断掉的链接，如图 13-3 所示。

要修复某个已经断掉的链接，可将指针指向相应的文件，双击，在文档编辑器中打开该网页文档，找到该链接的文字或图片，然后在【链接检查器】选项卡面板中选择该断掉的链接，重新输入链接路径即可。或者可以单击断掉的链接，重新创建链接即可。

2. 删除孤立文件

孤立文件是没有用途的文件，它只会增加站点的体积，而孤立文件只有当对整个站点进行检查时才能显示出来。因而对整个站点链接结构进行检查后，可以删除这些文件。

在【链接检查器】面板中，在【显示】下拉列表中选择【孤立文件】选项，在面板中将显示该站点的所有孤立文件，如图 13-4 所示。选中它们，按下 Delete 键即可删除。

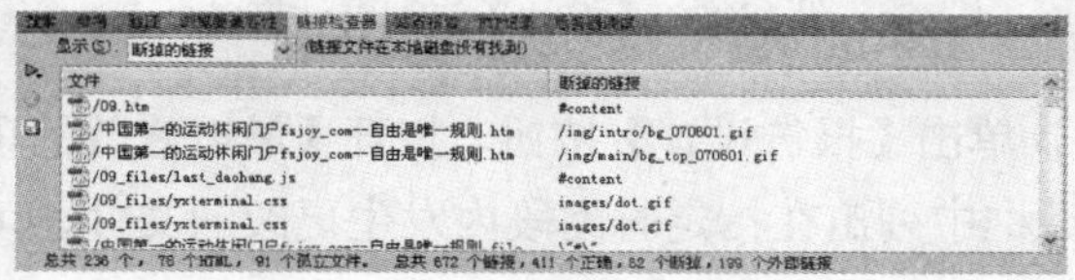

图 13-3　显示站点中断掉的链接

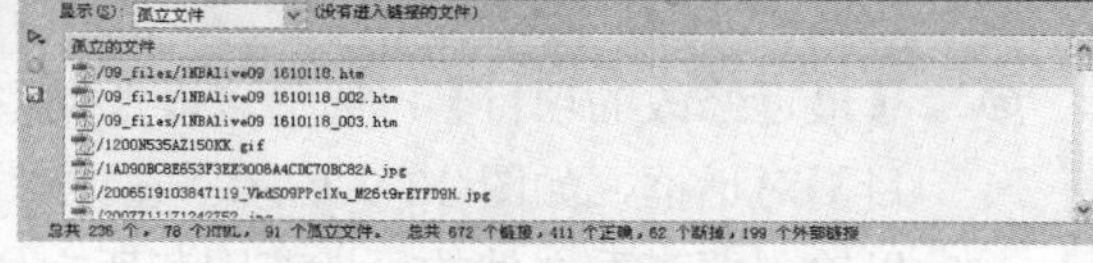

图 13-4　显示站点所有孤立文件

13.1.3　站点测试报告

在 Dreamweaver CS4 中，可以对当前文档、选定的文件或整个站点的工作流程或 HTML 属性运行站点报告，还可以使用报告来检查站点中的链接。

选择【窗口】|【文件】命令，打开【文件】面板，如图 13-5 所示。在该面板中可以选择要打开的站点文件。选择【站点】|【报告】命令，打开【报告】对话框，如图 13-6 所示。

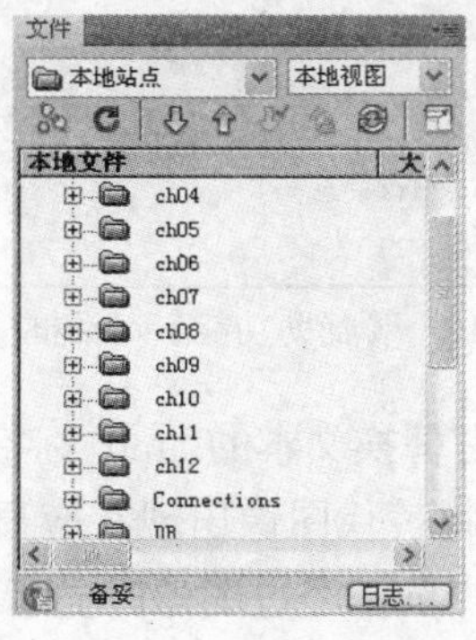

图 13-5　【文件】面板

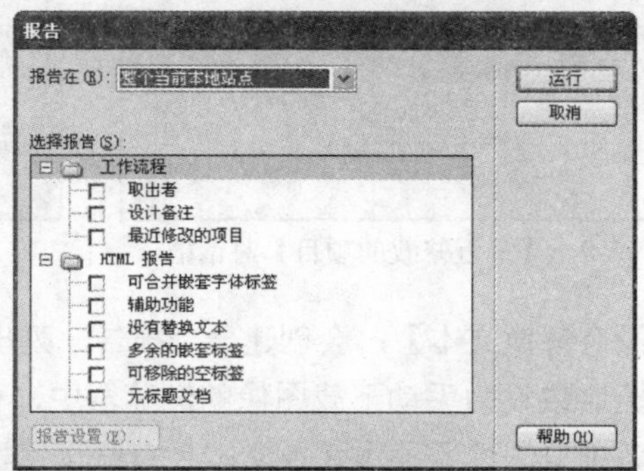

图 13-6　【报告】对话框

在【报告】对话框中，可以在【报告在】下拉列表中选择【整个当前本地站点】选项，在【选择报告】列表框中选择报告类型，单击【报告设置】按钮，打开关于该报告对应的对话框，在对话框中设置报告。关于【选择报告】列表框中的报告类型的具体说明内容如下。

- 【取出者】：选中该报告类型，单击【报告设置】按钮，打开【取出者】对话框，如图 13-7 所示，在该对话框中可以列出某特定小组成员取出的所有文档，输入小组成员的名称。
- 【设计备注】：选中该报告类型，单击【报告设置】按钮，打开【设计备注】对话框，如图 13-8 所示。在该对话框中列出选定文档或站点的所有设计备注，可以输入一对或多对名称和值，然后从相应的弹出菜单中选择对比值。

图 13-7 【取出者】对话框

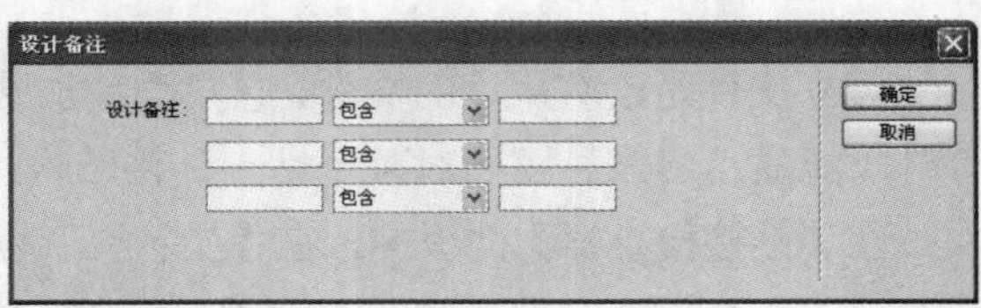

图 13-8 【设计备注】对话框

- 【最近修改的项目】：选中该报告类型，单击【报告设置】按钮，打开【最近修改的项目】对话框，如图 13-9 所示。在该对话框中列出在指定时间段内发生更改的文件，可以输入要查看文件的日期范围和所在位置。
- 【可合并嵌套字体标签】：可以创建一个报告，列出所有可以合并的嵌套字体标签以便清理代码。
- 【辅助功能】：选中该报告类型，单击【报告设置】按钮，打开【辅助功能】对话框，如图 13-10 所示。列出与辅助功能准则之间的冲突。

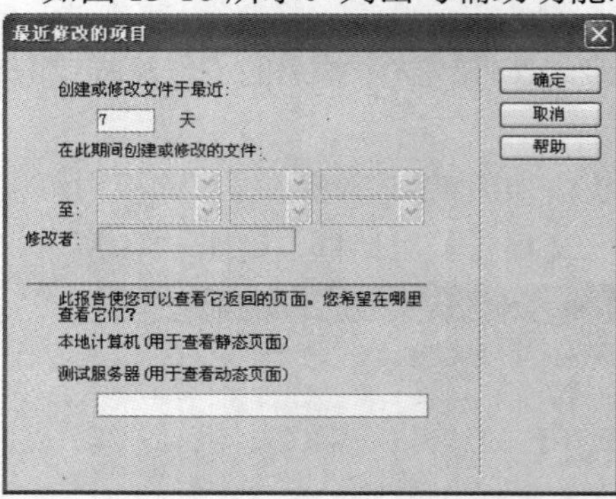

图 13-9 【最近修改的项目】对话框

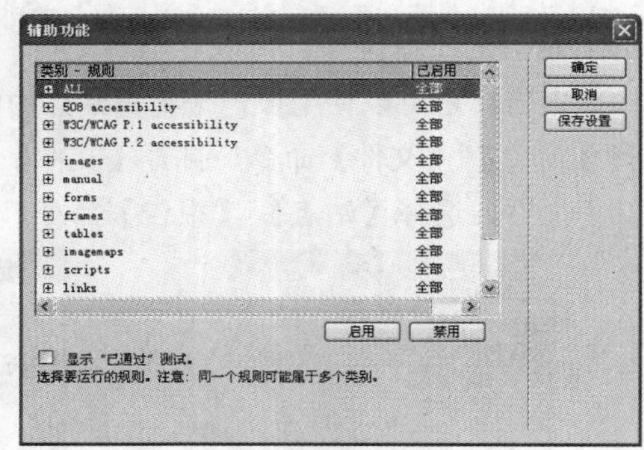

图 13-10 【辅助功能】对话框

- 【没有替换文本】：会创建一个报告，列出所有没有替换文本的 img 标签。在纯文本浏览器或设为手动下载图像的浏览器中，替换文本将替代图像出现在应显示图像的位置。屏幕阅读器读出替换文本且有些浏览器可在用户鼠标经过图像时显示替换文本。
- 【多余的嵌套标签】：可以建立一个应该清理的嵌套标签的报告。
- 【可移除的空标签】：可以建立一个所有可以移除的空标签以便清理 HTML 代码报告。
- 【无标题文档】：可以建立一个列出在选定参数中找到的所有无标题的文档报告。设置好【报告】对话框中的参数选项后，单击【运行】按钮，可以打开【站点报告】选项卡面板，在该面板中显示了站点测试报告。

13.1.4　浏览器测试

由于客户端浏览器类型或版本的不同，很可能导致正确的页面无法正常显示。因而，在发布网站之前，对所有页面的【兼容性】进行测试，就显得很重要。通过修正，使站点页面能够最大程度地在不同类型和版本的浏览器上正常运行和显示。Dreamweaver CS4 提供了目标浏览器的测试工具，可以很方便地检查站点页面的【兼容性】。

打开一个网页文档，选择【窗口】|【结果】|【浏览器兼容性】命令，打开【浏览器兼容性】选项卡面板。

在对目标浏览器进行测试之前，首先应先设置目标浏览器类型及其相应的测试版本。单击按钮▶，在弹出菜单中选择【设置】命令，打开【目标浏览器】对话框，如图 13-11 所示。

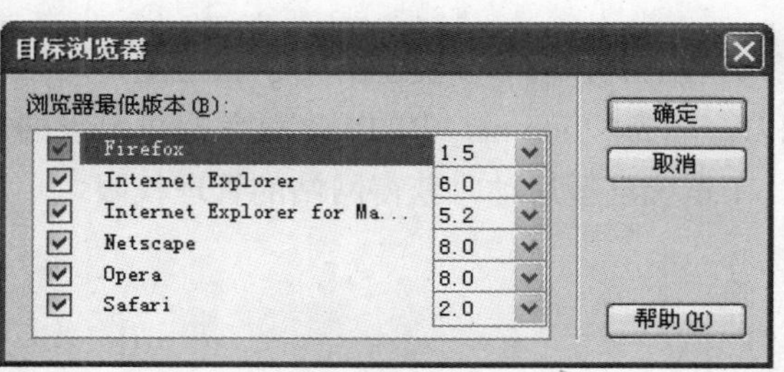

图 13-11　【目标浏览器】对话框

知识点

IE 浏览器是当前最流行的浏览器，在选择测试版本时，通常是选择较低的版本，这是因为新版本大都兼容以前版本的浏览器。但测试版本不能过低，通常 IE 浏览器测试版本选择 5.0。

在【目标浏览器】对话框的【浏览器最低版本】列表框中选中 Internet Explorer 和 Netscape 复选框，在它们右侧列表中分别将相应的测试版本设置为 5.0 和 6.0。

设置目标浏览器后，单击▶按钮，在弹出菜单中选择【检查浏览器兼容性】命令，如图 13-12 所示。

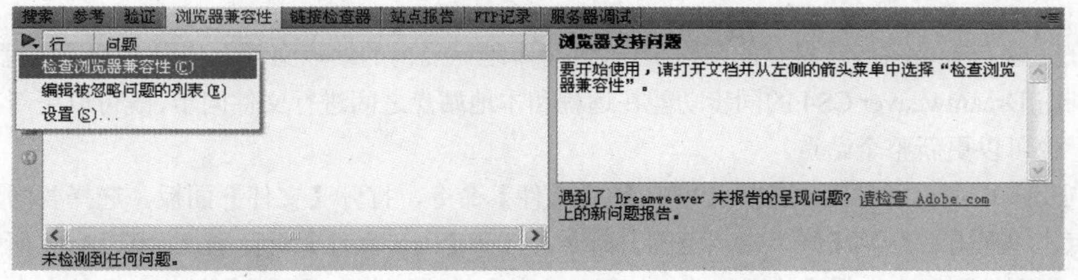

图 13-12　选择【检查浏览器兼容性】命令

在【浏览器兼容性】选项卡面板中将列出一个报告单，列出可能导致页面不能正常运行和显示的选项、具体位置及对应浏览器类型和版本。双击错误选项，文档编辑区【代码】视图中对应代码将高亮显示，根据报告中的提示对代码进行修改，直到没有错误为止。用同样的方法对站点其他页面进行目标浏览器测试，完成后保存所有页面文档。

13.1.4 其他测试

除了链接测试和浏览器测试以外，还可以进行负载测试和压力测试。

- 负载测试：对网站进行负载能力测试是为了测量站点中的 Web 系统在某一负载级别上的性能，以保证 Web 系统在需求范围内能正常工作。负载级别可以是某个时刻同时访问 Web 系统的用户数量，也可以是在线数据处理的数量。例如，Web 应用系统能允许多少个用户同时在线，如果超过了这个数量，将出现什么样的现象，以及 Web 应用系统能否处理大量用户对同一个页面的请求等。站点的负载能力测试应该安排在网站发布以后，在实际的网络环境中进行测试。因为同一个 Web 系统能同时处理的请求数量将远远超出网站管理人员的人数限度，所以，只有放在 Internet 上，接受负载测试，其结果才是正确可信的。
- 压力测试：压力测试是测试 Web 应用系统的限制和故障恢复能力，也就是测试网站应用系统在受到破坏的情况下抗崩溃的能力。因为，Internet 中的黑客常常提供错误的数据负载，直到导致 Web 应用系统崩溃，在系统重新启动时获得网站的管理权限。

13.2 管理站点

网站在上传到 Internet 上的 Web 服务器上以后，可以根据站点的实际情况对其进行管理和控制。可以将本地站点结构复制到远程站点上，也可以将远程站点结构复制到本地系统中。

13.2.1 同步站点

在完成 Dreamweaver 站点的创建工作，并将本地站点内的站点文件上传至 Web 服务器上后，可以利用 Dreamweaver CS4 的同步功能在远程和本地站点之间进行文件同步，既可以更新某一个页面，也可以更新整个站点。

同步本地和远程站点，选择【窗口】|【文件】命令，打开【文件】面板。选择要同步的本地站点，选择【站点】|【同步站点范围】命令，打开【同步文件】对话框，如图 13-13 所示。在【方向】下拉列表中选择【从远程获得较新的文件】选项，单击【预览】按钮，系统会自动更新文件中的文件列表，如图 13-14 所示。

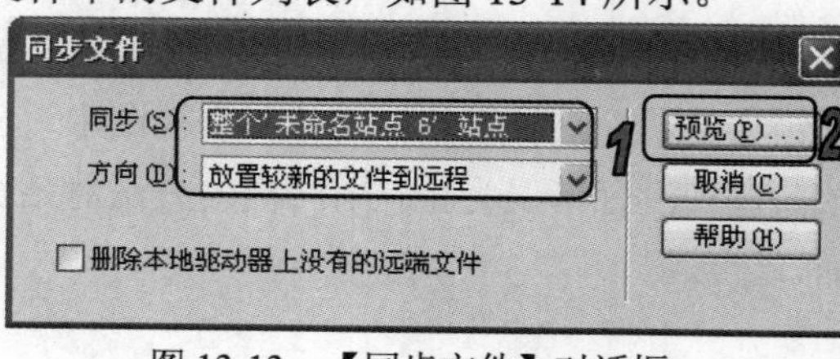

图 13-13 【同步文件】对话框

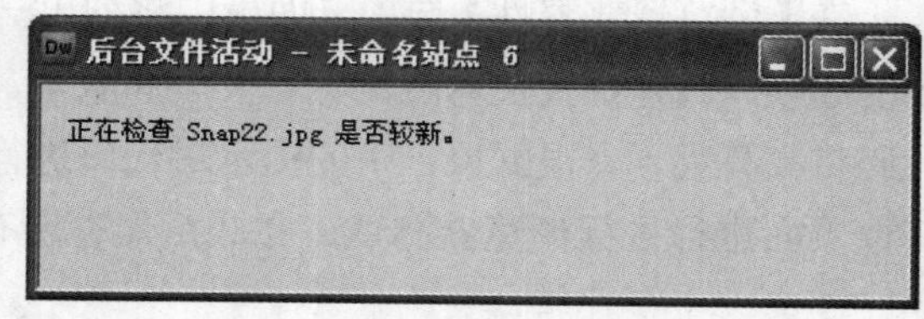

图 13-14 自动更新文件列表

更新文件后，系统会打开 Synchronize 对话框，提供可以在执行同步前对这些文件进行的更改动作，例如上传、获取和删除等。当所有文件都同步后，系统会自动执行后台同步，如图 13-15 所示。

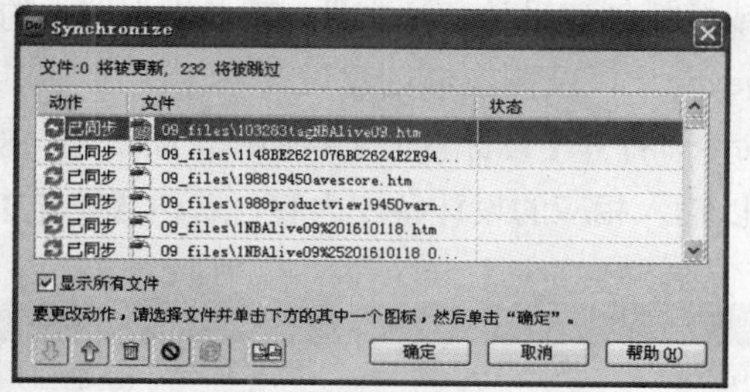

图 13-15 执行后台同步

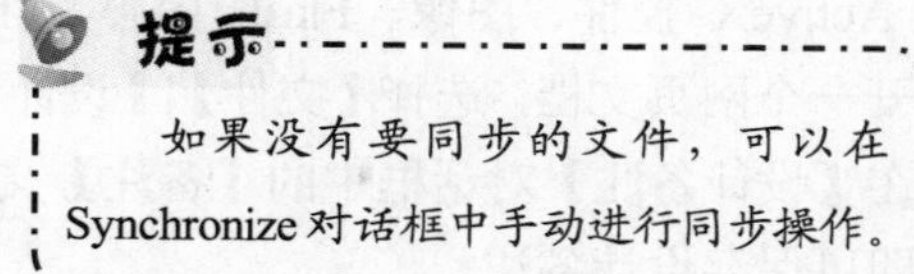

提示

如果没有要同步的文件，可以在 Synchronize 对话框中手动进行同步操作。

13.2.2 标识和删除文件

在使用 Dreamweaver 对站点进行管理的过程中，可以利用软件的链接检查功能标识并删除站点中其他文件不再使用的文件。

选择【窗口】|【文件】命令，打开【文件】面板，选择需要设置的站点。选择【站点】|【检查站点范围的链接】命令，打开【链接检查器】选项卡面板，显示了站点内容所有的断开链接，如图 13-16 所示。

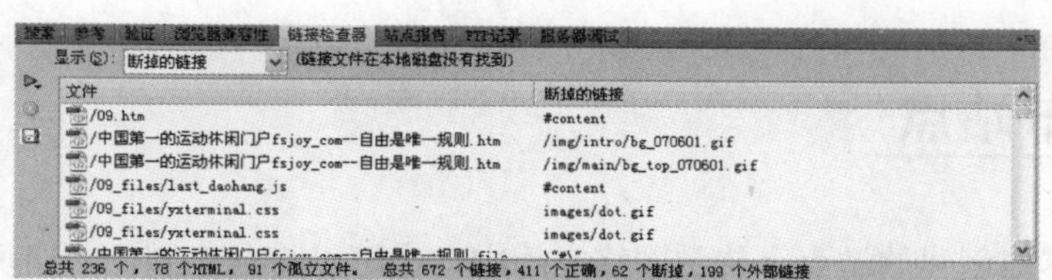

图 13-16 显示断开链接

13.2.3 设计备注

设计备注是 Dreamweaver 中与站点文件相关联的备注，它存储于独立的文件中。可以使用设计备注来记录与文档关联的其他文件信息，例如图像源文件名称和文件状态说明。

1. 启动站点设计备注

打开【站点定义】对话框，单击【高级】标签，打开该选项卡，在【分类】列表框中选择【设计备注】选项，打开该选项对话框，如图 13-17 所示。

在【设计备注】选项卡对话框中，选中【维护设计备注】复选框，可以根据网站管理的需要选择仅在本地使用设计备注；选中【上传并共享设计备注】复选框，可以和其他工作在该站点的人员分享设计备注和文件视图列。

2. 使用站点设计备注

在管理站点文件时，可以为站点中的每一个文档或模板创建设计备注文件。或者为文档中的 applet、ActiveX 控件、图像、Flash 内容、Shockwave 对象以及图像域创建设计备注。

打开一个网页文档，选择【文件】|【设计备注】命令，打开【设计备注】对话框，如图 13-18 所示。在【设计备注】对话框中的【备注】文本框可以输入相应的设计备注内容，单击【确定】按钮，即可保存设计备注。

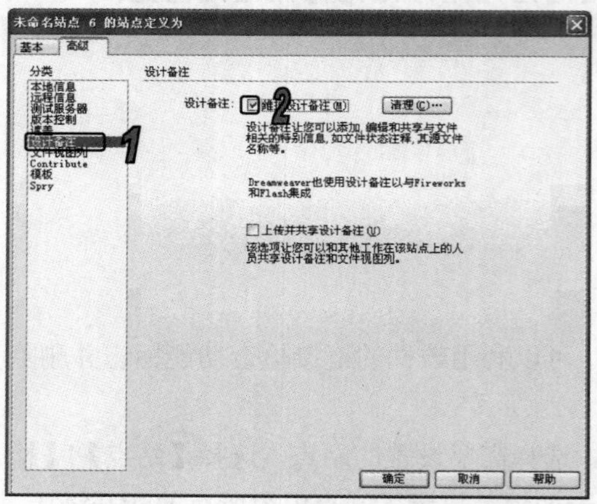

图 13-17　【设计备注】选项对话框

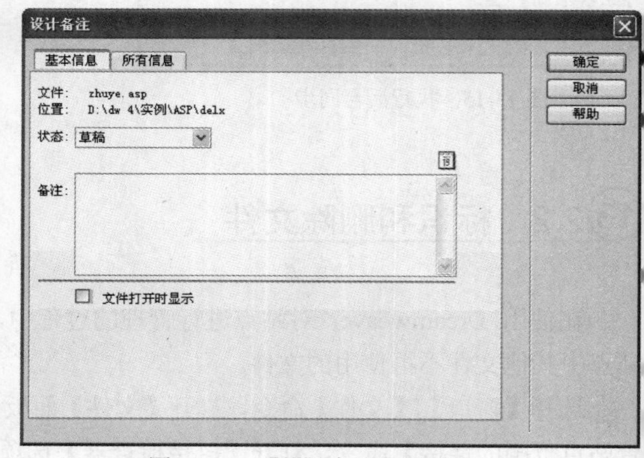

图 13-18　【设计备注】对话框

13.3　发布站点

用户可以将本地创建的站点上传到网络空间中，也可以将自己制作的网页通过软件上传到 FTP 网络空间中供其他人浏览。

13.3.1　注册 FTP 网络空间

FTP 网络空间与网络硬盘非常相似，是最常用的网站上传空间之一。

【例 13-1】注册 FTP 免费网络空间。

(1) 启动 IE 浏览器，在地址栏中输入网址 www.free258.com/index.html，按下 Enter 键，打开 free258 免费网络空间页面，如图 13-19 所示。

(2) 单击【注册】按钮，填写相关的注册信息，输入正确的验证码，选中【我已经阅读并同意注册协议】复选框，如图 13-20 所示，单击【注册】按钮，注册用户。

(3) 成功注册后在打开的页面中显示了相关的注册信息，包括拥有的空间资源大小、有效期、自动分配的域名等。

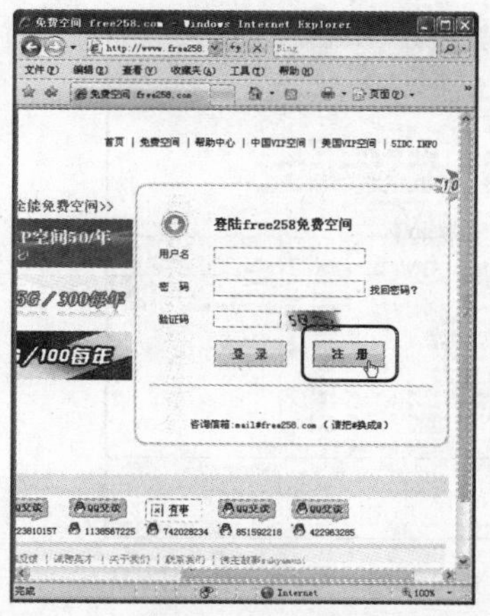

图 13-19　打开 free258 免费网络空间页面

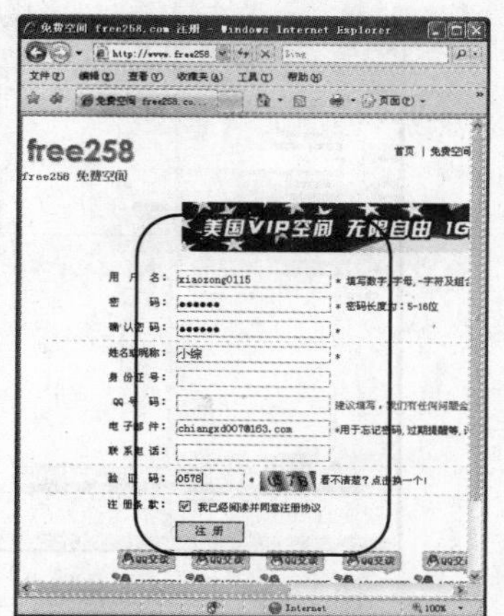

图 13-20　注册用户

13.3.2　使用 CuteFTP 上传

用于上传网站的工具软件很多，下面就以 CuteFTP 为例，介绍使用 CuteFTP 上传本地站点的方法。

【例 13-2】安装 CuteFTP，使用 CuteFTP 上传本地站点。

(1) 启动 CuteFTP，在左侧的根目录列表框中右击所需上传的网站目录，在弹出的快捷菜单中选择【上传】命令，如图 13-21 所示。此时系统会打开一个【确认】对话框，如图 13-22 所示，单击【是】按钮，确认上传该文件。

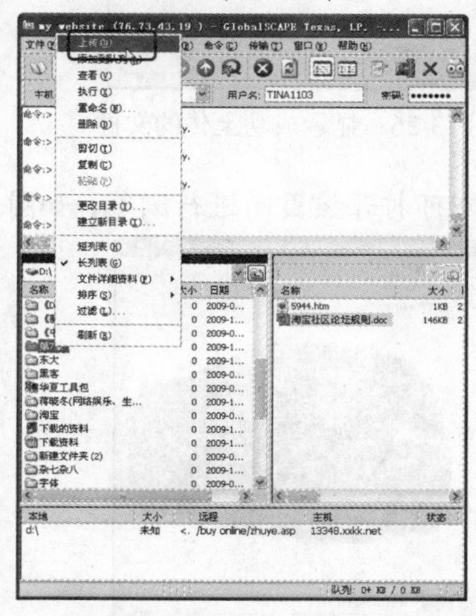

图 13-21　选择【上传】命令

图 13-22　【确认】对话框

(2) 开始上传网站目录，包括该目录下的所有文件，在 CuteFTP 底部的状态栏会显示上传进度、用时和剩余时间等信息，如图 13-23 所示。

(3) 成功上传后，在右侧的列表框中显示上传的网站，如图 13-24 所示。

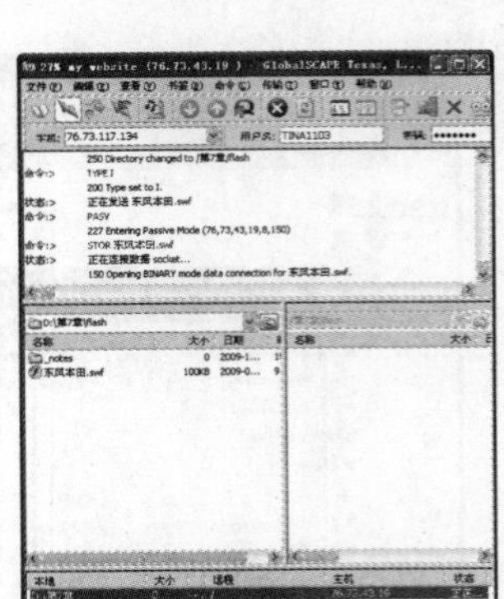

图 13-23　显示上传进度

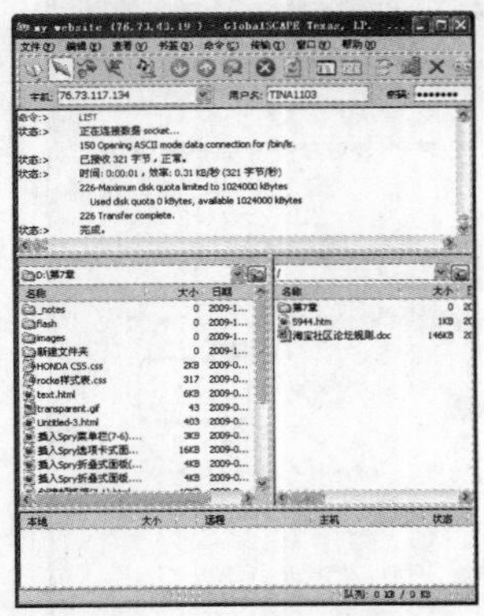

图 13-24　显示上传的网站

(4) 启动 IE 浏览器，打开 free258 免费网络空间页面。

(5) 输入注册的用户名和登录密码，单击【登录】按钮登录用户，如图 13-25 所示。

(6) 单击【上传文件】按钮，打开个人网络空间，显示成功上传的文件，如图 13-26 所示。

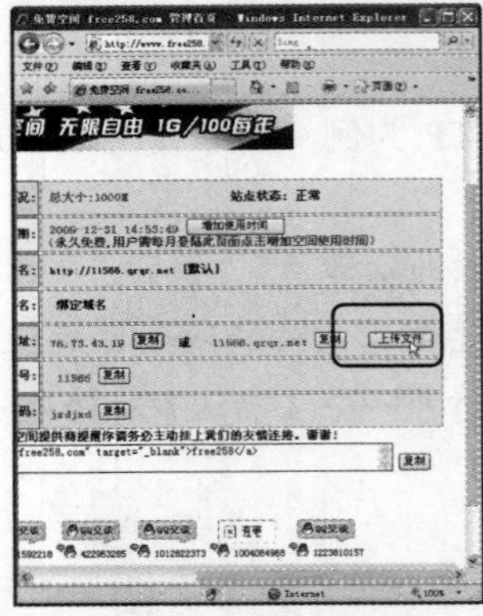

图 13-25　登录 free258 免费网络空间

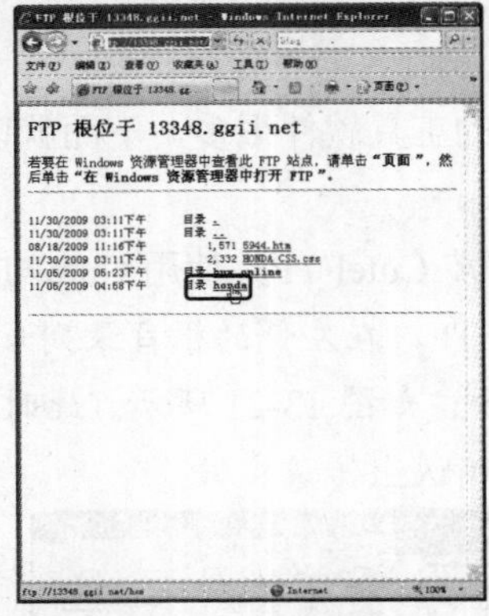

图 13-26　显示成功上传的文件

(7) 在上传的网站根目录下单击要浏览的页面，即可打开该页面进行浏览，如图 13-27 所示。

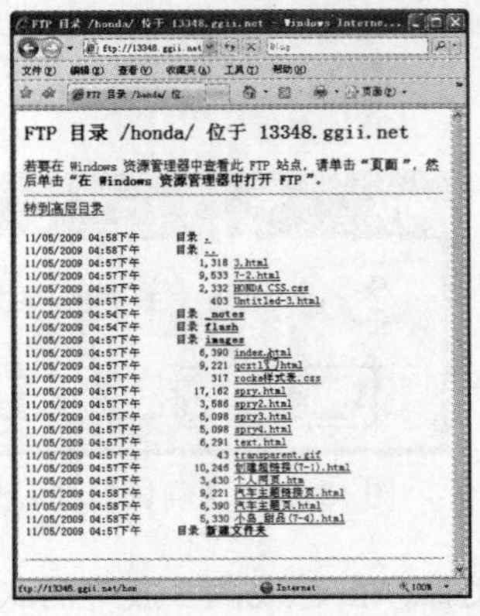

图 13-27　打开页面进行浏览

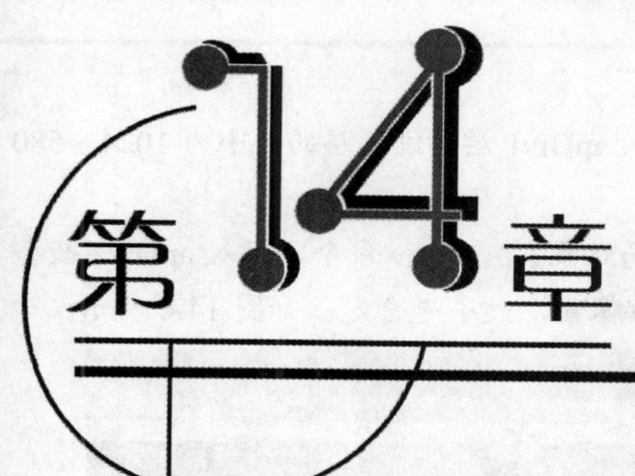

综合实例应用

学习目标

本章结合了所有的重要知识点，制作一些综合性、具有代表性的综合类网页。从规划站点到插入基本网页元素，添加多媒体元素等，制作静态网站和在线购物动态网站。用户通过本章学习，能对网页制作主要知识点有个全面的应用和理解。

14.1 制作公司网站主页

公司网站设计是每个学习网页制作的用户都必须掌握的，下面就以本书中所学的知识，制作一个公司网站主页面。

【例 14-1】新建一个网页文档，规划网页，制作公司网站主页。

(1) 新建一个网页文档，右击文档空白位置，在弹出的快捷菜单中选择【页面属性】命令，打开【页面属性】对话框，如图 14-1 所示。

(2) 单击【背景图像】文本框右侧的【浏览】按钮，打开【选择图像源文件】对话框，选择 beijing 图像，如图 14-2 所示，单击【确定】按钮，返回【页面属性】对话框。

(3) 单击【确定】按钮，插入背景图像，如图 14-3 所示。

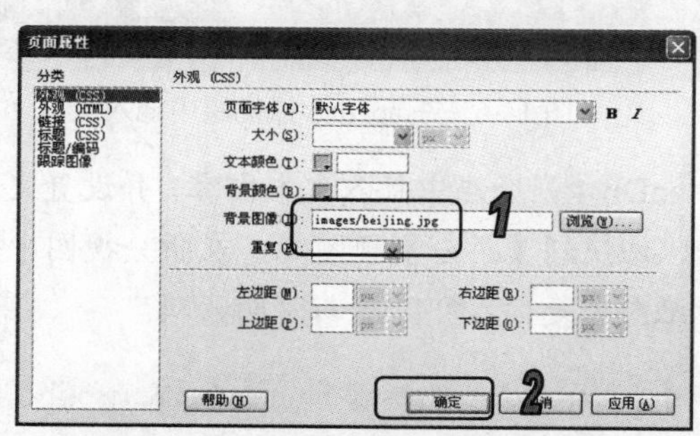

图 14-1 【页面属性】对话框

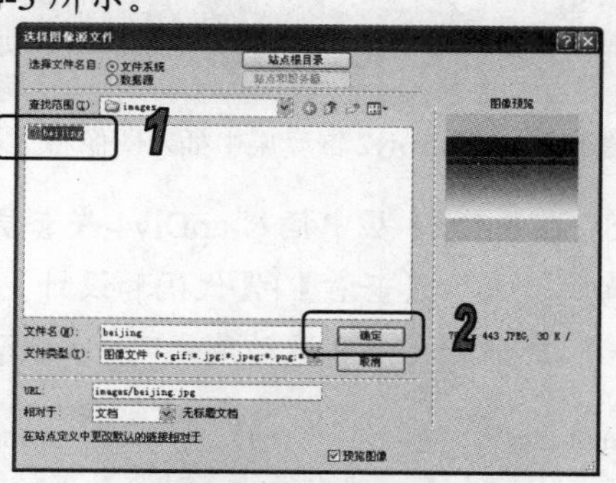

图 14-2 【选择图像源文件】对话框

(4) 选择【插入】|【布局对象】|AP Div 命令，插入 apDiv1 层，设置层的大小为 1024×580 像素。

(5) 将光标移至 apDiv1 层中，选择【插入】|【布局对象】|AP Div 命令，插入 apDiv2 嵌套层，设置层的左边界距离为 20 像素，上边界距离为 10 像素，大小先自定，如图 14-4 所示。

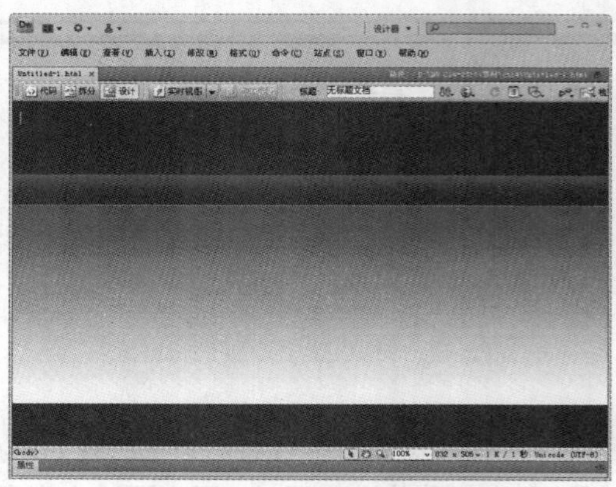

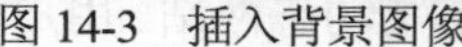
图 14-3　插入背景图像

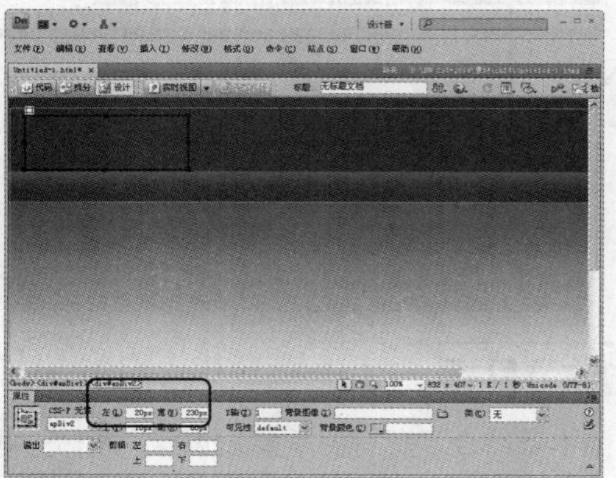

图 14-4　插入嵌套层

(6) 在 apDiv2 嵌套层中插入一个 1 行 2 列的表格，在表格的 1 行 1 列单元格中插入 LOGO.png 图像，在表格的 1 行 2 列单元格中插入文本内容，设置图像和文本内容合适属性，如图 14-5 所示。

(7) 在 apDiv1 层中插入 apDiv3 嵌套层，在层中插入文本内容并设置文本内容合适属性，调整层到文档的右上角位置，如图 14-6 所示。

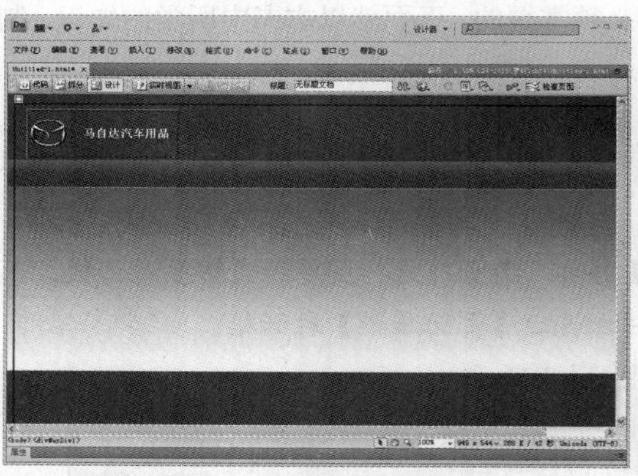

图 14-5　在 apDiv2 嵌套层中插入图像和文本

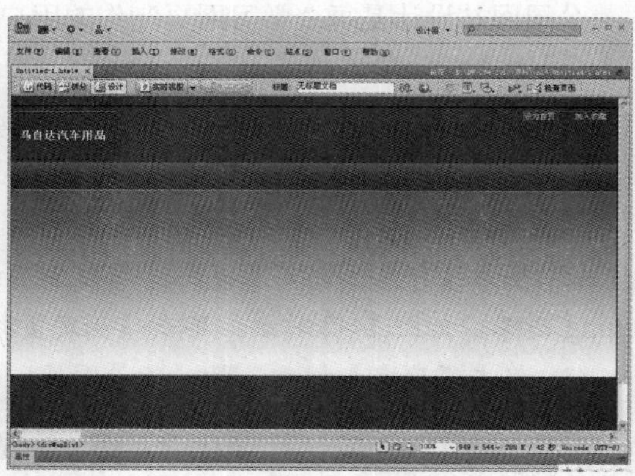

图 14-6　在 apDiv3 嵌套层中插入文本

(8) 在 apDiv1 层中插入 apDiv4 嵌套层，在 apDiv4 嵌套层中插入文本内容，并设置文本内容合适属性，选择【查看】|【代码和设计】命令，切换到【拆分】视图中，在拆分视图中输入如下代码，其中 marquee 滚动条代码，<script>标记内容是插入即时更新时间代码。

```
<marquee>滚动信息：欢迎光临本公司         当前时间
是:<script>
document.write("<span id=time></span>")
//输出显示时间日期的容器
```

```
setInterval(function(){
with(new Date)
time.innerText =getYear()+"年"+(getMonth()+1)+"月"+getDate()+"日  星期"+"日一二三四五六
".charAt(getDay())+" "+getHours()+":"+getMinutes()+":"+getSeconds()
//设置 id 为 time 的对象内的文本为当前日期时间
},1000)
//每 1000 毫秒(即 1 秒) 执行一次本段代码
</script>
</marquee>
```

(9) 切换到【设计】视图，在 apDiv1 层中插入 apDiv5 嵌套层，在 apDiv5 嵌套层中插入一个 1 行 10 列表格。

(10) 将光标移至表格的 1 行 1 列单元格中，选择【插入】|【图像对象】|【鼠标经过图像】命令，打开【插入鼠标经过图像】对话框，设置【原始图像】和【鼠标经过图像】分别为 dht01 和 dht02 图像文件，如图 14-7 所示，单击【确定】按钮，创建鼠标经过图像，如图 14-8 所示。

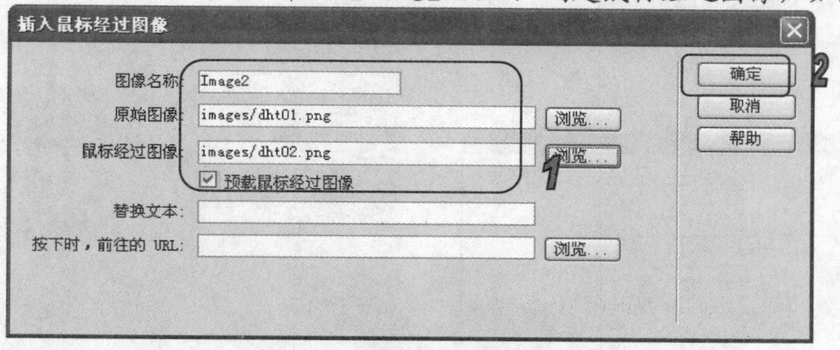

图 14-7　设置鼠标经过图像

(11) 在 apDiv1 层中插入 apDiv6 嵌套层，调整层合适位置，将光标移至层中，选择【插入】【媒体】|SWF 命令，打开【选择文件】对话框，选择 M3.swf 文件，单击【确定】按钮，插入 Flash 动画，如图 14-9 所示。

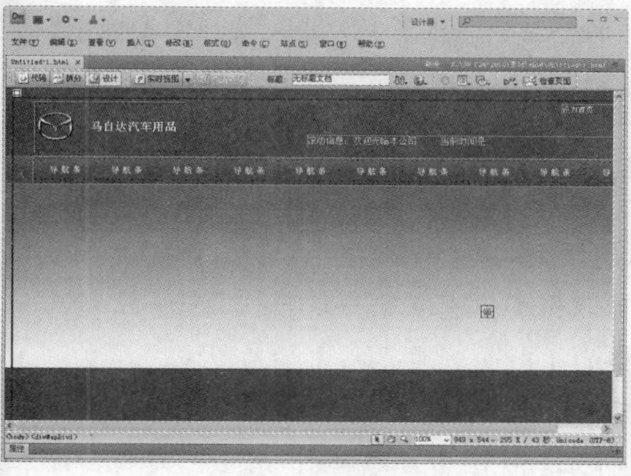

图 14-8　插入鼠标经过图像

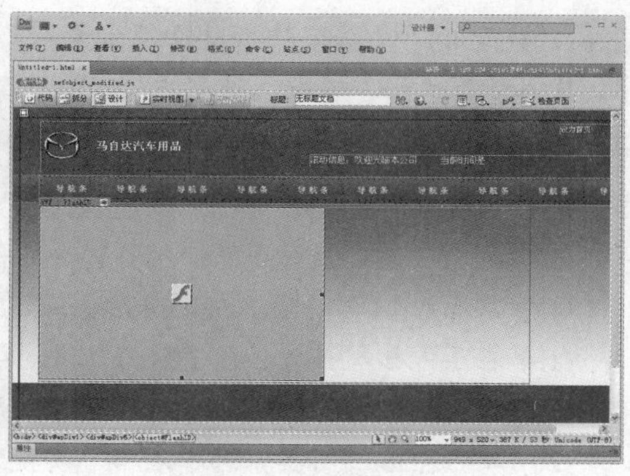

图 14-9　插入 SWF 文件

(12) 由于插入的 SWF 文件默认情况是带背景文件颜色的，可以修改参数取消背景颜色，换到【拆分】视图中，设置插入的 SWF 文件的 wmode 参数值为 transparent，如图 14-10 所示

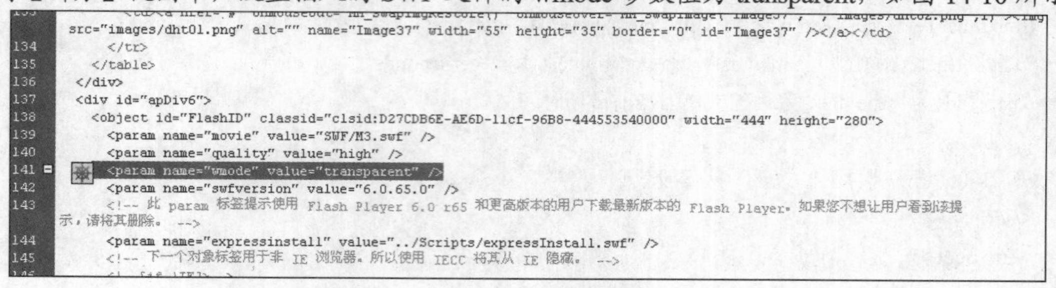

```
src="images/dht01.png" alt="" name="Image37" width="55" height="35" border="0" id="Image37" /></a></td>
  </tr>
 </table>
</div>
<div id="apDiv6">
 <object id="FlashID" classid="clsid:D27CDB6E-AE6D-11cf-96B8-444553540000" width="444" height="280">
  <param name="movie" value="SWF/M3.swf" />
  <param name="quality" value="high" />
  <param name="wmode" value="transparent" />
  <param name="swfversion" value="6.0.65.0" />
  <!-- 此 param 标签提示使用 Flash Player 6.0 r65 和更高版本的用户下载最新版本的 Flash Player。如果您不想让用户看到该提示，请将其删除。 -->
  <param name="expressinstall" value="../Scripts/expressInstall.swf" />
  <!-- 下一个对象标签用于非 IE 浏览器。所以使用 IECC 将其从 IE 隐藏。 -->
```

图 14-10　设置 wode 参数值为 transparent

(13) 新建一个网页文档，保存为 iframe-1，右击文档空白位置，在弹出的快捷菜单中选择【面属性】命令，打开【页面属性】对话框，设置背景颜色为#8BAFC5，如图 14-11 所示。

(14) 在网页中插入一个 10 行 1 列的表格，在表格的各个单元格中插入文本内容，设置文内容合适属性，如图 14-12 所示。

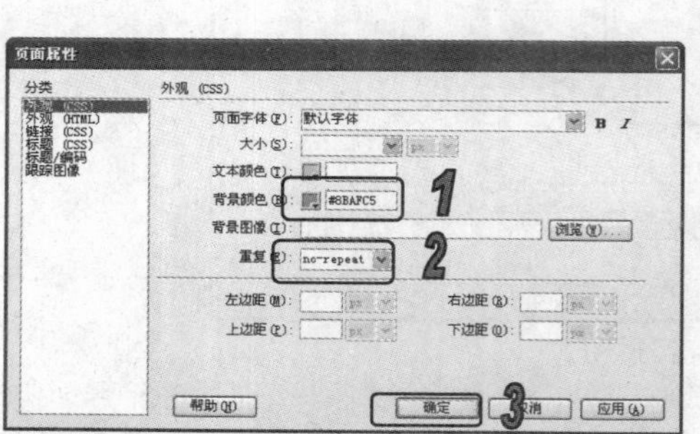

图 14-11　设置背景颜色

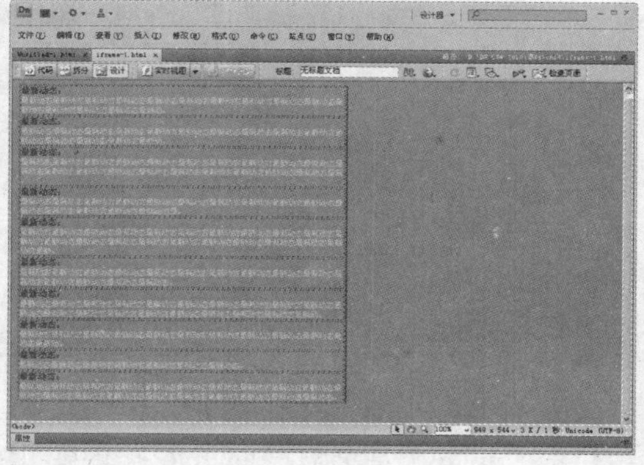

图 14-12　在表格中插入文本

(15) 保存网页文档，返回公司主页。

(16) 在 apDiv1 层中插入 apDiv7 嵌套层，手动调整层合适位置和大小，切换到【拆分】视图中，输入如下代码。该段代码是插入 iframe－1 元素，iframe 是一个浮动的框架元素。

```
<iframe frameborder="0" src="iframe-1.html"
width="410px"height="285px"></iframe>
```

(17) 返回【设计】页面，插入的 iframe－1 元素如图 14-13 所示。

(18) 在 apDiv1 层中插入 apDiv8 嵌套层，手动调整层合适位置和大小。

(19) 在层中插入一个 2 行 1 列的表格，在表格的 1 行 1 列单元格中插入图像，在 2 行 1 列单元格中插入文本内容、图像，并设置文本合适属性，如图 14-14 所示。

(20) 单击<table>标签，选中表格，切换到【拆分】视图中，添加<marquee>标记，添加滚动条。

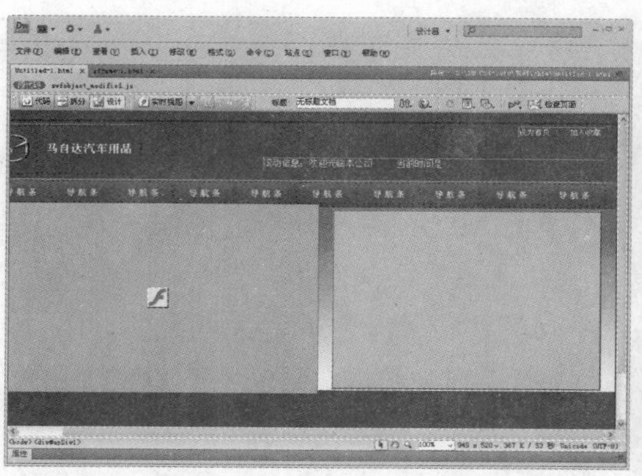

图 14-13　插入 iframe 元素

图 14-14　在 apDiv8 嵌套层中插入图像和文本

(21) 在 apDiv1 层中插入 apDiv9 嵌套层，手动调整层合适位置和大小。

(22) 在 apDiv9 嵌套层中插入一个 1 行 1 列的表格，在表格中插入版权内容，居中对齐表格内容，如图 14-15 所示。

(23) 单击<div#apdiv1>标签，选中 apDiv1 层，打开【属性】面板，根据层中内容调整层的高度，如图 14-16 所示。

图 14-15　插入版权内容

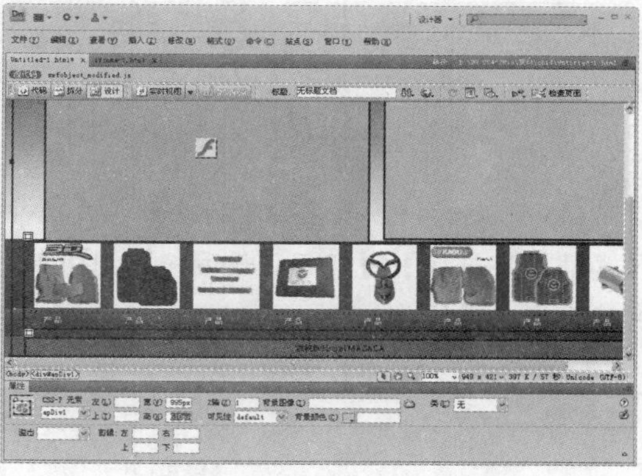

图 14-16　调整 apDiv1 层的高度

(24) 保存网页文档，按下 F12 键，在浏览器中预览网页文档，如图 14-17 所示。

图 14-17　预览网页文档

14.2 制作环保网站页面

【例 14-2】新建一个网页文档，制作一个创意环保网站主页。

(1) 新建一个网页文档，选择【插入】|【布局对象】|AP Div 命令，插入 apDiv1 层，设置层的上边界距离为 10 像素，左边界距离为 20 像素，大小先自定，如图 14-18 所示。

(2) 在 apDiv1 层中插入一个 apDiv2 嵌套层，手动调整层的位置和大小。

(3) 在层中插入一个 1 行 2 列的表格，在表格的 1 行 1 列单元格中插入一个 LOGO 图像，设置图像合适大小，如图 14-19 所示。

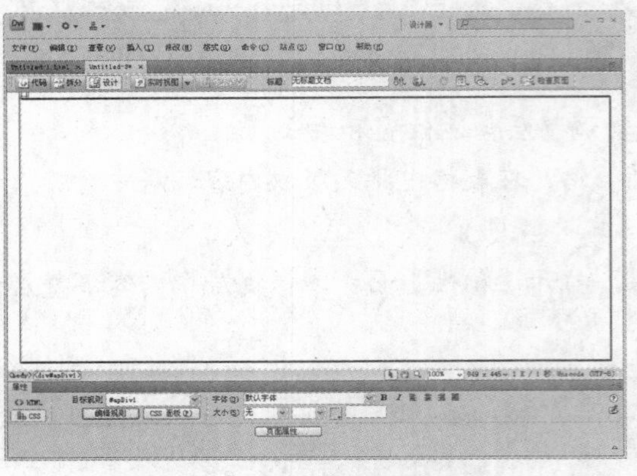

图 14-18　插入层

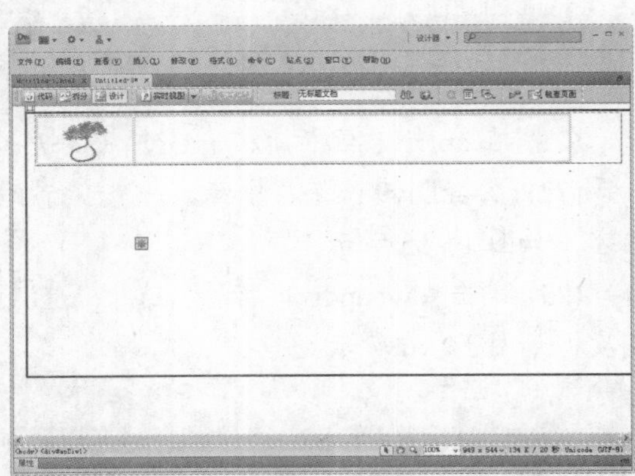

图 14-19　插入 LOGO 图像

(4) 将光标移至表格的 1 行 2 列单元格中，选择【插入】|【图像对象】|【导航条】命令，打开【插入导航条】对话框，设置状态图像和鼠标经过图像，单击【添加项】按钮，添加导航项，继续设置状态图像和鼠标经过图像，最后设置的【插入导航条】对话框如图 14-20 所示。

(5) 单击【确定】按钮，插入导航条，如图 14-21 所示。

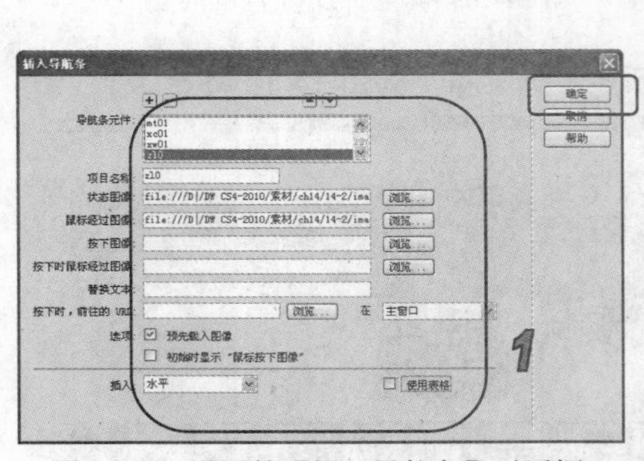

图 14-20　设置的【插入导航条】对话框

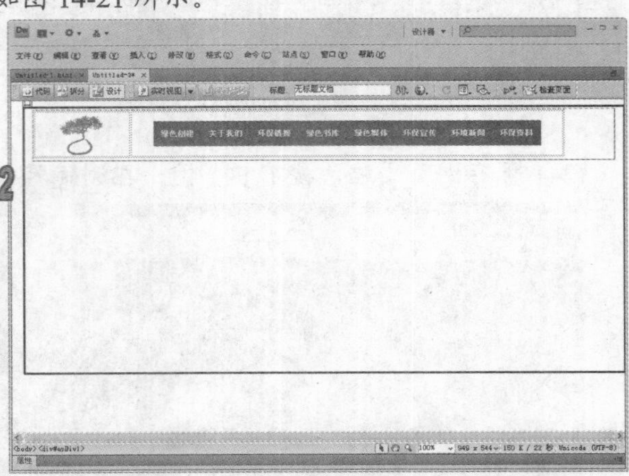

图 14-21　插入导航条

(6) 在 apDiv1 层中插入一个 apDiv3 嵌套层，在层中插入文本内容，将层移至文档的右上角位置，如图 14-22 所示。

计算机 基础与实训教材系列

(7) 按下 Shift+Enter 键换行，选择【插入】|HTML|【水平线】命令，在 apDiv2 嵌套层中插入一条水平线，如图 14-23 所示。

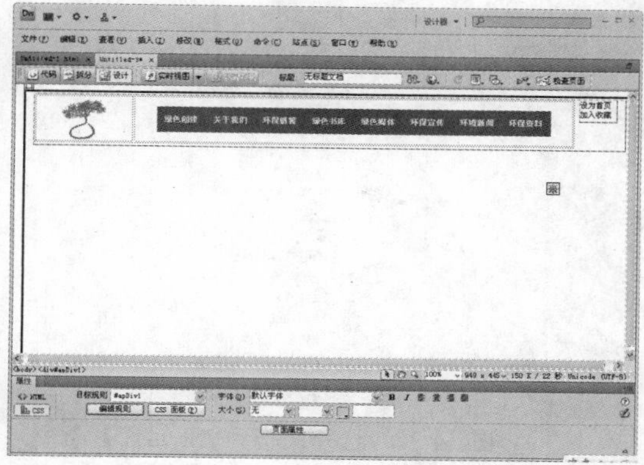

图 14-22　在 apDiv3 嵌套层中插入文本

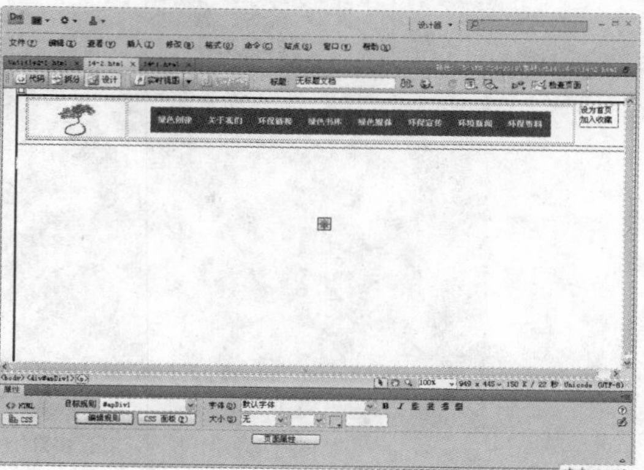

图 14-23　插入水平线

(8) 在 apDiv1 层中插入一个 apDiv4 嵌套层，调整层合适大小和位置，选择【插入】|【媒体】|SWF 命令，插入 snow.swf 文件，如图 14-24 所示。

(9) 在 apDiv1 层中插入一个 apDiv5 嵌套层，选择【插入】|【图像】命令，插入 diqiu01.png 图像，然后调整层合适大小和位置，如图 14-25 所示。

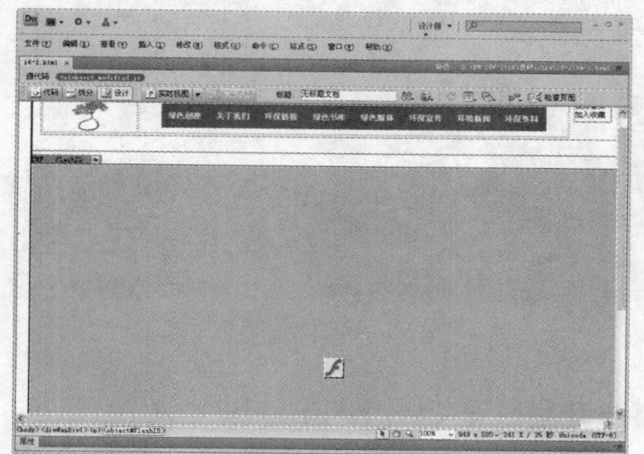

图 14-24　插入 SWF 文件

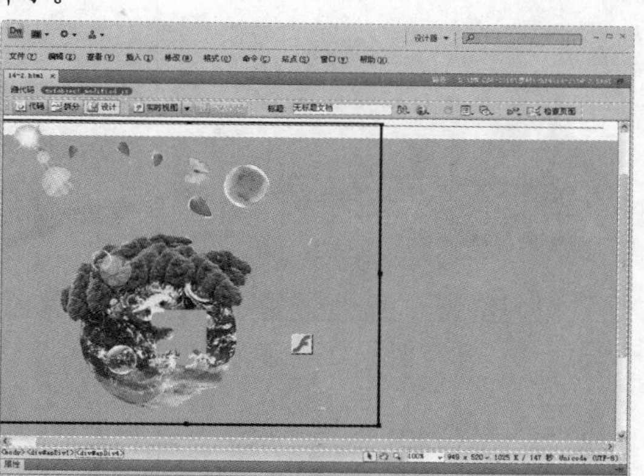

图 14-25　插入 PNG 图像

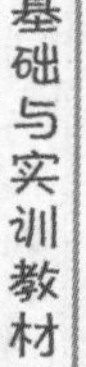

(10) 在 apDiv5 嵌套层中插入一个 apDiv6 嵌套层，选择【插入】|【图像】命令，插入 diqiu02.png 图像，如图 14-26 所示。

(11) 根据插入的 diqiu02.png 图像大小，在【属性】面板中调整 apDiv6 嵌套层的大小。

(12) 选择【窗口】|【行为】命令，打开【行为】面板，单击<body>标签，选中整个网页文档，单击【行为】面板上的【添加行为】按钮，在弹出的快捷菜单中选择【拖动 AP 元素】命令，如图 14-27 所示，打开【拖动 AP 元素】对话框。

(13) 在【AP 元素】下拉列表中选中 apDiv6 嵌套层，如图 14-28 所示，单击【确定】按钮，添加【拖动 AP 元素】行为。

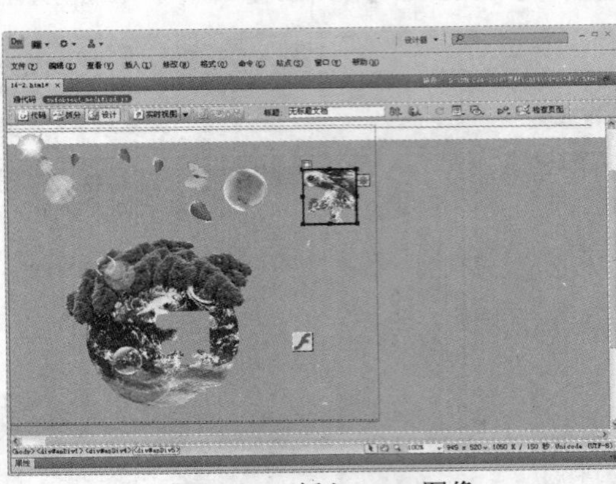
图 14-26 插入 PNG 图像

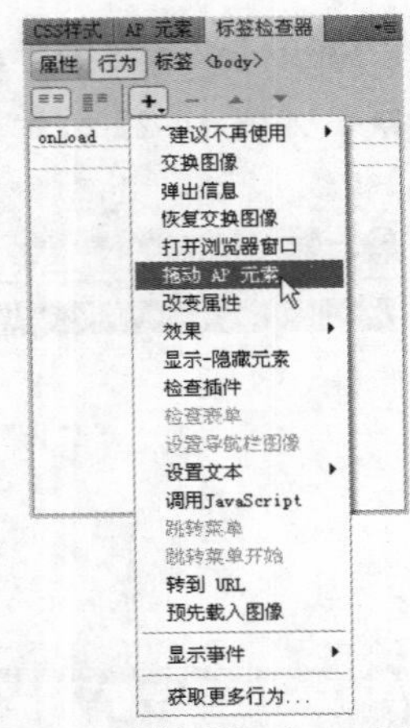
图 14-27 选择【拖动 AP 元素】命令

(14) 在 apDiv1 层中插入一个 apDiv7 嵌套层，在层中插入一个 10 行 1 列的表格，在表格的各个单元格中插入文本内容，创建文本虚拟链接，如图 14-29 所示。

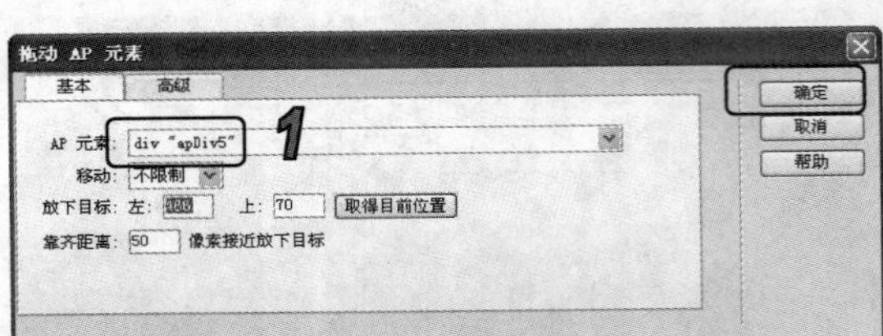
图 14-28 添加行为

图 14-29 插入文本

(15) 保存网页文档，按下 F12 键，在浏览器中预览网页文档，如图 14-30 所示。

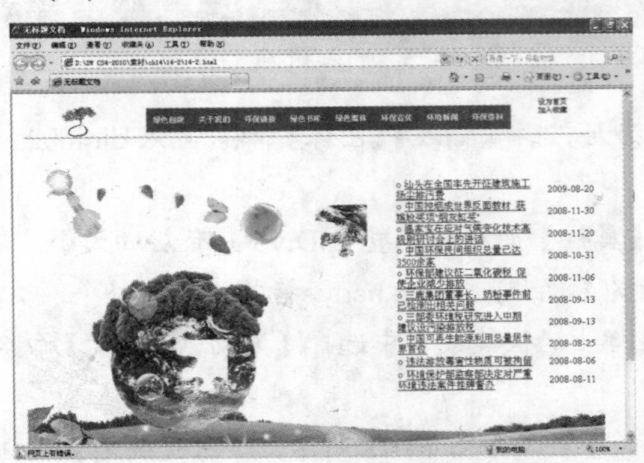

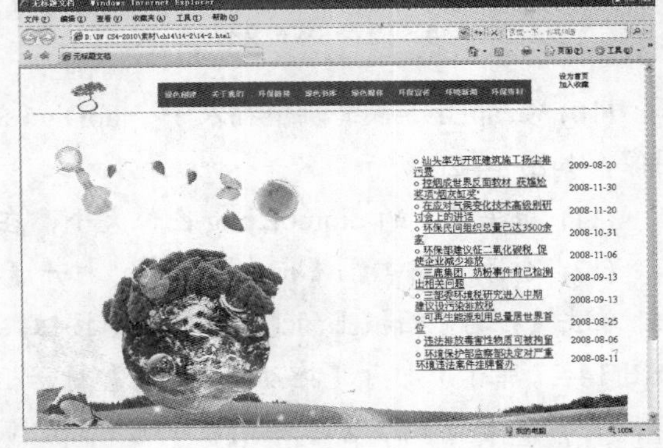
图 14-30 预览网页文档

14.3　制作 BBS 注册页面

【例 14-3】新建一个网页文档，制作一个 BBS 注册登录系统，介绍连接数据库，定义记录集和使用服务器行为等操作。

(1) 新建 zhuye.asp 网页文档，设计该网页文档如图 14-31 所示。

图 14-31　设计 zhuye.asp 网页文档

(2) 新建 zhuce.asp 网页文档，设计该网页文档如图 14-32 所示。设置文本域合适的属性和名称以及按钮名称和动作。

(3) 打开 zhuye.asp 网页文档，选中文本内容“点击注册”，打开【属性】面板，创建超链接，链接对象为 zhuce.asp 网页文档。

(4) 启动 Microsoft Access，创建数据表，保存为 zhucejy，如图 14-33 所示。

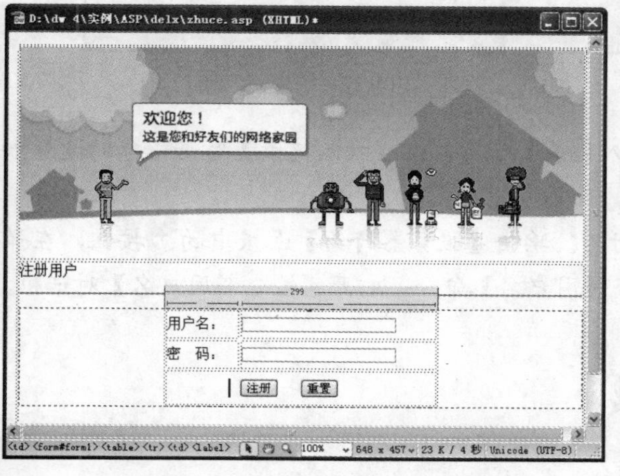

图 14-32　设计 zhuce.asp 网页文档

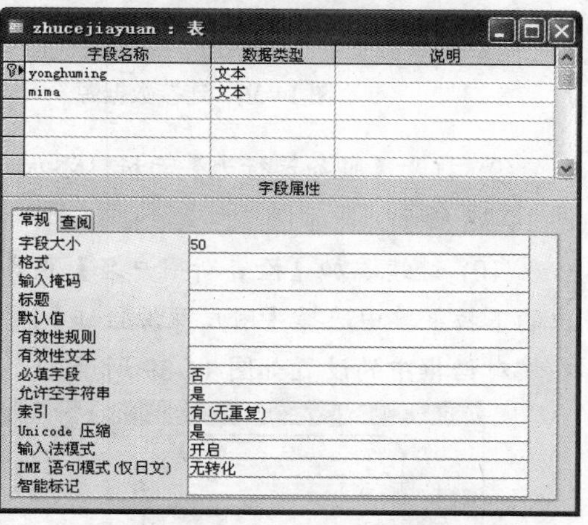

图 14-33　制作数据表

(5) 分别新建 zhucecg.asp 和 zhucesb.asp 网页文档，分别设计这两个网页文档，如图 14-34 和图 14-35 所示。

图 14-34　设计 zhucecg.asp 网页文档

图 14-35　设计 zhucesb.asp 网页文档

(6) 选中 zhucecg.asp 网页文档中的文本内容“返回主页”，创建超链接，链接对象为 zhuye.asp 网页文档；选中 zhucesb.asp 网页文档的文本内容“返回注册”，创建超链接，链接对象为 zhuce.asp 网页文档。

(7) 保存所有的网页文档，打开 zhuce .asp 网页文档。定义数据源 zhucejy.mdb，打开【数据库】面板，在该面板中连接数据源，如图 14-36 所示。

(8) 打开【绑定】面板，定义记录集，如图 14-37 所示。

图 14-36　连接数据源

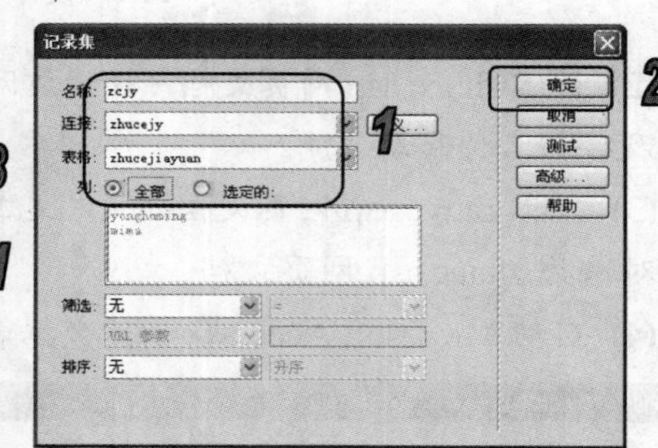

图 14-37　绑定记录集

(9) 打开【服务器行为】面板，添加【插入记录】行为，在【插入记录】对话框中的设置如图 14-38 所示。

(10) 继续添加【检查新用户名】服务器行为。单击【服务器行为】面板中的 + 按钮，在弹出的下拉菜单中选择【用户身份验证】|【检查新用户名】命令，打开【检查新用户名】对话框，在该对话框中的设置如图 14-39 所示。

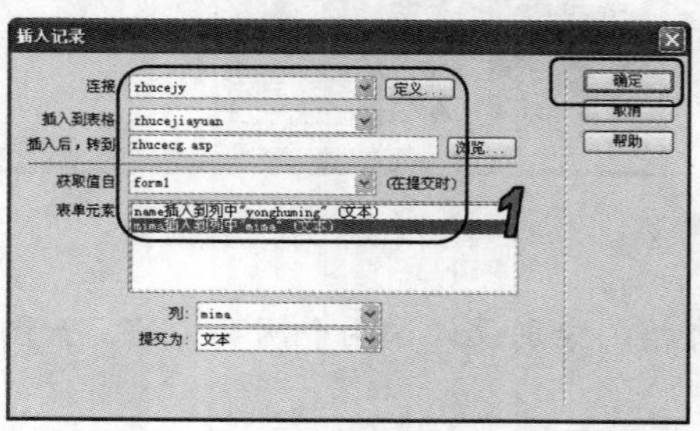

图 14-38　设置【插入记录】对话框

图 14-39　设置【检查新用户名】对话框

(11) 新建一个 tiaozhuanyemian.asp 网页文档，设计该网页文档如图 14-40 所示。

(12) 新建一个 denglushibai.asp 网页文档，设计该网页文档如图 14-41 所示。

图 14-40　设计 tiaozhuanyemian.asp 网页文档

图 14-41　设计 denglushibai.asp 网页文档

(13) 选中 tiaozhuanyemian.asp 和 denglushibai.asp 网页文档中的文本内容“返回主页”，创建超链接，链接对象为 zhuye.asp 网页文档。

(14) 打开 zhuye.asp 网页文档，打开【绑定】面板，定义记录集。打开【服务器行为】面板，单击 + 按钮，在弹出的下拉菜单中选择【用户身份验证】|【登录用户】命令，打开【登录用户】对话框，在该对话框中的设置如图 14-42 所示。

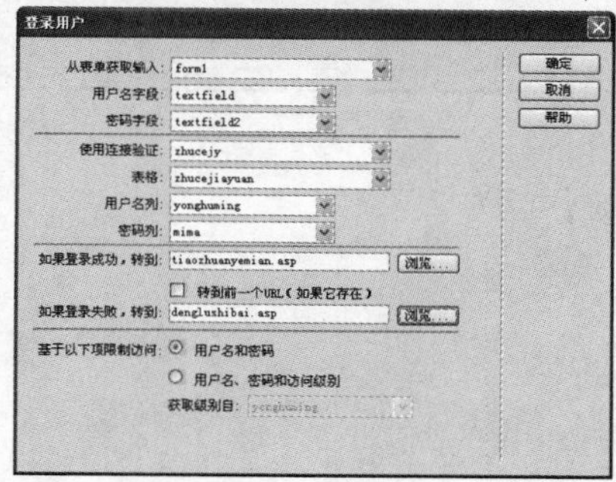

图 14-42　设置【登录用户】对话框

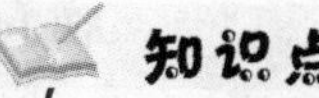

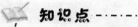

知识点

对于在设置【登录用户】对话框中的登录成功和登录失败后跳转的页面，最好首先进行保存操作。

(15) 选择【文件】|【保存全部】命令，保存全部网页文档。按下 F12 键，在浏览器中预览网页文档，如图 14-43 所示。

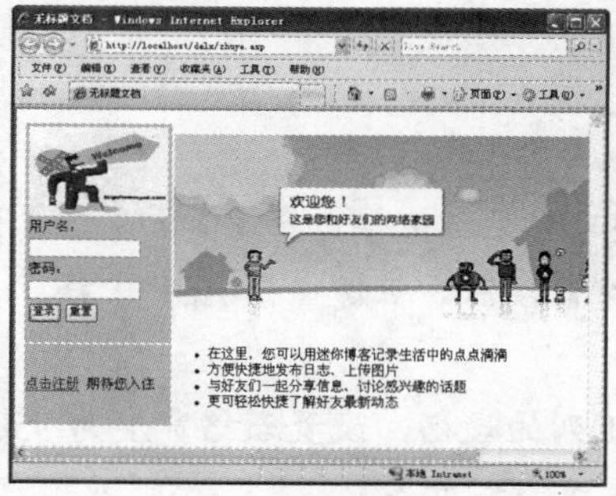

浏览主页

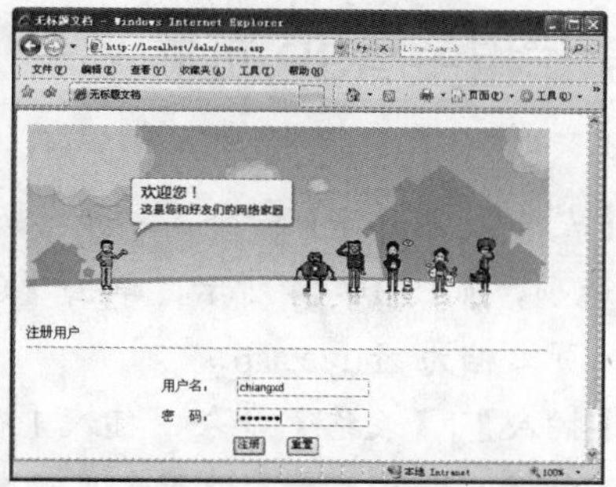

注册用户

图 14-43　在浏览器中预览网页文档

注册用户失败

注册用户成功

登录成功

登录失败

图 14-43 (续)

14.4 制作在线购物网站

在线购物网站顾名思义就是通过下载下订单来购买商品的网站，下面结合数据库，创建 ASP 动态页面，制作一个在线购物网站。

14.4.1 制作相关 ASP 页面

(1) 选择【文件】|【新建】命令，打开【新建文档】对话框，在【页面类型】列表框中选中 ASP VBScript 选项，如图 14-44 所示，单击【创建】按钮，新建一个 ASP 文档。

(2) 保存网页文档为 zhuye.asp。

(3) 选择【插入】|【表格】命令，插入 1 行 1 列的表格，设置表格宽度为 950 像素。

(4) 在表格中插入文本元素，设置水平对齐方式为右对齐。

(5) 将光标移至表格右侧，插入水平线，设置水平线宽度为 950 像素，如图 14-45 所示。

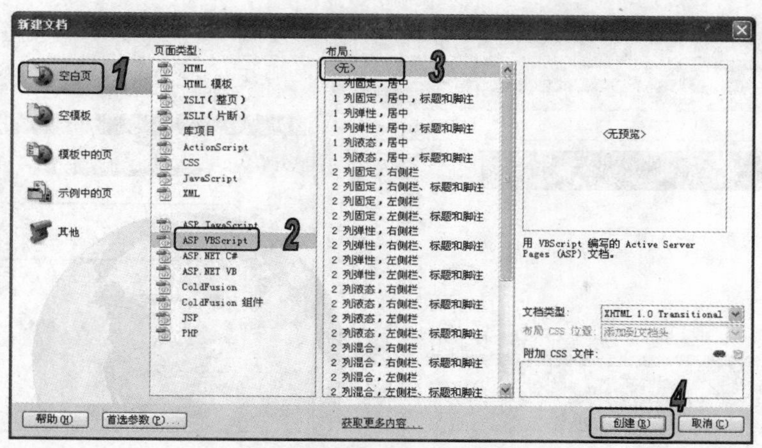

图 14-44　创建 ASP 网页文档

(6) 在水平线下方插入一个 1 行 3 列的表格，在表格 1 行 1 列单元格中插入一个 2 行 1 列的嵌套表格，在 1 行 2 列单元格中插入一个 1 行 3 列的嵌套表格，在 1 行 3 列单元格中插入一个 2 行 3 列的嵌套表格，如图 14-46 所示。

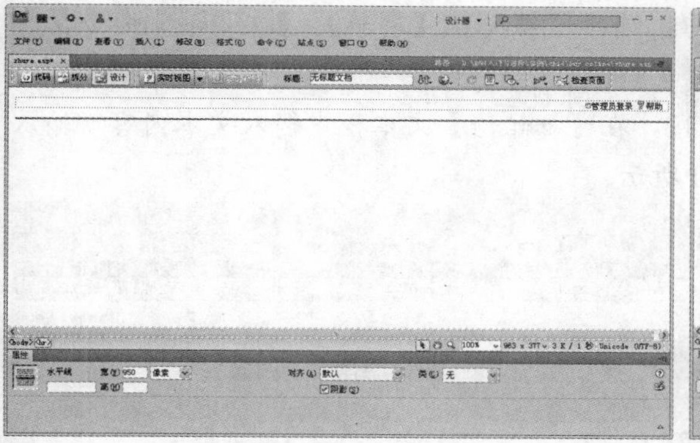

图 14-45　设置水平线宽度

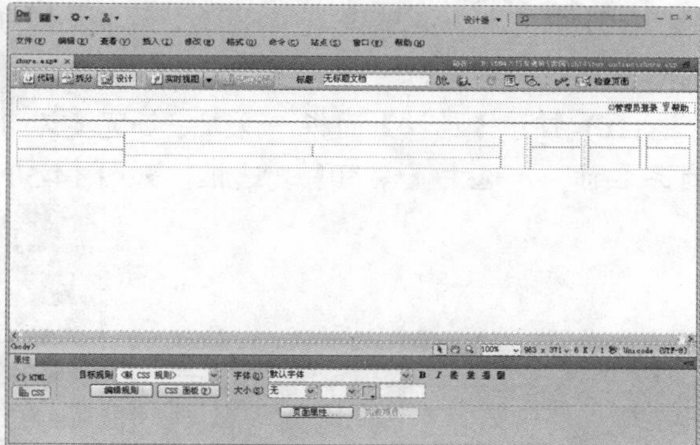

图 14-46　插入嵌套表格

(7) 在各个嵌套表格中插入图像和文本元素并设置合适属性，如图 14-47 所示。

(8) 将光标移至表格右侧，按下 Shift+Enter 键，插入换行符。

(9) 选择【插入】|【表格】命令，插入一个 1 行 1 列的表格，设置表格宽度为 950 像素。在该表格中插入一个 1 行 2 列的嵌套表格。

(10) 将光标移至嵌套表格 1 行 2 列单元格中，选择【插入】|【图像对象】|【导航条】命令，打开【插入导航条】对话框。

(11) 单击【状态图像】文本框右侧的【浏览】按钮，打开【选择图像源文件】对话框，选中 dh01.jpg 图像；单击【鼠标经过图像】文本框右侧的【浏览】按钮，选中【dh01 副本.jpg】图像，如图 14-48 所示。

(12) 单击【添加项】按钮，添加一个导航栏项目，然后设置状态图像和鼠标经过图像。重复操作，添加其他导航栏项目并设置状态图像和鼠标经过图像。

图 14-47　插入图像和文本

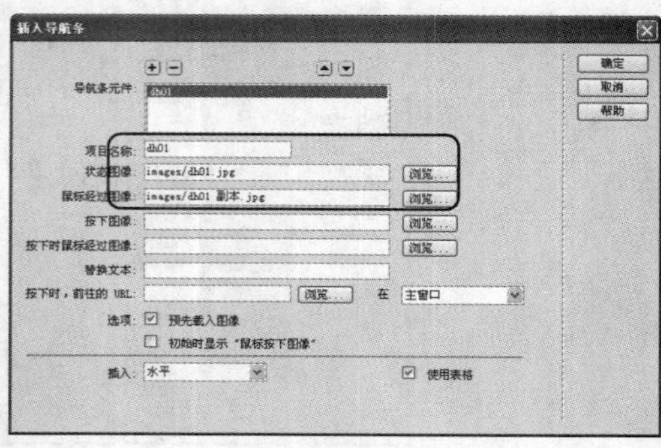

图 14-48　设置状态图像和鼠标经过图像

(13) 在【插入】下拉列表中选中【水平】选项，取消选中【使用表格】复选框，最后设置的【插入导航条】对话框如图 14-49 所示。

(14) 单击【确定】按钮，插入导航条。

(15) 将光标移至嵌套表格 1 行 1 列单元格中，选择【插入】|【表单】|【文本域】命令，插入一个单行文本域。

(16) 打开【属性】面板，设置字符宽度为 12，在【初始值】文本框中输入文本内容“输入商品名称”，选中【禁用】复选框，如图 14-50 所示。

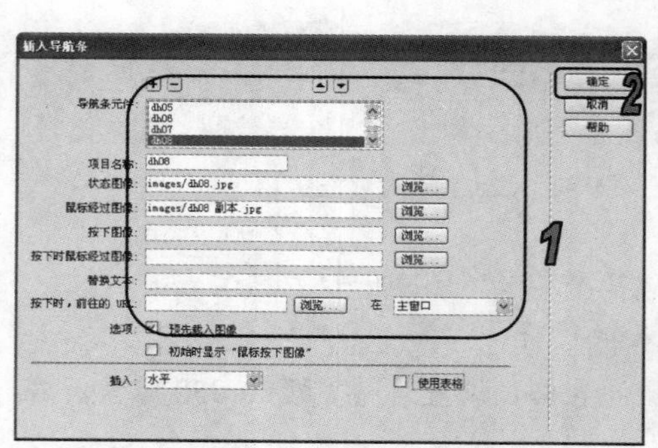

图 14-49　设置【插入导航条】对话框

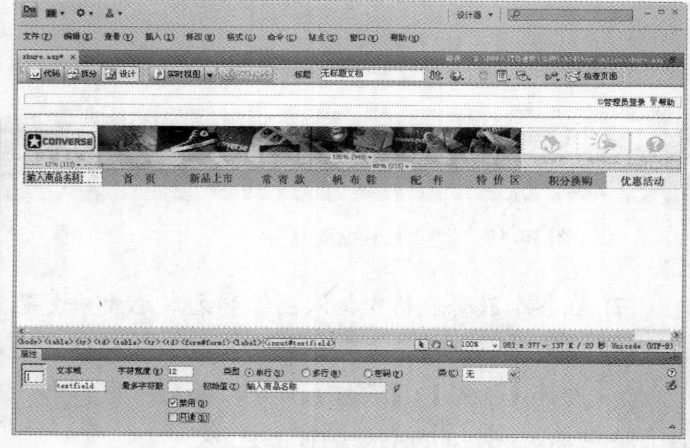

图 14-50　设置文本域属性

(17) 在表格 1 行 1 列单元格中插入一个图像元素。

(18) 将光标移至表格右侧，选择【插入】|HTML|【水平线】命令，插入一条水平线，如图 14-51 所示。

(19) 选择【插入】|【布局对象】|AP Div 命令，插入 apDiv1 层，设置层左边界距离为 10 像素，上边界距离为 180 像素，大小为 220 × 600 像素，如图 14-52 所示。

(20) 在层中插入一个 4 行 1 列的表格，在表格 1 行 1 列中插入一个 2 行 1 列的嵌套表格，在嵌套表格中插入图像和文本元素，如图 14-53 所示。

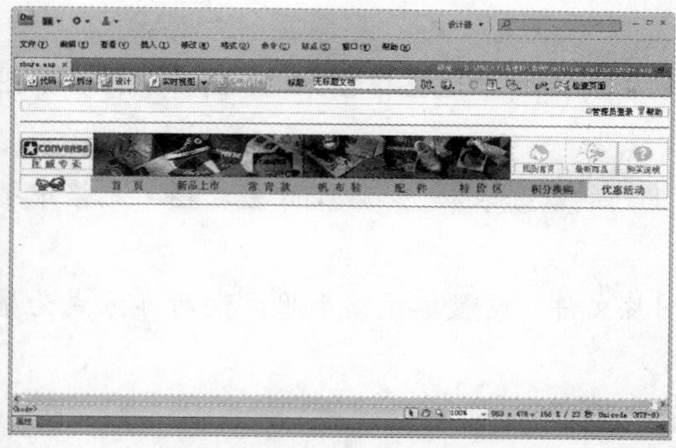

图 14-51　插入水平线

图 14-52　设置层的大小

(21) 重复操作，在表格其他单元格中插入嵌套表格，在嵌套表格中插入图像和文本元素，如图 14-54 所示。

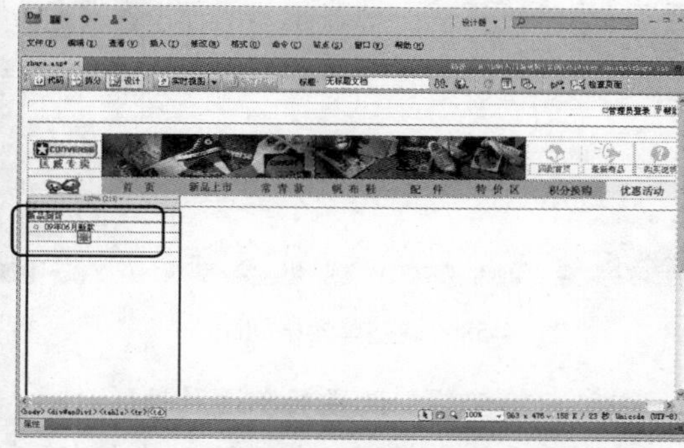

图 14-53　在表格中插入图像和文本

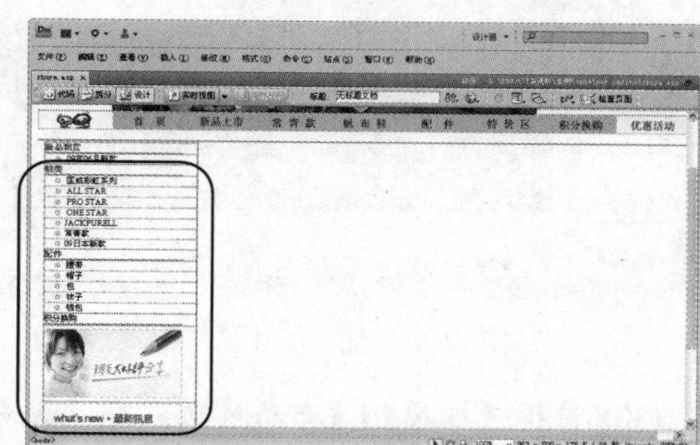

图 14-54　插入图像和文本

(22) 选择【插入】|【布局对象】|AP Div 命令，插入 apDiv2 层，设置层合适属性，设置层的背景图像为 FLA 边框。

(23) 将光标移至 apDiv2 层中，插入一个 apDiv3 嵌套层。

(24) 将光标移至 apDiv3 嵌套层中，选择【插入】|【媒体】|SWF 命令，打开【选择文件】对话框，选中 converse.swf 文件，单击【确定】按钮，插入 SWF 影片。可以单击【属性】面板中的【播放】按钮 播放 ，在文档中播放 SWF 影片，如图 14-55 所示。

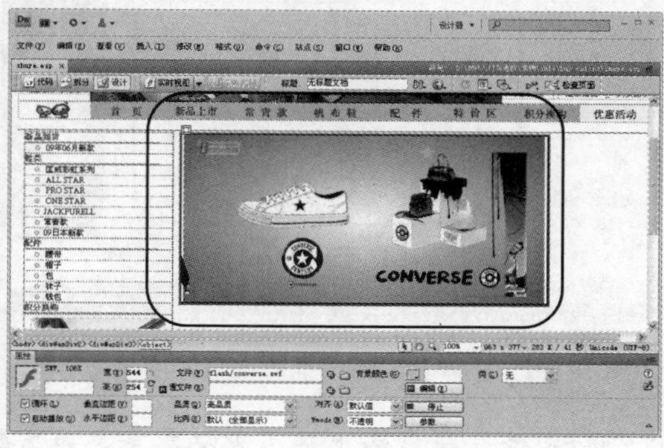

图 14-55　播放 SWF 影片

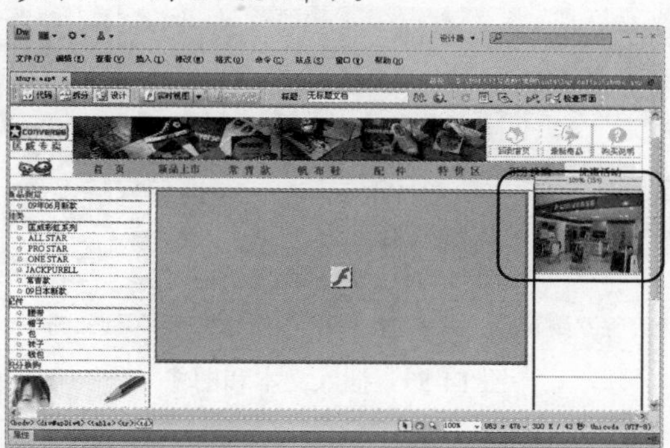

图 14-56　插入 C1 图片

(25) 选择【插入】|【布局对象】|AP Div 命令，插入 apDiv4 层，设置层合适属性。

(26) 在层中插入一个 3 行 1 列的表格，在表格的 1 行 1 列单元格中插入 C1 图片文件，如图 14-56 所示。

(27) 在表格的 2 行 1 列单元格中插入一个 4 行 1 列的嵌套表格，然后在嵌套表格单元格中插入图像，如图 14-57 所示。

(28) 最后在表格的 3 行 1 列单元格中插入 C5 图片文件，设置单元格水平方向对齐方式为居中对齐。

(29) 调整表格各单元格之间的合适间距，如图 14-58 所示。

图 14-57 插入图片

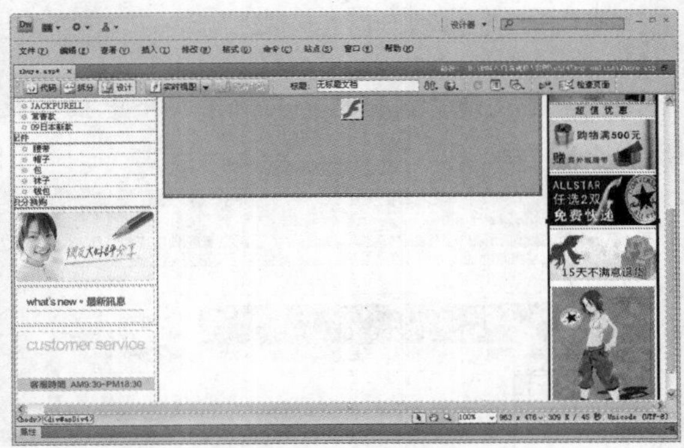

图 14-58 调整单元格间距

(30) 选择【插入】|【布局对象】|AP Div 命令，插入 apDiv5 层，设置层合适属性。

(31) 在层中插入一个 2 行 1 列的表格，在表格 1 行 1 列单元格中插入一个 5 行 4 列的嵌套表格，合并嵌套表格的第 1 行和第 5 行所有单元格。

(32) 在嵌套表格单元格中插入文本和图像元素，如图 14-59 所示。

(33) 重复操作，在表格的 2 行 1 列单元格中插入一个 8 行 4 列的嵌套表格，然后插入文本和图像元素，如图 14-61 所示。

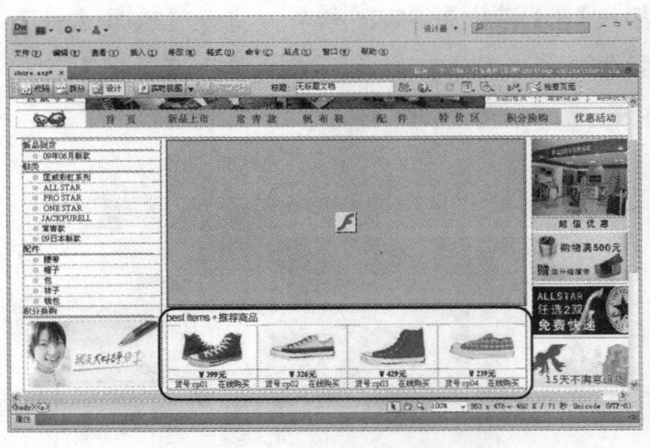

图 14-59 插入文本和图像

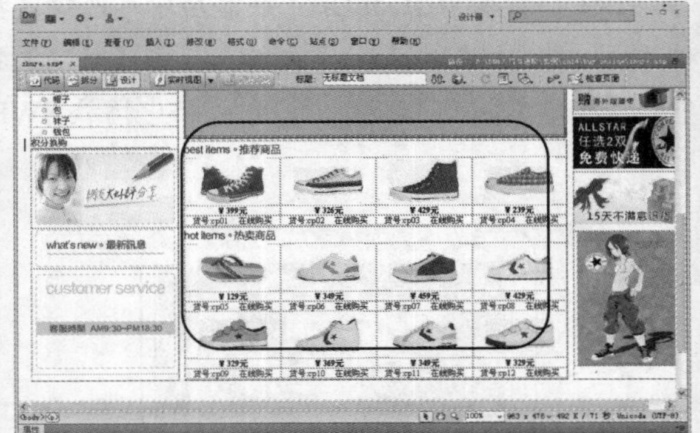

图 14-60 在嵌套表格中插入图像和文本

(34) 将光标移至 apDiv5 层下方，插入一个 1 行列的表格，在表格中插入文本元素，设置文本元素合适属性。

14.4.2　制作订单系统

(1) 打开 zhuye.asp 文档，另存为 dingdan.asp 文档。

(2) 启动 Access 2003，新建 dingdan 数据库，然后创建 cp01 数据表，添加 huohao 和 shoujia 字段，在数据表中添加数据，如图 14-61 所示。

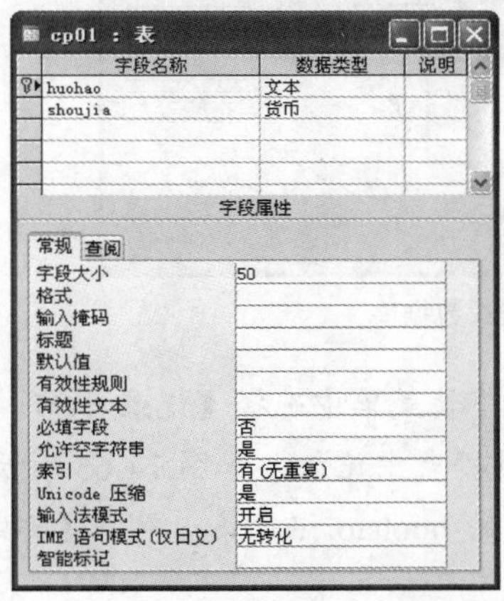

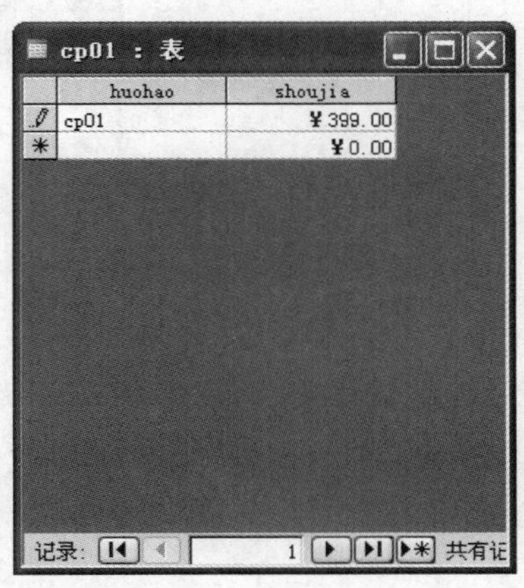

图 14-61　在 cp01 数据表中添加字段和数据

(3) 打开 dingdan.asp 文档，删除 apDiv5 层中的表格，插入一个 3 行 1 列的表格。

(4) 在表格第 1 行和第 3 行中插入文本和图像元素，在第 2 行中选择【插入】|【表单】|【表单】命令，插入一个表单。

(5) 在表单中插入一个 3 行 2 列的表格，在表格中插入文本和图像元素，创建文本“返回重新订购”超链接，链接目标为 zhuye.asp 文档。

(6) 在表格的其他单元格中插入两个文本域和一个【确认购买】提交按钮并设置合适属性，如图 14-62 所示。

(7) 另存 dingdan.asp 文档 dd01.asp 文档。

(8) 在【ODBC 数据源管理器】对话框中添加 dingdan.mdb 数据库，如图 14-63 所示。

图 14-62 插入表单对象

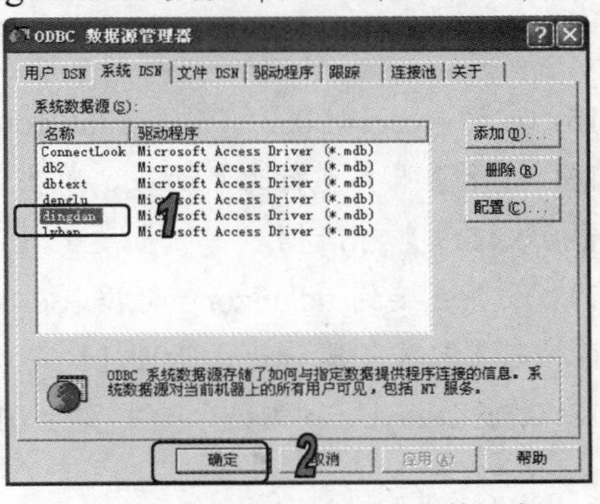

图 14-63　添加 dingdan.mdb 数据库

(9) 选择【窗口】|【数据库】命令，打开【数据库】面板，单击+按钮，在弹出的下拉菜单中选择【数据源名称(DSN)】命令，打开【数据源名称(DSN)】对话框。

(10) 连接 dingdan 数据库，如图 14-64 所示。

图 14-64　连接 dingdan 数据库

(11) 打开【绑定】面板，单击+按钮，在弹出的下拉菜单中选择【记录集(查询)】命令，打开【记录集】对话框，定义 dingdan 数据库中 cp01 数据表中记录，如图 14-65 所示。

(12) 选中 textfield 文本域，选中【绑定】面板中的 huohao 记录集，单击【绑定】按钮，绑定记录集。

(13) 重复操作，选中 textfield2 文本域，绑定 shoujia 记录集。

(14) 在【属性】面板中设置 textfield 和 textfield2 文本域都为【只读】，如图 14-66 所示。

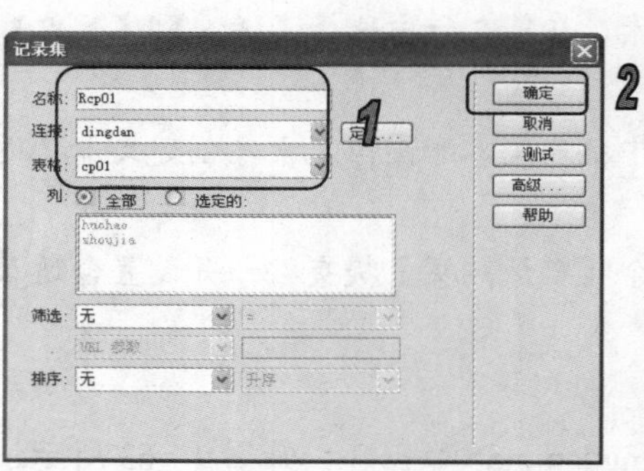

图 14-65　定义 cp01 记录

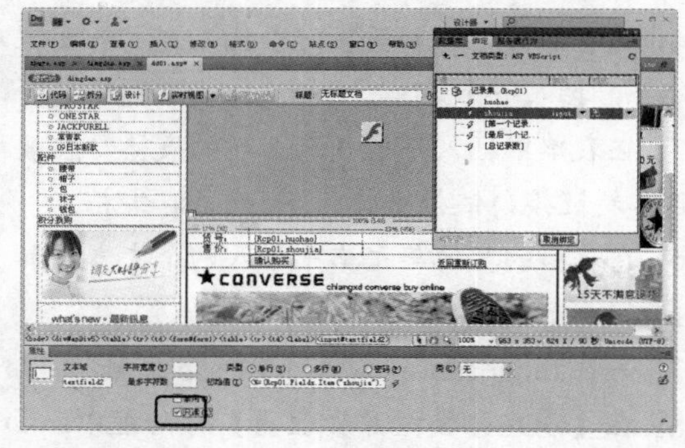

图 14-66　设置 textfield 和 textfield2 文本域【只读】属性

(15) 启动 Access 2003，创建 ddhuizong 数据表，添加 huohao 和 shouji 字段。

(16) 打开【服务器行为】面板，单击+按钮，在弹出的下拉菜单中选择【插入记录】命令，打开【插入记录】对话框。

(17) 设置连接到 ddhuizong 数据表，插入后转到 zhuye.asp 文档页，单击【确定】按钮，插入【插入记录】服务器行为，如图 14-67 所示。

(18) 打开 zhuye.asp 文档，选中货号 01 的文本内容“在线购买”，创建超链接，链接目标为 dd01.asp 文档。

(19) 参照以上步骤，创建 cp02 数据库，添加数据，另存 dingdan.asp 文档为 dd02.asp 文档，然后绑定 cp02 记录集，添加服务器行为，完成 cp02 货号商品的在线购买系统。

(20) 重复操作，对每一个货号产品创建一个数据库，添加数据，另存 dingdan.asp 文档为 dd02.asp 文档，然后绑定相应的记录集，添加服务器行为，完成相应货号商品的在线购买系统。

(21) 打开 zhuye.asp 文档，创建相应货号右侧文本内容“在线购买”超链接，例如选中货号 cp12 右侧文本内容“在线购买”，创建超链接，链接目标为 dd12.asp 文档，如图 14-68 所示。

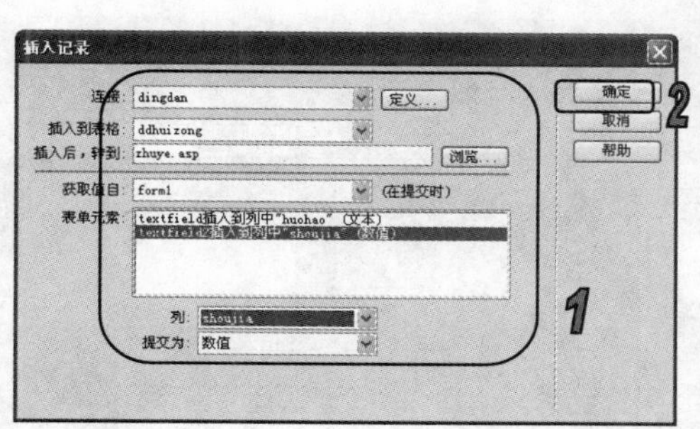

图 14-67　插入服务器行为

图 14-68　创建超链接

(22) 启动 Access 2003，在 dingdan 数据库中创建 admin 数据表，添加 guanliyuan 和 guanlimima 字段，添加相应的数据，如图 14-69 所示。

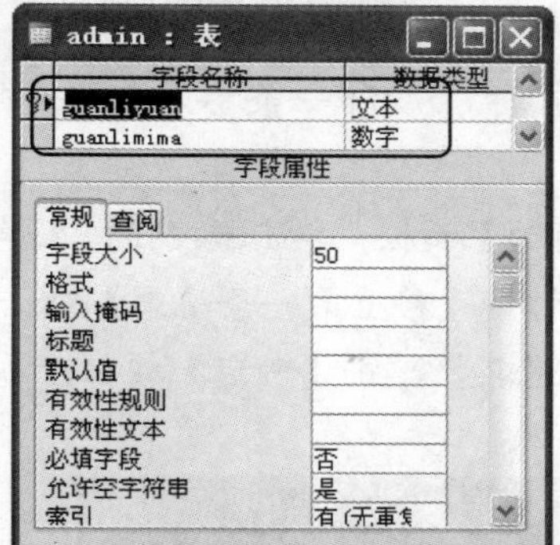

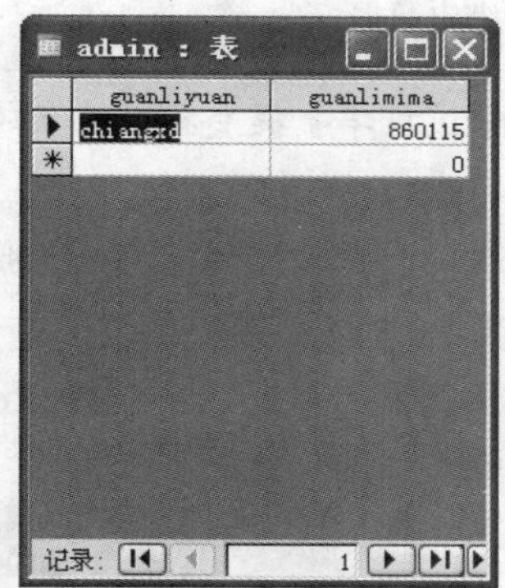

图 14-69　在 admin 数据表中添加字段和数据

(23) 打开 dingdan.asp 文档，另存为 admin.asp 文档，修改该文档 apDiv5 嵌套层中表格的文本元素，如图 14-70 所示。

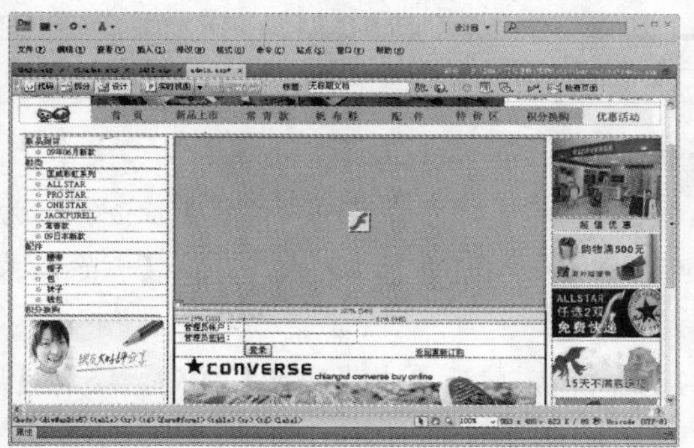

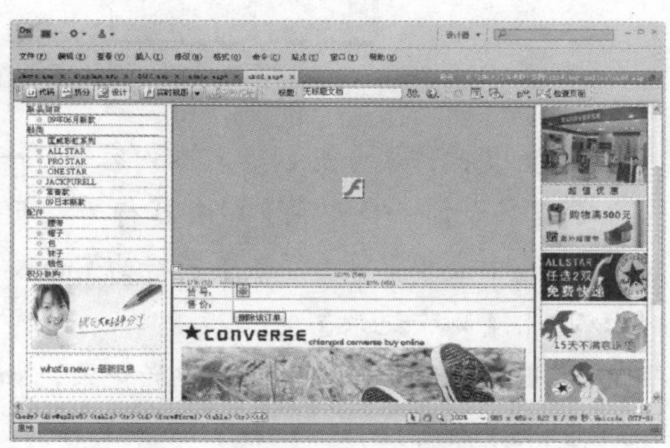

图 14-70　修改 apDiv5 嵌套层中文本

图 14-71　修改 ckdd.asp 文档

(24) 打开 dingdan.asp 文档，另存为 ckdd.asp 文档，修改该文档 apDiv5 层中表格的文本元素，如图 14-71 所示。

(25) 打开【绑定】面板，绑定 ddhuizong 数据表，如图 14-72 所示。

(26) 将 ddhuizong 数据表中的 huohao 和 shoujia 字段绑定到 ckdd.asp 文档中相应位置，如图 14-73 所示。

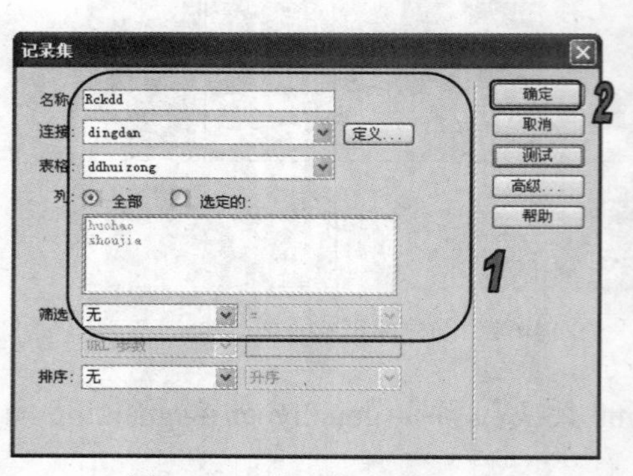

图 14-72　绑定数据表

图 14-73　绑定字段

(27) 在【删除该订单】提交按钮右侧输入“首页”、“下一条”、“上一条”和“尾页”文本内容。

(28) 选中文本内容“首页”，打开【服务器行为】面板，单击+按钮，在弹出的下拉菜单中选择【记录集分页】|【移至第一条记录】命令，打开【移至第一条记录】对话框。

(29) 在【记录集】下拉列表中选择 Rckdd 记录集，单击【确定】按钮，添加【移至第一条记录】服务器行为，如图 14-74 所示。

图 14-74　添加【移至第一条记录】服务器行为

(30) 重复操作，分别创建文本内容“下一条”的【移至下一条记录】服务器行为；文本“上一条”的【移至前一条记录】服务器行为以及文本“尾页”的【移至最后一条记录】服务器行为。

(31) 选中表单，单击【服务器行为】面板中的+按钮，在弹出的下拉列表中选择【删除记录】命令，打开【删除记录】对话框。

(32) 删除 ddhuizong 数据表中的记录，如图 14-75 所示，然后单击【确定】按钮，添加【删除记录】服务器行为。

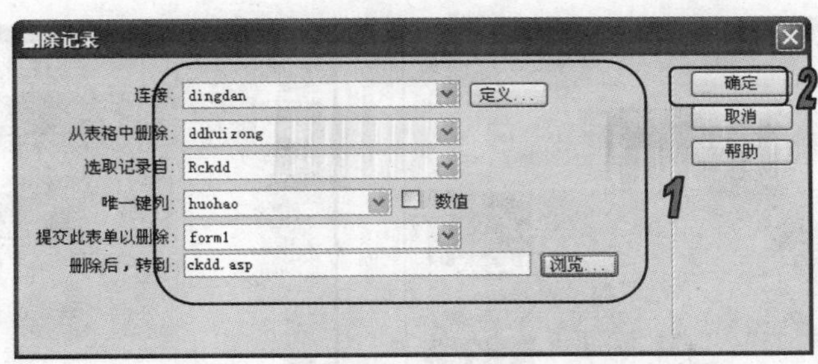

图 14-75　添加【删除记录】服务器行为

(33) 打开 admin.asp 文档，打开【绑定】面板，定义 admin 数据表记录集，如图 14-76 所示。

(34) 选中表单，单击【服务器行为】面板中的+按钮，在弹出的下拉列表中选择【用户身份验证】|【登录用户】命令，打开【登录用户】对话框。

(35) 设置连接验证数据表为 admin，登录成功，转到 ckdd.asp 文档页，登录失败跳转到 admin.asp 文档页，单击【确定】按钮，添加【登录用户】服务器行为，如图 14-77 所示。

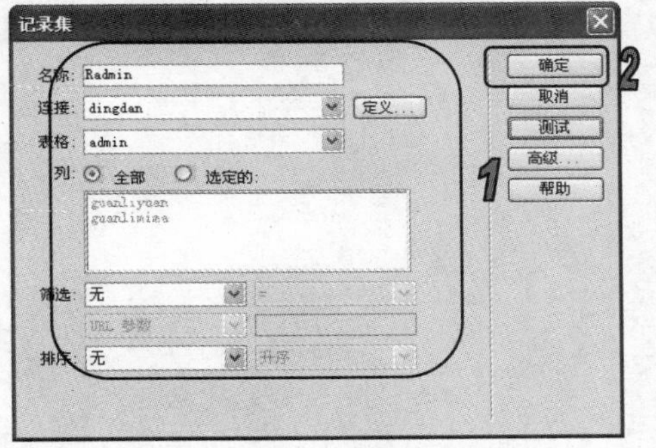

图 14-76　定义 admin 数据表记录集

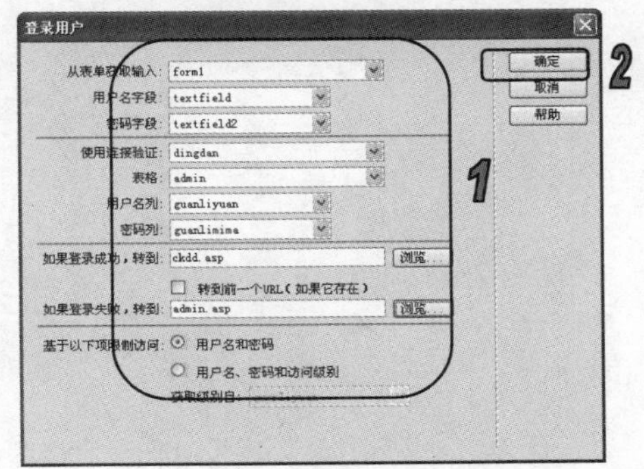

图 14-77　添加【登录用户】服务器行为

(36) 打开 zhuye.asp 文档，选中文档右上角的文本内容“管理员登录”，创建超链接，链接目标为 admin.asp 文档页。

(37) 选择【文件】|【保存全部】命令，保存全部网页文档。按下 F12 键，在浏览器中预览网页文档，如图 14-78 所示。

打开主页

确认订单

图 14-78　预览网页文档

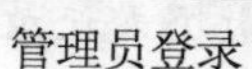

管理员登录

删除订单

图 14-78 (续)